Peter Schulz
Schallschutz · Wärmeschutz · Feuchteschutz · Brandschutz

Peter Schulz

Schallschutz · Wärmeschutz · Feuchteschutz · Brandschutz

Handbuch für den Innenausbau

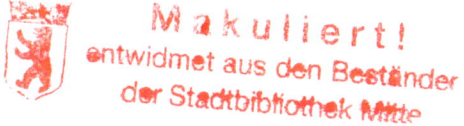

Deutsche Verlags-Anstalt
Stuttgart München

Zum Autor
Peter Schulz, geboren 1928, studierte nach mehrjähriger praktischer Tätigkeit Innenarchitektur an der Staatlichen Akademie der Bildenden Künste in Stuttgart und Berufspädagogik am Berufspädagogischen Institut in Stuttgart. Er war zwanzig Jahre stellvertretender Schulleiter an der Gewerblichen Berufs- und Fachschule für Holztechnik in Stuttgart und unterrichtete als Studiendirektor unter anderem das Fach Bauphysik in der Meister- und Technikerausbildung.

Die Deutsche Bibliothek – CIP-Einheitsaufnahme
Ein Titeldatensatz für diese Publikation ist bei
Der Deutschen Bibliothek erhältlich

7., vollständig überarbeitete Neuausgabe 2002

© 1972 Deutsche Verlags-Anstalt GmbH, Stuttgart München
Alle Rechte vorbehalten
Umschlaggestaltung: Büro Klaus Meyer/Costanza Puglisi
Satz: Fotosatz Sauter, Donzdorf
Druck: Jütte-Messedruck Leipzig GmbH, Leipzig
Bindung: Kunst- und Verlagsbuchbinderei, Leipzig
Printed in Germany
3-421-02995-4

Inhalt

Vorworte 15

Teil I – Schallschutz im Innenausbau

1 Notwendigkeit des Schallschutzes 17
    1.1 Auswirkungen des Lärms auf die Gesundheit 17
    1.2 Bekämpfung des Lärms 18
        1.2.1 Bundesimmissionsschutzgesetz 18
        1.2.2 Baunutzungsverordnung 19
        1.2.3 Baulärmschutzgesetz 20
        1.2.4 Gewerbeordnung 21
        1.2.5 VDI-Richtlinien 21
        1.2.6 Technische Normen 22
        1.2.7 Landesbauordnungen 24
        1.2.8 Empfehlungen der medizinischen Wissenschaft
             zur Lärmbekämpfung 24
        1.2.9 Zivilrechtliche und strafrechtliche Bestimmungen 25
    1.3 Möglichkeiten zur Verhinderung
        der Lärmausbreitung 26
        1.3.1 Verwendung lärmarmer Maschinen 26
        1.3.2 Kapselung der Lärmquelle 27
        1.3.3 Einbau schalldämmender Bauteile 27
        1.3.4 Anordnung schallschluckender Stoffe 27
        1.3.5 Verwendung körperschalldämmender Elemente 27
        1.3.6 Durchführung körperschalldämpfender Maßnahmen .. 28

2 Physikalische und schalltechnische Grundlagen und Begriffe ... 28
    2.1 Schall 28
    2.2 Ton und Geräusch 30
    2.3 Lärm 30
    2.4 Luftschall 31
    2.5 Körperschall 31
    2.6 Schallgeschwindigkeit c 31
    2.7 Frequenz des Schalls 32
    2.8 Wellenlänge 32
    2.9 Schalldruck p (en: pressure) 33
    2.10 Schallpegel L (en: Level) oder Schalldruckpegel L_p 33
    2.11 Lautstärkepegel 34

2.12 A-bewerteter Schallpegel L_A oder A-Schalldruckpegel L_{pA} 34
2.13 Mittelungspegel L_{AFm} oder L_m 37
2.14 Äquivalenter Dauerschallpegel L_{eq}. 38
2.15 Maximalpegel $L_{AF,max}$ 38
2.16 Mittlerer Maximalpegel L (oder $\overline{L_{AF,max}}$) 38
2.17 Beurteilungspegel L_r (en: rating level) 38
2.18 Armaturengeräuschpegel L_{ap}, Installationsgeräuschpegel L_{in} 40
2.19 Schalldämmung 40
2.20 Luftschalldämmung 41
    2.20.1 Schalldämm-Maß R (en: reduction). 41
    2.20.2 Bewertetes Schalldämm-Maß R_w. 43
    2.20.3 Norm-Schallpegeldifferenz D_n. 43
    2.20.4 Bewertete Norm-Schallpegeldifferenz $D_{n,w}$ 44
    2.20.5 Nebenwegübertragung. 44
    2.20.6 Schachtpegeldifferenz D_K 44
2.21 Trittschalldämmung 45
    2.21.1 Norm-Trittschallpegel L_n 45
    2.21.2 Bewerteter Norm-Trittschallpegel $L_{n,w}$ 47
    2.21.3 Äquivalenter bewerteter Norm-Trittschallpegel $L_{n,w,eq}$. 47
    2.21.4 Trittschallverbesserungsmaß ΔL_w. 49
2.22 Kennzeichnung der Bauteile 49
2.23 Kennzeichnung der Schalldruckpegel aus haustechnischen Anlagen und aus Betrieben 50

3 Anforderungen an den Schallschutz 50
3.1 Anforderungen an den Schallschutz gegen Schallübertragung aus einem fremden Wohn- und Arbeitsbereich innerhalb eines Gebäudes sowie Vorschläge für einen erhöhten Schallschutz 51
3.2 Empfehlungen für den Schallschutz gegen Schallübertragung im eigenen Wohn- oder Arbeitsbereich 65
3.3 Nachweis der Eignung der Bauteile 69
    3.3.1 Vorhaltemaß 69
    3.3.2 Eignungsnachweis. 69
3.4 Anforderungen an die Luftschalldämmung von Außenbauteilen gegen die Übertragung von Außenlärm 72
    3.4.1 Anforderungen an Außenwände 72
    3.4.2 Anforderungen an Decken und Dächer 72
    3.4.3 Einfluss von Rollladenkästen und Lüftungseinrichtungen. . 73
    3.4.4 Anforderungen nach der Fluglärmverordnung. 74

3.5	Schallpegelrichtwerte für Arbeitslärm am Arbeitsplatz			75
4	**Schallschutz bei Wänden**			**75**
4.1	Luftschallschutz bei einschaligen Wänden			75
	4.1.1	Wege des Luftschalls		75
	4.1.2	Luftschallverhalten und Luftschalldämmung einschaliger Wände		75
		4.1.2.1	Flächenbezogene Masse	77
		4.1.2.2	Biegesteifigkeit, Spuranpassung und Grenzfrequenz	77
		4.1.2.3	Inhomogenität	81
		4.1.2.4	Dichtheit	82
		4.1.2.5	Flankenübertragung	82
	4.1.3	Einschalige Wandkonstruktionen		83
4.2	Luftschallschutz bei zweischaligen Wänden			86
	4.2.1	Wege des Luftschalls		86
	4.2.2	Luftschallverhalten und Luftschalldämmung zweischaliger Wände		86
		4.2.2.1	Schallbrücken	86
		4.2.2.2	Randeinspannung	87
		4.2.2.3	Hohlraumdämpfung	87
		4.2.2.4	Resonanzfrequenz	90
		4.2.2.5	Flankenübertragung	92
	4.2.3	Zweischalige Wandkonstruktionen		96
		4.2.3.1	Wandkonstruktionen mit zwei schweren, biegesteifen Schalen	96
		4.2.3.2	Wandkonstruktionen mit biegeweicher Vorsatzschale	96
		4.2.3.3	Wandkonstruktionen mit zwei biegeweichen Schalen	101
	4.2.4	Konstruktion schalldämmender leichter Trennwände		101
		4.2.4.1	Begriffsbestimmung	101
		4.2.4.2	Konstruktive Grundsätze	102
		4.2.4.3	Konstruktionsbeispiele für leichte Trennwände	104
5	**Einfluss flankierender Bauteile auf die Schalldämmung von trennenden Bauteilen**			**113**
5.1	Rechenverfahren			113
	5.1.1	Ermittlung der Korrekturwerte $K_{L,1}$ und $K_{L,2}$ für trennende Bauteile bei Gebäuden in Massivbauart		113

        5.1.1.1   Ermittlung der mittleren flächenbezogenen Masse $m'_{L,Mittel}$ der flankierenden Bauteile, wenn das trennende Bauteil biegesteif ausgeführt ist (Rechenverfahren A) 114

        5.1.1.2   Ermittlung der mittleren flächenbezogenen Masse $m'_{L,\,Mittel}$ der flankierenden Bauteile, wenn das trennende Bauteil aus biegeweichen Schalen oder als Holzbalkendecke ausgeführt ist (Rechenverfahren B) 116

        5.1.1.3   Ermittlung des Korrekturwerts $K_{L,2}$ zur Berücksichtigung von Vorsatzschalen und biegeweichen, flankierenden Bauteilen. 118

    5.1.2   Ermittlung des resultierenden Schalldämm-Maßes $R'_{w,R}$ für trennende Bauteile bei Gebäuden in Skelett- und Holzbauart 118

        5.1.2.1   Vereinfachter Nachweis 119

        5.1.2.2   Rechnerische Ermittlung des resultierenden Schalldämm-Maßes $R'_{w,R}$ 119

6   Schallschutz bei Decken 120

    6.1   Begriffsbestimmung 120

    6.2   Luftschalldämmung bei Decken 120

        6.2.1   Luftschalldämmung bei Massivdecken 120

        6.2.2   Luftschalldämmung bei Holzbalkendecken 123

    6.3   Trittschalldämmung bei Decken 124

        6.3.1   Trittschalldämmung bei Massivdecken 124

        6.3.2   Deckenauflagen 124

            6.3.2.1   Schwimmende Estriche. 126

            6.3.2.2   Schwimmende Holzfußböden 130

            6.3.2.3   Weichfedernde Bodenbeläge 130

        6.3.3   Trittschalldämmung bei Holzbalkendecken 134

            6.3.3.1   Berechnung des Trittschallschutzes einer Holzbalkendecke 140

7   Schallschutz bei Fenstern 148

    7.1   Einfluss der Dämmwirkung des Fensters auf die Wand, in die es eingebaut ist. 148

    7.2   Einflussgrößen beim Schallschutz am Fenster 150

        7.2.1   Glasscheibendicke 150

        7.2.2   Glasscheibenabstand. 152

        7.2.3   Schalleinfallswinkel 153

		7.2.4	Schalldämmende Mehrscheiben-Isoliergläser.	154
		7.2.5	Randeinspannung	155
		7.2.6	Randdämpfung	157
		7.2.7	Wandanschluss	157
		7.2.8	Fugendurchlässigkeit	157
	7.3	Schalldämmende Lüftungsfenster		159
	7.4	Einfluss des Rollladens auf die Schalldämmung		161
	7.5	Schallschutzklassen bei Fenstern		162
	7.6	Ermittlung des Schallschutzes bei Fenstern		163
	7.7	Konstruktionsbeispiele für schalldämmende Fenster		171
8	**Schallschutz bei Türen**			**177**
	8.1	Schalldämm-Maße bei Türen		177
	8.2	Einfluss der Dämmwirkung auf die umgebende Wand		178
	8.3	Konstruktive Möglichkeiten für Türblätter		178
		8.3.1	Einschalige Türblätter	178
		8.3.2	Türblätter mit Spanten	179
		8.3.3	Türblätter in Sandwichbauart	179
		8.3.4	Doppelschalige Türblätter	184
		8.3.5	Stahlblechtüren	186
	8.4	Dichtungen an der Tür		186
		8.4.1	Abdichtung der Türfalze	187
		8.4.2	Abdichtung der Bodenfuge	197
		8.4.3	Abdichtung am Wandanschluss	197
9	**Schallschutz durch Schallschluckung (Absorption)**			**198**
	9.1	Physikalische Vorgänge bei der Schallabsorption		199
	9.2	Arten von Schallabsorbern		200
		9.2.1	Poröse Absorber	201
		9.2.2	Resonanzabsorber	204
			Absorber im Mitteltonbereich	204
	9.3	Schallabsorptionsgrad		204
	9.4	Schallabsorbierende Konstruktionen		206
	9.5	Hörsamkeit im Raum		207

Teil II – Wärmeschutz im Innenausbau

1	**Notwendigkeit des Wärmeschutzes**		214
	1.1	Auswirkungen des Wärmeschutzes auf die Gesundheit des Menschen	214
	1.2	Wirtschaftliche Bedeutung des Wärmeschutzes	217

2 Physikalische und wärmeschutztechnische Grundlagen und Begriffe ... 218
- 2.1 Wärme ... 218
- 2.2 Temperatur ... 219
- 2.3 Wärmemenge ... 219
- 2.4 Spezifische Wärmekapazität ... 220
- 2.5 Wärmeübertragung ... 220
  - 2.5.1 Wärmestrahlung ... 220
  - 2.5.2 Wärmemitführung (Konvektion) ... 221
  - 2.5.3 Wärmeleitung ... 221
- 2.6 Wärmeleitfähigkeit ... 222
- 2.7 Wärmedurchlasskoeffizient ... 223
- 2.8 Wärmedurchlasswiderstand ... 229
  - 2.8.1 Wärmedurchlasswiderstand bei einschichtigen Bauteilen ... 229
  - 2.8.2 Wärmedurchlasswiderstand bei mehrschichtigen Bauteilen ... 230
  - 2.8.3 Wärmedurchlasswiderstände von Luftschichten ... 230
- 2.9 Wärmedurchlasswiderstände von Dachräumen ... 232
- 2.10 Wärmeübergangskoeffizient und Wärmeübergangswiderstand ... 233
- 2.11 Wärmedurchgangswiderstand ... 236
- 2.12 Wärmedurchgangskoeffizient ... 236

3 Anforderungen an den Wärmeschutz ... 237
- 3.1 Anforderungen an den Wärmeschutz im Winter ... 238
- 3.2 Anforderungen an nichttransparente Einzelbauteile nach DIN 4108 ... 238
- 3.3 Energieeinsparverordnung (EnEV) ... 240
  - 3.3.1 Anforderungen nach der Energieeinsparverordnung zur Ermittlung des Jahres-Primärenergiebedarfs für Wohngebäude mit normalen Innentemperaturen von $\geq 19°C$ ... 243
  - 3.3.2 Verfahren zur Berechnung des Jahresheizwärme- und Energiebedarfs ... 243
  - 3.3.3 Berechnungsmöglichkeiten ... 243
  - 3.3.4 Bezugsgrößen zur Bestimmung des Jahres-Primärenergiebedarfs ... 246
    - 3.3.4.1 Beheiztes Bauwerksvolumen ... 246
    - 3.3.4.2 Gebäudenutzfläche ... 246
    - 3.3.4.3 Hüllflächenfaktor (A/V_e-Verhältnis) ... 246
    - 3.3.4.4 Wärmeübertragende Umfassungsfläche eines Gebäudes ... 247

	3.3.4.5 Temperatur-Korrekturfaktor	248
	3.3.4.6 Berücksichtigung von Wärmebrücken	248
	3.3.4.7 Anforderungen an die Dichtheit von Gebäuden und Gebäudeteilen	249
	3.3.4.8 Anforderungen an die Fugendurchlässigkeit bei Fenstern	251
	3.3.4.9 Begrenzung des Transmissionswärmeverlusts bei Fenstern	252
	3.3.4.10 Äußere Abschlüsse bei Fenstern	253
	3.3.4.11 Solare Wärmegewinnung	257
	3.3.4.12 Interne Wärmegewinne	258
	3.3.4.13 Anlagenaufwandszahl	258
	3.3.4.14 Gesamt-Endenergiebedarf	258
3.4	Wärmeschutz bei aneinandergereihten Gebäuden	260
3.5	Wärmeschutz für Gebäude mit niedrigen Innentemperaturen	260
3.6	Anforderungen zur Begrenzung des Wärmedurchgangs bei erstmaligem Einbau, Ersatz oder Erneuerung von Außenbauteilen bestehender Gebäude (vereinfachtes Nachweisverfahren)	261
	3.6.1 Anforderungen an den U-Wert für einzelne Außenbauteile bei kleinen Wohngebäuden (vereinfachtes Nachweisverfahren)	261
3.7	Anforderungen an den Wärmeschutz im Sommer	264
	3.7.1 Allgemeine Anforderungen	264
	3.7.2 Nachweis des Sonneneintragskennwertes nach DIN 4108–2	264
	3.7.2.1 Bestimmung des raumbezogenen Sonneneintragskennwertes S	265
	3.7.2.2 Bestimmung des Höchstwertes des raumbezogenen Sonneneintragskennwertes S_{max}	266
3.8	Wärmespeicherfähigkeit der raumumschließenden Bauteile	267
4	**Berechnung und Bewertung des Wärmeschutzes**	**268**
4.1	Berechnung des Wärmeschutzes bei Einzelbauteilen	268
4.2	Berechnung des Jahres-Primärenergiebedarfs für ein Gebäude nach der Energieeinsparverordnung	286
4.3	Energie- und Wärmebedarfsausweis	291
4.4	Berechnung des Brennstoffbedarfs	294
4.5	Berechnung des sommerlichen Wärmeschutzes	296
	4.5.1 Notwendigkeit des Nachweises	296
	4.5.2 Nachweis des sommerlichen Wärmeschutzes	296

5 Wärmedämmende Maßnahmen und Konstruktionen ... 298
- 5.1 Wärmedämmung bei Wänden ... 298
- 5.2 Wärmedämmung bei Decken ... 302
- 5.3 Wärmedämmung bei Dächern ... 304
- 5.4 Wärmedämmung bei Wärmebrücken ... 306
- 5.5 Wärmedämmung bei Fenstern ... 306
  - 5.5.1 Maßnahmen gegen Wärmeverluste durch Wärmeleitung . 306
  - 5.5.2 Maßnahmen gegen Wärmeverluste durch Strahlung und gegen Wärmeeinstrahlung von außen ... 310
  - 5.5.3 Maßnahmen gegen Wärmeverluste durch Wärmemitführung ... 313

6 Ökologisches Bauen ... 315
- 6.1 Baustandard eines Passivhauses ... 316

Teil III – Feuchteschutz im Innenausbau

1 Notwendigkeit des klimabedingten Feuchteschutzes ... 319
2 Physikalische und feuchteschutztechnische Grundlagen und Begriffe . 320
- 2.1 Luft und Feuchtigkeit ... 320
- 2.2 Taupunkt ... 320
- 2.3 Wasserdampfdiffusion ... 320
- 2.4 Wasserdampf-Diffusionswiderstand ... 321

3 Tauwasserbildung auf Oberflächen von Bauteilen ... 325
- 3.1 Entstehung von Tauwasser auf Bauteiloberflächen ... 325
- 3.2 Verhinderung der Tauwasserbildung auf Bauteiloberflächen ... 326

4 Durchfeuchtung eines Bauteils mangels Abdichtung ... 328

5 Tauwasserbildung im Innern von Bauteilen ... 330
- 5.1 Entstehung von Tauwasser im Bauteilinnern ... 330
- 5.2 Anforderungen ... 330
- 5.3 Verhinderung der Tauwasserbildung im Bauteilinnern ... 333
- 5.4 Ermittlung des Tauwasserausfalls ... 341
  - 5.4.1 Klimabedingungen ... 341
  - 5.4.2 Rechenverfahren ... 342
    - 5.4.2.1 Rechengang ... 342
    - 5.4.2.2 Graphisches Verfahren ... 343
    - 5.4.2.3 Berechnung der Tauwasser- und Verdunstungswassermenge ... 345

Teil IV – Brandschutz im Innenausbau

1 Notwendigkeit des Brandschutzes 360
2 Bauaufsichtliche Vorschriften für den Brandschutz 360
3 Brandschutztechnische Grundlagen und Begriffe 361
   3.1 Brand 361
   3.2 Zündtemperatur 361
   3.3 Verbrennungstemperatur 361
   3.4 Feuerwiderstandsdauer 361
   3.5 Brandabschnitt 362
   3.6 Raumabschließende Bauteile 362
   3.7 Brandbelastung 362
   3.8 Feuerausbreitungsgeschwindigkeit 362
   3.9 Brandrisiko 362
4 Entstehung und Ablauf eines Brandes 363
5 Brandverhalten von Baustoffen und Bauteilen 364
   5.1 Brandverhalten von Baustoffen 364
      5.1.1 Baustoffklassen 365
      5.1.2 Nachweis der Baustoffklasse 366
      5.1.3 Kennzeichnung von Baustoffen 366
   5.2 Brandverhalten von Bauteilen 367
      5.2.1 Feuerwiderstandsklassen für Bauteile 367
      5.2.2 Prüfanforderungen an Bauteile 371
         5.2.2.1 Wände, Decken, Stützen, Unterzüge 371
         5.2.2.2 Brandwände 375
         5.2.2.3 Nichttragende Außenwände, Brüstungen, Schürzen 375
         5.2.2.4 Feuerschutzabschlüsse 375
         5.2.2.5 Verglasungen 376
         5.2.2.6 Lüftungsleitungen 376
         5.2.2.7 Elektroinstallationen 376
      5.2.3 Europäische Klassifizierung für das Brandverhalten von Bauteilen 377
6 Brandschutzanforderungen nach der Landesbauordnung 379
   6.1 Bauregelliste 385
      6.1.1 Geregelte Bauprodukte 385
      6.1.2 Nicht geregelte Bauprodukte und Bauarten ... 385
      6.1.3 Andere Bauprodukte 387
      6.1.4 Übereinstimmungsnachweis und Bauproduktkennzeichnung 387

7 Vorbeugender Brandschutz durch Baumaßnahmen … 394
7.1 Baustoffe für den Brandschutz … 394
7.1.1 Plattenwerkstoffe … 394
7.1.2 Dämmstoffe … 394
7.1.3 Beschichtungsmaterialien für Oberflächen von Bauteilen … 399
7.1.3.1 Lacke … 399
7.1.3.2 Dekorative Schichtpressstoffplatten und Kunststofffolien … 401
7.1.4 Klebstoffe … 402
7.1.5 Dichtstoffe … 403
7.2 Brandschutz für Bauteile … 403
7.2.1 Brandschutz für Bauteile aus Stahl … 404
7.2.2 Brandschutz für Bauteile aus Stahlbeton … 405
7.2.3 Brandschutz für Bauteile aus Holz … 405
7.2.3.1 Bauliche Holzschutzmaßnahmen … 408
7.2.3.2 Chemische Holzschutzmaßnahmen … 411
7.2.4 Brandschutz bei Türen … 412
7.2.4.1 Feuerschutztüren … 412
7.2.4.2 Rauchschutztüren … 416
7.2.5 Brandschutz bei Verglasungen … 418

8 Vorbeugender Brandschutz durch Einbau von Frühwarnanlagen und Bereitstellen von Löscheinrichtungen … 420
8.1 Brandmeldeeinrichtungen … 420
8.2 Feuerlöscheinrichtungen … 420
8.2.1 Feuerlöschgeräte … 421
8.2.2 Selbsttätige Feuerlöschanlagen … 421
8.3 Rauch- und Wärmeabzugsanlagen … 422

Anhang
1 Übersicht über Größen und Einheiten … 424
1.1 Schallschutztechnische Größen und Einheiten … 424
1.2 Wärmeschutztechnische Größen und Einheiten … 425
1.3 Feuchteschutztechnische Größen und Einheiten … 427
2 Verzeichnis über wichtige Normvorschriften, VDI-Richtlinien und Verordnungen … 427
3 Literatur … 433
Sachwortverzeichnis … 435

Vorwort zur ersten Auflage

Die sprunghafte Entwicklung neuer Werkstoffe und Fertigungsverfahren in der Bauwirtschaft und die Einführung neuer Bauweisen gestatten es dem Architekten heute, viele Bauteile dünner und leichter auszuführen, als dies früher möglich war. Beispielsweise werden in zunehmendem Maße Leichtbauelemente als Außenfassade mit teilweise großen Glasflächen verwendet, es werden zur Aufteilung großräumiger Grundrisse leichte, umsetzbare Trennwände benötigt, es werden leichtere Decken und Dächer konstruiert und im Fertighausbau fast alle Bauteile in Leichtbauweise erstellt. Diese Bauteile haben neben ihrer Funktion als raumbegrenzendes Element auch den bauphysikalischen Anforderungen, also dem Schallschutz, dem Wärmeschutz und dem damit eng zusammenhängenden Feuchtigkeitsschutz, zu genügen. Mit den vielfältigen Problemen, die damit verbunden sind, müssen sich vor allem die für Entwurf und Konstruktion Verantwortlichen, also Architekten, Bauingenieure und Techniker, wie auch die Meister und Facharbeiter in den Innenausbaubetrieben auseinander setzen. Ein umfangreiches Fachwissen auf dem Gebiet der Bauphysik ist heute unerläßlich, um Konstruktions- und Verarbeitungsfehler zu vermeiden, welche die Wirksamkeit der Bauteile in schall- und wärmeschutztechnischer Hinsicht entscheidend einschränken können.

Wer sich als Praktiker mit bauphysikalischen und anwendungstechnischen Fragen zu beschäftigen hat, wird im vorliegenden Handbuch das für ihn unerlässliche Fachwissen über den Schall- und Wärmeschutz anschaulich dargestellt und mit vielen praktischen Beispielen angereichert finden. Jedem der einzelnen Stoffgebiete wurde ein Abschnitt über die wichtigsten physikalischen und technischen Grundlagen und Begriffe vorangestellt unter bewusstem Verzicht auf tief schürfende wissenschaftliche Ausführungen. Der praktische Teil ist auf die zu berücksichtigenden Vorschriften der deutschen Norm und ähnlicher Richtlinien abgestimmt. Er enthält neben den Anforderungen an die einzelnen Bauteile die Darstellung schall- und wärmeschutztechnischer Konstruktionen von Wänden, Decken, Fußböden, Fenstern und Türen. Notwendige Rechenverfahren werden anhand von Rechenbeispielen erläutert. Zur Vertiefung in die Materie soll das Literaturverzeichnis dienen, das grundlegende Arbeiten anderer Autoren aufführt.

Für den Praktiker wie für Schüler und Studenten hält das Buch Antworten auf die wichtigsten grundsätzlichen Probleme bereit, sodass es ihnen als Arbeitsunterlage und Nachschlagewerk gute Dienste leisten wird.

Vorwort zur siebten Auflage

Die Überarbeitung des vorliegenden Buches wurde notwendig, weil wichtige Normen, auch auf dem Gebiet des Bauwesens und der Bauphysik, im Rahmen der europäischen Harmonisierung novelliert wurden oder noch werden. Es wurden eine Reihe vorhandener Normblätter zurückgezogen bzw. europäische und internationale Normen in das deutsche Regelwerk übernommen. Ihre Bezeichnung lautet nun DIN EN, DIN ISO oder DIN EN ISO. Damit haben sich natürlich auch viele Anforderungen und Berechnungsverfahren geändert.

Auf dem Gebiet des Wärmeschutzes hat die Energieeinsparverordnung im Jahr 2002 die Wärmeschutzverordnung 1995 abgelöst. Die Energieeinsparverordnung begrenzt den Jahres-Primärenergiebedarf, der nicht nur den Transmissionswärmebedarf sondern auch den Energiebedarf für die Heizungs- und Lüftungsanlage in die Berechnung einbezieht. Auch hier werden interne Wärmegewinne, Wärmegewinne aus Solarenergie, Umweltwärme, Erdwärme und anderen erneuerbaren Energien berücksichtigt. Die Berechnungen werden in einem monatlichen oder jährlichen Energiebilanzverfahren durchgeführt und die Ergebnisse in einem Energiebedarfsausweis festgehalten.

Mit dem Erlass des Bauproduktengesetzes und der Einführung der Bauregelliste gelten für die dort aufgenommenen Bauprodukte, dass sie geprüft wurden und bestimmten Anforderungen entsprechen.

Diese bauphysikalischen Zusammenhänge werden in gut verständlicher Form anhand vieler Abbildungen und Rechenbeispiele dargestellt und erläutert.

Teil I
Schallschutz im Innenausbau

1 Notwendigkeit des Schallschutzes

Die Entwicklung der modernen Technik, durch die unser Leben reicher und bequemer wurde, hat auch einen großen Plagegeist heraufbeschworen, der von Jahr zu Jahr lästiger wird: den Lärm.

Vielen Lärmquellen kann sich der moderne Mensch heute kaum mehr entziehen. Denken wir nur an den Verkehrslärm auf der Straße und in der Luft, an den Maschinenlärm in den Betrieben und Büros. Ja, nicht einmal zu Hause bleibt der Mensch vom Lärm verschont. Hier wird er von Radio- und Fernsehgeräuschen berieselt, muss er beim Gebrauch der modernen Haushaltsgeräte und Einrichtungen, wie Müllschlucker, Aufzüge, den dazugehörigen Lärm in Kauf nehmen.

1.1 Auswirkungen des Lärms auf die Gesundheit

Die Wirkung des Lärms auf die Gesundheit des Menschen ist keineswegs eine Erkenntnis der Neuzeit. Von den Chinesen ist überliefert, dass sie schon vor Beginn unserer Zeitrechnung die Todesstrafe für besonders verabscheuungswürdige Verbrechen vollzogen, indem sie den Verurteilten so lange dem Lärm der Trommler, Pfeifer und Flötenspieler aussetzten, bis er tot zu Boden fiel. Nachweislich wirkt sich die ständige Geräuscheinwirkung auf die menschliche Gesundheit schädlich aus. Abgesehen von Gehör- und Gesundheitsbeeinträchtigungen, die durch hohe Lautstärken hervorgerufen werden, treten durch dauernde Lärmeinwirkungen vor allem Schädigungen des vegetativen Nervensystems ein, die sich als Magen-, Herz-, Kreislauf- und andere Beschwerden auswirken. Ganz zu schweigen von Schlafstörungen, über die heute sehr viele Menschen klagen. Lärm beeinträchtigt nicht nur die Gesundheit des Menschen, sondern setzt auch seine Konzentrations- und Leistungsfähigkeit bei der Arbeit herab. Denken wir nur an die akustischen Störungen bei anstrengender geistiger Arbeit im Büro, bei Konferenzen, bei Vorträgen und sonstigen Veranstaltungen, oder an die Unfallgefahren, die durch das Überhören von Warnsignalen heraufbeschworen werden, zum Beispiel beim Arbeiten in lärmerfüllten Werkstätten und Fabrikräumen, bei Straßen- und Schienenbauarbeiten unter starkem Verkehrslärm. Gefährlich und bei den Betroffenen immer noch weit verbreitet ist auch der Irrtum, dass man sich an den Lärm gewöhnen könne und Lärmschäden sich dadurch vermeiden ließen. Diese Einstellung beruht vor allem darauf, dass man den Lärm im Anfangsstadium der Lärmschwerhörigkeit subjektiv nicht mehr wahrnimmt oder nicht mehr als störend empfindet. Aus all diesen Gründen gehört die Lärmbekämpfung heute zu den vordringlichsten Aufgaben.

1.2 Bekämpfung des Lärms

Zur Bekämpfung der vielfältigen Lärmbelästigungen wurde in den letzten Jahrzehnten eine Reihe von Richtlinien, Gesetzen und Verordnungen auf Bundes- und Landesebene erlassen. Eine Vereinheitlichung der Gesetzgebung auf diesem Gebiet wird angestrebt. Die Kenntnis der wichtigsten Bestimmungen zur Verhinderung der Lärmausbreitung ist sowohl für Architekten und Bauherren als auch für Gewerbetreibende notwendig, um finanzielle Nachteile oder Ansprüche auf Schadensersatz vermeiden zu können. Nachstehend sind in kurzer Form die wichtigsten Bestimmungen und Gesetze angegeben und erläutert.

1.2.1 Bundesimmissionsschutzgesetz

Am 14.3.1974 (zuletzt geändert am 9.9.2001) wurde für die Bundesrepublik Deutschland das Bundesimmissionsschutzgesetz erlassen. Ziel des Gesetzes ist es, Menschen, Tiere, Pflanzen, das Wasser, die Atmosphäre sowie Kultur- und Sachgüter vor schädlichen Umwelteinwirkungen zu schützen, die durch Immissionen verursacht werden, sowie dem Entstehen schädlicher Umwelteinwirkungen vorzubeugen.

»*Immission*« leitet sich vom lateinischen Wort immittere ab und bedeutet »Einwirkung«. Das Immissionsschutzgesetz befasst sich somit mit Einwirkungen, die nach Art, Ausmaß oder Dauer geeignet sind, Gefahren, erhebliche Nachteile oder Belästigungen für die Allgemeinheit oder für die Nachbarschaft durch emittierende (auswerfende) Anlagen in privater oder öffentlicher Hand herbeizuführen.

»*Emissionen*« (= Aussendungen) im Sinne dieses Gesetzes sind:
- Luftverunreinigungen, z.B. durch Staub, Späne, Rauch, Rußablagerungen, sonstige Schwebstoffe und Gerüche wie Gase, Dämpfe, Abluft von Spritzanlagen,
- Geräusche, z.B. Maschinen- oder Straßenlärm,
- Erschütterungen,
- Licht, Wärme, Strahlungen.

Anlagen im Sinne dieses Gesetzes sind:
- Betriebsstätten und sonstige ortsfeste oder ortsveränderliche Einrichtungen wie Maschinen, Geräte und Fahrzeuge,
- Grundstücke, auf denen Stoffe gelagert oder Arbeiten durchgeführt werden, die Emissionen verursachen können.

Die Errichtung und der Betrieb von gewerblichen Zwecken oder nicht gewerblichen Zwecken dienenden Anlagen, welche die Allgemeinheit oder die Nachbarschaft gefährden, benachteiligen oder belästigen, bedürfen einer Genehmigung. Diese Anlagen sind so zu errichten und zu betreiben, dass keine Belästigungen auftreten können, dass Vorsorge gegen schädliche Umwelteinwirkungen getroffen wird, die dem Stand der Technik entspricht, und dass anfallende Reststoffe schadlos verwertet und beseitigt werden. Dabei ist es unerheblich, ob die Emissionen dauernd oder nur gelegentlich auftreten. Die Genehmigung kann widerrufen werden, wenn der Betreiber der Anlagen einer damit verbundenen Auflage oder einer nachträglichen Anordnung nicht nachkommt. Dies hat zur Folge, dass der Betrieb dieser Anlage eingestellt wird.

Das Gesetz gilt sowohl für neu zu erstellende als auch für bereits bestehende Betriebe. Seit längerem arbeitende Betriebe können sich bei späterer Ansiedlung von Nachbarn nicht darauf berufen, dass sie bislang niemand belästigt hätten. Die neue Umgebung macht die bisher nicht lästigen Emissionen der alten Anlage nur offenkundig. Als besondere Allgemeine Verwaltungsvorschriften zum Bundesimmissionsschutzgesetz gibt es die »Technische Anleitung zur Reinhaltung der Luft (TA-Luft)« und die »Technische Anleitung zum Schutz gegen Lärm (TA-Lärm)«.

1.2.2 Baunutzungsverordnung

Dieses Bundesgesetz aus dem Jahre 1977, geändert am 22.4.1990, regelt die Bebauung von Grundstücken und die Art der Flächennutzung. Dadurch ist es den Gemeindebehörden möglich, Baugebiete mit verschiedenartiger Nutzung auszuweisen und emittierende Gewerbebetriebe in Gebiete zu verweisen, wo sie wenig oder nicht stören.

In der Baunutzungsverordnung werden die Bauflächen nach der Art der baulichen Nutzung und nach Baugebieten aufgeteilt:

(1) Wohnbauflächen:
Kleinsiedlungsgebiete	(WS)
Reine Wohngebiete	(WR)
Allgemeine Wohngebiete	(WA)
Besondere Wohngebiete	(WB)

(2) Gemischte Bauflächen:
Dorfgebiete	(MD)
Mischgebiete	(MI)
Kerngebiete	(MK)

(3) Gewerbliche Bauflächen:
    Gewerbegebiete   (GE)
    Industriegebiete   (GI)

(4) Sonderbauflächen:
    Sondergebiete   (SO)

Je nach dem Grad der Belästigung, die ein Betrieb für seine Umgebung darstellt, kann die Gemeindebehörde ihn in Baugebiete bestimmter Nutzungsart verweisen. Tabelle 20 zeigt Einstufungsmöglichkeiten nach der Baunutzungsverordnung.

Die Einstufung der Betriebe in die einzelnen Gebiete erfolgt durch die zuständigen Behörden aufgrund von Immissionsschutzrichtwerten.

	WS	WR	WA	WB	MD	MI	MK	GE	GI	SO
Läden für die Versorgung des Gebiets	●		●							
Einzelhandel				●	●	●	●			
Einkaufszentren										●
Büro-, Geschäfts-Verwaltungsgebäude				○	●	●	●	●	●	
Gaststätten	●	○	●	●	●	●	●			
Gewerbebetriebe						●		●	●	
Gewerbebetriebe, nicht störend	○			○	●	●		●		
Landwirtschaftliche Nebenerwerbsstellen, Gartenbaubetriebe	●			○	●	●				
Handwerksbetriebe, nicht störend	●	○	●	●						
Anlagen für kirchliche, kulturelle, soziale, gesundheitliche und sportliche Zwecke	○	○	●	●	●	●	●	○	○	
Lagerhäuser und Lagerplätze									●	●
Tankstellen		○		○	○	●	●	●	●	●

● zulässig   ○ ausnahmsweise zulässig

Tab. 20 – Einstufung nach der Baunutzungsverordnung

1.2.3 Baulärmschutzgesetz

Auch hierbei handelt es sich um ein Bundesgesetz. Es will unnötigem Lärm auf Baustellen entgegenwirken und verpflichtet deshalb die Betreiber von Baumaschinen (zum Beispiel von Handkreissägen, Schleifmaschinen, Schlagbohrwerkzeugen, Pressluftbohrmaschinen), vermeidbare Geräusche an der Baustelle zu verhindern und unvermeidbare Geräusche auf das dem jeweiligen Stand der Technik entsprechende

Mindestmaß zu beschränken. Die Maschinengeräusche dürfen an der Geräuschquelle bestimmte Zumutbarkeitswerte und Emissionsrichtwerte nicht überschreiten.

1.2.4 Gewerbeordnung

Die im Jahre 1999 geänderte Fassung der Gewerbeordnung enthält in ihrem § 16 allgemeine Verwaltungsvorschriften über genehmigungspflichtige Anlagen, darunter auch die »Technische Anleitung zum Schutz gegen Lärm« (TA Lärm). Sie nennt Immissionsrichtwerte, die bei der Einweisung von Betrieben in bestimmte Gebiete zugrunde gelegt werden können.

1.2.5 VDI-Richtlinien

VDI-Richtlinien sind Arbeitsergebnisse von Fachgruppen des Vereins Deutscher Ingenieure (VDI). Obwohl keine Gesetze, dienen sie den Behörden und Gerichten bei Entscheidungen als Bewertungsgrundlage.

So werden, analog zur TA Lärm (26.8.1998) die in der VDI-Richtlinie 2058 Blatt 1 vom September 1985 unter »Beurteilung von Arbeitslärm in der Nachbarschaft« aufgestellten Grenzwerte als Höchstwerte angesehen. Sie dürfen für die Bewertung von Lärmeinwirkungen auf die Nachbarschaft nicht oder nur kurzzeitig und geringfügig überschritten werden. Folgende maximalen Lärmpegelwerte werden angegeben:

Die Richtwerte »außen« betragen für		Beurteilungspegel
a) Gebiete, in denen nur gewerbliche oder industrielle Anlagen und Wohnungen für Inhaber und Leiter der Betriebe sowie für Aufsichts- und Bereitschaftspersonal untergebracht sind (Industriegebiete):	bis	70 dB (A)
b) Gebiete, in denen vorwiegend gewerbliche Anlagen untergebracht sind (Gewerbegebiete):	tags nachts	65 dB (A) 50 dB (A)
c) Gebiete mit gewerblichen Anlagen und Wohnungen, in denen weder vorwiegend gewerbliche Anlagen noch vorwiegend Wohnungen untergebracht sind (Kern-, Dorf- und Mischgebiete):	tags nachts	60 dB (A) 45 dB (A)
d) Gebiete, in denen vorwiegend Wohnungen untergebracht sind (allgemeine Wohngebiete und Kleinsiedlungsgebiete):	tags nachts	55 dB (A) 40 dB (A)

e) Gebiete, in denen ausschließlich Wohnungen
untergebracht sind (reine Wohngebiete):   tags   50 dB (A)
    nachts   35 dB (A)
f) Kurgebiete, Krankenhäuser und Pflegeanstalten: tags   45 dB (A)
    nachts   35 dB (A)

Kurzzeitige Geräuschspitzen sollen die Richtwerte »außen« am Tag um nicht mehr als 30 dB (A), bei Nacht um nicht mehr als 20 dB (A) überschreiten.

Die Richtwerte »innen« betragen für Wohnräume bei Geräusch- und Körperschallübertragungen innerhalb eines Gebäudes: tags   35 dB (A)
    nachts   25 dB (A)

Kurzzeitige Geräuschspitzen sollen die Richtwerte »innen« um nicht mehr als 10 dB (A) überschreiten. Die Immissionsrichtwerte beziehen sich auf folgende Zeiten:
    tags   von 6.00–22.00 Uhr
    nachts   von 22.00–6.00 Uhr
Ausnahmen bei besonderen Anlässen sind in der TA-Lärm geregelt.

Bei Messungen »außen« wird die Höhe des Schallpegels in einer Entfernung von 0,5 m außerhalb des geöffneten Fensters ermittelt, bei Messungen »innen« im Abstand von 1,2 m über dem Fußboden und 1,2 m von den Wänden.

Für die Beurteilung von Lärm am Arbeitsplatz werden in der VDI-Richtlinie 2058 Blatt 3 und in der Arbeitsstättenverordnung § 15 maximale Beurteilungspegel angegeben.

Der Beurteilungspegel am Arbeitsplatz in Arbeitsräumen darf auch unter Berücksichtigung der von außen einwirkenden Geräusche höchstens beitragen:

a) bei überwiegend geistigen Tätigkeiten   55 dB (A),
b) bei einfachen oder überwiegend mechanisierten
Bürotätigkeiten und vergleichbaren Tätigkeiten   70 dB (A),
c) bei allen sonstigen Tätigkeiten   85 dB (A).

Soweit dieser Beurteilungspegel nach der betrieblich möglichen Lärmminderung zumutbarerweise nicht einzuhalten ist, darf er bis zu 5 dB (A) überschritten werden.

1.2.6 Technische Normen

Die technischen Normen sind in den DIN-Vorschriften festgelegt. In der *DIN 18005* – Schallschutz im Städtebau – sind für die verschiedenen schutzbedürftigen Nutzgebiete bei der Bauleitplanung, die in Tabelle 23 genannten Orientierungswerte für den Beurteilungspegel angegeben.

Schutzbedürftige Nutzgebiete	tags	nachts	
	db (A)	Straßen-verkehrslärm dB (A)	Industrie- und Gewerbelärm dB (A)
Reine Wohngebiete (WR) Wochenend- und Ferienhausgebiete	50	40	35
Allgemeine Wohngebiete (WA) Kleinsiedlungsgebiete (WS) Campingplätze	55	45	40
Friedhöfe, Parkanlagen Kleingartenanlagen	55	55	55
Besondere Wohngebiete (WB)	60	45	40
Dorfgebiete (MD) Mischgebiete (MI)	60	50	45
Kerngebiete (MK) Gewerbegebiete (GE)	65	55	50
Sondergebiete	45–65	35–65	35–65
Industriegebiete (GI)	keine Angaben		

Tab. 23 – Orientierungswerte für Beurteilungspegel nach DIN 18005 – Schallschutz im Städtebau

Die angegebenen Werte sollen bereits auf den Rand der Bau- oder Grundstücksfläche in den jeweiligen Baugebieten oder Nutzungsflächen bezogen werden.

Für den Bereich des Schallschutzes bei Bauwerken ist vor allem die *DIN 4109 – Schallschutz im Hochbau* – maßgebend.

Die Vorschriften dieses Normblattes sind von den zuständigen Ministerien der Bundesländer als verbindlich erklärt worden, wodurch sie quasi Gesetzeskraft besitzen. Auch der Bundesgerichtshof hat in einem Urteil vom 13.7.1959 entschieden, dass die Bestimmungen der DIN 4109 als allgemein anerkannte Regeln der Baukunst gelten.

Die allgemein anerkannten Regeln der Baukunst beschreiben den maßgeblichen technischen Standard für die Beurteilung ordnungsgemäßer Herstellung von baulichen Anlagen. Sie entsprechen damit den allgemein anerkannten Regeln der Technik.

Eine anerkannte Regel der Technik ist dabei eine technische Festlegung, deren Inhalt von der Mehrheit der Fachleute als zutreffende Beschreibung des Standards der Technik zum Zeitpunkt der Veröffentlichung anerkannt wird.

Davon zu unterscheiden ist als weitergehende Anforderung der z. B. im Bundesimmissionsschutzgesetz enthaltene Begriff »Stand der Technik«. Stand der

Technik ist der zu einem bestimmten Zeitpunkt erreichte Stand technischer Einrichtungen, Erzeugnisse, Methoden oder Verfahren, der sich nach Meinung der Mehrheit der Fachleute in der Praxis bewährt hat oder dessen Eignung von ihnen als nachgewiesen angesehen werden kann.

Während der Standard der anerkannten Regeln der Technik stets hinter einer weiterstrebenden technischen Entwicklung hinterherhinkt (wie z. B. eine DIN-Vorschrift), wird beim Begriff »Stand der Technik« auf einen fortschrittlichen, zum Zeitpunkt der Beurteilung vorhandenen Entwicklungsstand abgehoben.

Die allgemein anerkannten Regeln der Baukunst enthalten als Bestimmungen der DIN 4109 somit das Mindestmaß der an ein Bauwerk zu stellenden Anforderungen in Bezug auf den Schallschutz. So stellt z. B. schon die Unterschreitung der Mindestanforderungen nach DIN 4109 beim Luftschallschutz um 1 dB einen Mangel dar, für den der Architekt, Bauleiter oder Bauunternehmer haftet (OLG München vom 31.7.1984, AZ 9 U 1679/84). Da es technisch keinerlei Schwierigkeiten bereitet, diese Norm anzuwenden, kann somit bei Verletzung dieser Bestimmungen eine zivilrechtliche oder auch eine strafrechtliche Haftung entstehen. Der Inhalt der DIN 4109 wird in den Kapiteln 2–8 ausführlich beschrieben.

1.2.7 Landesbauordnungen

In den Bauordnungen der Bundesländer sind in verschiedenen Paragraphen Vorschriften über den Schallschutz, den Erschütterungsschutz und den Wärmeschutz bei Errichtung, Änderung und Nutzung von baulichen Anlagen enthalten. Sie gelten z. B. für Außen- und Trennwände, Decken und Böden, Fenster und Türen, Dächer, Aufzüge, Lüftungs- und Feuerungsanlagen, Installations- und Abfallschächte sowie für bauliche Anlagen besonderer Art und Nutzung (z. B. Garagen, Versammlungsräume u. ä.).

1.2.8 Empfehlungen der medizinischen Wissenschaft zur Lärmbekämpfung

Die vor mehr als hundert Jahren von Robert Koch, dem Entdecker des Tuberkelbazillus, geäußerte Prophezeiung, der Mensch werde eines Tages den Lärm ebenso unerbittlich bekämpfen müssen wie die Cholera und die Pest, ist Wirklichkeit geworden. Lärm wird – wie bereits erwähnt – nicht nur als lästig empfunden, sondern er führt bei dauernder Einwirkung auch zu gesundheitlichen Schäden. Eine große Zahl von Medizinern hat sich deshalb mit dem Lärmproblem befasst und Vorschläge zur Lärmbekämpfung gemacht.

Nach Lehmann (Max-Planck-Institut, Dortmund) kann Lärm seiner Wirkung nach in drei Stufen eingeteilt werden:

Stufe I (30–60 dB [A]):   Belästigung durch den Lärm (psychische Wirkung),
Stufe II (60–90 dB [A]): Gefährdung der Gesundheit durch den Lärm
                          (psychische und vegetative Wirkungen),
Stufe III (90–120dB [A]): Schädigung der Gesundheit durch den Lärm
                          (psychische, vegetative und otologische Wirkungen).*

Dr. med. F. von Tischendorf hat in seinen »Medizinischen Leitsätzen zur Lärmbekämpfung« als maximale Lautstärken aufgeführt:

a) in Schlafräumen bei geöffneten Fenstern: 25–30 dB (A)
b) in Krankenzimmern und Ruheräumen tagsüber – zum mindesten in den Mittag- und Abendstunden – bei geöffneten Fenstern: 30–40 dB (A)
c) bei Arbeiten mit dauernder hoher geistiger Konzentration: 25–45 dB (A)
d) bei Arbeiten mit mittlerer Konzentration: 50–60 dB (A)
e) bei sonstigen Arbeiten: 50–70 dB (A)
f) in Wohnräumen tagsüber: 45 dB (A)
g) in Erholungsgebieten, Anlagen und Gärten: 30–50 dB (A)

1.2.9 Zivilrechtliche und strafrechtliche Bestimmungen

Die *zivilrechtliche Grundlage* der Lärmbekämpfung bilden eine Reihe von Paragraphen des Bürgerlichen Gesetzbuches (zum Beispiel §§ 537–539, 862, 1004). Zunächst ist danach grundsätzlich die Haftung des Architekten, des Bauleiters und des Bauunternehmers gegenüber dem nichtsachverständigen Bauherrn bejaht. Eine Haftung des Architekten kommt vor allem dann in Frage, wenn er gegen die allgemein anerkannten Regeln der Baukunst – dazu gehören die Bestimmungen der DIN 4109 – verstößt.

Einem Bauherrn können bei Nichteinhaltung oder Nichterfüllung dieser DIN-Vorschrift die öffentlichen Mittel entzogen werden, das heißt, er muss bereits erhaltene Beträge zurückzahlen. Der Bauherr kann dann seinerseits aufgrund der Wertminderung des Gebäudes den Architekten wegen Nichtberücksichtigung der Schallschutzbestimmungen in seinem Entwurf oder den Bauleiter wegen mangelhafter Beaufsichtigung der Ausführung haftbar machen.

Hinzu kommt, dass auch den Mietern der einzelnen Wohnungen ein Mietminderungsrecht und ein Recht auf Schadensersatz gegen den Bauherrn zusteht. Der Mieter einer Wohnung ohne ausreichenden Schallschutz ist aufgrund des § 537 BGB nur zur Entrichtung eines nach § 572 und § 273 BGB zu bemessenden

---

* Vgl. Lehmann, G.: Die Wirkung des Lärms auf der gesunden Menschen, in: Kampf dem Lärm, München 1960, Heft 3.

Teils der Miete verpflichtet. Unter der Voraussetzung des § 538 kann er statt dessen Schadensersatz verlangen.

Die Duldung von Lärmeinwirkungen auf ein Gebäude oder auf eine Wohnung von außen wird durch die Bestimmungen des § 906 BGB geregelt. Dort heißt es:

1. Der Eigentümer hat unwesentliche Einwirkungen wie bisher zu dulden.
2. Wesentliche oder ortsübliche Einwirkungen müssen nur geduldet werden, wenn sie nicht durch technische, wirtschaftlich zumutbare Maßnahmen verhindert werden können.
3. Der Eigentümer ist berechtigt, falls er eine ortsübliche Einwirkung hinnehmen muss, die durch geeignete wirtschaftlich zumutbare Maßnahmen nicht verhindert werden kann, einen Ausgleich in Geld zu fordern, wenn sein wirtschaftliches Interesse über das zumutbare Maß hinaus beeinträchtigt wird.

Eine Nichtbeachtung der DIN 4109 kann neben der zivilrechtlichen Haftung noch *strafrechtliche* Folgen haben, und zwar dann, wenn für Dritte eine Gefahr besteht (§ 330 StGB). Diese kann in Form von körperlichen oder seelischen Schäden für Mieter ungeschützter Wohnungen gegeben sein. Nach den rechtlichen Bestimmungen kann eine Verletzung der Regeln der Baukunst – in unserem Falle der DIN 4109 – mit Geldstrafe oder mit Freiheitsstrafe bis zu zwei Jahren geahndet werden.

Durch alle diese Vorschriften will man die Lärmbelästigung weitgehend eindämmen. Natürlich konnte hier die derzeitige Rechtslage nur andeutungsweise dargestellt werden, doch sollte klargeworden sein, dass eine Nichtbeachtung der Vorschriften erhebliche Rechtskonsequenzen in zivil- und strafrechtlicher Hinsicht haben kann.

1.3 Möglichkeiten zur Verhinderung der Lärmausbreitung

Störende Geräusche entstehen vor allem in Gewerbebetrieben und durch den Verkehr. Betriebe als Lärmerzeuger, die auf die Nachbarschaft störend einwirken, haben verschiedene Möglichkeiten, die Lärmausbreitung zu verhindern oder den Schallpegel auf vorgeschriebene Maximalwerte zu reduzieren.

Möglichkeiten zur Lärmminderung sind:

1.3.1 Verwendung lärmarmer Maschinen

Die erste Möglichkeit ist die Verwendung von Geräten und Maschinen, die nur geringen Lärm erzeugen. Viele Gewerbebetriebe müssen aber mit Maschinen arbeiten, die starke Lärmerzeuger sind. Zwar wurden Versuche gemacht, den Lärmpegel an Maschinen zu senken, jedoch sind die Ergebnisse teils technisch, teils wirtschaftlich häufig noch unbefriedigend. Lärmminderungen wurden zum Beispiel bei der Holzbearbeitung an Hobelmaschinen durch gewundene Hobelmesser (Meißnerwelle), durch eingeschnittene Tischlippen u. ä. erzielt, an Kreissägen durch die Verwendung von Verbundsägeblättern, durch Sägeblätter mit geringerer Zähnezahl, durch seitliche Führungen am Sägeblatt und ähnliche Konstruktionen.

1.3.2 Kapselung der Lärmquelle

Durch eine Kapselung der Geräuschquelle wird der abgestrahlte Luftschall schon am Ort seiner Entstehung verringert. Hierbei werden entweder die lauten Maschinen ganz eingekapselt (z. B. Doppelendprofiler in einer Fertigungsstraße) oder bestimmte laute Maschinenteile (z. B. an Kehlautomaten oder Kantenanleimmaschinen) mit schallschluckenden Hauben abgedeckt. Da das Arbeiten an der Maschine nicht behindert werden darf, ist diese Maßnahme jedoch nur begrenzt wirksam. Abkapselungen lassen sich überall dort mit Erfolg einsetzen, wo die Geräte nicht beschickt werden müssen, wie bei Kompressoren, Ventilatoren oder Motoren. Die Wände der Kapselung werden dabei mit schallschluckenden Stoffen ausgekleidet.

1.3.3 Einbau schalldämmender Bauteile

Am häufigsten werden als lärmmindernde Maßnahme raumbegrenzende schalldämmende Bauteile wie Außenwände, Trennwände, Decken, Dächer, Türen und Fenster eingesetzt. Sie sollen den Lärm ganz oder bis zum höchstzulässigen Schallpegel dämmen und damit eine Störung der Nachbarschaft verhindern. Die Möglichkeiten für die Durchführung eines solchen Schallschutzes werden in den folgenden Kapiteln erörtert.

1.3.4 Anordnung schallschluckender Stoffe

Eine Maßnahme, um den innerbetrieblichen Schallpegel zu senken und damit die Arbeitsbedingungen zu verbessern, ist die Anordnung von schallschluckenden Stoffen an Wänden und Decke des Arbeitsraums. Diese Konstruktionen haben jedoch nur einen geringen Einfluss auf die Schalldämmung, das heißt auf den Durchgang der Schallwellen durch die Bauteile. Näheres über Schallschluckung s. Kapitel 9.

1.3.5 Verwendung körperschalldämmender Elemente

Neben Luftschall, der vor allem durch sich schnell bewegende Werkzeuge entsteht, ist noch der Körperschall zu beachten. Laufende Maschinen werden durch die sich bewegenden Teile und durch Unwuchten in Schwingungen versetzt, die über den Fußboden auf andere Bauteile als Körperschall übertragen und von diesen als Luftschall im hörbaren Bereich wieder abgestrahlt werden. Schwingungen mit niedriger Frequenz werden dabei als Erschütterung wahrnehmbar. Die Übertragung dieser Schwingungen lässt sich weitgehend ausschalten, wenn die Maschinen auf elastische Elemente gestellt werden. Diese gibt es als Schwingungsisolatoren aus Stahlfedern, Gummi, Kork, Kunststoffen usw. je nach Anwendungsgebiet in den verschiedensten Ausführungen. Rohrleitungen, in Gebäudeteilen verlegt, können mit weichfederndem Dämmstoff ummantelt werden.

1.3.6 Durchführung körperschalldämpfender Maßnahmen

Werden dünne Platten, vor allem Bleche, durch Körperschall angeregt, so geben sie diese Schwingungen besonders gut in Form von Luftschall ab. Man sagt, die Platten dröhnen. Diese Schallausbreitung kann durch schalldämpfende Maßnahmen, wie durch Sandauflage, durch Aufbringen von Kunststoff- oder Bitumenschichten, vermindert werden.

2 Physikalische und schalltechnische Grundlagen und Begriffe

2.1 Schall

Unter Schall versteht man mechanische Schwingungen und Wellen, die sich in gasförmigen, flüssigen und festen Stoffen ausbreiten.
Man unterscheidet:
Längswellen (Longitudinalwellen)
Sie bilden sich in Gasen (zum Beispiel Luft), in Flüssigkeiten und festen Stoffen als nicht begrenzte Medien. Beim Anstoßen pendeln die Masseteilchen in der Schallausbreitungsrichtung hin und her, wodurch Überdruck- und Unterdruckzonen entstehen (s. Abb. 29).

Dehnwellen
Sie bewegen sich ähnlich der Längswelle, treten jedoch nur in festen Körpern mit endlicher Ausdehnung auf (zum Beispiel in Platten und Stäben).

Querwellen (Transversalwellen)
Diese entstehen ebenfalls nur in festen Stoffen. Die Masseteilchen werden quer zur Schallausbreitungsrichtung nacheinander in Bewegung gesetzt. Abb. 29 zeigt,

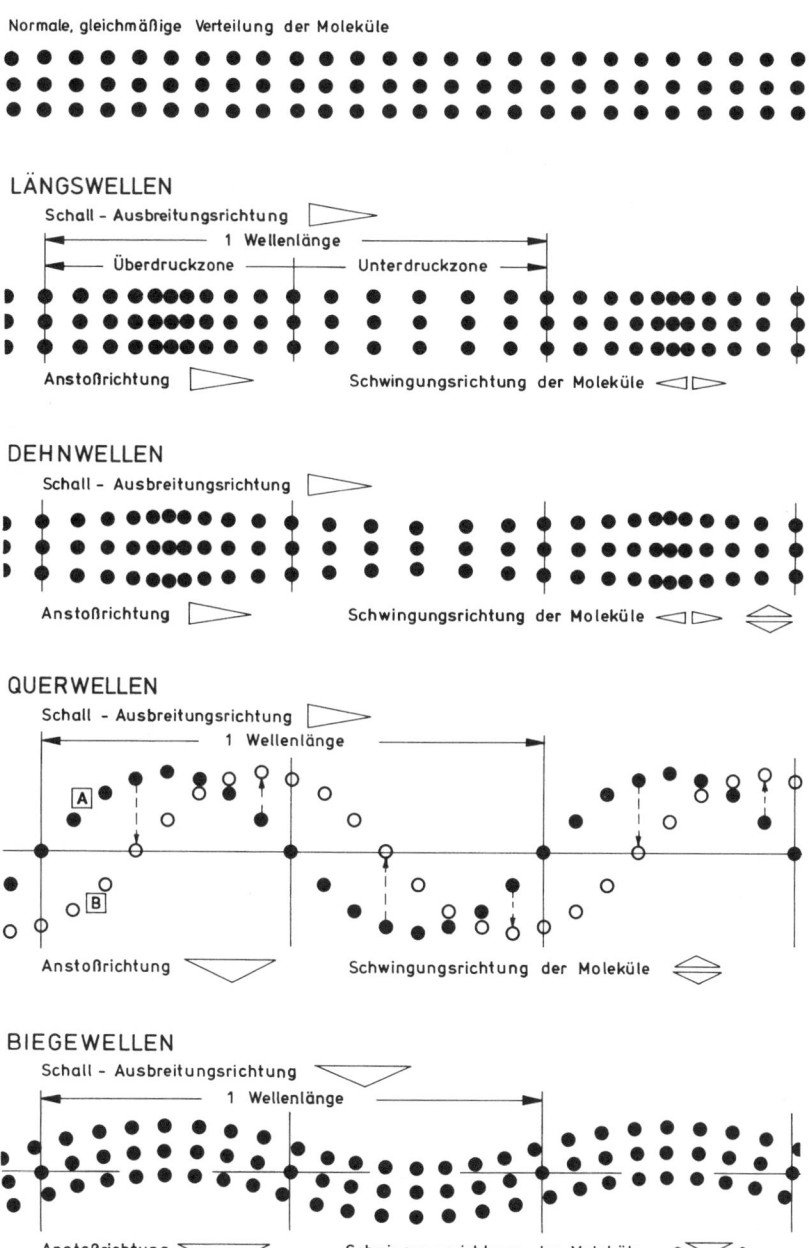

Abb. 29 – Fortpflanzung des Schalls in Form verschiedenartiger Wellen, abhängig von der Art des Mediums und der Richtung, in der die Masseteilchen angestoßen werden.

wie der Schall sich dadurch so nach rechts in Ausbreitungsrichtung fortpflanzt, dass die Welle A zur Welle B wird.

Biegewellen
Solche Wellen entstehen, wenn Plattenelemente als Ganzes schwingen. In festen Körpern, zum Beispiel im Mauerwerk, können alle drei Wellenarten gleichzeitig auftreten.

2.2 Ton und Geräusch

Ein einfacher oder reiner Ton ist die Schallschwingung einer einzelnen Frequenz mit sinusförmigem Verlauf.

Ein Geräusch ist der Schall, der aus vielen Teiltönen mit unregelmäßigen Schwingungen ohne festes zeitliches Verhältnis zusammengesetzt ist.

2.3 Lärm

Lärm ist jede Geräuschimmission, die die Gesundheit, die Leistungsfähigkeit und die Arbeitssicherheit des Menschen beeinträchtigt und die er deshalb als störend oder belästigend empfindet. Somit ist Lärm ein subjektiver Begriff und hängt von der Einstellung des Hörenden zur Lärmquelle ab. So empfindet zum Beispiel ein Unternehmer den Schallpegel seiner laufenden Maschinen als beruhigend, da er hier seine Arbeiter bei der Arbeit weiß, während ein kranker Mensch in der Nachbarschaft den gleichen Lärm kaum ertragen kann.

Der Lärm wird um so lästiger, je heftiger und je häufiger er auftritt und je länger die einzelnen Intervalle dauern. Lärm kann den Menschen auch gefährden oder schädigen.

Abb. 30/1 – Erzeugung von Luftschall.

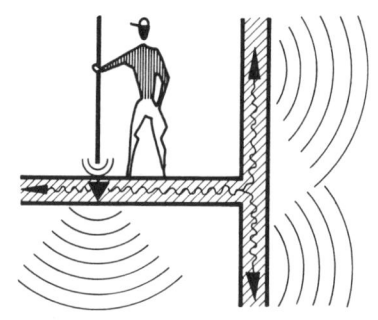
Abb. 30/2 – Erzeugung von Körperschall.

2.4 Luftschall

Luftschall ist der Schall, der sich in Luft ausbreitet. Zur Erzeugung von Luftschallwellen genügen geringste Energien. Luftschall entsteht durch Sprechen, Musizieren, laufende Maschinen, Verkehrsgeräusche usw. (s. Abb. 30/1).

2.5 Körperschall

Schall, der sich in festen Stoffen, z. B. in Decken und Wänden eines Gebäudes, fortpflanzt, wird Körperschall genannt. Er verwandelt sich durch Anregung der an die Wände angrenzenden Luftmoleküle zum Teil wieder in Luftschall. Im Bauwesen wird der Körperschall, der in der Hauptsache durch Gehen auf Decken entsteht, als Trittschall bezeichnet. Körperschall entsteht durch Gehen, Klopfen, Stuhlrücken, durch Aufzüge, Maschinen, Haushaltgeräte usw. (s. Abb. 30/2).

2.6 Schallgeschwindigkeit c

Die Ausbreitungsgeschwindigkeit (c) der Schallwellen ist in den einzelnen Medien verschieden groß und von der Temperatur abhängig. Je elastischer ein Stoff ist, desto langsamer breitet sich die Schallwelle aus. Auch der Querschnitt des Bauglieds spielt eine Rolle. In Luft pflanzt sich der Schall viel langsamer fort als in festen Körpern, wobei von der Wirkung des Windes ganz abgesehen werden soll. Bei der Schallausbreitung in Holz gibt es verhältnismäßig große Streuungen. Quer zur Faser dürfte die Geschwindigkeit hierbei nur halb so groß sein wie in Längsrichtung (s. Tab. 31).

Luft bei 0 °C	331	Kupfer	3500
Luft bei 20 °C	340	Mauerwerk	3600
Wasser	1450	Beton	4000
Kork	500	Stahl	5000
Blei	1300	Aluminium	5100
Eichenholz in Faserrichtung	3380	Glas	5200
Tannenholz in Faserrichtung	4180	Gummi	40

Tab. 31 – Geschwindigkeit der Schallausbreitung in verschiedenen Stoffen bei 20 °C in m/s

2.7 Frequenz des Schalls

Die Höhe eines reinen Tons wird durch die Frequenz (*f*) bestimmt, das heißt, je größer die Frequenz ist, desto höher ist der Ton.

Die Einheit für die Frequenz ist
1 Hertz (1 Hz) = 1 Schwingung pro Sekunde $\left(\frac{1}{s}\right)$

Hohe Töne erzeugen also viele Schwingungen in einer Sekunde, tiefe Töne in der gleichen Zeiteinheit weniger. Als Normalfrequenz wird eine Frequenz von 1000 Hz oder 1 Kilohertz (1 kHz) bezeichnet.

Bei den Frequenzen unterscheidet man drei Bereiche:

Erster Bereich: 0 Hz–16 Hz = *Infraschall*.
Dieser kann von Menschen nur verspürt, nicht aber gehört werden. Er tritt als Erschütterung, Beben usw. auf.

Zweiter Bereich: 16 Hz–16 000 Hz = *Normalschall*.
Dies ist der für Menschen hörbare Bereich. Je älter der Mensch wird, um so kleiner wird dieser Bereich. Für die Schalldämmung interessiert jedoch vorwiegend der Bereich zwischen 100 Hz und 3150 Hz (= fünf Oktaven).

Dritter Bereich: 16 000 Hz-Millionen Hz = *Ultraschall*.
Ultraschall ist für Menschen unhörbar, jedoch für einige Tiere noch wahrnehmbar, zum Beispiel für Hunde und Fledermäuse. Technisch ist Ultraschall verwendbar für Reinigungszwecke, zum Verbinden dünnster Metall- und Kunststoffolien, für Echolotung, zur Werkstoffprüfung usw.

2.8 Wellenlänge

Die Wellenlänge λ (sprich: klein Lambda) umfasst eine Schallschwingung, das heißt ein Wellenberg und ein Wellental oder eine Überdruckzone und eine Unterdruckzone (s. Kapitel 2.1).

Sie errechnet sich wie folgt:

$$\text{Wellenlänge} = \frac{\text{Ausbreitungsgeschwindigkeit}}{\text{Frequenz}} \qquad (1)$$

$$\lambda = \frac{c \ (m/s)}{f \ (1/s)}$$

Beispiele:

a) Wellenlängen bei einer Frequenz von 3200 Hz:

λ Luft $= \dfrac{340}{3200} = 0{,}106$ m

λ Holz $= \dfrac{3000}{3200} = 0{,}940$ m

λ Beton $= \dfrac{4000}{3200} = 1{,}250$ m

λ Gummi $= \dfrac{40}{3200} = 0{,}013$ m

b) Wellenlängen bei einer Frequenz von 800 Hz:

λ Luft $= \dfrac{340}{800} = 0{,}425$ m

λ Holz $= \dfrac{3000}{800} = 3{,}750$ m

λ Beton $= \dfrac{4000}{800} = 5{,}000$ m

λ Gummi $= \dfrac{40}{800} = 0{,}050$ m

Folgerung:
Je größer die Ausbreitungsgeschwindigkeit und je kleiner die Frequenz, desto größer ist die Wellenlänge.

Lange Wellen, das heißt niedrige Frequenzen, sind schwieriger zu dämmen als hohe Frequenzen. Die Wellenlänge bei Biegewellen wird in der Hauptsache von der Dicke und der Art des Plattenmaterials, das heißt von seiner Biegesteifigkeit beeinflusst. Sie ist um so größer, je biegesteifer das Plattenmaterial ist.

2.9 Schalldruck p (en: pressure)

Wird die Luft, z. B. durch eine vibrierende Membrane, zu Schwingungen angeregt, so erzeugt sie einen Wechseldruck (Druckschwankungen), der den normalen atmosphärischen Druck der Luft überlagert. Dieser Schalldruck p kann mit einem Schallpegelmesser gemessen werden.

Einheit: 1 Pascal $\triangleq$ 10 Mikrobar
1 Pa $\triangleq$ 10 µbar

2.10 Schallpegel L (en: Level) oder Schalldruckpegel L_p

Unter dem Schallpegel L versteht man die Stärke eines Schalls in Abhängigkeit vom Schalldruck p, wobei die Bezugsgröße $p_0 = 2 \cdot 10^{-5}$ Pa oder $2 \cdot 10^{-4}$ µbar den Schalldruck für die Hörschwelle bei $f = 1000$ Hz bedeutet.

$$L = L_p = 20 \log \dfrac{p}{p_0} \qquad (2)$$

Die Einheit für den Schallpegel ist 1 Dezibel, kurz 1 dB (nach dem Erfinder des elektromagnetischen Telefons Graham Bell).

2.11 Lautstärkepegel

Der Lautstärkepegel ist eine subjektive Größe. Er berücksichtigt den subjektiven Schalleindruck, also die Eigenart des menschlichen Gehörs, den Schall gleichen Schalldrucks, aber verschiedener Frequenzhöhe, unterschiedlich laut zu empfinden. Tiefere Töne (= niedrige Frequenzen) werden als weniger belästigend empfunden als höhere (= höhere Frequenzen). Die Einheit für den Lautstärkepegel ist das *phon*.

Den Zusammenhang zwischen dem »Lautstärkepegel in phon« und dem »Schallpegel in dB« zeigt Abbildung 35/1. Die Kurven wurden so angelegt, dass bei der Frequenz 1000 Hz die dB-Skala mit der phon-Skala übereinstimmt, also zum Beispiel 40 dB = 40 phon entsprechen.

Aus dem weiteren Verlauf der Kurven ist zu ersehen, dass z. B. der Lautstärkepegel von 40 phon bei

tiefen Tönen	(50 Hz)	erst bei einem Schallpegel von 65 dB,
mittleren Tönen	(500 Hz)	schon bei einem Schallpegel von 38 dB,
hohen Tönen	(4000 Hz)	schon bei einem Schallpegel von 32 dB,
sehr hohen Tönen	(8000 Hz)	erst bei einem Schallpegel von 50 dB

vom menschlichen Gehör als gleich hoch empfunden wird.

Da wegen der komplizierten Zusammenhänge eine exakte Messung des Lautstärkepegels schwierig ist, erfolgt die Kennzeichnung von Störgeräuschen für die Praxis durch den A-bewerteten Schallpegel (A-Schalldruckpegel). Diese vereinfachte Messmethode bringt Messwerte, die den Werten des Lautstärkepegels angenähert sind.

2.12 A-bewerteter Schallpegel L_A oder A-Schalldruckpegel L_{pA}

Der A-Schalldruckpegel L_{pA}, ausgedrückt in dB(A), ist das Maß für die Stärke eines Störgeräusches, wobei die Eigenart des menschlichen Ohres, niedrige Töne weniger laut zu empfinden als höhere, berücksichtigt ist. Dies geschieht durch Filter, die in den Schallpegelmesser eingebaut sind und die den Schallpegel nach einer A-Bewertungskurve (s. Abb. 35/2) einordnen.

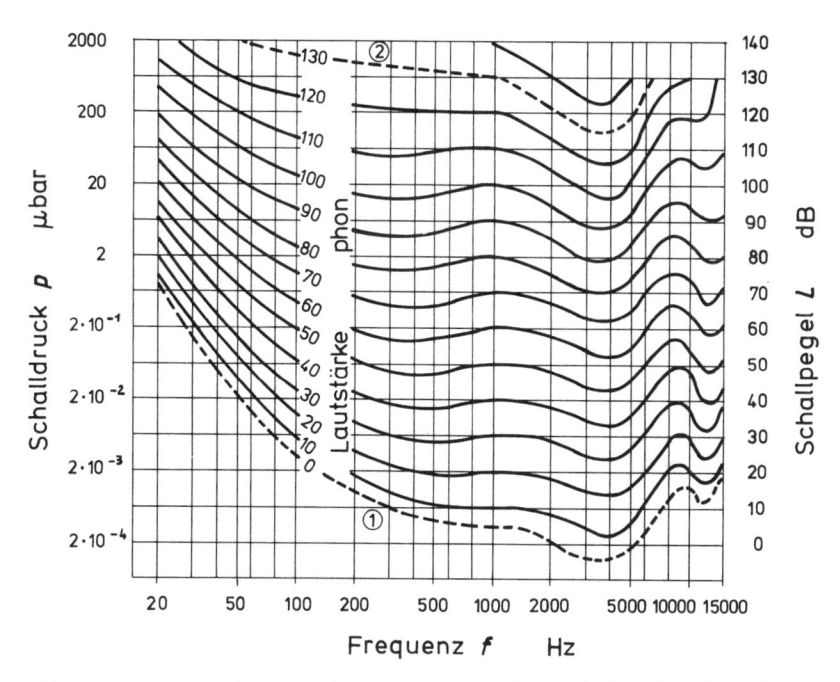

Abb. 35/1 – Zusammenhang zwischen Lautstärke (in phon), Schallpegel (in db) und Frequenz (in Hz) bei reinen Tönen und beidohrigem Hören im freien Schallfeld (nach Robinson und Dadson). Kurve 1 = Hörschwelle, Kurve 2 = Schmerzschwelle.

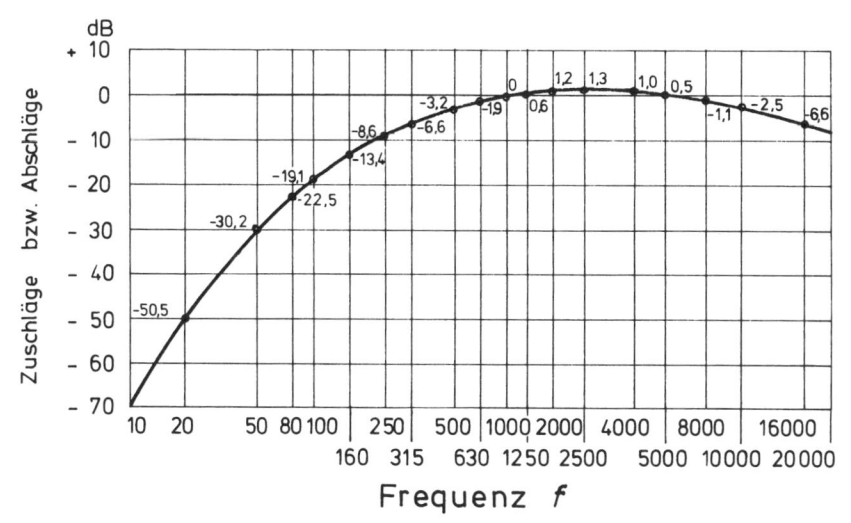

Abb. 35/2 – Bewertungskurve A nach EN ISO 60651.

Beispiel:
Der Schallpegel von 70 dB eines Tons der Frequenz von 100 Hz muss um 19 dB vermindert werden, damit sich der A-Schalldruckpegel ergibt:
70 dB − 19 dB = 51 dB(A).

Der A-Schalldruckpegel L_{pA} wird bei den einzelnen Frequenzen gemessen und ist deshalb frequenzabhängig.

Zur Nachbildung der Trägheit des Ohres wird häufig bei der Messung die Zeitbewertung F (von englisch: fast = schnell) angewendet. Man nennt diesen Schallpegel dann AF-Schalldruckpegel L_{pAF}, ausgedrückt in dB(A).

dB(A)	Geräusche und Lärmquellen
0–6	Hörschwelle, Beginn der Hörempfindung
10	Atemgeräusch in 3 cm Entfernung, leises Flüstern
20	Uhrenticken, ganz leises Wohngeräusch, ruhiger Garten
30	sehr ruhige Straße, übliche Wohngeräusche
35	**obere zulässige Grenze der Nachtgeräusche in Wohnvierteln**
40	leises (Unterhaltungs-)Sprechen, ruhige Straße, mittlere Wohngeräusche
45	**obere zulässige Grenze der Tagesgeräusche in Wohnvierteln**
50	übliche Unterhaltungsgespräche, laufender Wasserhahn, ruhiges Restaurant, gemäßigte Radiomusik, Bürogeräusche
55	mittlerer Straßenlärm
60	lärmarme Schreibmaschine, lautes Sprechen, Staubsaugerlärm, Lärm in Geschäftsstraßen, Kraftwagen in 10 m Entfernung
65	**Beginn der Schädigung des vegetativen Nervensystems**
70	laute Straße, Straßenbahnlärm, sehr lautes Sprechen, einzelne Schreibmaschine, Telefonklingeln in 1 m Abstand
80	sehr laute Radiomusik, starker Verkehrslärm, Kinderlärm, Schreibmaschinenlärm
90	**Beginn der Gehörschäden:** Kreissäge, Pressluftbohrer, Lärm eines ungedämpften Maschinensaales, Motorradlärm
100–110	Dickenhobelmaschine, Lärmbetriebe, Motorenprüfstand
120	**Schmerzschwelle:** Niethammerwerkstätte, Motorflugzeug in 3 m Entfernung
130	Luftschutzsirene in 2 m Entfernung
140	Düsenjäger im Stand in 15 m Entfernung

Tab. 36 – Kennzeichnende Schallpegel bekannter Geräusche und Grenzwerte

Untersuchungen von Dr. Lehmann* haben ergeben, dass die Höhe des Lärmpegels großen Einfluss auf die Konzentrationsfähigkeit des Menschen hat. In einem Betrieb wurden nach Umstellung der lärmerfüllten Räume auf »ruhige« Räume folgende Verbesserungen festgestellt:

Anstieg der allgemeinen Arbeitsleistung um	9 %
Fehlerabnahme bei Schreibarbeiten um	29 %
Abnahme der Rechenfehler um	52 %
Verminderung der Krankheitsfälle um	37 %
Rückgang des Personalwechsels um	47 %

2.13 Mittelungspegel L_{AFm} oder L_m

Häufig ist ein Schallpegel nicht konstant, sondern er verändert sich zeitlich z. B. bei Verkehrsgeräuschen. Um diesen Schallpegel jedoch in *einer* Zahl angeben zu können, muss er gemittelt werden.

Der Mittelungspegel L_{AFm} wird aus den Messwerten L_{AF} gebildet und dient als Einzahlwert der Kennzeichnung und dem Vergleich zeitlich schwankender Pegel. Er entspricht dem Pegel eines gleichbleibenden Dauergeräusches, das etwa die gleiche Störwirkung hat wie das zu kennzeichnende veränderliche Geräusch. Der Mittelungspegel wird ebenfalls in dB(A) angegeben.

Bei zeitlich schwankenden Pegeln kommt den höheren Pegeln aufgrund ihres größeren Energieinhaltes ein größeres Gewicht zu. Deshalb darf bei der Mittelung nicht nur der arithmetische Mittelwert gebildet werden. In der DIN 45641 ist das Verfahren zur Bestimmung des Mittelungspegels festgelegt.

Man kann Schallpegelwerte nicht einfach addieren oder subtrahieren. Zwei gleichstarke Schallquellen ergeben eine Pegelerhöhung um 3 dB(A). Zwei Maschinen mit einem Geräuschpegel von je 70 dB(A) ergeben z. B. einen Gesamtgeräuschpegel von 73 dB(A). Anders ausgedrückt: Erzeugen zwei Maschinen zusammen einen Schallpegel von 73 dB(A), dann verbleibt nach dem Abschalten einer Maschine ein Schallpegel von 70 dB(A). Nimmt dagegen der Schallpegel um etwa 10 dB(A) zu, so empfindet man die Steigerung als Verdoppelung des Lautheitseindrucks.

Zu bemerken ist, dass das Verstehen von Gesprochenem bei einem Schallpegel über 60 dB(A) beeinträchtigt wird.

---

* Lehmann, G.: Die Wirkung des Lärms..., a.a.O.

Der Unterschied von 1 dB(A) bei zwei Geräuschen kann unter günstigen Umständen vom Ohr gerade noch wahrgenommen werden.

2.14 Äquivalenter Dauerschallpegel L_{eq}

Der äquivalente Dauerschallpegel L_{eq} ist ebenfalls ein Mittelungspegel, bei dem die Zahl der Lärmereignisse stärker bewertet wird als bei dem in Abschnitt 2.13 genannten Mittelungspegel. Er wird zur Bewertung von Fluggeräuschen verwendet, im Fluglärmgesetz allerdings anders definiert.

2.15 Maximalpegel $L_{AF,max}$

Maximalpegel sind die mit der Zeitbewertung F gemessenen Schallpegelspitzen bei zeitlich veränderlichen Geräuschen. Sie werden zur schalltechnischen Bewertung von haustechnischen Anlagen verwendet.

2.16 Mittlerer Maximalpegel L (oder $\overline{L_{AF,max}}$)

Bei unterschiedlich hohem Lärmpegel treten kurzzeitig immer wieder sehr hohe Pegelwerte auf, die sehr störend sein können. Um diese Spitzenwerte in die Beurteilung einbeziehen zu können, wurde der mittlere Maximalpegel eingeführt. Als mittlerer Maximalpegel L_1 wird der AF-Schallpegel bezeichnet, der während 1 % der Messzeit erreicht oder überschritten wird. Er entspricht etwa dem Mittelwert aus allen Schallpegelspitzen.

2.17 Beurteilungspegel L_r (en: rating level)

Der Beurteilungspegel L_r ist ein Maß für die durchschnittliche Geräuschimmission während der Beurteilungszeit T_r. Er kennzeichnet somit Geräusche im Hinblick auf die Langzeitbelastung des Menschen.
 Die Beurteilungszeiten sind in DIN 45645 und in der TA-Lärm festgelegt und betragen
- für Geräuschimmissionen am Arbeitsplatz während einer Arbeitsschicht = 8 h

- für alle anderen Geräuschimmissionen, wie sie in Kapitel 1.2.5
als Immissionsrichtwerte aufgeführt sind,
während des Tages = 16 h
für die lauteste Nachtstunde zwischen 22 und 6 Uhr
(z. B. 23 bis 24 Uhr) = 1 h

Für Tageszeiten mit erhöhter Empfindlichkeit ist bei der Ermittlung des Beurteilungspegels eine erhöhte Störwirkung von Geräuschen mit einem Zuschlag von 6 dB zum äquivalenten Dauerschallpegel zu berücksichtigen und zwar

an Werktagen	von 6 bis 7 Uhr
	von 19 bis 22 Uhr
an Sonn- und Feiertagen	von 6 bis 9 Uhr
	von 13 bis 15 Uhr
	von 20 bis 22 Uhr

Der Beurteilungspegel L_r wird aus Mittelungspegeln gebildet und durch den sogenannten Halbierungsparameter modifiziert.

Der *Halbierungsparameter q* gibt an, um wieviel dB(A) ein Schallpegel bei Halbierung bzw. Verdoppelung der Einwirkdauer verringert bzw. erhöht werden muss, damit er die gleiche Störwirkung erzielt. In Deutschland wird der Halbierungsparameter $q = 3$ (bei Fluglärm $q = 4$) angewendet.

Beispiel:
Nach VDI 2058 darf in einem Industriegebiet der Beurteilungspegel 70 dB(A) nicht überschreiten (s. Kap. 1.2.5). Er wird je nach auftretendem Schallpegel und je nach Einwirkdauer des Geräusches wie folgt gebildet:

Schallpegel	Einwirkungsdauer des Geräusches	Beurteilungspegel
70 dB(A)	16 h	70 dB(A)
70 dB(A)	8 h (Halbierung)	67 dB(A)
70 dB(A)	4 h (nochmalige Halbierung)	64 dB(A)
70 dB(A)	2 h (nochmalige Halbierung)	61 dB(A)
oder umgekehrt ist:		
70 dB(A)	16 h	70 dB(A)
73 dB(A)	8 h (Halbierung)	70 dB(A)
76 dB(A)	4 h (nochmalige Halbierung)	70 dB(A)
79 dB(A)	2 h (nochmalige Halbierung)	70 dB(A)

2.18 Armaturengeräuschpegel L_{ap}, Installationsgeräuschpegel L_{in}

Der Armaturengeräuschpegel L_{ap} kennzeichnet das Geräuschverhalten von Armaturen der Wasserinstallation.

Der Installationsgeräuschpegel L_{in} umfaßt Geräusche beim Betätigen der Armaturen, beim Wasserdurchfluß, beim Wasserablauf sowie Prallgeräusche beim Wassereinlauf in einen Behälter.

Die Messergebnisse dieser Schallpegel zeigen die Geräuschbelastung am Bau durch eine haustechnische Wasser- und Abwasseranlage und ermöglichen einen Vergleich mit den Anforderungen an den Schallschutz bei diesen Anlagen.

2.19 Schalldämmung

Unter der Schalldämmung versteht man den Widerstand eines Bauteils (z. B. Wand, Decke, Tür, Fenster) gegen den Durchgang von Schallenergie.

Die Einheit für die Schalldämmung ist wie beim Schallpegel 1 Dezibel (= 1 dB).

Man unterscheidet je nach Art der Schwingungsanregung der Bauteile zwischen Luftschalldämmung und Körperschalldämmung.

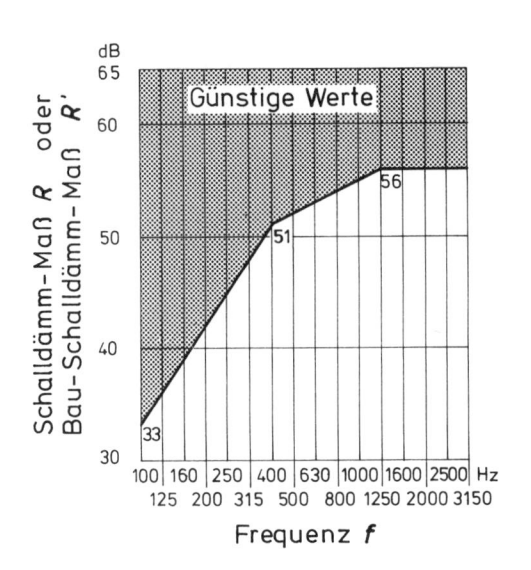

Abb. 40 – Bezugskurve für das Schalldämm-Maß nach DIN 52210 und nach DIN EN ISO 140–4.

2.20 Luftschalldämmung

Die Luftschalldämmung entspricht dem Widerstand eines Bauteils gegen den Durchgang von Luftschallwellen.

2.20.1 Schalldämm-Maß R (en: reduction)

Der Luftschallschutz von Wänden, Decken, Türen und Fenstern wird durch das Luftschalldämm-Maß angegeben. Dabei unterscheidet man das (Labor-) Schalldämm-Maß R, wenn die Messungen im Prüfstand ohne bauübliche Schallnebenwege erfolgen, und das Bau-Schalldämm-Maß R', wenn die Messungen am Bau oder im Prüfstand mit den bauüblichen Schallnebenwegen durchgeführt werden.

In der EN ISO 717–1 ist eine Bezugskurve festgelegt, durch welche die Bewertung der Luftschalldämmung der Bauteile vorzunehmen ist (s. Abb. 40).

Maßgebend für die Messungen sind dabei nur die Töne mit den Frequenzen von 100 Hz bis 3150 Hz. Frequenzen unter 100 Hz stören bei normalen Wohngeräuschen nicht mehr, solche über 3150 Hz sinken beim Durchdringen eines Bauteils so stark ab, dass sie ohne größere Bedeutung sind.

Der Verlauf der Kurven ist der Empfindlichkeit des menschlichen Gehörs angepasst. Berücksichtigt wird also, dass das menschliche Gehör für tiefe Töne weniger empfindlich ist als für hohe Töne. Dies hat zur Folge, dass an die Dämmung tiefer Frequenzen keine so hohen Anforderungen gestellt worden wie bei hohen Frequenzen.

Mit dieser Bezugskurve sind die gemessenen und ebenfalls in einer Kurve dargestellten Luftschalldämmwerte eines Bauteils, z. B. einer Wand, zu vergleichen. Die Messkurve eines solchen Bauteils wird folgendermaßen ermittelt:

Abb. 41 – Ermittlung des Luftschalldämm-Maßes einer Wand: L_1 = Schallpegel im Senderaum, L_2 = Schallpegel im Empfängerraum, S = Fläche der zu messenden Wand, A = Äquivalente Absorptionsfläche des Empfängerraumes, M = Mikrophon.

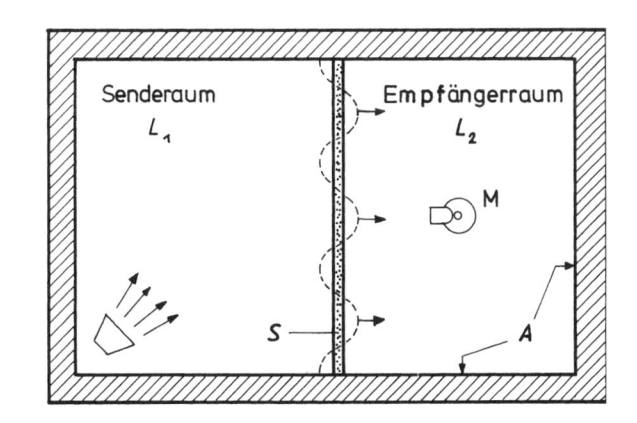

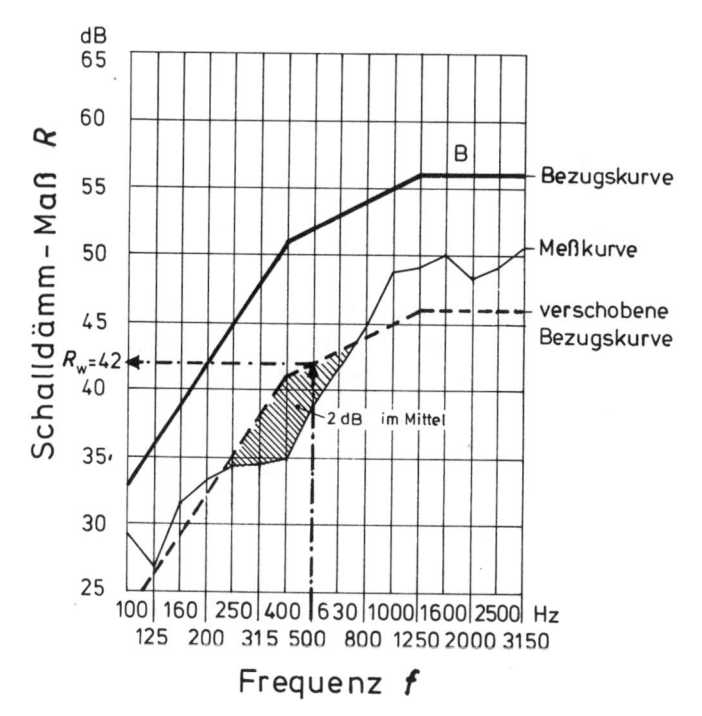

Abb. 42 – Ermittlung des bewerteten Schalldämm-Maßes R_w.

Im Senderaum wird der Schallpegel L_1, im Empfängerraum der Schallpegel L_2 von 16 einzelnen Frequenzen gemessen (s. Abb. 41). Bei der Messung ist noch die Größe der Wandfläche S und das Absorptionsvermögen des Empfängerraums, die äquivalente Absorptionsfläche A, zu berücksichtigen. Die äquivalente Absorptionsfläche A wird nach der Formel

$$A = 0{,}163 \frac{V}{T} \tag{3}$$

ermittelt, wobei für V das Raumvolumen in m³ und T die Nachhallzeit in s einzusetzen ist (s. auch Kap. 9.3).

Das Luftschalldämm-Maß R einer jeden Frequenz kann nun nach der Formel

$$R = L_1 - L_2 + 10 \log \frac{S}{A} \tag{4}$$

berechnet werden. Die Messkurve entsteht durch Eintragung dieser Dämmwerte

Dämm-Maß in dB	Subjektive Wirkung im Empfangsraum
20	Radiomusik normaler Lautstärke deutlich zu vernehmen. Gesprochenes noch verständlich.
30	Radiomusik ziemlich gut hörbar. Gesprochenes vernehmbar, aber nicht gut verständlich, wie leises Rundfunkgeräusch im Raum.
40	Radiomusik hörbar, laute Melodien erkennbar, lautes Sprechen hörbar.
45	Radiomusik vernehmbar, Melodien noch erkennbar, lautes Sprechen vernehmbar, aber nicht verständlich.
50	Normale Radiolautstärke nur noch leise vernehmbar, Gesprochenes wird nicht gehört.
55	Normale Radiolautstärke unhörbar, laute Sendungen gerade noch hörbar.
60	Sehr laute Radiomusik nicht vernehmbar.

Tab. 43 – Wirkung von Luftschalldämmwerten

in das Diagramm (Abb. 42). Anschließend wird diese mit der Bezugskurve verglichen. Dies geschieht durch senkrechte Verschiebung der Bezugskurve in Richtung der Messkurve nach unten oder oben so weit, bis sie von der gemessenen Kurve im Mittel um 2 dB unterschritten wird.

2.20.2 Bewertetes Schalldämm-Maß R_w

Um die Kennzeichnung der Luftschalldämmung durch die verschobene Bezugskurve, die frequenzabhängig ist, in einer Zahl ausdrücken zu können (Einzahlangabe), muss die Kurve bewertet werden.

Das bewertete Schalldämm-Maß R_w erhält man beim Schnittpunkt der verschobenen Bezugskurve mit der Ordinate über 500 Hz. In Abb. 42 ist die Verschiebung der Bezugskurve und die Ermittlung des bewerteten Schalldämm-Maßes dargestellt. Sofern die Bewertung eines Bau-Schalldämm-Maßes R' vorgenommen wird, bezeichnet man dieses mit R'_w.

Wie sich verschiedene Luftschalldämmwerte auswirken, zeigt Tabelle 43.

2.20.3 Norm-Schallpegeldifferenz D_n

Die Norm-Schallpegeldifferenz D_n (in dB) ist frequenzabhängig und kennzeichnet die Schalldämmung zwischen zwei Räumen in beliebiger Lage zueinander, z. B., wenn die Räume versetzt angeordnet sind, wenn diagonal zu messen ist oder die Prüffläche unter 8 m² beträgt. Dabei können beliebige Schallübertragungen vorliegen. Auch bei allen kleinformatigen Elementen, wie z. B. Rolladenkästen, Schalldämmlüftern, o. ä., wird die Luftschalldämmung durch die Norm-Schallpegeldifferenz angegeben.

Bei der Messung wird, wenn nichts anderes festgelegt ist, im Empfangsraum die Bezugsschallschluckfläche mit $A_0 = 10$ m² angenommen.

2.20.4 Bewertete Norm-Schallpegeldifferenz $D_{n,w}$

Ist die Kennzeichnung der Luftschalldämmung als Einzahl-Angabe erforderlich, so kann dies durch die bewertete Norm-Schallpegeldifferenz $D_{n,w}$ erfolgen. Ihre Ermittlung erfolgt wie beim bewerteten Schalldämm-Maß R_w mittels verschobener Bezugskurve.

Sind beim Vergleich z. B. des R_w-Werts eines Fensters und des $D_{n,w}$-Werts eines Rolladenkastens auch die beiden Werte gleich groß, so ist dennoch die Schallübertragung über beide Bauteile in den Raum unterschiedlich groß. Es gilt etwa die Beziehung: $D_{n,w} \approx R_w + 7$ dB.

2.20.5 Nebenwegübertragung

Eine Nebenwegübertragung ist jede Form der Luftschallübertragung zwischen zwei aneinandergrenzenden Räumen, die nicht über die Trennwand oder Trenndecke erfolgt. Sie umfaßt z. B. auch die Übertragung über Undichtigkeiten, Lüftungsanlagen, Rohrleitungen oder ähnliches.

Die Nebenwegübertragung wird bestimmt durch

a) das *Flankendämm-Maß* R_i für den Schallschutz von Gebäuden in Massivbauart, wobei aber nur der direkt über das flankierende Bauteil (Wand oder Decke) übertragene Schall berücksichtigt wird, nicht dagegen derjenige über Undichtigkeiten, Rohrleitungen usw.,

b) das *Schall-Längsdämm-Maß* R_L für den Schallschutz vor allem in Skelettbauten und Holzhäusern, also zur Kennzeichnung der Längsleitung von flankierenden leichten Bauteilen. Anstelle des frequenzabhängigen Schall-Längsdämm-Maßes wird auch anhand der verschobenen Bezugskurve bei 500 Hz das *bewertete Schall-Längsdämm-Maß* $R_{L,w}$ ermittelt und als Einzahl-Angabe für die Bemessung des Schallschutzes verwendet.

2.20.6 Schachtpegeldifferenz D_K

Die Schachtpegeldifferenz D_K ist ein Maß für die Schalldämmung als Nebenwegübertragung von Luftschall über einen Schacht oder Kanal von einem Raum in den anderen. Sie gibt den Unterschied zwischen dem Schallpegel L_{K1} im Senderaum und dem Schallpegel L_{K2} im Empfangsraum an ($D_K = L_{K1} - L_{K2}$).
Als Einzahlangabe wird die bewertete Schachtpegeldifferenz $D_{K,w}$ verwendet.

2.21 Trittschalldämmung

Unter Trittschalldämmung versteht man den Widerstand einer Decke gegen den Durchgang von Trittschallwellen. Für die Kennzeichnung und Bewertung der Trittschalldämmung dienen nachfolgende Größen.

2.21.1 Norm-Trittschallpegel L_n

Der Norm-Trittschallpegel L_n ist nicht wie das Luftschalldämm-Maß ein Maß für die Dämmung, sondern für das zu erwartende Störgeräusch. Während hohe Werte des Luftschalldämm-Maßes für eine gute Dämmung zeugen, zeigen hohe Pegelwerte ein großes Geräusch, also eine schlechte Trittschalldämmung an. Der Norm-Trittschallpegel kennzeichnet das Trittschallverhalten einer Decke ohne oder mit Deckenauflage, auch bei Diagonal- oder Horizontalübertragungen und bei Treppen.

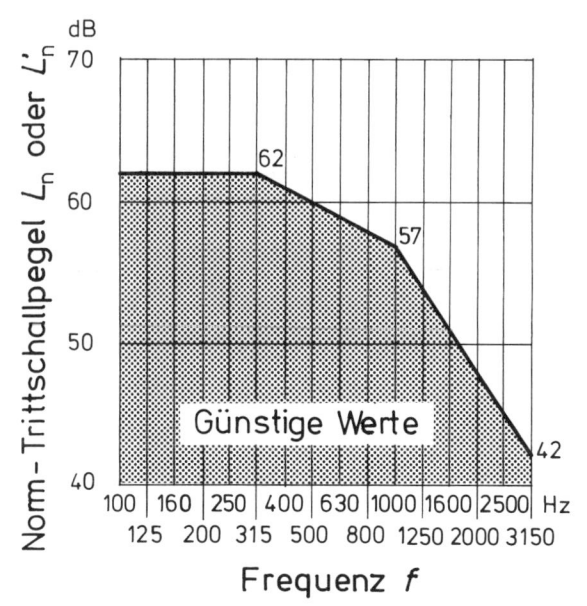

Abb. 45 – Bezugskurve für den Norm-Trittschallpegel nach DIN 52210 und nach DIN EN ISO 140–7.

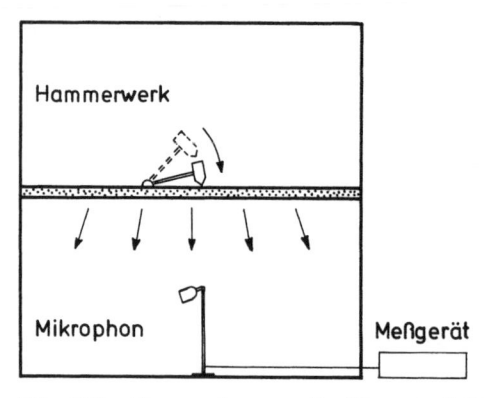

Abb. 46/1 – Messanordnung zur Ermittlung des Trittschallpegels einer Decke.

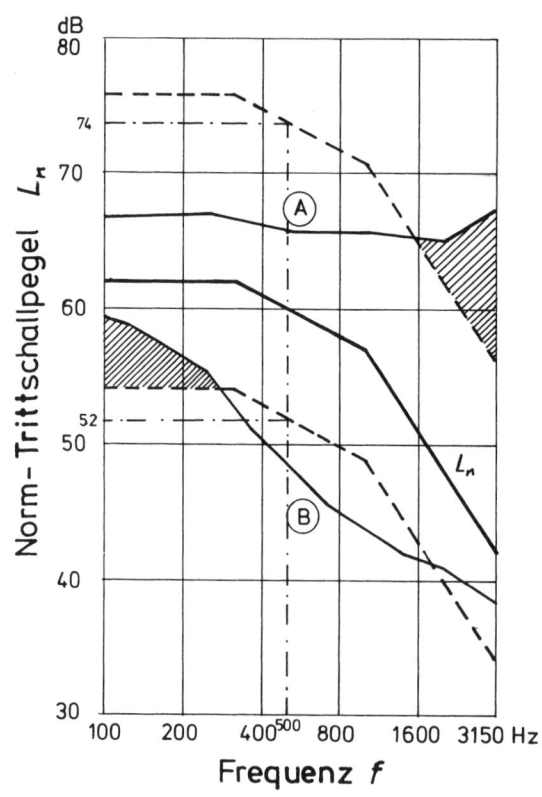

Messkurve A: Sie gibt den Norm-Trittschallpegel einer Rohdecke ohne Fußboden an. Der bewertete Normtrittschallpegel $L_{n,w}$ beträgt somit 74 dB = nicht ausreichender Trittschallschutz.

Messkurve B: Sie entspricht dem vorhandenen Norm-Trittschallpegel, nachdem auf der Decke A ein schwimmender Estrich verlegt wurde. Hier ergibt sich ein $L_{n,w}$ von 52 dB verbesserter Trittschallschutz.

Abb. 46/2 – Darstellung des bewerteten Norm-Trittschallpegels: Kurve L_n = Bezugskurve des Norm-Trittschallpegels; Kurven A und B = gemessene Werte an Decken; gestrichelte Linien = verschobene Bezugskurven.

Für die Beurteilung der Trittschalldämmung der Decken gilt die Bezugskurve für den Norm-Trittschallpegel L_n oder L'_n, wie sie in Abb. 45 dargestellt ist. Die Werte der Bezugskurve umfassen ebenfalls den Frequenzbereich von 100 Hz bis 3150 Hz und gelten für Messungen auf Prüfständen und im Bau.

Die Messwerte von Decken sind günstig, wenn sie unterhalb der Bezugskurve liegen, sie sind ungünstig, wenn sie sich im Bereich oberhalb der Kurve befinden.

Der Trittschallschutz einer Decke wird dadurch ermittelt, dass man mit einem genormten Hammerwerk auf die zu prüfende Decke klopft und im Empfängerraum den Schallpegel in den einzelnen Frequenzbereichen zwischen 100 Hz und 3150 Hz misst (s. Abb. 46/1).

Da sich die Schallabsorptionsfähigkeit des Messraumes auf die Höhe des Schallpegels auswirkt, müssen die einzelnen Messergebnisse auf einen Empfängerraum mit einer Absorptionsfläche von 10 m² umgerechnet werden. Die Rechenergebnisse werden dann als Kurve, dem Norm-Trittschallpegel L_n, dargestellt.

Wird anstelle einer Absorptionsfläche die Nachhallzeit von $T_0 = 0{,}5$ s (bei Wohnungen) zugrunde gelegt, spricht man nach DIN EN ISO 140–7 von Standard-Trittschallpegel L_{nT}.

Zur Bewertung der Messergebnisse wird die Bezugskurve senkrecht in Richtung der Messkurve so weit verschoben, bis sie von der Messkurve im Mittel um 2 dB überschritten wird (Abb. 46/2). Die Bewertung ist frequenzabhängig.

2.21.2 Bewerteter Norm-Trittschallpegel $L_{n,w}$

Die Kennzeichnung der Trittschalldämmung als Einzahlangabe erfolgt durch den bewerteten Norm-Trittschallpegel $L_{n,w}$ (gemessen im Prüfstand) bzw. $L'_{n,w}$ (gemessen zwischen Räumen in Gebäuden). Diesen erhält man beim Schnittpunkt der verschobenen Bezugskurve mit der Ordinate über 500 Hz (s. Abb. 46/2). Die Einzahlangabe der Trittschalldämmung ist als bewerteter Norm-Trittschallpegel in der DIN 52210 und in der DIN EN ISO 717–2 festgelegt.

2.21.3 Äquivalenter bewerteter Norm-Trittschallpegel $L_{n,w,eq}$

Verschiedene Massivdecken verhalten sich häufig schalltechnisch nicht gleich, wenn sie mit einer trittschalldämmenden Deckenauflage (z. B. schwimmender Estrich) versehen werden. Deshalb wurde zur praxisgerechten Beurteilung von Massivdecken der äquivalente bewertete Norm-Trittschallpegel $L_{n,w,eq}$ eingeführt. Dieser wird nach einem in der DIN 52210 beschriebenen Verfahren bestimmt und berücksichtigt das Verhalten einer Massivdecke zusammen mit einer trittschalldämmenden Deckenauflage. Werte des $L_{n,w,eq}$ sind für verschiedene Massivdecken in Tabelle 125 angegeben.

Spalte	1		2	3	4	5
Zeile	Bauteile	Berücksichtigte Schallübertragung	Eignungsprüfungen in Prüfständen (EPI)	Eignungsprüfungen in ausgeführten Bauten (EP III)	Rechenwert	Anforderungswert
1	Wände, Decken als trennende Bauteile	Über das trennende und die flankierenden Bauteile sowie gegebenenfalls über Nebenwege	$R'_{w,P}$	$R'_{w,B}$	$R'_{w,R}$	erf. R'_w
2		Nur über das trennende Bauteil	$R_{w,P}$	$R_{w,B}$	$R_{w,R}$	–
3	Wände, Decken als flankierende Bauteile	Nur über das flankierende Bauteil	$R_{L,w,P}$	$R_{L,w,B}$	$R_{L,w,R}$	–
4	Fenster, Türen	Nur über das trennende Bauteil	$R_{w,P}$	$R_{w,B}$	$R_{w,R}$	erf. R_w
5	Schächte, Kanäle	Nur über Nebenwege	$D_{K,w,P}$	$D_{K,w,B}$	$D_{K,w,R}$	–
6	Decken in gebrauchsfertigem Zustand		$L'_{n,w,P}$	$L'_{n,w,B}$	$L'_{n,w,R}$	erf. $L'_{n,w}$
7	Treppen in gebrauchsfertigem Zustand		–	$L'_{n,w,B}$	$L'_{n,w,R}$	erf. $L'_{n,w}$
8	Massivdecken ohne Deckenauflage		$L_{n,w,eq,P}$	–	$L_{n,w,eq,R}$	–
9	Deckenauflage für Massivdecken		$\Delta L_{w,P}$	–	$\Delta L_{w,R}$	–

Tab. 48 – Kennzeichnende Größen der Luft- und Trittschalldämmung für den Nachweis der Eignung von Bauteilen nach DIN 4109

2.21.4 Trittschallverbesserungsmaß ΔL_w

Wird auf eine Massivdecke eine Deckenauflage – z. B. ein schwimmender Estrich oder ein Gehbelag – aufgebracht, dann lässt sich dadurch der Trittschallpegel dieser Decke verringern, das heißt, der Trittschallschutz wird verbessert. Um nun für die Praxis eine eindeutige Kennzeichnung der trittschalldämmenden Wirkung der Deckenauflagen und der Fußbodenbeläge zu erreichen, wurde das Trittschallverbesserungsmaß ΔL_w geschaffen. Es gibt den Betrag in dB an, um den der $L_{n,w,eq}$ einer Massivdecke durch das Aufbringen einer Deckenauflage verbessert wird. In Tabelle 129 und Tabelle 133 sind Verbesserungsmaße verschiedener Deckenauflagen und Gehbeläge angegeben.

Der Trittschallschutz einer gebrauchsfertigen Decke kann somit wie folgt berechnet werden:

$$L'_{n,w} = L_{n,w,eq} - \Delta L_w \qquad (5)$$

2.22 Kennzeichnung der Bauteile

Bei der Kennzeichnung des schalldämmenden Verhaltens von Bauteilen war bisher nicht ersichtlich, ob es sich bei der Einzahlwert-Angabe (z. B. R'_w oder $L'_{n,w}$) um einen Anforderungswert oder um einen Wert aus einer Bauteilprüfung handelte.

Um bestehende Unklarheiten auszuräumen, wurde in der DIN 4109 (Ausgabe 11/1989) folgende Kennzeichnungsweise festgelegt:
- Anforderungswerte werden immer mit dem vorangestellten »erf.« (für erforderlich) gekennzeichnet,
- Werte, die im rechnerischen Nachweis verwendet oder erhalten werden, werden alle mit dem Zusatzindex »R« (für Rechnung) gekennzeichnet,
- Einzahl-Werte, die aus Messwerten resultieren, erhalten den zusätzlichen Index »B«, wenn die Messung am Bau vorgenommen wurde, und den Index »P«, wenn diese in Prüfständen erfolgte.

In Tabelle 48 sind verschiedene Größen der Luft- und Trittschalldämmung mit der entsprechenden Kennzeichnung dargestellt.

2.23 Kennzeichnung der Schalldruckpegel aus haustechnischen Anlagen und aus Betrieben

Die in Tabelle 50 aufgeführten Schalldruckpegel sind bei den in Tabelle 66 genannten Anforderungen bei Geräuschübertragungen aus »lauten« Räumen in schutzbedürftige Räume zu verwenden.

Spalte	1	2
Zeile	Geräuschquelle	Kennzeichnende Größe
1	Wasserinstallationen (Wasserversorgungs- und Abwasseranlagen gemeinsam)	Installationsschallpegel L_{In} nach DIN 52219
2	Sonstige haustechnische Anlagen	max. Schalldruckpegel $L_{AF,max}$ in Anlehnung an DIN 52219
3	Betriebe	Beurteilungspegel L_r nach DIN 45645 Teil 1 (nachts = lauteste Stunde) bzw. VDI 2058 Blatt 1

Tab. 50 – Kennzeichnende Größen für die Anforderungen nach Tabelle 65 nach DIN 4109 (11/89)

3 Anforderungen an den Schallschutz

Der Schallschutz in Gebäuden hat große Bedeutung für die Gesundheit und das Wohlbefinden des Menschen. Besonders wichtig ist der Schallschutz im Wohnungsbau, weil die Wohnung dem Menschen zur Entspannung dient und der eigene häusliche Bereich gegenüber den Nachbarn abgeschirmt wird. Um eine zweckentsprechende Nutzung der Räume zu ermöglichen, ist der Schallschutz auch in Schulen, Krankenanstalten, Beherbergungsstätten sowie Büro- und Verwaltungsgebäuden von Bedeutung.

Lärm kann auftreten
- als Wohn- oder Betriebslärm aus benachbarten Räumen innerhalb eines Gebäudes,
- als Außenlärm wie Verkehrslärm, Gewerbe- und Industrielärm,
- als Arbeitslärm am Arbeitsplatz.

3.1 Anforderungen an den Schallschutz gegen Schallübertragung aus einem fremden Wohn- und Arbeitsbereich innerhalb eines Gebäudes sowie Vorschläge für einen erhöhten Schallschutz

In der DIN 4109 (Ausg. 11/1989) sind Mindestanforderungen an die Luft- und Trittschalldämmung von Bauteilen vorgeschrieben. Sie sind in der Tabelle 52 enthalten. Diese Mindestanforderungen beziehen sich jedoch nicht allein auf das trennende Bauteil, sondern auf den gesamten Schallschutz zwischen zwei Aufenthaltsräumen. Praktisch bedeutet dies, dass neben den schalldämmenden Eigenschaften des trennenden Bauteils auch die Randbedingungen des Einbaus, insbesondere die flankierenden Bauteile, mit berücksichtigt werden müssen. Dies gilt auch dann, wenn z. B. Aufenthaltsräume oder Wasch- und Abortanlagen durch Schächte oder Kanäle miteinander verbunden sind. In allen Fällen dürfen die für die Luftschalldämmung des trennenden Bauteils vorgeschriebenen Werte durch diese Schallnebenwegübertragungen nicht überschritten werden.

Wo diese Mindestwerte nicht eingehalten worden sind, können Schadenersatzansprüche an den Architekten geltend gemacht werden. Der Bauherr wird mit einer Herabsetzung des Mietpreises zu rechnen haben, bis die beanstandeten Mängel beseitigt sind.

Im Beiblatt 2 zu DIN 4109 sind auch Vorschläge für einen erhöhten Schallschutz enthalten (s. Tabelle 52), um die Belästigung durch Schallübertragung weiter zu mindern. Die Anwendung eines erhöhten Schallschutzes muss jedoch zwischen dem Bauherrn und dem Architekten besonders vereinbart werden, wobei hinsichtlich des Eignungsnachweises auf die Regelungen in DIN 4109 Bezug genommen werden soll.

Höchstwerte für die zulässigen Schalldruckpegel in schutzbedürftigen Räumen von Geräuschen aus haustechnischen Anlagen und Gewerbebetrieben sind in Tabelle 65 enthalten.

Weitere Anforderungen sind an die Luft- und Trittschalldämmung von Bauteilen zwischen »besonders lauten« Räumen und schutzbedürftigen Räumen unter Berücksichtigung der Flankenübertragung gestellt (s. Tabelle 66), um die Bewohner vor unzumutbaren Belästigungen durch Schallübertragungen zu schützen. Damit die in Tabelle 65 genannten Schalldruckpegel eingehalten werden können, sind die Schallschutzmaßnahmen entsprechend den Anforderungen in Tabelle 66 zwischen den »besonders lauten« und schutzbedürftigen Räumen vorzunehmen.

Zeile	Bauteile	Anforderungen		Bemerkungen	Vorschläge für erhöhten Schallschutz		Bemerkungen
		erf. R'_w dB	erf. $L'_{n,w}$ dB		erf. R'_w dB	erf. $L'_{n,w}$ dB	
1	**Geschosshäuser mit Wohnungen und Arbeitsräumen**						
1	**Decken** unter allgemein nutzbaren Dachräumen, z. B. Trockenböden, Abstellräumen und ihren Zugängen	53	53	Bei Gebäuden mit nicht mehr als 2 Wohnungen betragen die Anforderungen erf. R'_w = 52 dB und erf. $L'_{n,w}$ = 63 dB.	≥55	≤46	
2	Wohnungstrenndecken (auch -treppen) und Decken zwischen fremden Arbeitsräumen bzw. vergleichbaren Nutzungseinheiten	54	53	Wohnungstrenndecken sind Bauteile, die Wohnungen voneinander oder von fremden Arbeitsräumen trennen. Bei Gebäuden mit nicht mehr als 2 Wohnungen beträgt die Anforderung erf. R'_w = 52 dB. Weichfedernde Bodenbeläge dürfen bei dem Nachweis der Anforderungen an den Trittschallschutz nicht angerechnet werden. Ausnahmen bei Gebäuden mit nicht mehr als 2 Wohnungen s. Beiblatt 1 zu DIN 4109 (11/89, Tabelle 18).	≥55	≤46	Weichfedernde Bodenbeläge dürfen für den Nachweis des Trittschallschutzes angerechnet werden.

	...men unter Aufenthalts-räumen			erhöhten Schalldämmung an die Trittschalldämmung gilt nur für die Trittschallübertragung in fremde Aufenthaltsräume, ganz gleich, ob sie in waagerechter, schräger oder senkrechter (nach oben) Richtung erfolgt.
4	Decken über Durchfahrten, Einfahrten von Sammelgaragen und ähnliches unter Aufenthaltsräumen	55	53	schalldämmung gilt nur für die Trittschallübertragung in fremde Aufenthaltsräume, ganz gleich, ob sie in waagerechter, schräger oder senkrechter (nach oben) Richtung erfolgt. Weichfedernde Bodenbeläge dürfen bei dem Nachweis der Anforderungen an den Trittschallschutz nicht angerechnet werden.	–	≤ 46
5	Decken unter/über Spiel- oder ähnlichen Gemeinschaftsräumen	55	46	Wegen der verstärkten Übertragung tiefer Frequenzen können zusätzliche Maßnahmen zur Körperschalldämmung erforderlich sein.	–	–
6	Decken unter Terrassen und Loggien über Aufenthaltsräumen	–	53	Bezüglich der Luftschalldämmung gegen Außenlärm siehe aber Abschnitt 3.4	–	≤ 46
7	Decken unter Laubengängen	–	53	Die Anforderung an die Trittschalldämmung gilt nur für die Trittschallübertragung in fremde Aufenthaltsräume, ganz gleich, ob sie in waagerechter, schräger oder senkrechter (nach oben) Richtung erfolgt.	–	≤ 46	Der Vorschlag für den erhöhten Schallschutz an die Trittschalldämmung gilt nur für die Trittschallübertragung in fremde Aufenthaltsräume, ganz gleich, ob sie in waagerechter, schräger oder senkrechter (nach oben) Richtung erfolgt.

Tab. 52 – Erforderliche Luft- und Trittschalldämmung zum Schutz gegen Schallübertragung aus einem fremden Wohn- oder Arbeitsbereich und Vorschläge für erhöhten Schallschutz nach DIN 4109 (11/1989) und Beiblatt 2 zu DIN 4109

Zeile	Bauteile	Anforderungen		Bemerkungen	Vorschläge für erhöhten Schallschutz		Bemerkungen
		erf. R'_w dB	erf. $L'_{n,w}$ dB		erf. R'_w dB	erf. $L'_{n,w}$ dB	
1	**Geschosshäuser mit Wohnungen und Arbeitsräumen (Fortsetzung)**						
8	Decken und Treppen innerhalb von Wohnungen, die sich über zwei Geschosse erstrecken	–	53	Die Anforderung an die Trittschalldämmung gilt nur für die Trittschallübertragung in fremde Aufenthaltsräume, ganz gleich, ob sie in waagerechter, schräger oder senkrechter (nach oben) Richtung erfolgt.	–	≤ 46	Weichfedernde Bodenbeläge dürfen für den Nachweis des Trittschallschutzes angerechnet werden. Bei Sanitärobjekten in Bad oder WC ist für eine ausreichende Körperschalldämmung zu sorgen (siehe Abschnitt 2.4.3 im Beiblatt 2 zu DIN 4109). Der Vorschlag für den erhöhten Schallschutz an die Trittschalldämmung gilt für die Trittschallübertragung in fremde Aufenthaltsräume, ganz gleich, ob sie in waagerechter, schräger oder senkrechter (nach oben) Richtung erfolgt.
9	Decken unter Bad und WC ohne/mit Bodenentwässerung	54	53	Weichfedernde Bodenbeläge dürfen bei dem Nachweis der Anforderungen an den Trittschallschutz nicht angerechnet werden. Die Prüfung der Anforderungen an das Trittschallschutzmaß nach DIN 52210 Teil 3 erfolgt bei einer gegebenenfalls vorhandenen Bodenentwässerung nicht in einem Umkreis von $r = 60$ cm. Bei Gebäuden mit nicht mehr als 2 Wohnungen beträgt die Anforderung erf. $R'_w = 52$ dB und erf. $L'_{n,w} = 63$ dB.	≥ 55	≤ 46	

10	Decken unter Hausfluren	–	53	–	≤46
	Die Anforderung an die Trittschalldämmung gilt nur für die Trittschallübertragung in fremde Aufenthaltsräume, ganz gleich, ob sie in waagerechter, schräger oder senkrechter (nach oben) Richtung erfolgt. Weichfedernde Bodenbeläge dürfen bei dem Nachweis der Anforderungen an den Trittschallschutz nicht angerechnet werden.				
11	**Treppen**läufe und -podeste	–	58	–	≤46
	Keine Anforderungen an Treppenläufe in Gebäuden mit Aufzug und an Treppen in Gebäuden mit nicht mehr als 2 Wohnungen.				
12	Wohnungstrenn**wände** und Wände zwischen fremden Arbeitsräumen	53	–	≥55	–
	Wohnungstrennwände sind Bauteile, die Wohnungen voneinander oder von fremden Arbeitsräumen trennen.				
13	Treppenraumwände und Wände neben Hausfluren	52	–	≥55	–
	Für Wände mit Türen gilt die Anforderung erf. R'_w (Wand) = erf. R_w (Tür) + 15 dB. Darin bedeutet erf. R_w (Tür) die erforderliche Schalldämmung der Tür nach Zeile 16 oder Zeile 17. Wandbreiten ≤30 cm bleiben dabei unberücksichtigt.				Für Wände mit Türen gilt R'_w (Wand) = $R_{w,P}$ (Tür) + 15 dB. Darin bedeutet $R_{w,P}$ (Tür) die erforderliche Schalldämmung der Tür nach Zeile 16 oder Zeile 17. Wandbreiten ≤30 cm bleiben dabei unberücksichtigt.

Tab. 52 – Fortsetzung

Zeile	Bauteile	Anforderungen		Bemerkungen	Vorschläge für erhöhten Schallschutz		Bemerkungen
		erf. R'_w dB	erf. $L'_{n,w}$ dB		erf. R'_w dB	erf. $L'_{n,w}$ dB	
1	Geschosshäuser mit Wohnungen und Arbeitsräumen (Fortsetzung)						
14	Wände neben Durchfahrten, Einfahrten von Sammelgaragen u. ä.	55	–		–	–	
15	Wände von Spiel- oder ähnlichen Gemeinschaftsräumen	55	–		–	–	
16	**Türen**, die von Hausfluren oder Treppenräumen in Flure und Dielen von Wohnungen und Wohnheimen oder von Arbeitsräumen führen	27	–	Bei Türen gilt nach Tabelle 48 erf. R_w.	≥37	–	Bei Türen gilt nach Tabelle 48 erf. R_w.
17	Türen, die von Hausfluren oder Treppenräumen unmittelbar in Aufenthaltsräume – außer Flure und Dielen – von Wohnungen führen.	37	–		–	–	

2	Einfamilien-Doppelhäuser und Einfamilien-Reihenhäuser				
18	Decken	–	48	Die Anforderung an die Trittschalldämmung gilt nur für die Trittschallübertragung in fremde Aufenthaltsräume, ganz gleich, ob sie in waagerechter, schräger oder senkrechter (nach oben) Richtung erfolgt.	–	≤ 38	Der Vorschlag für den erhöhten Schallschutz an die Trittschalldämmung gilt nur für die Trittschallübertragung in fremde Aufenthaltsräume, ganz gleich, ob sie in waagerechter, schräger oder senkrechter (nach oben) Richtung erfolgt. Weichfedernde Bodenbeläge dürfen für den Nachweis des Trittschallschutzes angerechnet werden.
19	Treppenläufe und -podeste und Decken unter Fluren	–	53	Bei einschaligen Haustrennwänden gilt: Wegen der möglichen Austauschbarkeit von weichfedernden Bodenbelägen (siehe Tabelle 133), die sowohl dem Verschleiß als auch besonderen Wünschen der Bewohner unterliegen, dürfen diese bei dem Nachweis der Anforderungen an den Trittschallschutz nicht angerechnet werden.	–	≤ 46	
20	Haustrennwände	57	–		≥ 67	–	
3	Beherbergungsstätten				
21	Decken	54	53		≥ 55	≤ 46	
22	Decken unter/über Schwimmbädern, Spiel- oder ähnlichen Gemeinschaftsräumen zum Schutz gegenüber Schlafräumen	55	46	Wegen der verstärkten Übertragung tiefer Frequenzen können zusätzliche Maßnahmen zur Körperschalldämmung erforderlich sein.	–	–	

Tab. 52 – Fortsetzung

Zeile	Bauteile	Anforderungen		Bemerkungen	Vorschläge für erhöhten Schallschutz		Bemerkungen
		erf. R'_w dB	erf. $L'_{n,w}$ dB		erf. R'_w dB	erf. $L'_{n,w}$ dB	
3	Beherbergungsstätten (Fortsetzung)						
23	Treppenläufe und -podeste	–	58	Keine Anforderungen an Treppenläufe in Gebäuden mit Aufzug. Die Anforderung gilt nicht für Decken, an die in Tabelle 66 Zeile 1 Anforderungen an den Schallschutz gestellt werden.	–	≤46	Der Vorschlag für den erhöhten Schallschutz an die Trittschalldämmung gilt nur für die Trittschallübertragung in fremde Aufenthaltsräume, ganz gleich, ob sie in waagerechter, schräger oder senkrechter (nach oben) Richtung erfolgt.
24	Decken unter Fluren	–	53	Die Anforderung an die Trittschalldämmung gilt nur für die Trittschallübertragung in fremde Aufenthaltsräume, ganz gleich, ob sie in waagerechter, schräger oder senkrechter (nach oben) Richtung erfolgt.	–	≤46	

25	Decken unter Bad und WC ohne/mit Bodenentwässerung	54	Die Anforderung an die Trittschalldämmung gilt nur für die Trittschallübertragung in fremde Aufenthaltsräume, ganz gleich, ob sie in waagerechter, schräger oder senkrechter (nach oben) Richtung erfolgt. Die Prüfung der Anforderungen an den bewerteten Norm-Trittschallpegel nach DIN 52210 Teil 3 erfolgt bei einer gegebenenfalls vorhandenen Bodenentwässerung nicht in einem Umkreis von $r = 60$ cm.	53	≤ 46	Der Vorschlag für den erhöhten Schallschutz an die Trittschalldämmung gilt nur für die Trittschallübertragung in fremde Aufenthaltsräume, ganz gleich, ob sie in waagerechter, schräger oder senkrechter (nach oben) Richtung erfolgt. Weichfedernde Bodenbeläge dürfen für den Nachweis des Trittschallschutzes angerechnet werden. Bei Sanitärobjekten in Bad oder WC ist für eine ausreichende Körperschalldämmung zu sorgen.
26	**Wände** zwischen	47	–		
	– Übernachtungsräumen			≥ 52	–
	– Fluren und Übernachtungsräumen			≥ 52	Das erf. R'_w gilt nur für die Wand allein
27	**Türen** zwischen Fluren und Übernachtungsräumen	32	Bei Türen gilt nach Tabelle 48 erf. R_w	≥ 37	Bei Türen gilt nach Tabelle 48 erf. R_w

Tab. 52 – Fortsetzung

Zeile	Bauteile	Anforderungen		Bemerkungen	Vorschläge für erhöhten Schallschutz		Bemerkungen
		erf. R'_w dB	erf. $L'_{n,w}$ dB		erf. R'_w dB	erf. $L'_{n,w}$ dB	
4	**Krankenanstalten, Sanatorien**						
28	**Decken**	54	53		≥55	≤46	
29	Decken unter/über Schwimmbädern, Spiel- oder ähnlichen Gemeinschaftsräumen	55	46	Wegen der verstärkten Übertragung tiefer Frequenzen können zusätzliche Maßnahmen zur Körperschalldämmung erforderlich sein.			
30	Treppenläufe und -podeste	–	58	Keine Anforderungen an Treppenläufe in Gebäuden mit Aufzug.	–	≤46	Der Vorschlag für den erhöhten Schallschutz an die Trittschalldämmung gilt nur für die Trittschallübertragung in fremde Aufenthaltsräume, ganz gleich, ob sie in waagerechter, schräger oder senkrechter (nach oben) Richtung erfolgt.
31	Decken unter Fluren	–	53	Die Anforderung an die Trittschalldämmung gilt nur für die Trittschallübertragung in fremde Aufenthaltsräume, ganz gleich, ob sie in waagerechter, schräger oder senkrechter (nach oben) Richtung erfolgt.	–	≤46	Der Vorschlag für den erhöhten Schallschutz an die Trittschalldämmung gilt nur für die Trittschallübertragung in fremde Aufenthaltsräume, ganz gleich, ob sie in waagerechter, schräger oder senkrechter
32	**Decken** unter Bad und WC ohne/mit Bodenentwässerung	54	53	Die Anforderung an die Trittschalldämmung gilt nur für die Trittschallübertragung in fremde Aufenthaltsräume, ganz gleich, ob sie in waagerechter, schräger oder senkrechter (nach oben) Richtung erfolgt. Die Prüfung der Anforderungen an den bewerteten Norm-Tritt-	≥55	≤46	

33	**Wände** zwischen			nenfalls vorhandenen Bodenentwässerung nicht in einem Umkreis von $r = 60$ cm. (nach oben) Richtung erfolgt. Weichfedernde Bodenbeläge dürfen für den Nachweis des Trittschallschutzes angerechnet werden. Bei Sanitärobjekten in Bad oder WC ist für eine ausreichende Körperschalldämmung zu sorgen.
	– Krankenräumen	47	–	
	– Fluren und Krankenräumen		≥ 52	–
	– Untersuchungs- bzw. Sprechzimmern,		≥ 52	Das erf. R'_w gilt für die Wand allein.
	– Fluren und Untersuchungs- bzw. Sprechzimmern,			
	– Krankenräumen und Arbeits- und Pflegeräumen			
34	**Wände** zwischen			
	– Operations- bzw. Behandlungsräumen,	42	–	
	– Fluren und Operations- bzw. Behandlungsräumen			

Tab. 52 – Fortsetzung

Zeile	Bauteile	Anforderungen erf. R'_w dB	Anforderungen erf. $L'_{n,w}$ dB	Bemerkungen	Vorschläge für erhöhten Schallschutz erf. R'_w dB	Vorschläge für erhöhten Schallschutz erf. $L'_{n,w}$ dB	Bemerkungen
4	**Krankenanstalten, Sanatorien** (Fortsetzung)						
35	Wände zwischen – Räumen der Intensivpflege, – Fluren und Räumen der Intensivpflege	37	–				
36	**Türen** zwischen – Untersuchungs- bzw. Sprechzimmern, – Fluren und Untersuchungs- bzw. Sprechzimmern	37	–	Bei Türen gilt nach Tabelle 48 erf. R_w.			
37	Türen zwischen – Fluren und Krankenräumen – Operations- bzw. Behandlungsräumen, – Fluren und Operations- bzw. Behandlungsräumen	32	–		≥37	–	Bei Türen gilt nach Tabelle 48 erf. R_w.

5	Schulen und vergleichbare Unterrichtsbauten			
38	**Decken** zwischen Unterrichtsräumen oder ähnlichen Räumen	55	53	
39	Decken unter Fluren	–	53	Die Anforderung an die Trittschalldämmung gilt nur für die Trittschallübertragung in fremde Aufenthaltsräume, ganz gleich, ob sie in waagerechter, schräger oder senkrechter (nach oben) Richtung erfolgt.
40	Decken zwischen Unterrichtsräumen oder ähnlichen Räumen und »besonders lauten« Räumen (z. B. Sporthallen, Musikräume, Werkräume)	55	46	Wegen der verstärkten Übertragung tiefer Frequenzen können zusätzlich Maßnahmen zur Körperschalldämmung erforderlich sein.
41	**Wände** zwischen Unterrichtsräumen oder ähnlichen Räumen	47	–	
42	**Wände** zwischen Unterrichtsräumen oder ähnlichen Räumen und Fluren	47	–	

Tab. 52 – Fortsetzung

Zeile	Bauteile	Anforderungen		Bemerkungen	Vorschläge für erhöhten Schallschutz		Bemerkungen
		erf. R'_w dB	erf. $L'_{n,w}$ dB		erf. R'_w dB	erf. $L'_{n,w}$ dB	
5	Schulen und vergleichbare Unterrichtsbauten (Fortsetzung)						
43	Wände zwischen Unterrichtsräumen oder ähnlichen Räumen und Treppenhäusern	52	–				
44	Wände zwischen Unterrichtsräumen oder ähnlichen Räumen und »besonders lauten« Räumen (z. B. Sporthallen, Musikräumen, Werkräumen)	55	–				
45	Türen zwischen Unterrichtsräumen oder ähnlichen Räumen und Fluren	32	–	Bei Türen gilt nach Tabelle 48 erf. R_w.			

Tab. 52 – Fortsetzung

3.2 Empfehlungen für den Schallschutz gegen Schallübertragung im eigenen Wohn- oder Arbeitsbereich

In besonderen Fällen können wegen unterschiedlicher Nutzung und Schallquellen in einzelnen Räumen, wegen unterschiedlicher Arbeits- und Ruhezeiten einzelner Bewohner oder wegen erhöhter Schutzbedürftigkeit auch Schallschutzmaßnahmen im eigenen Wohn- oder Arbeitsbereich wünschenswert sein.

In Tabelle 70 sind nach Beiblatt 2 zu DIN 4109 Empfehlungen für den normalen oder erhöhten Schallschutz von Bauteilen im eigenen Wohn- oder Arbeitsbereich enthalten, deren Anwendung jedoch einer besonderen Vereinbarung zwischen dem Bauherrn und dem Architekten bedarf. Auch hier soll hinsichtlich des Eignungsnachweises auf die Regelungen in DIN 4109 Bezug genommen werden.

Spalte	1	2	3
		Art der schutzbedürftigen Räume	
Zeile	Geräuschquelle	Wohn- und Schlafräume	Unterrichts- und Arbeitsräume
		Kennzeichnender Schalldruckpegel dB(A)	
1	Wasserinstallationen (Wasserversorgungs- und Abwasseranlagen gemeinsam)	$\leq 30^1$	$\leq 35^1$
2	Sonstige haustechnische Anlagen	$\leq 30^2$	$\leq 35^2$
3	Betriebe tags 6 bis 22 Uhr	≤ 35	$\leq 35^2$
4	Betriebe nachts 22 bis 6 Uhr	≤ 25	$\leq 35^2$

[1] Einzelne, kurzzeitige Spitzen, die beim Betätigen der Armaturen und Geräte (Öffnen, Schliessen, Umstellen, Unterbrechen u. a.) entstehen, sind z. Z. nicht zu berücksichtigen.
[2] Bei lüftungstechnischen Anlagen sind um 5 dB(A) höhere Werte zulässig, sofern es sich um Dauergeräusche ohne auffällige Einzeltöne handelt.

Tab. 65 – Werte für die zulässigen Schalldruckpegel in schutzbedürftigen Räumen von Geräuschen aus haustechnischen Anlagen und Gewerbebetrieben nach DIN 4109 (11/89)

Spalte	1	2	3		4	5
			Bewertetes Schalldruckpegel L_{AF}		Bewertetes Schalldämm-Maß erf. R'_w dB	Bewerteter Norm-Trittschallpegel erf. $L'_{n,w}$ dB
Zeile	Art der Räume	Bauteile	Schalldruckpegel L_{AF} = 75 bis 80 dB(A)	Schalldruckpegel L_{AF} = 80 bis 85 dB(A)	Schalldruckpegel L_{AF} = 81 bis 85 dB(A)	
1.1	Räume mit »besonders lauten« haustechnischen Anlagen oder Anlageteilen	Decken, Wände	57		62	–
1.2		Fußböden		–		43[3]
2.1	Betriebsräume von Handwerks- und Gewerbebetrieben; Verkaufsstätten	Decken, Wände	57		62	–
2.2		Fußböden		–		43
3.1	Küchenräume der Küchenanlagen von Beherbergungsstätten, Krankenhäusern, Sanatorien, Gaststätten, Imbissstuben und dergleichen	Decken, Wände		55		–
3.2		Fußböden		–		43
3.3	Küchenräume wie vor, jedoch auch nach 22.00 Uhr in Betrieb	Decken, Wände		57[4]		–
		Fußböden		–		33
4.1	Gasträume, nur bis 22.00 Uhr in Betrieb	Decken, Wände	55		55	–
4.2		Fußböden		–		43
5.1	Gasträume (maximaler Schalldruckpegel $L_{AF} \leq 85$ dB(A), auch nach 22.00 Uhr in Betrieb	Decken, Wände		62		–
5.2		Fußböden		–		33

6.1	Räume von Kegelbahnen	Decken, Wände	67	67
6.2		Fußböden a) Keglerstube b) Bahn	– –	33 13
7.1	Gasträume (maximaler Schalldruckpegel 85 dB(A) $\leq L_{AF} \leq$ 95 dB[A]), z. B. mit elektroakustischen Anlagen	Decken, Wände	72	–
7.2		Fußböden	–	28

1 Jeweils in Richtung der Lärmausbreitung.
2 Die für Maschinen erforderliche Körperschalldämmung ist mit diesem Wert nicht erfaßt; hierfür sind gegebenenfalls weitere Maßnahmen erforderlich. Ebenso kann je nach Art des Betriebes ein niedrigeres erf. $L'_{n,w}$ notwendig sein, dies ist im Einzelfall zu überprüfen.
3 Nicht erforderlich, wenn geräuscherzeugende Anlagen ausreichend körperschallgedämmt aufgestellt werden; eventuelle Anforderungen nach Tabelle 52 bleiben hiervon unberührt.
4 Handelt es sich um Großküchenanlagen und darüberliegende Wohnungen als schutzbedürftige Räume, gilt erf. R'_w = 62 dB.

Tab. 66 – Anforderungen an die Luft- und Trittschalldämmung von Bauteilen zwischen »besonders lauten« und schutzbedürftigen Räumen nach DIN 4109 (11/89)

Anmerkungen zu Tabelle 66:

Schutzbedürftige Räume sind Aufenthaltsräume, soweit sie gegen Geräusche zu schützen sind. Nach dieser Norm sind es

- Wohnräume, einschließlich Wohndielen,
- Schlafräume, einschließlich Übernachtungsräume in Beherbergungsstätten und Bettenräume in Krankenhäusern und Sanatorien,
- Unterrichtsräume in Schulen, Hochschulen und ähnlichen Einrichtungen,
- Büroräume (ausgenommen Großraumbüros), Praxisräume, Sitzungsräume und ähnliche Arbeitsräume.

»Laute« Räume sind

- Räume, in denen häufigere und größere Körperschallanregungen als in Wohnungen stattfinden, z. B. Heizungsräume,
- Räume, in denen der maximale Schalldruckpegel L_{AF} 75 dB(A) nicht übersteigt und die Körperschallanregung nicht größer ist als in Bädern, Aborten oder Küchen.

»Besonders laute« Räume sind

- Räume mit »besonders lauten« haustechnischen Anlagen oder Anlageteilen, wenn der maximale Schalldruckpegel des Luftschalls in diesen Räumen häufig mehr als 75 dB(A) beträgt.
- Aufstellräume für Auffangbehälter von Müllabwurfanlagen und deren Zugangsflure zu den Räumen vom Freien,
- Betriebsräume von Handwerks- und Gewerbebetrieben einschließlich Verkaufsstätten, wenn der maximale Schalldruckpegel des Luftschalls n diesen Räumen häufig mehr als 75 dB(A) beträgt,
- Goasträume, z. B. von Gaststätten, Cafés, Imbissstuben,
- Räume von Kegelbahnen,
- Küchenräume von Beherbergungsstätten, Krankenhäusern, Sanatorien, Gaststätten; außer Betracht bleiben Kleinküchen, Aufbereitungsküchen sowie Mischküchen,
- Theaterräume,
- Sporthallen,
- Musik- und Werkräume

Haustechnische Anlagen sind nach dieser Norm dem Gebäude dienende

- Ver- und Entsorgungsanlagen, Transportanlagen,
- fest eingebaute, betriebstechnische Anlagen.

Als haustechnische Anlagen gelten außerdem

- Gemeinschaftswaschanlagen,
- Schwimmanlagen, Saunen und dergleichen,
- Sportanlagen,
- zentrale Staubsauganlagen,
- Müllabwurfanlagen,
- Garagenanlagen.

Außer Betracht bleiben Geräusche von ortsveränderlichen Maschinen und Geräten (z. B. Staubsauger, Waschmaschinen, Küchengeräte und Sportgeräte) im eigenen Wohnbereich.

Betriebe sind Handwerksbetriebe und Gewerbebetriebe aller Art, z.B. auch Gaststätten und Theater.

3.3 Nachweis der Eignung der Bauteile

Die Eignung eines Bauteils muss grundsätzlich im voraus durch einen Eignungsnachweis im Prüfstand erbracht werden. Nur Sonderbauteile, die nicht in genormten Prüfständen gemessen werden können, dürfen am Bau gemessen werden.

3.3.1 Vorhaltemaß

Das Vorhaltemaß ist zu berücksichtigen, wenn Bauteile in Prüfständen (bei Sonderbauteilen auch am Bau) bei einer Eignungsprüfung gemessen werden. Beim Nachweis der Eignung darf die Differenz aus Messwert (z. B. $R'_{w,p}$) und Vorhaltemaß nicht unter dem Anforderungswert (z. B. R'_w) liegen. Das Vorhaltemaß soll den möglichen Unterschied des Schalldämm-Maßes am Prüfobjekt im Prüfstand und dem tatsächlichen am Bau, sowie eventuelle Streuungen der Eigenschaften der geprüften Konstruktionen berücksichtigen.

3.3.2 Eignungsnachweis

Ein Nachweis für die Eignung eines Bauteils bezüglich der erforderlichen Schalldämmung kann geführt werden
a) ohne bauakustische Messung, wenn die Ausführung des Bauteils den im Beiblatt 1 zu DIN 4109 enthaltenen Beispielen entspricht. Hier können mit Hilfe von Rechenwerten und Korrekturwerten aus Tabellen nach Beiblatt 1 das bewertete Schalldämm-Maß $R'_{w,R}$ und der bewertete Norm-Trittschallpegel $L'_{n,w,R}$ ermittelt werden.
b) durch bauakustische Messung des Bauteils im Rahmen einer Eignungsprüfung. Die Anforderungen an den Schallschutz sind bei Berücksichtigung des Vorhaltemaßes unter folgenden Voraussetzungen erfüllt:

Luftschalldämmung
– von Wänden und Decken $\quad R'_{w,P} \geq$ erf. $R'_w + 2$ dB
– von Türen $\quad R_{w,P} \geq$ erf. $R_w + 5$ dB
– von Fenstern $\quad R_{w,P} \geq$ erf. $R_w + 2$ dB
– von Schächten und Kanälen $\quad D_{K,w,R} \geq$ erf. $D_{K,w,R} + 2$ dB

Trittschalldämmung
– von Decken in gebrauchsfertigem Zustand $\quad L'_{n,w,P} \leq$ erf. $L'_{n,w} - 2$ dB
– von Massivdecken bei getrennter Prüfung $\quad L'_{n,w,P} = L_{n,w,eq,P} - \Delta L_{w,R}$
   der Decke und der Deckenauflage $\quad L'_{n,w,P} \leq$ erf. $L'_{n,w} - 2$ dB

Spalte	1	2	3	4	5	6
Zeilen	Bauteile	Empfehlungen für normalen Schallschutz		Empfehlungen für erhöhten Schallschutz		Bemerkungen
		erf. R'_w dB	erf. $L'_{n,w}$ dB	erf. R'_w dB	erf. $L'_{n,w}$ dB	
1 Wohngebäude						
1	Decken in Einfamilienhäusern, ausgenommen Kellerdecken und Decken unter nicht ausgebauten Dachräumen	50	56	≥55	≤46	Bei Decken zwischen Wasch- und Aborträumen nur als Schutz gegen Trittschallübertragung in Aufenthaltsräumen. Weichfedernde Bodenbeläge dürfen für den Nachweis des Trittschall-Schutzes angerechnet werden.
2	**Treppen und Treppenpodeste** in Einfamilienhäusern	–	–	–	≤53	Der Vorschlag für den erhöhten Schallschutz an die Trittschalldämmung gilt nur für die Trittschallübertragung in fremde Aufenthaltsräume, ganz gleich, ob sie in waagerechter, schräger oder senkrechter (nach oben) Richtung erfolgt. Weichfedernde Bodenbeläge dürfen für den Nachweis des Trittschallschutzes angerechnet werden.
3	Decken von Fluren in Einfamilienhäusern	–	56	–	≤46	

Zeile	Bauteil					Anmerkung
4	Wände ohne Türen zwischen »lauten« und »leisen« Räumen unterschiedlicher Nutzung, z. B. zwischen Wohn- und Kinderschlafzimmer	40	–	≤47	–	
2	**Büro- und Verwaltungsgebäude**					
5	Decken, Treppen, Decken von Fluren und Treppenraumwände	52	53	≥55	≤46	Weichfedernde Bodenbeläge dürfen für den Nachweis des Trittschallschutzes angerechnet werden.
6	Wände zwischen Räumen mit üblicher Bürotätigkeit	37	–	≥42	–	Es ist darauf zu achten, dass diese Werte nicht durch Nebenwegübertragung über Flur und Türen verschlechtert werden.
7	Wände zwischen Fluren und Räumen nach Zeile 6	37	–	≥42	–	
8	Wände von Räumen für konzentrierte geistige Tätigkeit oder zur Behandlung vertraulicher Angelegenheiten, z. B. zwischen Direktions- und Vorzimmer	45	–	≥52	–	
9	Wände zwischen Fluren und Räumen nach Zeile 8	45	–	≥52	–	
10	Türen in Wänden nach Zeile 6 und 7	27	–	≥32	–	
11	Türen in Wänden nach Zeile 8 und 9	37	–	–	–	Bei Türen gelten die Werte für die Schalldämmung bei alleiniger Übertragung durch die Tür.

Tab. 70 – Empfehlungen für normalen und erhöhten Schallschutz; Luft- und Trittschalldämmung von Bauteilen zum Schutz gegen Schallübertragung aus dem eigenen Wohn- oder Arbeitsbereich nach Beiblatt 2 zu DIN 4109

3.4 Anforderungen an die Luftschalldämmung von Außenbauteilen gegen die Übertragung von Außenlärm

Als Außenlärm wird der Verkehrslärm (Straßen-, Schienen-, Wasser- und Flugverkehrslärm) sowie der Lärm aus Gewerbe- und Industrieanlagen bezeichnet. Für die Beurteilung des vor dem Gebäude auftretenden bzw. zu erwartenden Außenlärms ist nach DIN 4109 der »maßgebliche Außenlärmpegel« zugrunde zu legen. Dieser wird in der Regel berechnet, kann aber auch gemessen werden.

Je nach Lärmquelle werden folgende Schallpegel als maßgebliche Außenlärmpegel verwendet:
- bei Straßenverkehrslärm
    - Mittelungspegel L_{AFm}
    - Mittlerer Maximalpegel L_1
- bei Schienen- und Wasserverkehrslärm
    - Mittelungspegel L_{AFm}
    - Mittlerer Maximalpegel $\overline{L_{AF,max}}$
- bei Fluglärm
    - Äquivalenter Dauerschallpegel L_{eq}
- bei Gewerbe- und Industrielärm
    - Beurteilungspegel L_r

3.4.1 Anforderungen an Außenwände

Die Anforderungen an die Luftschalldämmung von Außenwänden sind in Abhängigkeit vom maßgeblichen Außenlärmpegel und den unterschiedlichen Raumarten (Krankenräume, Wohnräume, Büroräume) in Tabelle 73 angegeben.

Diese Anforderungen hängen außerdem noch vom Verhältnis der gesamten Außenwandfläche des Raumes zur Grundfläche des Raumes ab. Sie sind um die in Tabelle 74/2 genannten Korrekturwerte zu erhöhen oder zu mindern. Aufgrund der so ermittelten erforderlichen Schalldämm-Maße können der Tabelle 74/3 die notwendigen Einzelschalldämmwerte sowohl für die Außenwände als auch für die Fenster entnommen werden.

3.4.2 Anforderungen an Decken und Dächer

Für Decken von Aufenthaltsräumen, die zugleich den oberen Gebäudeabschluss bilden, sowie für Dächer und Dachschrägen von ausgebauten Dachräumen gelten die Anforderungen an die Luftschalldämmung für Außenbauteile nach Tabelle 73.

Bei Decken unter nicht ausgebauten Dachräumen und bei Kriechböden sind die Anforderungen durch Dach und Decke gemeinsam zu erfüllen. Die Anforderungen gelten als erfüllt, wenn das Schalldämm-Maß der Decke allein um nicht mehr als 10 dB unter dem erforderlichen resultierenden Schalldämm-Maß $R'_{w,res}$ liegt.

3.4.3 Einfluss von Rollladenkästen und Lüftungseinrichtungen

Rollladenkästen und Lüftungseinrichtungen dürfen die Luftschalldämmung der Außenwand bzw. des Fensters nicht verringern. Lüftungseinrichtungen müssen somit im geschlossenen Zustand bzw. bei schallgedämpften Dauerlüftern im Betriebszustand bei der Berechnung des resultierenden Schalldämm-Maßes berücksichtigt werden.

Spalte	1	2	3	4	5
			\multicolumn{3}{c}{Raumarten}		
Zeile	Lärmpegelbereich	»Maßgeblicher Außenlärmpegel«	Bettenräume in Krankenanstalten und Sanatorien	Aufenthaltsräume in Wohnungen, Übernachtungsräume in Beherbergungsstätten, Unterrichtsräume und ähnliches	Büroräume[1] und ähnliches
		dB(A)	\multicolumn{3}{c}{erf. $R'_{w,res}$ des Außenbauteils in dB}		
1	I	bis 55	35	30	–
2	II	56 bis 60	35	30	30
3	III	61 bis 65	40	35	30
4	IV	66 bis 70	45	40	35
5	V	71 bis 75	50	45	40
6	VI	76 bis 80	2	50	45
7	VII	> 80	2	2	50

[1] An Außenbauteile von Räumen, bei denen der eindringende Außenlärm aufgrund der in den Räumen ausgeübten Tätigkeiten nur einen untergeordneten Beitrag zum Innenraumpegel leistet, werden keine Anforderungen gestellt.
[2] Die Anforderungen sind hier aufgrund der örtlichen Gegebenheiten festzulegen.

Tab. 73 – Anforderungen an die Luftschalldämmung von Außenbauteilen

Schutz-zone	Äquivalenter Dauerschallpegel L_{eq} in dB(A)	Bewertetes Schalldämm-Maß R'_w in dB
1	> 75	50
2	67–75	45

Tab. 74/1 – Bewertetes Schalldämm-Maß als Mindestanforderung für Außenbauteile (Wände, Dach, Fenster, Außentüren) nach der Fluglärmverordnung

Spalte/Zeile	1	2	3	4	5	6	7	8	9	10
1	$S_{(W+F)}/S_G$	2,5	2,0	1,6	1,3	1,0	0,8	0,6	0,5	0,4
2	Korrektur	+5	+4	+3	+2	+1	0	–1	–2	–3

$S_{(W+F)}$: Gesamtfläche des Außenbauteils eines Aufenthaltsraumes in m²
S_G: Grundfläche eines Aufenthaltsraumes in m²

Tab. 74/2 – Korrekturwerte für das erforderliche resultierende Schalldämm-Maß nach Tabelle 73 in Abhängigkeit vom Verhältnis $S_{(W+F)}/S_G$

Spalte	1	2	3	4	5	6	7
Zeile	erf. $R'_{w,res}$ in dB nach Tab. 73	Schalldämm-Maße für Wand/Fenster in … dB/… dB bei nachfolgenden Fensterflächenanteilen in %					
		10 %	20 %	30 %	40 %	50 %	60 %
1	30	30/25	30/25	35/25	35/25	50/25	30/30
2	35	35/30 40/25	35/30	35/32 40/30	40/30	40/32 50/30	45/32
3	40	40/32 45/30	40/35	45/35	45/35	40/37 60/35	40/37
4	45	45/37 50/35	45/40 50/37	50/40	50/40	50/42 60/40	60/42
5	50	55/40	55/42	55/45	55/45	60/45	–

Tab. 74/3 – Erforderliche Schalldämm-Maße erf. $R'_{w,res}$ von Kombinationen von Außenwänden und Fenstern

Diese Tabelle gilt nur für Wohngebäude mit üblicher Raumhöhe von etwa 2,5 m und Raumtiefe von etwa 4,5 m oder mehr, unter Berücksichtigung der Anforderungen an das resultierende Schalldämm-Maß erf. $R'_{w,res}$ des Außenbauteiles nach Tabelle 73 und der Korrektur von –2 dB nach Tabelle 74/2, Zeile 2.

3.4.4 Anforderungen nach der Fluglärmverordnung

Nach dem Gesetz zum Schutz gegen Fluglärm sind in unmittelbarer Nähe von Flugplätzen zwei akustische Schutzzonen festzulegen, in denen Bauten nur mit besonderen baulichen Schallschutzmaßnahmen zulässig sind. Die Anforderungen an den Schallschutz sind in Tabelle 74/1 angegeben.

3.5 Schallpegelrichtwerte für Arbeitslärm am Arbeitsplatz

Nach VDI 2058 – Beurteilung von Arbeitslärm am Arbeitsplatz – und nach der Unfallverhütungsvorschrift Lärm – VBG 121 – wird für den Beurteilungspegel (s. Kapitel 2.17) zur Verhütung von Gehörschäden ein Schallpegelrichtwert von 90 dB(A) festgelegt. Die UVV Lärm bezieht diesen Pegel auf einen achtstündigen Arbeitstag. Da eine dauernde Schädigung des Gehörs eintritt, wenn dieser Beurteilungspegel von 90 dB(A) erreicht oder überschritten wird, müssen die in diesen Lärmbereichen Beschäftigten persönliche Schallschutzmittel (z. B. Gehörschutzstöpsel aus Watte, Gehörschutzkapseln oder Gehörschutzhelme) tragen. Bei einem Beurteilungspegel ab 85 dB(A) ist der Unternehmer verpflichtet, Schallschutzmittel zur Verfügung zu stellen.

Räume mit Beurteilungspegeln von ≥ 90 dB(A) sind als Lärmbereiche zu kennzeichnen.

Damit sich das Gehör arbeitstäglich erholen kann, ist eine Erholungszeit von mindestens 10 Stunden notwendig, während welcher ein Schalldruckpegel um 70 dB(A) nicht überschritten wird.

4 Schallschutz bei Wänden

4.1 Luftschallschutz bei einschaligen Wänden

4.1.1 Wege des Luftschalls

Eine Übertragung des Luftschalls findet bei einschaligen Wänden
a) durch direkten Schalldurchgang,
b) durch Längsleitung des Schalls über flankierende Nebenwege statt (s. Abb. 76/1).

4.1.2 Luftschallverhalten und Luftschalldämmung einschaliger Wände

Unter einschaligen Wänden versteht man Wände aus einer Schicht oder mehreren Schichten, die starr miteinander verbunden sind, wobei die einzelnen Schichten auch aus verschiedenen Baustoffen bestehen können.

Die Luftschalldämmung von einschaligen Wänden hängt ab von der flächenbezogenen Masse, von der Biegesteifigkeit, von der Dichtheit der Wand und von möglichen Flankenübertragungen.

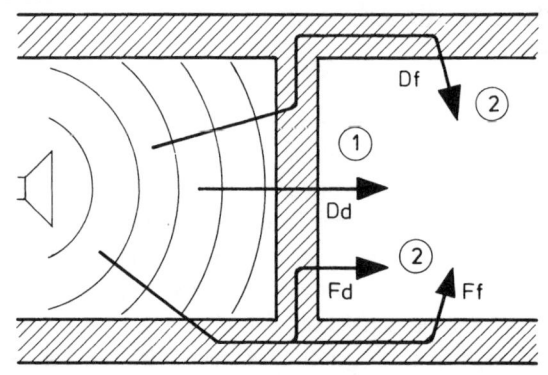

Abb. 76/1 – Wege des Luftschalls bei einschaligen Wänden. Die Kurzbezeichnungen bedeuten:

Dd = Der Schall wird vom schalldämmenden Bauteil aufgenommen und von diesem wieder abgestrahlt

Df = Der Schall wird vom schalldämmenden Bauteil aufgenommen und vom flankierenden Bauteil abgestrahlt

Fd = Der Schall wird vom flankierenden Bauteil aufgenommen und vom trennenden Bauteil abgestrahlt

Ff = Der Schall wird vom flankierenden Bauteil aufgenommen und auch von diesem wieder abgestrahlt

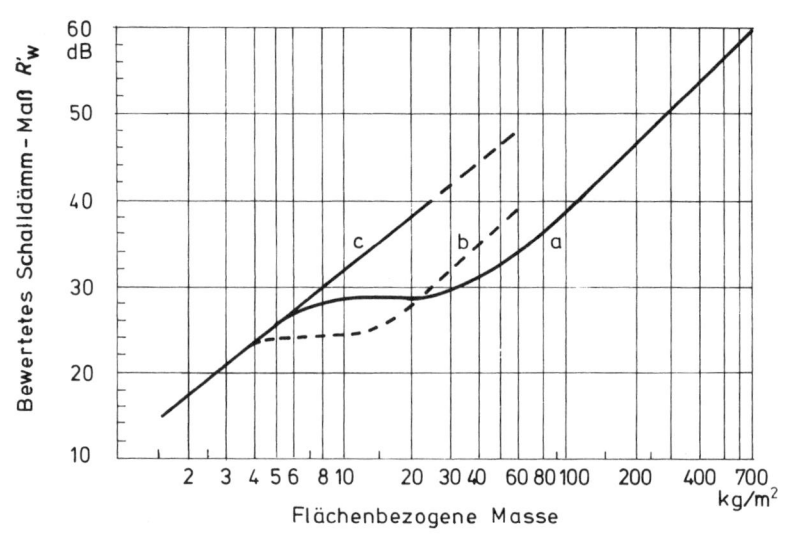

Abb. 76/2 – Abhängigkeit des bewerteten Schalldämm-Maßes R'_w von der flächenbezogenen Masse für einschalige Bauteile aus:
- Beton, Mauerwerk, Gips, Glas und ähnliche Baustoffe (Kurve a),
- Holz und Holzwerkstoffe (Kurve b),
- Stahlblech bis 2 mm Dicke, Bleiblech (Kurve c).

4.1.2.1 Flächenbezogene Masse

Unter der flächenbezogenen Masse m' (auch Flächengewicht genannt) versteht man die Masse pro 1 m² Fläche eines Bauteils. Sie wird aus der Schichtdicke und der Rohdichte der Baustoffe, aus denen die Schichten eines Bauteils bestehen, ermittelt und in kg/m² angegeben. Für die Berechnung der flächenbezogenen Masse von einschaligen Wänden sind die Rechenwerte der Tabellen 83 und 84 zu verwenden.

Die Luftschalldämmung steigt (nach Berger) bei Wänden in dem Maße an, wie das Flächengewicht, d. h. das Gewicht je m² Fläche, zunimmt. Dieser Zusammenhang wird in Abb. 76/2 dargestellt.

Dies bedeutet, dass hinter einer einschaligen Wand die Geräusche um so leiser sind, je schwerer die Wand ist. Die Dämmung ist bei höheren Frequenzen besser als bei tieferen; noch durchgehende Geräusche bekommen einen dumpfen Klang.

Ist die flächenbezogene Masse einer einschaligen Wand zu gering, um die geforderte Schalldämmung zu erreichen, so muss diese Wand zusätzlich gedämmt werden (z. B. durch eine Vorsatzschale).

In der Regel nimmt die Luftschalldämmung auch mit der Frequenz des Luftschalls zu. Sie kann sich jedoch vermindern, wenn sich bei einer Resonanz die Wirkung von Massenträgheit und Biegesteifigkeit des Materials gegenseitig aufheben.

4.1.2.2 Biegesteifigkeit, Spuranpassung und Grenzfrequenz

Jeder Stoff hat je nach Dicke, Art und Elastizität des Materials eine bestimmte Biegesteifigkeit. Plattenförmige Bauelemente, angeregt zum Beispiel durch Luftschallwellen, schwingen oft als Ganzes, wodurch Biegewellen entstehen. Dabei muss dieses Bauelement eine Verformung durchmachen. Widerstrebt es aufgrund seiner Dicke, Länge oder Struktur dieser Verformung, dann nennt man es biegesteif. Lässt das Bauelement dagegen die Bildung von Biegewellen leicht zu, so wird es als biegeweich bezeichnet. Dies bedeutet, dass mit der Dicke eines Bauteils auch dessen Biegesteifigkeit zunimmt.

Die Fortpflanzungsgeschwindigkeit der Biegewellen hängt sowohl von der Steifigkeit des Materials als auch von der Höhe der Biegewellenfrequenz ab.

Bei jedem Bauteil gibt es nun einen Frequenzbereich, in welchem die Spurwellenlänge der schräg einfallenden und an der Platte entlangeilenden Luftschallwellen mit der freien Biegewellenlänge der Platte übereinstimmen (s. Abb. 78).

In diesem Bereich, dem Bereich der sogenannten Spuranpassungsfrequenz f_s, ist ein erhöhtes Mitschwingen des Bauteils mit den Luftschallwellen festzustellen, was sich als verstärkter Schalldurchgang bemerkbar macht, also eine Verminde-

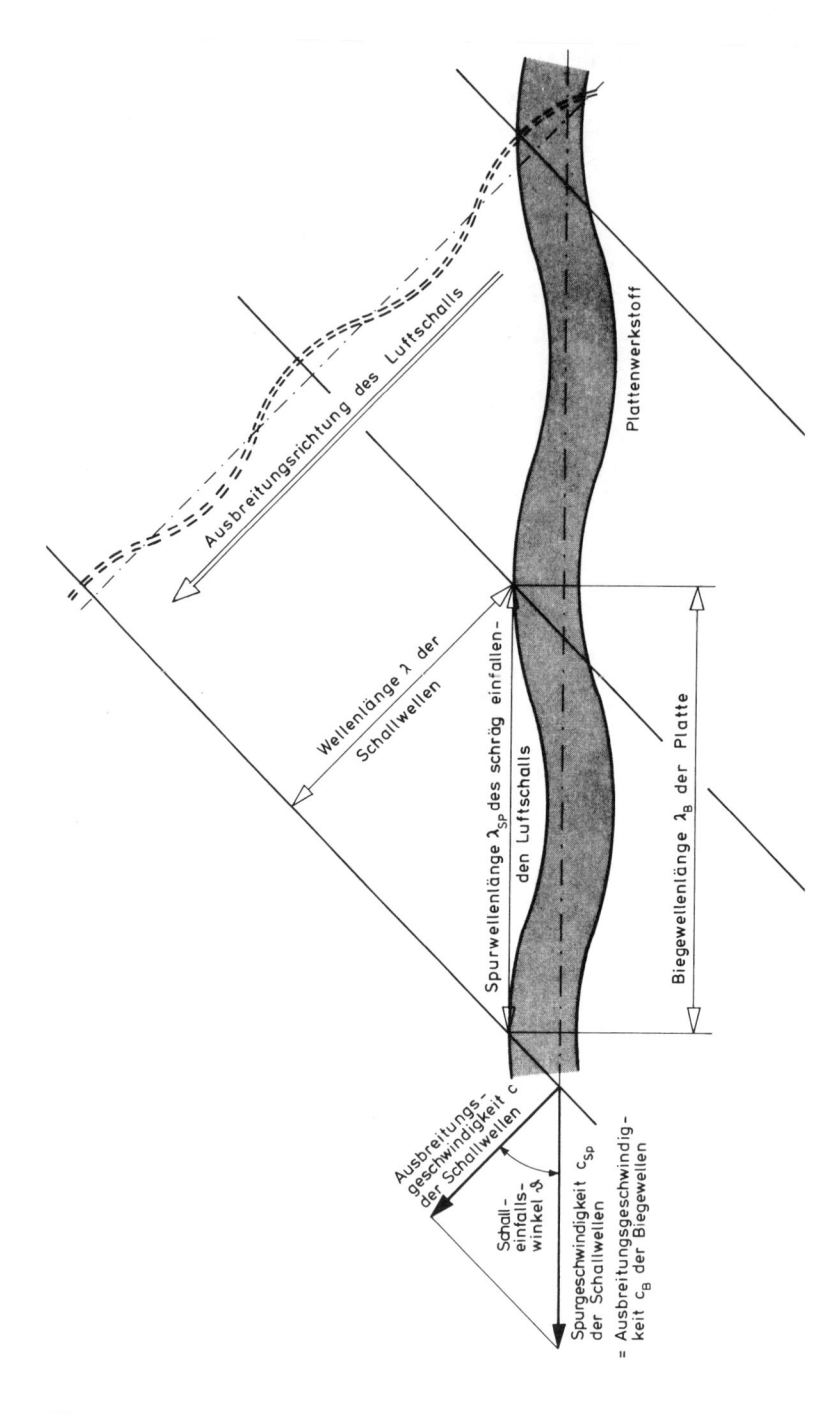

Abb. 78 – Schematische Darstellung der Zusammenhänge beim Auftreten des Spuranpassungs- oder Koinzidenzeffekts.

rung der Schalldämmung in diesem Frequenzbereich bedeutet. Ein Spuranpassungseffekt tritt mithin dann auf, wenn die Ausbreitungsgeschwindigkeit der Biegewellen (c_B) in der Platte so groß wie die Spurgeschwindigkeit (c_{Sp}) der Schallwelle ist. Die niedrigste Spuranpassungsfrequenz, die bei streifend einfallendem Schall auftritt, wird Grenzfrequenz f_g genannt. In diesem Bereich ist die Dämmwirkung am geringsten und damit der Schalldurchgang am größten.

In Abb. 79 wird der Dämmeinbruch im Bereich der Grenzfrequenz bei einer Einfachwand graphisch dargestellt. Die Lage der Grenzfrequenz wird somit von der Dicke der Platte, das heißt von ihrer Steifigkeit bestimmt. Bei dünnen Platten liegen die Grenzfrequenzen im hohen, bei dicken im niederen Bereich.

Die Grenzfrequenz f_g in Hz kann wie folgt berechnet werden:

$$\text{Grenzfrequenz} = \frac{60}{\text{Plattendicke}} \cdot \sqrt{\frac{\text{Dichte}}{\text{Elastizitätsmodul}}}$$

$$f_g = \frac{60}{d} \cdot \sqrt{\frac{\rho}{E}} \qquad \begin{array}{l} E \text{ in MN/m}^3 \\ \rho \text{ in kg/m}^3 \\ d \text{ in m} \end{array} \qquad (6)$$

Beispiel:
Nimmt man für Holzspanplatten eine Dichte von ca. 700 kg/m³ und einen Elastizitätsmodul von ca. 3500 MN/m³ an, dann liegt bei einer 8 mm dicken Spanplatte die Grenzfrequenz bei ca. 3400 Hz, bei einer 38 mm dicken Spanplatte dagegen nur bei ca. 710 Hz.

Im akustischen Sinn gelten Platten mit einer Grenzfrequenz f_g von über 2000 Hz als biegeweich, solche unter 2000 Hz als biegesteif. In Tabelle 80 sind die Dicken verschiedener Werkstoffe bei dieser Grenzfrequenz angegeben.

Auch mit Hilfe der in Tabelle 80 angegebenen Zahlenkonstanten kann die ungefähre Lage der Grenzfrequenz einzelner Materialien mit unterschiedlicher Dicke auf einfache Weise ermittelt werden.

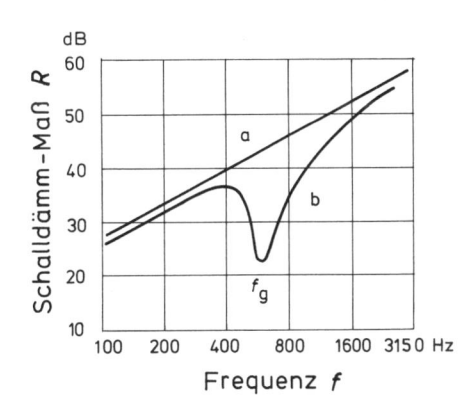

Abb. 79: Schalldämmung einer Einfachwand.
Kurve a: theoretische Kurve aufgrund des Gewichtsgesetzes (nach Berger);
Kurve b: Dämmeinbruch im Bereich der Grenzfrequenz f_g.

Dabei gilt folgende Beziehung:

Grenzfrequenz × Materialdicke = konstante Zahl (7)
f_g (Hz) × d (cm) = k (Hz · cm)

Soll die Plattendicke bei einer bestimmten Grenzfrequenz errechnet werden, dann ist die Formel umzustellen auf

$$d = \frac{k}{f_g}$$

Beispiel:
Wie dick darf höchstens eine Sperrholzplatte sein, wenn sie die Grenzfrequenz von 3000 Hz nicht unterschreiten soll?

$$d = \frac{k}{f_g} = \frac{1400}{3000} = 0{,}47 \text{cm}$$

Baustoffe	Zahlenkonstante zur Ermittlung der Grenzfrequenz $f_g \cdot d$ (HZ · cm)	Bauteildicke bei einer Grenzfrequenz von f_g = 2000 Hz in mm
Stahlblech	400	2
Glas	1250	6
Sperrholz	1400	7
Beton	1800	9
Faserzementplatten	2000	10
Ziegelmauerwerk	2200	11
Hartfaserplatten	3000	15
Holzspanplatten	3200	16
Gipsplatten	3500	17
Gipskartonplatten	3600	18
Weichfaserdämmplatten	4000	20
Porenbeton	4600	23
Blei	5000	25
Holzwolle-Leichtbauplatte, einseitig verputzt		25
Putzschalen auf Rohr- oder Drahtgeflecht		20

Tab. 80 – Zahlenkonstanten üblicher Baustoffe und Dicken dieser Baustoffe mit der Grenzfrequenz von 2000 Hz

Für die Ermittlung der Grenzfrequenz eines Plattenmaterials bei gegebener Dicke heißt die Formel

$$f_g = \frac{k}{d}$$

Beispiel:
In welchem Bereich liegt die Grenzfrequenz einer 5 mm dicken Hartfaserplatte?

$$f_g = \frac{k}{d} = \frac{3000}{0,5} = 6000\,\text{Hz}$$

Von der unangenehmen Erscheinung des Dämmeinbruchs im Bereich der Grenzfrequenz werden vor allem steife, einschalige Wände aus Beton, Leichtbeton, Mauerwerk, Gips und Glas mit einer flächenbezogenen Masse von 20 bis 100 kg/m^2 sowie Platten aus Holz und Holzwerkstoffen mit einer flächenbezogenen Masse von über 15 kg/m^2 betroffen, da deren Grenzfrequenz im gut hörbaren Bereich zwischen 200 Hz und 2000 Hz liegt. Um eine ungünstige Wirkung der Biegesteifigkeit auf die Dämmfähigkeit des Bauteils auszuschließen, sollte die Grenzfrequenz im unteren Frequenzbereich (unter 200 Hz), möglichst aber unter 100 Hz liegen. Ist dies nicht möglich, geht man besser auf zweischalige Konstruktionen über. Für einschalige Wände gilt deshalb die Regel: Die schwerste und zugleich biegesteifste Wand ist akustisch die beste.

4.1.2.3 Inhomogenität

Als inhomogen bezeichnet man die einschaligen Bauteile, die in Materialart oder Massenverteilung im Querschnitt ungleich aufgebaut sind, was die Schalldämmung verschlechtern kann.

Beispiel 1:
Werden z. B. Holzwolleleichtbauplatten (auch Verbundplatten mit harten Schaumkunststoffplatten oder ähnliche Platten mit hoher dynamischer Steifigkeit) an Wände oder unter Decken punktweise befestigt oder anbetoniert und verputzt, nimmt zwar die Wärmedämmung dieser Bauteile zu, jedoch deren Schalldämmung ab. Die Ursache liegt darin, dass diese weiche Platte praktisch eine Federung zwischen den beiden Schalen Putz und Wand darstellt und die Resonanzfrequenz f_0 (= Eigenfrequenz des gesamten Wandsystems) in den Bereich zwischen 200 Hz und 2000 Hz verschoben wird, was zu einem Dämmeinbruch führt.

Beispiel 2:
Weist eine Wand größere Hohlräume auf (z. B. bei Hohlblocksteinen), so entstehen auch hier Resonanzerscheinungen, wobei die eingeschlossene Luft die Rolle

der Feder übernimmt. Auch hier haben die Hohlräume zwar wärmetechnische Vorteile, aber auch akustische Nachteile. Füllt man diese Hohlräume mit losem Sand, dann wird die Schalldämmung wieder verbessert. Kleine Hohlräume, z. B. in Hochlochziegeln, bringen keine Nachteile.

4.1.2.4 Dichtheit

Luftschallwellen dringen ohne großen Energieverlust selbst durch kleinste Luftkanäle und Risse in der Wand. Dadurch wird deren Schalldämmvermögen erheblich verringert. Die Schalldämmung nimmt dabei besonders im hohen Frequenzbereich stark ab. Deshalb sollten gemauerte oder betonierte schalldämmende Wände zumindest einseitig mit einem dichten und vollflächig haftenden Putz versehen werden, was erst den ihrer flächenbezogenen Masse entsprechenden Dämmwert erbringt.

Wird auf eine undichte Rohbauwand anstelle eines Nassputzes ein Trockenputz in Form von Gipskartonplatten aufgebracht und werden diese nur mit einzelnen Gipsbatzen oder -streifen befestigt, so ist wegen der Undichtheit der Wand und wegen der Resonanzerscheinungen der Konstruktion mit einer Verringerung der Schalldämmung zu rechnen. Günstig wirkt sich dagegen das Einbringen von Faserdämmstoffen zwischen Rohbauwand und Gipskartonplatten aus.

4.1.2.5 Flankenübertragung

Die Luftschallübertragung von einem Raum in den anderen hängt nicht nur vom Schalldämm-Maß der Trennwand ab, sondern auch von der Schallleitfähigkeit der flankierenden Bauteile (s. Abb. 76/1). Bei der Entstehung von Luftschall werden Wände, Decke und Boden eines Raumes zu Schwingungen angeregt, die auf die Bauteile im Nachbarraum durch Längsleitung übertragen werden können. Die Flankenübertragung wird beeinflußt durch die Masse, die Biegesteifigkeit und die innere Dämpfung der flankierenden Bauteile sowie durch die Ausbildung der Anschlußstellen zwischen dem trennenden Bauteil und den flankierenden Bauteilen.

Die Übertragung des Luftschalls ist um so besser, das heißt, die Schalldämmung ist um so schlechter, je leichter die flankierenden Bauteile sind. Sie sollten deshalb möglichst ein Flächengewicht von 300 kg/m^2 aufweisen oder mit einer Vorsatzschale ausgestattet sein. Eine solche vorgesetzte Schale kann die Schalldämmung dann wieder verschlechtern, wenn sie über eine steife Dämmschicht (z. B. Polystyrol-Hartschaum) vollflächig angeklebt und verputzt wird (siehe auch Abschnitt 4.1.2.3).

Weitere Möglichkeiten für eine Schall-Längsleitung können Kabelkanäle, Lüftungskanäle oder Heizungsrohre an Brüstungen oder über abgehängten Decken sein. Eine Minderung der Schallübertragung ist bei Kabelkanälen durch Abdichten, bei Lüftungskanälen durch den Einbau von Schalldämpfern möglich. Ausführungsbeispiele für Schächte und Kanäle ohne Nachweis des Schalldämm-Maßes sind im Beiblatt 1 zu DIN 4109 Abschnitt 9 aufgeführt.

Zusammenfassung: Von einer einschaligen Wand kann man nur dann eine gute Luftschalldämmung erwarten, wenn sie

a) möglichst dick und schwer ist,
b) möglichst dicht ist,
c) eine möglichst gleichmäßige Massenverteilung aufweist,
d) nicht durch den Einfluß von Flankenübertragungen eine Minderung ihres Schalldämmwertes erfährt.

4.1.3 Einschalige Wandkonstruktionen

Das bewertete Schalldämm-Maß $R'_{w,R}$ einschaliger, biegesteifer Wände kann aus Tabelle 85 entnommen werden. Dieses Schalldämm-Maß hängt von der flächenbezogenen Masse der Wand ab. Die flächenbezogene Masse der Wand ergibt sich aus der Dicke der Wand und deren Rohdichte, gegebenenfalls mit Zuschlag für ein- oder beidseitigen Putz. Die Wandrohdichte wird bestimmt durch die Stein- oder Plattenrohdichte und die Art des Mörtels (s. Tabellen 83 und 84). Die bewerteten Schalldämm-Maße gelten, wenn die mittlere flächenbezogene Masse der flankierenden Bauteile etwa 300 kg/m² beträgt. Die Berechnung der mittleren flächenbezogenen Masse wird in Kapitel 5 behandelt.

Putzdicke	Flächenbezogene Masse des Putzes	
mm	Kalkgipsputz, Gipsputz kg/m²	Kalkputz, Kalkzementputz, Zementputz kg/m²
10	10	18
15	15	25
20	–	30

Tab. 83 – Flächenbezogene Masse von Wandputz

Spalte	1	2	3
Zeile	Stein-/Platten-rohdichte[1] kg/m³	Wandrohdichte[2,3]	
		Normalmörtel kg/m³	Leichtmörtel (Rohdichte = 1000 kg/m³) kg/m³
1	2200	2080	1940
2	2000	1900	1770
3	1800	1720	1600
4	1600	1540	1420
5	1400	1360	1260
6	1200	1180	1090
7	1000	1000	950
8	900	910	860
9	800	820	770
10	700	730	680
11	600	640	590
12	500	550	500
13	400	460	410

[1] Werden Hohlblocksteine nach DIN 106 Teil 1, DIN 18151 und DIN 18153 umgekehrt vermauert und die Hohlräume satt mit Sand oder mit Normalmörtel gefüllt, so sind die Werte der Wandrohdichte um 400 kg/m³ zu erhöhen.
[2] Zur Ermittlung der flächenbezogenen Masse von fugenlosen Wänden und Wänden aus geschosshohen Platten ist bei Normalbeton und Stahlbeton mit einer Rohdichte von 2300 kg/m³ zu rechnen.
[3] Bei Wänden aus Leichtbeton und Gasbeton sowie bei Wänden aus im Dünnbettmörtel verlegten Plansteinen und -platten, sind die Nennwerte der Wandrohdichte > 1000 kg/m³ um 100 kg/m³, ≤1000 kg/m³ um 50 kg/m³ abzumindern.

Tab. 84 – Wandrohdichten einschaliger, biegesteifer Wände aus Steinen und Platten (Rechenwerte) nach Beiblatt 1 zu DIN 4109

Zeile	Flächen-bezogene Masse m' kg/m²	Bewertetes Schalldämm-Maß $R'_{w,R}$ dB	Zeile	Flächen-bezogene Masse m' kg/m²	Bewertetes Schalldämm-Maß $R'_{w,R}$ dB
1	85[3]	34	17	320	50
2	90[3]	35	18	350	51
3	95[3]	36	19	380	52
4	105[3]	37	20	410	53
5	115[3]	38	21	450	54
6	125[3]	39	22	490	55
7	135	40	23	530	56
8	150	41	24	580	57
9	160	42	25[4]	630	58
10	175	43	26[4]	680	59
11	190	44	27[4]	740	60
12	210	45	28[4]	810	61
13	230	46	29[4]	880	62
14	250	47	30[4]	960	63
15	270	48	31[4]	1040	64
16	295	49			

[1] Gültig für flankierende Bauteile mit einer mittleren flächenbezogenen Masse $m'_{L,Mittel}$ von etwa 300 kg/m²

[2] Messergebnisse haben gezeigt, dass bei verputzten Wänden aus dampfgehärtetem Porenbeton und Leichtbeton mit Blähtonzuschlag mit Steinrohdichte ≤0,8 kg/dm³ bei einer flächenbezogenen Masse bis 250 kg/m² das bewertete Schalldämm-Maß $R'_{w,R}$ um 2 dB höher angesetzt werden kann. Das gilt auch für zweischaliges Mauerwerk, sofern die flächenbezogene Masse der Einzelschale m' ≤250 kg/m² beträgt.

[3] Sofern Wände aus Gipswandbauplatten nach DIN 4103 Teil 2 ausgeführt und am Rand ringsum mit 2 mm bis 4 mm dicken Streifen aus Bitumenfilz eingebaut werden, darf das bewertete Schalldämm-Maß $R'_{w,R}$ um 2 dB höher angesetzt werden.

[4] Diese Werte gelten nur für die Ermittlung des Schalldämm-Maßes zweischaliger Wände aus biegesteifen Schalen.

Tab. 85 – Bewertetes Schalldämm-Maß $R'_{w,R}$[1,2] von einschaligen, biegesteifen Wänden und Decken (Rechenwerte) nach Beiblatt 1 zu DIN 4109

4.2 Luftschallschutz bei zweischaligen Wänden

4.2.1 Wege des Luftschalls
Der Luftschall kann bei zweischaligen Wänden, wie in Abb. 86 ersichtlich, übertragen werden:
a) direkt über die beiden Schalen,
b) durch Längsleitung über flankierende Bauteile,
c) über Schallbrücken.

4.2.2 Luftschallverhalten und Luftschalldämmung zweischaliger Wände
Unter zweischaligen Wänden versteht man Wände aus zwei einzelnen, durch eine Luftschicht oder eine weichfedernde Dämmschicht getrennte Schalen. Die Luftschalldämmung zweischaliger Bauteile wird beeinflußt durch Schallbrücken zwischen den Schalen, durch die Randeinspannung, durch die Hohlraumdämpfung, durch die Eigenfrequenz des Bauteils und durch mögliche Flankenübertragungen.

4.2.2.1 Schallbrücken
Schallbrücken sind starre Verbindungen zwischen den zwei Schalen des Wandsystems (s. Abb. 86). Über sie wird der Körperschall von der einen Schale auf die andere übertragen und damit die Schalldämmung vermindert. Schallbrücken, zum Beispiel Mörtelbrücken, Fugenmassen, Rohrdurchführungen, Kanthölzer, Holzleisten, Profilbleche, Verbindungslaschen, Nägel oder Schrauben, Wandanschlüsse oder Türrahmen, wirken sich vor allem zwischen biegesteifen Schalen sehr nachteilig aus.

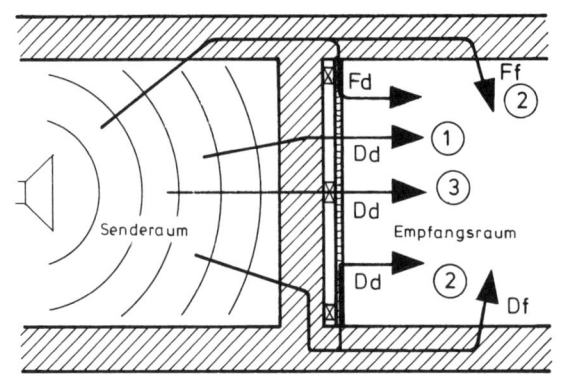

Abb. 86 – Wege des Luftschalls bei zweischaligen Wänden. Die Kurzbezeichnungen sind bei Abb. 76/1 erläutert.

Sind Ständer als Unterkonstruktion zur Befestigung der Schalen notwendig, so sollen diese möglichst schwingungsfähig sein, z. B. U-Stahlblechprofile. Die Befestigung der Schalen an der Unterkonstruktion sollte nicht zu starr erfolgen, damit die Schalen biegeweich und damit auch schwingungsfähig bleiben. Sind Schallbrücken in der Unterkonstruktion nicht zu umgehen, so sollen sie flächenmäßig klein sein und möglichst weit auseinander liegen.

4.2.2.2 Randeinspannung

Unter Randeinspannung versteht man das Einbinden oder Verankern von leichten Wandschalen in den Längswänden, an Boden und Decke. Das Einspannen oder auch Verkeilen der Schalen hat zur Folge, dass biegeweiche Schalen biegesteifer werden. An den Einspannstellen wird, wie aus Abb. 86 zu ersehen ist, der Körperschall von einer Schale auf die andere übertragen. Die biegesteifen Schalen sind hier empfindlicher gegenüber einer Körperschallübertragung von der Einspannstelle her als die biegeweichen Schalen. Deshalb wirkt ein gedämpfter Wandanschluß durch zwischengelegte Mineralwolle- oder Bitumenfilzstreifen verbessernd.

Biegeweiche Schalen nehmen im Gegensatz zu biegesteifen Schalen den Schall nicht so leicht auf und strahlen ihn auch nicht so stark in den Raum ab. Aus diesem Grund wirkt eine biegeweiche Schale sowohl auf der leisen als auch auf der lauten Seite schalldämmend.

4.2.2.3 Hohlraumdämpfung

Im Hohlraum zwischen den beiden Schalen entstehen Schwingungen der Luft senkrecht und parallel zu den Schalen. Diese Luftschwingungen können sich so überlagern, dass stehende Wellen entstehen, die eine Herabsetzung der Dämmfähigkeit der Wand bewirken. Deshalb muss dieser Hohlraum mit schallschluckendem Material, meist mit Mineralwollefilzen, ausgefüllt oder bei großen Hohlräumen ausgekleidet werden. Ein schalldämpfender Effekt kann auch erreicht werden, wenn eine der beiden Schalenseiten innen offenporig ist. Die Dämmfähigkeit durch Hohlraumdämpfung ist um so größer, je mehr der Hohlraum mit schallabsorbierendem Material ausgefüllt ist. Für eine gute Dämmung sollte er jedoch mindestens bis zu 60 % seiner Tiefe absorbierendes Material enthalten.

Im Hinblick auf die Schalldämpfung ist die wichtigste Materialkonstante eines Stoffes der *längenbezogene Strömungswiderstand* Ξ (sprich: Xi). Er gibt den Reibungswiderstand an den Porenwandungen eines porösen Stoffes gegen die Bewegung von Luftteilchen in den Poren des Stoffes an. Die Einheit ist $N \cdot s/m^4$ Für den längenbezogenen Strömungswiderstand werden in den Anforderungen an den Schallschutz bei Faserdämmstoffen z. B. in Wänden, Dächern, Holzbalkendecken, Unterdecken oder unter schwimmenden Estrichen Mindestwerte vorgeschrieben.

Spalte	1	2	3	4	5	6	7
Zeile	Bewertetes Schalldämm-Maß $R'_{w,R}$ [1]	Rohdichteklasse der Steine und Wanddicke der Rohwand bei einschaligem Mauerwerk					
		Beiderseitiges Sichtmauerwerk		Beiderseitig je 10 mm Putz PIV (Gips- oder Kalkgipsputz) 20 kg/m²		Beiderseitig je 15 mm Putz PI, PII, PIII (Kalk-, Kalkzement- oder Zementputz) 50 kg/m²	
	dB	Stein-Rohdichteklasse	Wanddicke mm	Stein-Rohdichteklasse	Wanddicke mm	Stein-Rohdichteklasse	Wanddicke mm
1	37	0,6	175	0,5²	175	0,4	115
2		0,9	115	0,7²	115	0,6³	100
3		1,2	100	0,8	100	0,7³	80
4		1,4	80	1,2	80	0,8³	70
5		1,6	70	1,4	70	–	–
6	40	0,5	240	0,5²	240	0,5²	175
7		0,8	175	0,7³	175	0,7³	115
8		1,2	115	1,0³	115	1,2	80
9		1,8	80	1,6	80	1,4	70
10		2,2	70	1,8	70	–	–
11	42	0,7	240	0,6³	240	0,5²	240
12		0,9	175	0,8³	175	0,6³	175
13		1,4	115	1,2	115	1,0⁴	115
14		2,0	80	1,6	100	1,2	100
15		–	–	1,8	80	1,4	80
16		–	–	2,0	70	1,6	70
17	45	0,9	240	0,8³	240	0,6²	240
18		1,2	175	1,2	175	0,9³	175
19		2,0	115	1,8	115	1,4	115
20		2,2	100	2,0	100	1,8	100

Tab. 88 – Bewertetes Schalldämm-Maß $R'_{w,R}$ von einschaligem, in Normalmörtel gemauertem Mauerwerk (Ausführungsbeispiele, Rechenwerte)

Spalte	1	2	3	4	5	6	7
Zeile	Bewertetes Schalldämm-Maß $R'_{w,R}$ [1]	Rohdichteklasse der Steine und Wanddicke der Rohwand bei einschaligem Mauerwerk					
		Beiderseitiges Sichtmauerwerk		Beiderseitig je 10 mm Putz PIV (Gips- oder Kalkgipsputz) 20 kg/m²		Beiderseitig je 15 mm Putz PI, PII, PIII (Kalk-, Kalkzement- oder Zementputz) 50 kg/m²	
	dB	Stein-Rohdichteklasse	Wanddicke mm	Stein-Rohdichteklasse	Wanddicke mm	Stein-Rohdichteklasse	Wanddicke mm
21	47	0,8	300	0,8[3]	300	0,6[2]	300
22		1,0	240	1,0[3]	240	0,8[3]	240
23		1,6	175	1,4	175	1,2	175
24		2,2	115	2,0	115	1,8	115
25	52	0,8	490	0,7	490	0,6	490
26		1,0	365	1,0	365	0,9	365
27		1,4	300	1,2	300	1,2	300
28		1,6	240	1,6	240	1,4	240
29		–	–	2,2	175	2,0	175
30	53	0,8	490	0,8	490	0,7	490
31		1,2	365	1,2	365	1,2	365
32		1,4	300	1,4	300	1,2	300
33		1,8	240	1,8	240	1,6	240
34		–	–	–	–	2,2	175
35	55	1,0	490	0,9	490	0,9	490
36		1,4	365	1,4	365	1,2	365
37		1,8	300	1,6	300	1,6	300
38		2,2	240	2,0	240	2,0	240
39	57	1,2	490	1,2	490	1,2	490
40		1,6	365	1,6	365	1,6	365
41		2,0	300	2,0	300	1,8	300

[1] Gültig für flankierende Bauteile mit einer mittleren flächenbezogenen Masse $m'_{L,Mittel}$ von etwa 300 kg/m².
Bestehen die Schalen aus Porenbetonsteinen und -platten nach DIN 4165 und DIN 4166 sowie Leichtbetonsteinen mit Blähton als Zuschlag nach DIN 18151 und DIN 18152, kann die Steinrohdichteklasse bei [2] um 0,1 niedriger sein,
bei [3] um 0,2 niedriger sein,
bei [4] um 0,3 niedriger sein.

4.2.2.4 Resonanzfrequenz

Im Kapitel 4.1.2.2 wurde gezeigt, dass bei einschaligen Wänden im Bereich der Grenzfrequenz ein Dämmeinbruch bei der Luftschalldämmung auftritt und daher in diesem Bereich die Dämmung schlecht ist.

Auch bei zweischaligen Wänden gibt es eine solche nachteilige Erscheinung. Jedes Doppelwandsystem hat eine Eigenschwingungszahl, die Resonanzfrequenz f_o, bei der die beiden Wandschalen gegeneinander schwingen, wobei sie die als koppelnde Feder wirkende Zwischenschicht (Luftpolster oder Dämmstoff) zusammendrücken.

Im Bereich dieser Resonanzfrequenz f_o ist eine verminderte Dämmwirkung festzustellen. Nur oberhalb der Resonanzfrequenz ist die Dämmleistung einer doppelschaligen Wand besser als die einer einschaligen Wand gleichen Gewichts. Um nun eine Verschlechterung der Schalldämmung im bauakustischen Frequenzbereich von 100 Hz bis 3150 Hz zu vermeiden, sollte die Resonanzfrequenz unter 100 Hz liegen.

Sie liegt um so niedriger, je schwerer die Schalen sind und je größer der Schalenabstand gewählt wird. Die Schalen werden jedoch mit zunehmendem Gewicht dicker und damit biegesteifer. Dies kann zur Folge haben, dass die Spuranpassungs- und Grenzfrequenzen der beiden Einzelschalen in den bauakustisch wichtigen Bereich unter 3150 Hz verschoben werden, was wieder zu einer Verminderung der Dämmfähigkeit führt. Eine wirksame Verbesserung der Schalldämmung durch Gewichtserhöhung der Schalen kann deshalb meist nur durch eine Beschwerung der Schalen an der Innenseite erreicht werden. Voraussetzung ist jedoch, dass dabei die Biegesteifigkeit der Schalen nicht erhöht wird. Möglichkeiten dazu sind z. B. das Aufkleben von Gips-, Holz- oder Bleiklötzen oder das Anheften von schweren Bitumenpappen, Kunststoff-Schwerfolien oder Gummimatten. Eine Gewichtserhöhung ohne Erhöhung der Biegesteifigkeit erhält man auch durch eine Aufdoppelung der Schalen. Bekleidung und Aufdoppelung dürfen aber nicht vollflächig miteinander verklebt werden.

Zur Ermittlung der Resonanzfrequenz einer Wand mit zweischaligem Aufbau werden im folgenden einige Berechnungsmöglichkeiten gezeigt. Bei Anwendung nachstehender Formeln wird jedoch vorausgesetzt, dass im Wandhohlraum zwischen den Schalen weichfedernde schallabsorbierende Stoffe mit einem längenbezogenen Strömungswiderstand von $\Xi \geq 5$ kN $\cdot$ s/m^4 eingebaut sind. Günstig ist es, wenn die beiden Wandschalen nicht aus gleich steifen Schalen bestehen und deren Grenzfrequenzen nicht mitten im Bereich zwischen 200 Hz und 2000 Hz liegen.

Für die Berechnung der Resonanzfrequenz f_o gelten die in Tabelle 91 genannten Formeln.

Zeile	Aufbau der zweischaligen Bauteile		Gleichung für f_0
1	Zwei biegeweiche Schalen, Luftschicht mit schallabsorbierender Einlage[1]		$f_0 \approx \dfrac{85}{\sqrt{m' \cdot d}}$ (8)
	kleinster Schalenabstand (bei f_0 von max. 85 Hz): $d = \dfrac{1}{m'}$		
2	Biegeweiche Schale vor schwerer, biegesteifer Wand oder als Unterdecke unter Massivdecke, Luftschicht mit schallabsorbierender Einlage[1]		$f_0 \approx \dfrac{60}{\sqrt{m' \cdot d}}$ (9)
	kleinster Schalenabstand (bei f_0 von max. 85 Hz): $d = \dfrac{0{,}5}{m'}$		
3	Zwei biegeweiche Schalen mit Dämmschicht, die mit beiden Schalen vollflächig verbunden ist.		$f_0 \approx 225 \sqrt{\dfrac{s'}{m'}}$ (10)
4	Biegeweiche Schale vor schwerer, biegesteifer Wand mit Dämmschicht, die mit beiden Schalen vollflächig verbunden ist, auch schwimmender Estrich auf Massivdecke.		$f_0 \approx 160 \sqrt{\dfrac{s'}{m'}}$ (11)

In den Gleichungen bedeuten:
f_0 Resonanzfrequenz in Hz
m' flächenbezogene Masse einer biegeweichen Schale in kg/m^2
d Schalenabstand in m
s' dynamische Steifigkeit der Dämmschicht in MN/m^3

[1] Die schallabsorbierende Einlage muss weichfedernd sein und einen längenspezifischen Strömungswiderstand $\Xi \geq 5$ kN · s/m^4 haben. Diese Bedingungen können z. B. von Faserdämmstoffen nach DIN 18165 Teil 1 erfüllt werden.

Tab. 91 – Resonanzfrequenz f_0 zweischaliger Bauteile

Zur Erläuterung seien nachstehend einige Berechnungsbeispiele aufgeführt, bei denen geprüft werden soll, ob die Resonanzfrequenz f_0 unter 100 Hz liegt.

Beispiel 1:
Eine zweischalige Leichtbauwand besteht aus einer 9,5 mm dicken Gipskartonplatte ($m' = 8,5$ kg/m²) und einer 13 mm dicken Holzspanplatte ($m' = 8,5$ kg/m²) auf einer Unterkonstruktion aus Rahmenhölzern 50/50 mm. Wo liegt f_0?

$$f_0 = \frac{85}{\sqrt{m' \cdot d}} = \frac{85}{\sqrt{8,5 \cdot 0,05}} = 131 \text{ Hz}$$

Wie groß muss der Schalenabstand sein, damit die Resonanzfrequenz f_0 bei etwa 85 Hz liegt?

$$d = \frac{1}{m'} = \frac{1}{8,5} = 0,12 \text{ m}$$

Beispiel 2:
Eine poröse Holzfaserplatte ($m' = 8$ kg/m²) wird unter einer Massivdecke auf einer 60 mm dicken Unterkonstruktion angebracht. Wo liegt f_0?

$$f_0 = \frac{60}{\sqrt{m' \cdot d}} = \frac{60}{\sqrt{8 \cdot 0,06}} = 87 \text{ Hz} (= \text{günstig, da } f_0 < 100 \text{ Hz})$$

Eine 18 mm dicke Gipskartonplatte ($m' = 16,2$ kg/m²) ist auf einer Lattung an einer Ziegelmauerwand zu befestigen. Wie groß muss der Wandabstand sein, damit f_0 bei 85 Hz liegt?

$$d = \frac{0,5}{m'} = \frac{0,5}{16,2} = 0,03 \text{ m}$$

Beispiel 3:
Auf einer Massivdecke wurde eine Trittschalldämmplatte mit einer dynamischen Steifigkeit von $s' = 30$ MN/m³ und ein schwimmender Estrich ($m' = 75$ kg/m²) verlegt. Wo liegt f_0?

$$f_0 = 160 \cdot \sqrt{\frac{s'}{m'}} = 160 \cdot \sqrt{\frac{30}{75}} = 101 \text{ Hz} (= \text{günstig})$$

4.2.2.5 Flankenübertragung

Auch bei doppelschaligen Wänden kann eine Schallübertragung über die flankierenden Bauteile erfolgen (Abb. 86), wodurch der Schalldämmwert der Trennwände in der Höhe begrenzt wird. Um die Schalllängsleitung so niedrig wie möglich zu halten, sollten flankierende einschalige Wände und Decken ein Gewicht von mindestens 300 kg/m² haben.

Sind die flankierenden Wände leicht und doppelschalig aufgebaut, so kann die Schalldämmung in verstärktem Maße durch Längsleitung beeinträchtigt wer-

den (s. Abb. 93a). Nachfolgend werden einige konstruktive Möglichkeiten aufgezeigt, wie hier die Längsleitung vermindert werden kann.
- Die innere, dem Raum zugewandte Schale ist biegeweich und hat gegen über der äußeren Schale eine genügend tiefliegende Grenzfrequenz
- Der Stoß der flankierenden Elemente sollte beim Anschluß der Trennwand liegen, wobei elastisch ausgebildete Stöße vorteilhaft sind (s. Abb. 93b).
- Die raumseitige Schale kann am Anschluß der Trennwand unterbrochen werden (s. Abb. 93c).
- Eine auf der Raumseite angebrachte zweilagige Beplankung ist günstiger als eine gleichschwere einlagige Beplankung (s. Abb. 93d).
- Der Hohlraum der flankierenden Wand sollte durch Mineralfaserstoffe gedämpft und, wenn möglich, abgeschottet werden (s. Abb. 93c).

Eine Schallübertragung durch Längsleitung kann auch über den schwimmenden Estrich erfolgen, wenn dieser unter der Trennwand hindurchgeführt wird (s. Abb. 95a). Dies kann durch folgende Maßnahmen verhindert werden:
- Die Trennwand wird isoliert auf den Rohfußboden gestellt und anschließend der schwimmende Estrich eingebracht (s. Abb. 95b). Die Wand ist in diesem Fall nicht umsetzbar.
- Vor der Verlegung des schwimmenden Estrichs wird eine Schwelle eingebaut, auf welche die Trennwand beim Einbau aufgesetzt werden kann. Eine spätere Umsetzung der Wand ist wegen der Fuge nur bedingt möglich.
- Der durchgehende Estrich wird aufgetrennt und die Trennwand auf die Fuge gestellt. Hierbei besteht jedoch die Gefahr, dass der Estrich infolge des Wandgewichts an den Kanten abbricht. Deshalb muss hier eine härtere

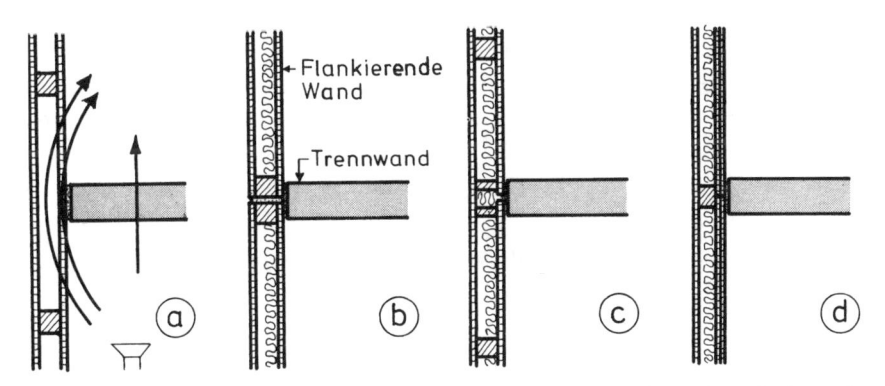

Abb. 93a-d – Möglichkeiten zur Verminderung der Schalllängsleitung bei leichten flankierenden Wänden.

Dämmschicht untergelegt oder eine Metallschiene eingebaut werden (s. Abb. 95c).
- Anstelle des schwimmenden Estrichs wird ein Verbundestrich eingebracht und mit einem weichfedernden Gehbelag versehen. Dafür geeignete Gehbeläge sind hochflorige Teppiche oder Kunststoff-Mehrschichtbeläge mit Filz-, Kork- oder Schaumstoffunterlage. Wegen der fehlenden Dämmschicht muss der Gehbelag den geforderten Trittschallschutz erbringen (s. Abb. 95d), gegebenenfalls zusammen mit einer abgehängten Unterdecke im darunterliegenden Geschoss. Diese Konstruktion ist wegen der Unabhängigkeit von Bodenfugen besonders für den Einbau von umsetzbaren Innenwänden geeignet.

Bei der Verlegung eines Teppichs ist zu beachten, dass dieser nicht unter der Trennwand durchgeführt werden darf, da man in der Fuge zwischen Trennwand und Teppich keine ausreichende Dichtheit erhält.

Außerdem sei noch darauf hingewiesen, dass aus schalltechnischen Gründen eine Trennwand keinesfalls auf einen schwimmend verlegten Spanplattenboden gestellt werden sollte. Hier sind die Längsleitungen aufgrund des geringen Gewichts und der Biegesteifigkeit der Spanplatten besonders groß.

Häufig wird wegen der möglichen Umsetzbarkeit der leichten Trennwände die abgehängte Decke über mehrere Räume durchgezogen. Diese hat dabei oft nicht nur schalldämmende, sondern auch schallabsorbierende Aufgaben zu erfüllen. Öffnungen in der Decke und poriges Deckenmaterial ermöglichen die Übertragung des Schalls über die Trennwand hinweg in den anderen Raum (s. Abb. 95a). Diese Schallübertragung kann auf nachstehende Weise verringert bzw. unterbunden werden:
- Der Deckenhohlraum über der Trennwand wird mit einem schalldämmenden Bauteil vertikal abgeschottet (s. Abb. 95b). Diese Abschottung hat jedoch den Nachteil, dass sie wegen eventueller Installationsleitungen schwer einzubauen und abzudichten ist.
- Über der Trennwand wird ein Dämmpfropfen aus 1 m breiten Mineralwollebahnen gut dichtend eingebracht (s. Abb. 95c).
- Über die gesamte abgehängte Decke wird zusätzlich zum vorhandenen Deckenaufbau eine mindestens 10 cm dicke Mineralwollematte als horizontale Abschottung eingelegt. Diese Maßnahme hat den Vorteil, dass Trennwände ohne Schwierigkeit umgesetzt werden können (s. Abb. 95d).

Hat die abgehängte Decke dieselbe Schalldämmung wie die Trennwand, z.B., weil die Deckenplatten schwer und die Fugen dicht sind, kann eine zusätzliche Maßnahme entfallen.

Im Beiblatt 1 zu DIN 4109 sind für die Schalllängsleitung in leichten Wänden, schwimmenden Estrichen und Unterdecken Schall-Längsdämm-Maße je nach Konstruktion der Bauteile angegeben (s. auch Kapitel 5.1.2).

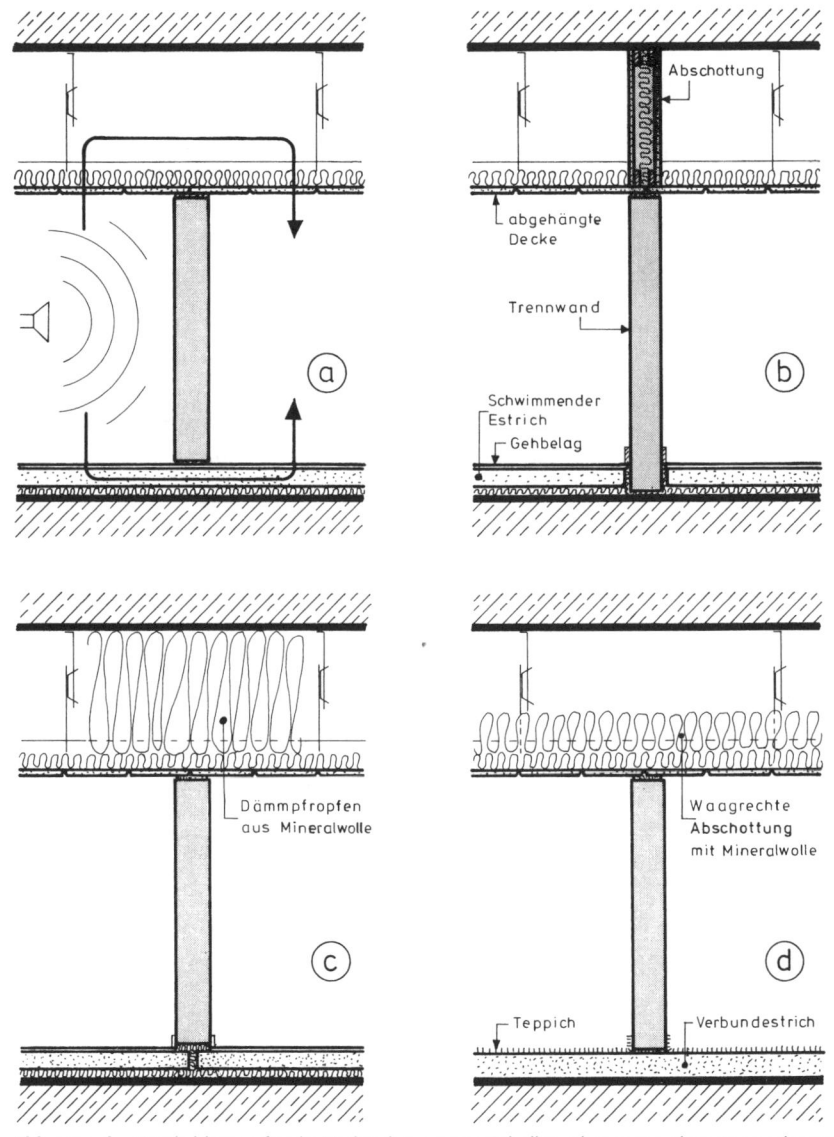

Abb. 95a-d – Möglichkeiten für die Verhinderung von Schalllängsleitungen über einen schwimmenden Estrich und über eine abgehängte Decke

4.2.3 Zweischalige Wandkonstruktionen

4.2.3.1 Wandkonstruktionen mit zwei schweren, biegesteifen Schalen

Wände mit zwei schweren biegesteifen Schalen werden vorwiegend als Haustrennwände mit durchgehender Trennfuge bei Einfamilien-Doppelhäusern und Einfamilien-Reihenhäusern verwendet.

Die flächenbezogene Masse der Einzelschalen mit Putz muss mindestens 150 kg/m² betragen. Die durchgehende Trennfuge sollte mindestens 20–30 mm breit sein und mit mineralischen Faserdämmplatten ausgefüllt sein. Für solche Wände können je nach Flächengewicht der Schalen bewertete Schalldämm-Maße (R'_w) von 57 dB bis 67 dB erreicht werden.

4.2.3.2 Wandkonstruktionen mit biegeweicher Vorsatzschale

Die biegesteife schwere Schale besteht aus Beton, aus Mauerwerk oder Plattenwerkstoffen mit einer flächenbezogenen Masse von mindestens 100 kg/m².

Als Materialien für die biegeweiche Schale stehen zum Beispiel zur Verfügung: Holzwolle-Leichtbauplatten (verputzt), Gipskartonplatten, Sperrholz- und Spanplatten, bei Wänden ohne mechanische Beanspruchung auch poröse Holzfaserplatten.

Die Grenzfrequenz dieser biegeweichen Platten sollte möglichst über 2000 Hz liegen. Der Abstand der Platten voneinander ist wegen der Resonanzfrequenz vom Materialgewicht abhängig. Für den Einbau der weichen Schale (Vorsatzschale) gibt es vier Möglichkeiten:

a) Die Platte wird, vollständig getrennt von der schweren Schale, zwischen Decke und Fußboden bzw. zwischen die seitlichen Wände eingespannt (Beispiel: Tab. 97, Abb. C).

b) Die biegeweiche Platte wird mit der Faserdämmschicht an der schweren Schale streifenförmig angesetzt (Beispiele: Tab. 97, Abb. D).

c) Die biegeweiche Schale wird auf einer Unterkonstruktion befestigt, die zwischen Fußboden und Decke eingespannt ist (Beispiele: Tab. 97, Abb. A + B).

d) Die biegeweiche Platte wird mit einer Stützkonstruktion in Form einer Lattung o.ä. auf der steifen Schale befestigt (Beispiele: Tab. 97, Abb. E + F).

Tabelle 98 enthält bewertete Schalldämm-Maße $R'_{w,R}$ für zweischalige Wandkonstruktionen nach Tabelle 97. Diese sind abhängig von der flächenbezogenen Masse der massiven Trennwand und gelten, wenn die flankierenden Bauteile eine mittlere flächenbezogene Masse von $m'_{L,Mitte}$ von etwa 300 kg/m² besitzen.

1. Mauerwerk, einseitig verputzt
2. Holzwolle-Leichtbauplatten ≥ 25 mm, verputzt
3. Kanthölzer ≥ 60/50 mm, Ständerabstand ≥ 500 mm, Abstand von der schweren Schale ≥ 20 mm, freistehend
4. Faserdämmstoff als Hohlraumfüllung nach DIN 18165, Dicke ≥ 60 mm, längenbezogener Strömungswiderstand $\Xi \geq 5$ kN · s/m^4
5. Gipskartonplatte, 12,5–15 mm (bei B + F auch Spanplatten 13–16 mm möglich)
6. Abstand 30–50 mm, evtl. mit 20 mm Faserdämmstoff
7. Holzwolle- Leichtbauplatten ≥ 50 mm dick, verputzt
8. Faserdämmplatten ≥ 40 mm, dynamische Steifigkeit s' ≥ 5 MN/m^3, mit Gips-Ansetzmörtel angebracht
9. Kanthölzer ≥ 60/50 mm, Ständerabstand ≥ 500 mm, direkt an der schweren Wand angebracht

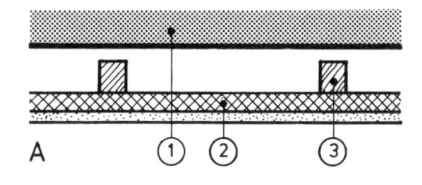

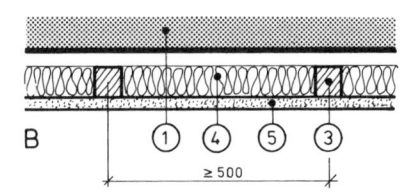

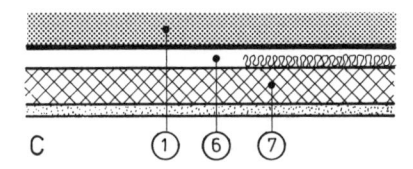

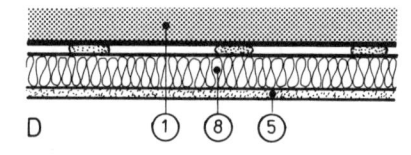

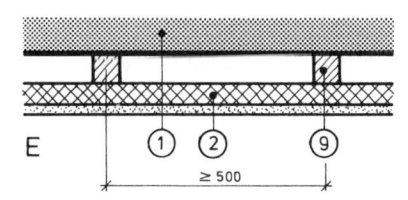

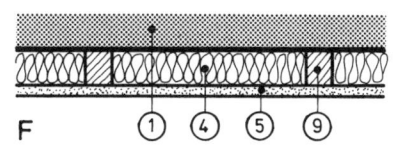

Tab. 97 – Biegeweiche Vorsatzschalen an biegesteifen, schweren Wänden nach Beiblatt 1 zu DIN 4109

Die Abbildungen 99/1 bis 100/3 zeigen weitere Wandkonstruktionen mit Vorsatzschale.

Eine Verbesserung der Dämmwirkung der zweischaligen Wand kann auch durch eine federnde Befestigung der biegeweichen Schale, z. B. mit Federbügeln oder Federschienen, oder durch eine Beschwerung der biegeweichen Schale erreicht werden.

Auf keinen Fall darf die Vorsatzschale vollflächig auf die Wand geklebt oder anbetoniert werden. Wie schon angedeutet, würde sich dadurch die Luftschalldämmung der gesamten Wand verschlechtern. Zu beachten ist auch die Längsleitung über die flankierenden Wände und Decken (s. Abb. 86, Weg Ff). Wie sich diese Flankenübertragung auswirkt, ist in Kapitel 5 beschrieben.

Spalte	1	2
Zeile	Flächenbezogene Masse der Massivwand kg/m²	$R'_{w,R}$ [1,2] dB
1	100	49
2	150	49
3	200	50
4	250	52
5	275	53
6	300	54
7	350	55
8	400	56
9	450	57
10	500	58

[1] Gültig für flankierende Bauteile mit einer mittleren flächenbezogenen Masse $m'_{L,Mittel}$ von etwa 300 kg/m².
[2] Bei Wandausführungen nach Tabelle 97, Konstruktion E und F, sind diese Werte um 1 dB abzumindern.

Tab. 98 – Bewertetes Schalldämm-Maß $R'_{w,R}$ von einschaligen, biegesteifen Wänden mit einer biegeweichen Vorsatzschale nach Tabelle 97 (Rechenwerte)

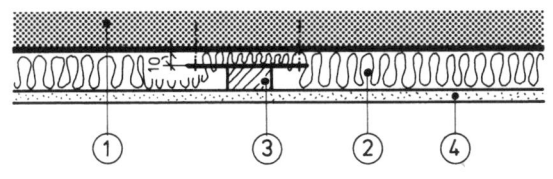

Abb. 99/1
1 = 115 mm Leichtsteinwand, verputzt
2 = 40 mm Steinwolle-Rollfilz
3 = 35 mm Holzleiste mit Schwingplatte aus Bandstahl (1,5/25/150 mm) befestigt
4 = 12,5 mm Gipskartonplatte
R'_w = 52 dB (nach G + H)

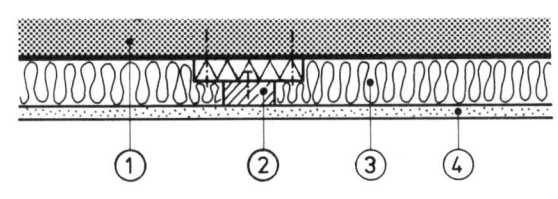

Abb. 99/2
1 = 115 mm Hochlochziegelwand, verputzt
2 = EMFA-Schwingholz (= Holzleiste auf Kokosplattenstreifen)
3 = 50 mm Hohlraum mit Mineralfaserfilz
4 = 12,5 mm Gipskartonplatte
R'_w = 52 dB (nach Knauf)

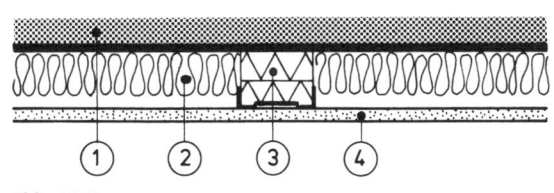

Abb. 99/3
1 = 80 mm Vollgipsplattenwand
2 = 50 mm Mineralfaserfilz
3 = 60 mm Schwingschiene aus zwei Kokosfaserdämmstreifen mit U-Blechprofil
4 = 12,5 mm Gipskartonplatte
R'_w = 52 dB (nach Knauf)

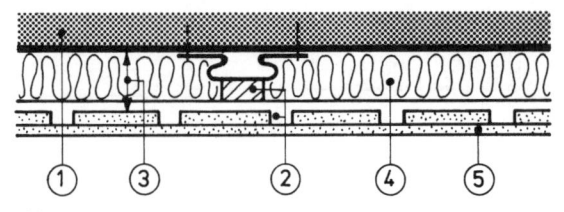

Abb. 100/1
1 = 115 mm Bimsbetonmauerwerk, verputzt
2 = senkrecht und waagerecht verlaufender Lattenrost auf Stahlfederbügeln
3 = 65 mm Hohlraum
4 = 50 mm Mineralfaserfilz
5 = 9,5 mm Gipskartonplatte mit aufgeklebten Gipsklötzen
R'_w = 58 dB (nach Bruckmayer)

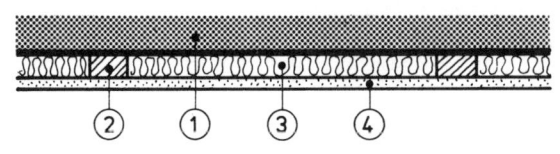

Abb. 100/2
1 = 115 mm Bimsbetonmauerwerk, verputzt
2 = 24/48 mm Lattung
3 = Hohlraum mit Mineralfaserplatte ausgefüllt
4 = 95 mm Gipskartonplatte
R'_w = 52 dB (nach Gösele)

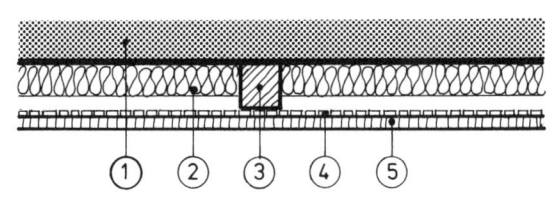

Abb. 100/3
1 = 115 mm Ziegelmauerwerk, einseitig verputzt
2 = 40 mm Mineralwolleplatten, m' = 30–70 kg/m^3
3 = Kanthölzer 50/50 mm, Achsabstand $\geq$ 600 mm, am Mauerwerk befestigt
4 = HAWA-PHON-Schalldämmplatten auf die biegeweiche Schale geklebt
5 = 19 mm Spanplatte, punktweise auf die Unterkonstruktion geschraubt
R'_w = 55 dB (nach HAWA-PHON)

4.2.3.3 Wandkonstruktionen mit zwei biegeweichen Schalen

Die biegeweichen Schalen werden auf einer aus Rahmenhölzern oder Stahlblechprofilen bestehenden Unterkonstruktion befestigt. Haben die Schalen eine gemeinsame Unterkonstruktion, dann spricht man von einer zweischaligen *Einfachständerwand*. Sind die Stützkonstruktionen für jede Schale getrennt angeordnet, nennt man die Wand zweischalige *Doppelständerwand* (Beispiele s. Tabelle 110).

Die Schalen können in unterschiedlicher Dicke und mit verschieden hohem Gewicht gewählt werden. Die Grenzfrequenzen der einzelnen Schalen sollten über 2000 Hz liegen.

Zweischalige Doppelständerwände haben in der Regel ein besseres Schalldämm-Maß als zweischalige Einfachständerwände. Die Schalllängsleitungen über Wand, Decke und Fußboden sind hier besonders zu beachten (s. Kap. 5).

Da das Gewicht dieser Trennwände gegenüber einschaligen Wänden gering ist, werden sie auch als leichte Trennwände bezeichnet. Eine ausführliche Beschreibung dieser Wände erfolgt im anschließenden Kapitel 4.2.4.

4.2.4 Konstruktion schalldämmender leichter Trennwände

4.2.4.1 Begriffsbestimmung

Unter leichten Trennwänden sind hier nichttragende Innenwände zu verstehen, die keine statischen Aufgaben zu erfüllen haben. Diese Wände sind einfach und schnell montierbar und bieten durch Typisierung viele Kombinationsmöglichkeiten in Bezug auf die Türenanordnung und die Lichtdurchlässigkeit. Häufig sind sie auch in Verbindung mit einem Trennwandsystem verwendbar. Ein weiterer Vorteil dieser Innenwandsysteme sind ihr geringes Flächengewicht und ihre zum Teil beachtlichen Werte im Bereich des Schall-, Wärme- und Brandschutzes.

Entsprechend ihrer Ortsgebundenheit unterscheidet man feste Innenwände, bedingt umsetzbare Innenwände, umsetzbare Innenwände und bewegliche Innenwände.

Feste *Innenwände* sind Wände, die aus Gewichtsersparnis einschalige Wände ersetzen sollen und nicht mehr umgesetzt werden.

Bedingt umsetzbare *Innenwände* sind Wände, bei denen eine Umsetzung nur mit gewisser Einschränkung möglich ist. Dabei müssen die wesentlichen Teile der abgebauten Wand wieder verwendbar sein, andere müssen ersetzt werden.

Umsetzbare *Innenwände* sind Wände, die leicht umgesetzt werden können, ohne dass der Baukörper beschädigt wird. Sie müssen ohne wesentliche Nacharbeiten wieder montiert werden können.

Bewegliche Innenwände sind Schiebe- und Faltwände, die – in festen Führungen laufend – in kürzester Frist eine schnelle Teilung oder Erweiterung von Räumen ermöglichen.

Nach dem Montageprinzip lassen sich zwei grundsätzliche Systeme unterscheiden: Schalenwände und Monoblockwände.

Bei der Schalenwand wird zuerst ein tragendes Gerippe aus Stahl-, Stahlblech- oder Holzstützen montiert. Danach werden die Gefache mit Dämmmaterial ausgefüllt und die Außenflächen (Schalen) entweder angeklemmt, eingehängt, angeschraubt oder angenagelt. Es können auch zwei selbsttragende Schalen in einem bestimmten Abstand voneinander aufgestellt werden.

Bei der Monoblockwand werden fertige, im Herstellerwerk vorfabrizierte, geschlossene, raumhohe Elemente entweder durch Ineinanderschieben der profilierten Kanten oder durch Zwischenschaltung profilierter Leisten aneinandergefügt. Die Befestigung erfolgt entweder durch Einspannen zwischen Decke und Fußboden mittels eines Spannsystems oder durch Einschieben in schon befestigte Führungsprofile. Verschiedene Höhenstufen der Elemente erlauben eine Anpassung an unterschiedliche Raumhöhen.

4.2.4.2 Konstruktive Grundsätze

a) Der Aufbau der Elemente ist zweischalig. Als Materialien für die Außenschalen kommen in Frage: Holzwolle-Leichtbauplatten (verputzt), Gipskartonplatten, Faserzementplatten, Gipsfaserplatten, Sperrholzplatten, Spanplatten oder Stahlblech (mit hinterlegten Gipskartonplatten, Mineralwolleplatten u. ä.). Die Oberflächen werden lackiert oder mit Furnier, PVC-Folien oder Kunststoff-Schichtplatten beschichtet.

b) Die Schalen sollten möglichst biegeweich, aber schwer sein. Dies kann erreicht werden, indem man die biegeweiche Schale z. B. durch Aufkleben von Gips-, Blei- oder Holzklötzen oder durch Anheften schwerer mehrschichtiger Bitumenpappe beschwert. Auch eine zweilagige Beplankung ist, wenn punktförmig verbunden, schalltechnisch günstiger als eine gleichschwere einlagige Schale.

c) Die Schalen sollen so befestigt sein, dass sie für sich schwingen können, das heißt, man darf sie nicht einspannen oder einkeilen. Akustisch völlig voneinander getrennte Schalen haben die beste Dämmwirkung.

d) Der Abstand zwischen den Schalen ist so groß wie möglich zu halten und mit offenporigem Material (z. B. Mineralwollefilz) ganz oder teilweise auszufüllen. Um einen möglichst hohen Schalldämmwert zu erreichen, sollte der Hohlraum vollflächig mindestens bis zu 60 % seiner Tiefe mit absorbierendem

Material ausgefüllt werden. Bei größeren Schalenabständen empfiehlt sich auch noch eine ringsumlaufende Randdämpfung aus Mineralwolle.

e) Als Ständer- oder Rahmenmaterial werden Kanthölzer oder Stahlblechprofile verwendet. Sie können gegenüber den Außenschalen durch Zwischenlegen von elastischem Material (z. B. Gummi) akustisch isoliert werden. Wie sich gezeigt hat, besitzen verschiedene Stahlblechprofile akustische Vorteile gegenüber Holzrahmen.
Je größer der Abstand der Stiele, desto besser die Schalldämmung.

f) Eine gute Abdichtung der Fugen zwischen den Elementen, an den Boden-, Decken- und Wandanschlüssen ist unbedingt erforderlich. Dazu können Profile aus Gummi oder PVC, Dichtungsbänder aus Gummi, Schaumstoff, Bitumenfilz, Mineralwolle oder dauerelastischer Kitt verwendet werden.

g) Bei Glasfüllungen ist eine Doppelverglasung zu wählen. Die Scheiben sind mit möglichst großem Abstand einzubauen.

h) Glasscheiben sind elastisch in Gummiprofile oder in dauerelastischen Kitt zu verlegen. Bei genügend großem Abstand ist eine ringsumlaufende Schallschluckkammer als Randdämpfung aus Mineralwolle, abgedeckt mit gelochtem Blech, zu empfehlen (s. auch Kapitel 7).

i) Bei der Angabe von Schalldämmwerten für aufzustellende Trennwände sind die Schallnebenwege durch Längsleitung zu beachten. Flankierende Wände sollten möglichst schwerer sein als die Trennwand selbst. Bei gleichartigem Aufbau und Gewicht von Trennwand und Längswand ist eine geringe Minderung der Schalldämmung zwischen den abgetrennten Räumen festzustellen (s. auch Kapitel 5).

k) Sind Türen in die Trennwand eingebaut, so darf deren Schalldämm-Maß nicht wesentlich unter dem der Wand liegen, da sonst die Dämmwirkung der Trennwand zu stark vermindert wird. Mit Hilfe des Diagramms in Kapitel 7.1 lässt sich das neue Gesamtschalldämm-Maß der Trennwand (einschließlich Tür) ermitteln (s. auch Kapitel 8).

l) Bei Schiebe- und Faltwänden erfolgt die Abdichtung der Fugen an der Unter- und Oberkante dieser Wände durch Schleifdichtungen oder durch ausfahrbare Dichtungsleisten. Die Dichtungsleisten werden über einen Hebelmechanismus betätigt. Dabei werden die Trennwandelemente festgespannt. Die Dichtung der Fugen zwischen den Elementen wird durch eine waagerechte Verspannung erreicht (s. Abb. 105/3).

4.2.4.3 Konstruktionsbeispiele für leichte Trennwände

In den folgenden Tabellen 106 und 110 sind Rechenwerte für zweischalige leichte Trennwände nach Beiblatt 1 zu DIN 4109 enthalten. Dabei werden unterschieden:
a) Zweischalige leichte Trennwände für Gebäude in Skelett- und Holzbauart mit dem bewerteten Schalldämm-Maß $R_{w,R}$ (Laborwerte ohne bauübliche Nebenwege).
b) Zweischalige leichte Trennwände für Gebäude in Massivbauart mit dem bewerteten Schalldämm-Maß $R'_{w,R}$ (Messung mit bauüblichen Nebenwegen). Die Dämmwerte gelten nur, wenn die mittlere flächenbezogene Masse der flankierenden Bauteile etwa 300 kg/m² beträgt.

Die Schallübertragung über die flankierenden Bauteile ist, wie in Kapitel 5 beschrieben, für den Nachweis des erforderlichen Schalldämm-Maßes erf. R'_w noch zu berücksichtigen.

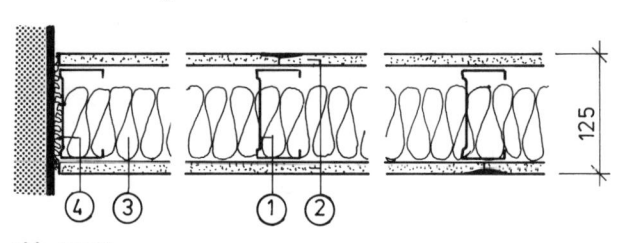

Abb. 104/1
1 = C-Metallprofil, 100 mm
2 = Gipskartonplatte, 12,5 mm
3 = Mineralfaserdämmschicht, 80 mm
4 = Abdichtung mit Mineralwolle

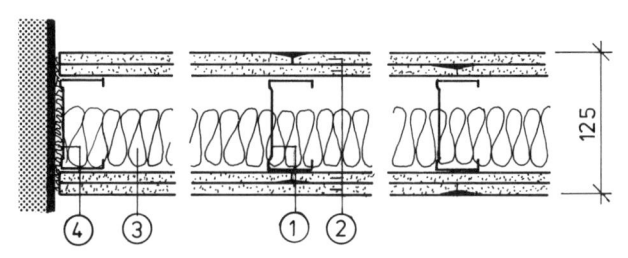

$R'_{w,R}$ = **49 dB** (nach Knauf)

Abb. 104/2
1 = C-Metallprofil, 75 mm
2 = Gipskartonplatte, 12,5 mm
3 = Mineralfaserdämmschicht, 60 mm
4 = Abdichtung mit Mineralwolle

$R'_{w,R}$ = **51 dB** (nach Rigips)

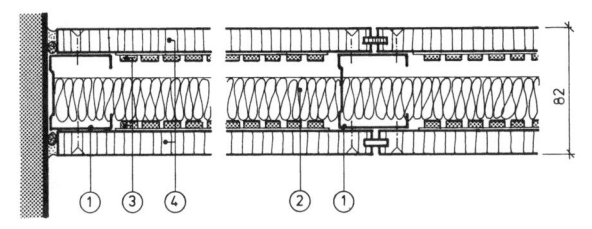

Abb. 105/1
1 = Metallständer (C-Profile)
2 = 30 mm Mineralfaserplatten ρ = 40–70 kg/m^3
3 = HAWA-PHON-Schalldämmplatten, vollflächig aufgeklebt
4 = 16 mm Spanplatten R'_w = 52 dB (nach HAWA-PHON)

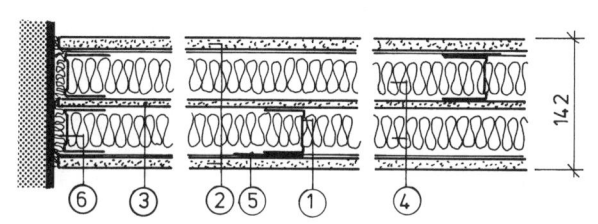

Abb. 105/2
1 = C-Metallprofil, 50 mm
2 = Promatekt-Platte, 15 mm
3 = Promatekt-Platte, 10 mm
4 = Mineralfaserplatte, 40 mm, $\geq$ 100 kg/m^3
5 = Stahlblechüberlappung, 0,7 mm
6 = Abdichtung mit Mineralwolle $R'_{w,R}$ = 55 dB (nach Promat)

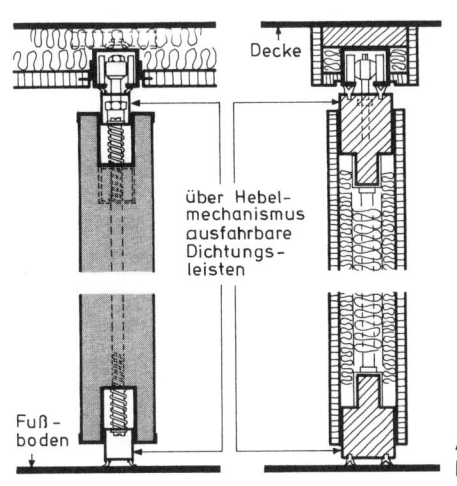

Abb. 105/3 – Konstruktionsbeispiele für bewegliche Innenwände (Faltwände)

105

Spalte	1	2	3	4	5	6
Zeile	Ausführungsbeispiele	s_B	C-Wandprofil[3]	Mindest-schalen-abstand s	Mindest-dämm-schicht-dicke[2] s_D	$R_{w,R}$[4] dB
	Zweischalige Einfachständerwände					
1		12,5	CW 50 × 06	50	40	45
2			CW 75 × 06	75	40	45
3			CW 100 × 06	100	40	47
4				100	60	48
5				100	80	51

6		2 × 12,5	CW 50 × 06	50	40	50
7			CW 75 × 06	75	40	51
8				75	60	52
9			CW 100 × 06	100	40	53
10				100	60	55
11				100	80	56
12		15 + 12,5	CW 50 × 06	50	40	51
13			CW 75 × 06	75	40	52
14				75	60	53
15			CW 100 × 06	100	40	54
16				100	60	56

[1] Anstelle der Gipskartonplatten dürfen auch – ausgenommen Konstruktionen der Zeilen 17 bis 21 – Spanplatten nach DIN 68763, Dicke 13 mm bis 16 mm, verwendet werden.
[2] Faserdämmstoffe nach DIN 18165, längenbezogener Strömungswiderstand $\Xi \geq 5$ kN · s/m^4.
[3] Kurzzeichen für das C-Wandprofil und die Blechdicke nach DIN 18182.
[4] Die Schalldämm-Werte der Spalte 6 sollen lt. Änderungsentwurf A1 (2001–1) zum Beiblatt 1, Tabelle 23 der DIN 4109 demnächst um ca. 8 dB herabgesetzt werden, da die heutigen Produkte die Anforderungen dieser Tabelle nicht mehr erfüllen.

Tab. 106 – Bewertete Schalldämm-Maße von leichten Trennwänden als Montagewände aus Gipskartonplatten[1] oder Spanplatten[1], in Ständerbauart mit umlaufend dichten Anschlüssen an Wänden und Decken (Rechenwerte) nach Beiblatt 1 zu DIN 4109
$R_{w,R}$ für Trennwände in Gebäuden in Skelettbauart (Spalte 6), siehe auch[4]

Spalte	1	2	3	4	5	6
Zeile	Ausführungsbeispiele	s_B	C-Wandprofil[3]	Mindest-schalen-abstand s	Mindest-dämm-schicht-dicke[2] s_D	$R_{w,R}$[4] dB
17		$3 \times 12{,}5$	CW 50 x 06	50	40	56
18			CW 75 x 06	75	60	55
19			CW 100 x 06	100	40	58
20				100	60	59
21				100	80	60

	Zweischalige Doppelständerwände				
22	2 × 12,5	CW 50 × 06	100	40	59
23	2 × 12,5	CW 50 × 06	200	80	–
24			105	40	61
25		CW 100 × 06		80	63
26			205	40	63
				80	65

[1] Anstelle der Gipskartonplatten dürfen auch – ausgenommen Konstruktionen der Zeilen 17 bis 21 – Spanplatten nach DIN 68763, Dicke 13 mm bis 16 mm, verwendet werden.
[2] Faserdämmstoffe nach DIN 18165, längenbezogener Strömungswiderstand $\Xi \geq 5$ kN · s/m^4.
[3] Kurzzeichen für das C-Wandprofil und die Blechdicke nach DIN 18182.
[4] Die Schalldämm-Werte der Spalte 6 sollen lt. Änderungsentwurf A1 (2001–1) zum Beiblatt 1, Tabelle 23 der DIN 4109 demnächst um ca. 8 dB herabgesetzt werden, da die heutigen Produkte die Anforderungen dieser Tabelle nicht mehr erfüllen.

Tab. 106 – Fortsetzung

Spalte	1	2	3	4	5	6
Zeile	Ausführungsbeispiele	Anzahl der Lagen je Schale	Mindest-schalenabstand s	Mindest-dämmschichtdicke[5] s_D	$R_{w,R}$ dB	$R'_{w,R}$[3] dB
	Einfachständerwände					
1		1	60	40	38	38
2		2			38	46
3		1	100	60	43	44

	Doppelständerwände				
4^4	1	125	40	53	49
5^4	2			60	–
6^4	1	160	40	53	49
7^4	2	200	80	65	50

Tab. 110 – Bewertete Schalldämm-Maße von leichten Trennwänden unter Verwendung von biegeweichen Schalen aus Gipskartonplatten[1]. Spanplatten[1] oder verputzten Holzwolle-Leichtbauplatten[2] (Rechenwerte) nach Beiblatt 1 zu DIN 4109
$R_{w,R}$ für Trennwände in Gebäuden in Holzbauart (Spalte 5)
$R_{w,R}$ für Trennwände in Gebäuden in Massivbauart (Spalte 6)

[1] Bekleidung aus Gipskartonplatten nach DIN 18180, 12,5 mm oder 15 mm dick, oder Spanplatten nach DIN 68763, 13 mm bis 16 mm dick.
[2] Bekleidung aus verputzten Holzwolle-Leichtbauplatten nach DIN 1101, 25 mm oder 35 mm dick, Ausführung nach DIN 1102.
[3] Gültig für flankierende Bauteile mit einer mittleren flächenbezogenen Masse von etwa 300 kg/m².
[4] Beide Wandhälften sind auf gesamter Fläche auch im Anschlußbereich an die flankierenden Bauteile voneinander getrennt.
[5] Faserdämmstoffe nach DIN 18165, längenbezogener Strömungswiderstand $\Xi \geq 5$ kN · s/m⁴.
[6] Verputzte Holzwolle-Leichtbauplatten nach DIN 1101, Dicke ≥ 50 mm, Ausführung nach DIN 1102.

Spalte	1	2	3	4	5	6
Zeile	Ausführungsbeispiele	Anzahl der Lagen je Schale	Mindest-schalenab-stand s	Mindest-dämm-schicht-dicke[5] s_D	$R_{w,R}$ dB	$R'_{w,R}$ [4] dB
	Doppelständerwände					
8	Bei s_{HWL}=25: 500≤a≤670 Bei s_{HWL}=35: 500≤a≤1000	1	≥100	–	55	50
	Freistehende Wandschalen[6]					
9		1	30 bis 50	–	55	50
			20 bis <30	≥20		

5 Einfluss flankierender Bauteile auf die Schalldämmung von trennenden Bauteilen

Es wurde in den Kapiteln 4 und 6 wiederholt erwähnt, dass die Luftschallübertragung nicht nur über das trennende Bauteil (Wand oder Decke), sondern auch über flankierende Bauteile (Wände, Decken, Fußboden und Schächte bzw. Kanäle) erfolgt. Der Umfang der Schallübertragung hängt von der Bauart (Massivbauart, Skelett- und Holzbauart) und von der Konstruktion der Bauteile (einschalig oder zweischalig) ab.

5.1 Rechenverfahren

Für den Nachweis des erforderlichen Schalldämm-Maßes erf. R'_w (s. Kapitel 3) sind nach Beiblatt 1 zu DIN 4109 nachstehende Rechenverfahren vorgesehen:
- Ermittlung von Korrekturwerten für trennende Bauteile bei Gebäuden in Massivbauart.
- Ermittlung des resultierenden Schalldämm-Maßes $R'_{w,R}$ für trennende Bauteile bei Gebäuden in Skelett- und Holzbauweise.

5.1.1 Ermittlung der Korrekturwerte $K_{L,1}$ und $K_{L,2}$ für trennende Bauteile bei Gebäuden in Massivbauart

Die in den Tabellen 85, 88, 98, 106, 110, 123 und 138 angegebenen Luftschalldämmwerte setzen voraus, dass die mittlere flächenbezogene Masse $m'_{L,Mittel}$ der biegesteifen, flankierenden Bauteile etwa 300 kg/m² betragen und dass eine biegesteife Anbindung der durchlaufenden flankierenden Bauteile an das trennende Bauteil vorliegt.

Weicht die mittlere flächenbezogene Masse $m'_{L,Mittel}$ der flankierenden Bauteile von etwa 300 kg/m² ab, so ist bei den angegebenen Schalldämm-Maßen $R'_{w,R}$ ein Korrekturwert $K_{L,1}$ zu berücksichtigen (s. Tabellen 114 und 115).

Die mittlere flächenbezogene Masse $m'_{L,Mittel}$ der flankierenden Bauteile muss je nach Art des trennenden Bauteils unterschiedlich berechnet werden:
- für biegesteife trennende Bauteile (Rechenverfahren A)
- für biegeweiche trennende Bauteile (Rechenverfahren B).

5.1.1.1 Ermittlung der mittleren flächenbezogenen Masse $m'_{L,Mittel}$ der flankierenden Bauteile, wenn das trennende Bauteil biegesteif ausgeführt ist (Rechenverfahren A)

Als mittlere flächenbezogene Masse $m'_{L,Mittel}$ wird das arithmetische Mittel der Einzelwerte $m'_{L,i}$ der massiven Bauteile verwendet. Das arithmetische Mittel ist auf die Werte nach Tabelle 114 zu runden.

$$m'_{L,Mittel} = \frac{1}{n}\sum^{i} m'_{L,i} \qquad (12)$$

Spalte	1	2	3	4	5	6	7	8
Zeile	Art des trennenden Bauteils	$K_{L,1}$ in dB für mittlere flächenbezogene Massen $m'_{L,Mittel}$[1] in kg/m²						
		400	350	300	250	200	150	100
1	Einschalige, biegesteife Wände und Decken nach Tabellen 85, 88 und 123, Spalte 2	0	0	0	0	–1	–1	–1
2	Einschalige, biegesteife Wände mit biegeweichen Vorsatzschalen nach Tabelle 98	+2	+1	0	–1	–2	–3	–4
3	Massivdecken mit schwimmendem Estrich oder Holzfußboden nach Tabelle 123, Spalte 3							
4	Massivdecken mit Unterdecke nach Tabelle 123, Spalte 4							
5	Massivdecken mit schwimmendem Estrich und Unterdecke nach Tabelle 123, Spalte 5							

[1] $m'_{L,Mittel}$ ist rechnerisch nach Abschnitt 5.1.1.1 zu ermitteln.

Tab. 114 – Korrekturwerte $K_{L,1}$ für das bewertete Schalldämm-Maß $R'_{w,R}$ von biegesteifen Wänden und Decken als trennende Bauteile nach den Tabellen 85, 88, 98 und 123 bei flankierenden Bauteilen mit der mittleren flächenbezogenen Masse $m'_{L,Mittel}$ (nach Beiblatt 1 zu DIN 4109)

Hierin bedeuten:

$m'_{L,i}$ = flächenbezogene Masse des i-ten nicht verkleideten, $m'_{L,i}$ massiven flankierenden Bauteils (i = 1 bis n)
n = Anzahl der nicht verkleideten, massiven flankierenden Bauteile

Beispiel: Trennende Massivwand (250 kg/m²) mit Vorsatzschale (Tab. 98)
Flankierende Außenwand $\quad m'_{L,1}$ = 200 kg/m²
Flankierende Innenwand $\quad m'_{L,2}$ = 140 kg/m²
Flankierende obere Decke $\quad m'_{L,3}$ = 300 kg/m²
Flankierende untere Decke $\quad m'_{L,4}$ = 380 kg/m²

$$m'_{L,Mittel} = \frac{1}{n}\sum^{i} m'_{L,i} = \frac{1}{4}(200+140+300+380) = \mathbf{255\ kg/m^2}$$

Ergebnis: Die mittlere flächenbezogene Masse der flankierenden Bauteile beträgt 255 kg/m².

Somit beträgt der Korrekturwert nach Tabelle 114 für die Wand mit Vorsatzschale (Zeile 2) = −1 dB, das bewertete Schalldämm-Maß $R'_{w,R}$ der Wand (nach Tabelle 98) 52 dB − 1 dB = 51 dB.

Spalte	1	2	3	4	5	6	7	8
	$R'_{w,R}$ der Trennwand bzw. -decke für $m'_{L,Mittel}$ von etwa 300 kg/m² dB	K_L^1 in dB für mittlere flächenbezogene Massen $m'_{L,Mittel}^1$ in kg/m²						
		450	400	350	300	250	200	150
1	50	+4	+3	+2	0	−2	−4	−7
2	49	+2	+2	+1	0	−2	−3	−6
3	47	+1	+1	+1	0	−2	−3	−6
4	45	+1	+1	+1	0	−1	−2	−5
5	43	0	0	0	0	−1	−2	−4
6	41	0	0	0	0	−1	−1	−3

[1] $m'_{L,Mittel}$ ist rechnerisch nach Abschnitt 5.1.1.2 oder mit Hilfe des Diagramms nach Abb. 117 zu ermitteln.

Tab. 115 − Korrekturwerte $K_{L,1}$ für das bewertete Schalldämm-Maß $R'_{w,R}$ von zweischaligen Wänden aus biegeweichen Schalen nach Tabelle 110, Spalte 6 und Holzbalkendecken nach Tabelle 138, Spalte 5 als trennende Bauteile bei flankierenden Bauteilen mit der mittleren flächenbezogenen Masse $m'_{L,Mittel}$ (nach Beiblatt 1 zu DIN 4109)

5.1.1.2 Ermittlung der mittleren flächenbezogenen Masse $m'_{L,Mittel}$ der flankierenden Bauteile, wenn das trennende Bauteil aus biegeweichen Schalen oder als Holzbalkendecke ausgeführt ist (Rechenverfahren B)

Die wirksame flächenbezogene Masse $m'_{L,Mittel}$ der flankierenden Bauteile wird ermittelt

a) nach der Gleichung $m'_{L,Mittel} = \left[\dfrac{1}{n} \sum\limits^{i} (m'_{L,i})^{-2,5} \right]^{-0,4}$ oder (13)

b) mit Hilfe des Diagramms nach Abbildung 117.

Beispiel:
Trennwand: Zweischalige Wand nach Tab. 110, Zeile 7, Spalte 6, $R'_{w,R}$ = 50 dB
Flankierende Bauteile:
Außenwand $m'_{L,1}$ = 200 kg/m²
Innenwand $m'_{L,2}$ = 350 kg/m²
obere Decke $m'_{L,3}$ = 368 kg/m²
untere Decke = schwimmender Estrich auf Stahlbetondecke trägt nicht zur Schallübertragung als flankierendes Bauteil bei = bleibt unberücksichtigt.

a) Berechnung von $m'_{L,Mittel}$:

$$m'_{L,Mittel} = \left[\dfrac{1}{n} \sum\limits^{i} (m'_{L,i})^{-2,5} \right]^{-0,4}$$

$$= \left[\dfrac{1}{3} (200^{-2,5} + 350^{-2,5} + 368^{-2,5}) \right]^{-0,4}$$

$$= \mathbf{266 \text{ kg/m}^2}$$

b) Ermittlung von $m'_{L,Mittel}$ mit Hilfe des Diagramms (Abb. 117)

Für die flächenbezogene Masse $m'_{L,1}$ bis $m'_{L,3}$ der einzelnen flankierenden Bauteile werden die zugehörigen Werte y_1 bis y_3 aus dem Diagramm entnommen und der Mittelwert y_m gebildet. Der gesuchte Wert $m'_{L,Mittel}$ wird wieder aus dem Diagramm entnommen.

$m'_{L,1}$ = 200 kg/m² y_1 = 0,18
$m'_{L,2}$ = 350 kg/m² y_2 = 0,043
$m'_{L,3}$ = 368 kg/m² y_3 = 0,038

$y_m = \dfrac{1}{3} (0,18 + 0,043 + 0,038) = \mathbf{0,087}$

$m'_{L,Mittel} = \mathbf{265 \text{ kg/m}^2}$

Ergebnis: Als Korrekturwert ergibt sich nach Tabelle 115, Zeile 1, $K_{L,1}$ = -2 dB. Nach Kapitel 5.1.1.3 ist zusätzlich ein Korrekturwert $K_{L,2}$ = +1 dB zu berücksichtigen. Damit ergibt sich

$$R'_{w,R} = (50 \text{ dB} - 2 \text{ dB} + 1 \text{ dB}) = \mathbf{49 \text{ dB}}$$

$$m'_{L,Mittel} = \left[\frac{1}{n} \sum^{i} (m'_{L,i})^{-2,5} \right]^{-0,4}$$

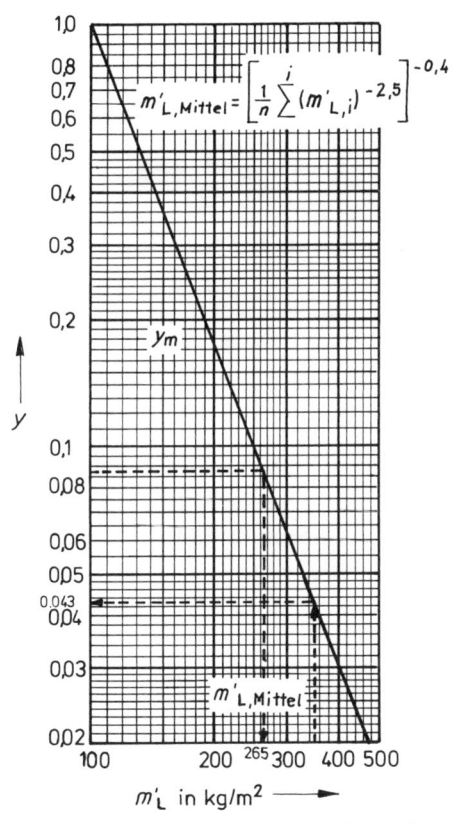

Abb. 117 – Diagramm zur Ermittlung der mittleren flächenbezogenen Masse $m'_{L,Mittel}$ der flankierenden Bauteile für Wände aus biegeweichen Schalen oder Holzbalkendecken als trennende Bauteile (s. Tabellen 106, Spalte 7, 110, Spalte 6, 138, Spalte 5)

5.1.1.3 Ermittlung des Korrekturwerts $K_{L,2}$ zur Berücksichtigung von Vorsatzschalen und biegeweichen, flankierenden Bauteilen

Das Schalldämm-Maß $R'_{w,R}$ wird bei mehrschaligen, trennenden Bauteilen um den Korrekturwert $K_{L,2}$ erhöht, wenn die einzelnen flankierenden Bauteile eine der folgenden Bedingungen erfüllen:

- Sie sind in beiden Räumen raumseitig mit je einer biegeweichen Vorsatzschale nach Tabelle 97 oder mit schwimmendem Estrich nach Tabelle 129 versehen, die im Bereich des trennenden Bauteils (Wand oder Decke) unterbrochen sind.
- Sie bestehen aus biegeweichen Schalen, die im Bereich des trennenden Bauteils (Wand oder Decke) unterbrochen sind.

Spalte	1	2
Zeile	Anzahl der flankierenden, biegeweichen Bauteile oder flankierenden Bauteile mit biegeweicher Vorsatzschale	$K_{L,2}$
1	1	+1
2	2	+3
3	3	+6

Tab. 118 – Korrekturwerte $K_{L,2}$ für das bewertete Schalldämm-Maß $R'_{w,R}$ trennender Bauteile mit biegeweicher Vorsatzschale, schwimmendem Estrich/Holzfußboden oder aus biegeweichen Schalen

5.1.2 Ermittlung des resultierenden Schalldämm-Maßes $R'_{w,R}$ für trennende Bauteile bei Gebäuden in Skelett- und Holzbauart

Im Gegensatz zur Massivbauweise sind im Skelettbau und im Holzbau die trennenden Bauteile (Wand, Decke) nicht in die flankierenden Bauteile biegesteif eingebunden. Deshalb werden für den rechnerischen Nachweis nur das Labor-Schalldämm-Maß $R_{w,R}$ des trennenden Bauteils (Weg dD, Abb. 86) und die Schall-Längsdämm-Maße $R_{L,w,R}$ der flankierenden Bauteile (Weg Ff, Abb. 86) berücksichtigt.

Für dieses Verfahren wird vorausgesetzt, dass die flankierenden Bauteile zu beiden Seiten des Anschlusses des trennenden Bauteils konstruktiv gleich ausgeführt sind, dass alle Anschlüsse gut abgedichtet werden und die Dichtungsmaterialien dauerelastisch sind.

Für den Nachweis, dass das erforderliche Schalldämm-Maß erreicht wird, gibt es zwei Verfahren:
- den vereinfachten Nachweis
- die rechnerische Ermittlung des resultierenden Schalldämm-Maßes $R'_{w,R}$

5.1.2.1 Vereinfachter Nachweis

Ein ausreichender Schallschutz durch das trennende Bauteil ist gegeben, wenn die bewerteten Schalldämm-Maße $R_{w,R}$ bzw. $R_{L,w,R}$ der trennenden und flankierenden Bauteile um 5 dB über der Anforderung an das bewertete Schalldämm-Maß erf. R'_w liegen.

$$R_{w,R} \geq \text{erf.}\ R'_w + 5\ \text{dB}$$
$$R_{L,w,R,i} \geq \text{erf.}\ R'_w + 5\ \text{dB}$$

$R_{w,R}$ Rechenwert des erforderlichen bewerteten Schalldämm-Maßes der Trennwand oder -decke in dB (ohne Längsleitung über flankierende Bauteile, Übertragungsweg Dd, siehe Abb. 86)

$R_{L,w,R,i}$ Rechenwert des erforderlichen bewerteten Schall-Längsdämm-Maßes des i-ten flankierenden Bauteils in dB (ohne Schallübertragung durch das trennende Bauteil, Übertragungsweg Ff, siehe Abb. 86)

erf. R'_w angestrebtes resultierendes Schalldämm-Maß in dB

5.1.2.2 Rechnerische Ermittlung des resultierenden Schalldämm-Maßes $R'_{w,R}$

Die resultierende Schalldämmung der an der Schallübertragung beteiligten trennenden und flankierenden Bauteile lässt sich nach folgender Gleichung berechnen:

$$R'_{w,R} = -10\ \lg \left(10^{\frac{-R_{w,R}}{10}} + \sum_{i=1}^{n} 10^{\frac{-R'_{L,w,R,i}}{10}} \right) \text{ in dB} \qquad (14)$$

Die zum Einsetzen in die Gleichung benötigten Rechenwerte sind mehreren, im Beiblatt 1 zu DIN 4109 enthaltenen Tabellen zu entnehmen. Diese Werte müssen vor dem Einsetzen in die Gleichung noch vom Labor- in das Bau-Schall-Längsdämm-Maß umgerechnet werden.

Das Beiblatt 1 enthält für Gebäude in Skelett- und Holzbauart Tabellen für trennende Bauteile mit bewerteten Schalldämm-Maßen $R_{w,R}$ von

- Montagewänden aus Gipskartonplatten,
- Trennwänden in Holzbauart,
- Holzbalkendecken,
- Bauteilen zwischen »besonders lauten« Räumen und schutzbedürftigen Räumen,
- Außenwänden in Holzbauart,
- belüfteten und unbelüfteten Flachdächern und geneigten Dächern in Holzbauart

sowie für flankierende Bauteile mit Schall-Längsdämm-Maßen $R_{L,w,R}$ von
- massiven, flankierenden Bauteilen von Trennwänden,
- flankierenden Unterdecken,
- flankierenden schwimmenden Estrichen,
- flankierenden Holzbalkendecken,
- flankierenden, biegesteifen Wänden mit biegeweicher Vorsatzschale,
- flankierenden Montagewänden aus Gipskartonplatten,
- flankierenden Wänden in Holzbauart,
- flankierenden Bauteilen bei neben- und übereinanderliegenden Räumen.

In Anbetracht des erweiterten Rechenverfahrens und der zahlreichen dazu benötigten Tabellen und Zahlenwerte einerseits und des beschränkten Umfangs des vorliegenden Buches andererseits, wird zur Ermittlung des resultierenden Schalldämm-Maßes für Bauteile bei Gebäuden in Skelett- und Holzbauart auf das Beiblatt 1 zu DIN 4109 verwiesen.

6 Schallschutz bei Decken

6.1 Begriffsbestimmung

Unter einer *einschaligen Decke* versteht man eine Massivdecke ohne oder mit Deckenauflage, sofern die Deckenauflage nicht schwimmend verlegt ist.

Eine *zweischalige Decke* ist eine Massivdecke oder eine Holzbalkendecke, ohne oder mit Deckenauflage, mit untergehängter Unterdecke.

Als *Rohdecke* bezeichnet man eine Massivdecke mit oder ohne Unterdecke, jedoch ohne Deckenauflage.

Deckenauflagen sind Estriche, Holzfußböden oder Gehbeläge. Der Estrichbelag kann entweder unmittelbar auf der Massivdecke verlegt sein (Verbundestrich) oder schwimmend aufgebracht sein (schwimmender Estrich).

6.2 Luftschalldämmung bei Decken

6.2.1 Luftschalldämmung bei Massivdecken

Decken verhalten sich gegenüber dem Luftschall ähnlich wie Wände. Die Luftschalldämmung nimmt zu
- mit zunehmendem Flächengewicht der Rohdecke,
- durch das Aufbringen einer Deckenauflage, z. B. eines Estrichs,
- durch das Anbringen einer untergehängten Decke.

Wie bei Wänden wirken sich auch bei Decken größere Hohlräume in den Deckenkörpern und flächig anbetonierte Dämmplatten negativ auf die Luftschalldämmung aus (Resonanzerscheinungen).

Wird eine Deckenauflage auf die Rohdecke aufgebracht, so erhöht sie die Luftschalldämmung nur, wenn die Gesamtdecke als doppelschaliges System wirken kann, z. B. Rohdecke mit Auflage eines schwimmenden Estrichs oder eines federnd gelagerten Holzfußbodens. Weichfedernde Bodenbeläge (z. B. Teppiche) verbessern dagegen nur den Trittschallschutz.

Bei Massivdecken wird durch eine untergehängte Decke (Unterdecke) der Schallschutz nur verbessert,
- wenn die Schale der Unterdecke aus biegeweichem Material besteht, z. B. aus Holzwolle-Leichtbauplatten (verputzt), Streckmetall (verputzt), Gipskartonplatten, Spanplatten oder Sperrholzplatten,
- wenn der Abstand zwischen Schale und Massivdecke mindestens 20–30 mm beträgt und der Hohlraum eine schallschluckende Einlage, z. B. Mineralwolle, aufweist,
- wenn die Berührungsfläche der Schale mit der Unterkonstruktion gering ist (maximal 50 mm) und der Abstand der Befestigungsstellen mindestens 500 mm beträgt,
- wenn die Unterdecke nicht starr, sondern schwingungsfähig befestigt wird.

Beispiele für Massivdecken sind in Tabelle 121 dargestellt. Die bewerteten Schalldämm-Maße $R'_{w,R}$ von Massivdecken sind in Tabelle 123 angegeben. Die Schalldämmwerte gelten dann, wenn die mittlere flächenbezogene Masse $m'_{L,Mittel}$ der flankierenden Wände etwa 300 kg/m² beträgt. Weicht die mittlere flächenbezogene Masse davon mehr als ±25 kg/m² ab, sind Zu- bzw. Abschläge nach Tabelle 114 vorzunehmen.

	Massivdecken ohne Hohlräume, gegebenenfalls verputzt	
1		Stahlbetonvollplatten aus Normalbeton nach DIN 1045 oder aus Leichtbeton nach DIN 4219
2		Porenbetondeckenplatten nach DIN 4223

Tab. 121 – Massivdecken, deren Luft- und Trittschalldämmung in den Tabellen 123 und 125 angegeben ist.

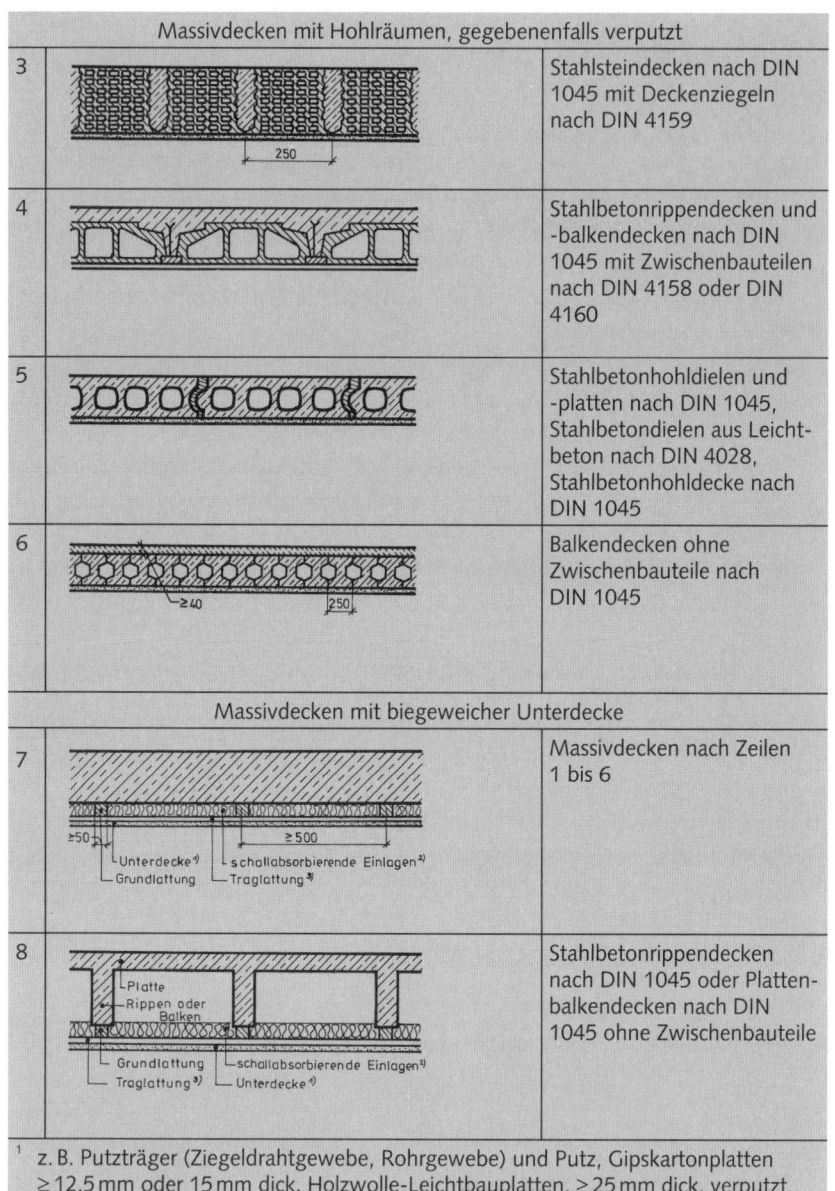

	Massivdecken mit Hohlräumen, gegebenenfalls verputzt	
3		Stahlsteindecken nach DIN 1045 mit Deckenziegeln nach DIN 4159
4		Stahlbetonrippendecken und -balkendecken nach DIN 1045 mit Zwischenbauteilen nach DIN 4158 oder DIN 4160
5		Stahlbetonhohldielen und -platten nach DIN 1045, Stahlbetondielen aus Leichtbeton nach DIN 4028, Stahlbetonhohldecke nach DIN 1045
6		Balkendecken ohne Zwischenbauteile nach DIN 1045
	Massivdecken mit biegeweicher Unterdecke	
7		Massivdecken nach Zeilen 1 bis 6
8		Stahlbetonrippendecken nach DIN 1045 oder Plattenbalkendecken nach DIN 1045 ohne Zwischenbauteile

[1] z. B. Putzträger (Ziegeldrahtgewebe, Rohrgewebe) und Putz, Gipskartonplatten $\geq 12{,}5$ mm oder 15 mm dick, Holzwolle-Leichtbauplatten, ≥ 25 mm dick, verputzt.
[2] Faserdämmstoffe nach DIN 18165, Nenndicke 40 mm, längenbezogener Strömungswiderstand $\Xi \geq 5$ kN · s/m^4.
[3] Traglattung, 30 bis 50 mm breit, Abstand ≥ 400 mm.

Tab. 121 – Fortsetzung

Spalte	1	2	3	4	5
Zeile	Flächenbezogene Masse der Decke[3] kg/m²	$R'_{w,R}$ dB[2]			
		Einschalige Massivdecke, Estrich und Gehbelag unmittelbar aufgebracht	Einschalige Massivdecke mit schwimmendem Estrich[4]	Massivdecke mit Unterdecke[5], Gehbelag und Estrich unmittelbar aufgebracht	Massivdecke mit schwimmendem Estrich und Unterdecke[5]
1	500	55	59	59	62
2	450	54	58	58	61
3	400	53	57	57	60
4	350	51	56	56	59
5	300	49	55	55	58
6	250	47	53	53	56
7	200	44	51	51	54
8	150	41	49	49	52

[1] Zwischenwerte sind linear zu interpolieren.
[2] Gültig für flankierende Bauteile mit einer mittleren flächenbezogenen Masse $m'_{L,Mittel}$ von etwa 300 kg/m².
[3] Die Masse von aufgebrachten Verbundestrichen oder Estrichen auf Trennschicht und vom unterseitigen Putz ist zu berücksichtigen.
[4] Und andere schwimmend verlegte Deckenauflagen, z. B. schwimmend verlegte Holzfußböden, sofern sie ein Trittschallverbesserungsmaß $\Delta L_w \geq 24$ dB haben.
[5] Biegeweiche Unterdecke nach Tabelle 121, Zeilen 7 und 8, oder akustisch gleichwertige Ausführungen.

Tab. 123 – Bewertetes Schalldämm-Maß $R'_{w,R}$[1] von Massivdecken (Rechenwerte) nach Beiblatt 1 zu DIN 4109

6.2.2 Luftschalldämmung bei Holzbalkendecken

Holzbalkendecken werden vorwiegend in Holzfertighäuser eingebaut. Es kommt jedoch nicht selten vor, dass im Zuge der Sanierung von Altbauten auch der Schallschutz vorhandener Holzbalkendecken verbessert werden muss. Eine herkömmliche Holzbalkendecke erreicht normalerweise nicht den nach DIN 4109 geforderten Mindestluftschallschutz, da die beiden Schalen, Fußboden und untere Verkleidung über die Balken direkt miteinander verbunden sind und sich dadurch Schallbrücken bilden. Werden diese Schallbrücken durch Dämmschichten unter dem Fußboden oder durch eine elastische Aufhängung der Unterdecke verringert, sind gute Luftschalldämmwerte möglich.

Bei Holzbalkendecken erreicht man in Massivbauten ein bewertetes Schalldämm-Maß R'_w, bis 55 dB. Die flankierenden einschaligen Wände müssen dabei ein Flächengewicht von mindestens 350–400 kg/m² aufweisen. Leichtere Massivwände haben eine bessere Längsleitung und vermindern den Luftschallschutz. Vorsatzschalen an den Wänden im oberen oder unteren Raum können diesen Nachteil ausgleichen. Bei Gebäuden in Holzbauart erreichen Holzbalkendecken Schalldämmwerte bis $R'_{w,R}$ = 57 dB, bei Labormessungen bis $R_{w,R}$ = 65 dB.
Konstruktionsbeschreibungen sind im Kapitel 6.3.3 zu finden.

6.3 Trittschalldämmung bei Decken

6.3.1 Trittschalldämmung bei Massivdecken

Die Trittschalldämmung bei massiven Rohdecken ist immer unzureichend. Bei einschaligen Decken wird der Trittschall von der angeregten Decke direkt in den darunterliegenden Raum als Luftschall abgestrahlt. Homogen aufgebaute Massivdecken weisen dabei einen etwas besseren Schallschutz auf als solche mit größeren Hohlräumen.

Bringt man eine zweite Schale als Unterdecke an, wird zwar die Trittschalldämmung der Deckenplatte verbessert, jedoch die Längsleitung des Schalls über die flankierenden Wände nicht verhindert. Deshalb ist auch bei zweischaligen Decken notwendig, eine weichfedernde Deckenauflage vorzusehen. Die Trittschalldämmwerte sind für verschiedene Rohdecken in Tabelle 125 angegeben.

6.3.2 Deckenauflagen

Eine Verbesserung der Trittschalldämmung bei Rohdecken erreicht man durch das Aufbringen einer Deckenauflage in Form eines schwimmenden Estrichs, eines schwimmenden Holzfußbodens oder eines weichfedernden Bodenbelags. Die schwimmenden Böden verbessern dabei die Luft- und Trittschalldämmung der Rohdecke, die weichfedernden Bodenbeläge dagegen nur die Trittschalldämmung. Der Umfang der Verbesserung wird durch das Trittschall-Verbesserungsmaß $\Delta L_{w,R}$ ausgedrückt. Dieses gibt an, um wieviel dB der äquivalente, bewertete Norm-Trittschallpegel $L_{n,w,eq,R}$ einer Rohdecke durch eine Deckenauflage verringert wird.

Spalte	1	2	3	4
Zeile	Deckenart	Flächenbezogene Masse[1] der Massivdecke ohne Auflage kg/m²	$L_{n,w,eq,R}$ [2] dB	
			ohne Unterdecke	mit Unterdecke[3,4]
1	Massivdecken nach Tabelle 121	135	86	75
2		160	85	74
3		190	84	74
4		225	82	73
5		270	79	73
6		320	77	72
7		380	74	71
8		450	71	69
9		530	69	67

[1] Flächenbezogene Masse einschließlich eines etwaigen Verbundestrichs oder Estrichs auf Trennschicht und eines unmittelbar aufgebrachten Putzes.
[2] Zwischenwerte sind geradlinig zu interpolieren und auf ganze dB zu runden.
[3] Biegeweiche Unterdecke nach Tabelle 121, Zeilen 7 und 8, oder akustisch gleichwertige Ausführungen.
[4] Bei Verwendung von schwimmenden Estrichen mit mineralischen Bindemitteln sind die Tabellenwerte für $L_{n,w,eq,R}$ um 2 dB zu erhöhen (z. B. Zeile 1, Spalte 4: 75 + 2 = 77 dB).

Tab. 125 – Äquivalenter bewerteter Norm-Trittschallpegel $L_{n,w,eq,R}$ von Massivdecken in Gebäuden in Massivbauart ohne/mit biegeweicher Unterdecke (Rechenwerte) nach Beiblatt 1 zu DIN 4109

Der bewertete Norm-Trittschallpegel $L'_{n,w,R}$ das Trittschallschutzmaß TSM_R) von Massivdecken lässt sich für einen unter der Decke liegenden Raum wie folgt berechnen:

$$L'_{n,w,R} = L_{n,w,eq,R} - \Delta L_{w,R} \tag{15}$$

Um den geforderten Trittschallschutz einer Decke nach DIN 4109 (s. Tab. 52, 66 und 70) zu erreichen, muss noch das Vorhaltemaß von 2 dB berücksichtigt werden.

$$L'_{n,w,R} = \text{erf. } L'_{n,w} - 2 \text{ dB}$$

Aus diesen beiden Beziehungen lässt sich somit bei gegebener Massivdecke ($L_{n,w,eq,R}$) der zur Erfüllung der Anforderungen erforderliche Mindestwert des Trittschallverbesserungsmaßes $\Delta L_{w,R,min}$ angeben:

$$\Delta L_{w,R,min} = L_{n,w,eq,R} + 2 \text{ dB} - \text{erf. } L'_{n,w}$$

Wird ein weichfedernder Bodenbelag auf einem schwimmenden Boden angeordnet, dann ist als Trittschallverbesserungsmaß nur der höhere Wert, entweder der des schwimmenden Bodens oder der des weichfedernden Bodenbelags, zu berücksichtigen.

Trittschallverbesserungsmaße verschiedener Deckenauflagen sind in den Tabellen 129 und 133 angegeben.

6.3.2.1 Schwimmende Estriche

Ein schwimmender Estrich besteht aus einer Estrichplatte, die auf einer weichfedernden Dämmschicht liegt. Beispiele für den konstruktiven Aufbau eines schwimmenden Estrichs mit den dazugehörenden Wandanschlüssen sind in Abb. 127 dargestellt.

Die Dämmwirkung des schwimmenden Estrichs kann jedoch durch das Auftreten von Schallbrücken erheblich vermindert werden. Sie entstehen, wenn der Estrich an kleineren oder größeren Stellen durch unzureichende oder fehlerhafte Trennlagen Kontakt mit der Wand oder mit dem Rohfußboden bekommt oder wenn gut schallleitende Bauteile, z. B. Rohre oder Metallstützen, ungedämmt aus dem Boden durch den Estrich geführt sind. Auch Ausgleichsspachtelmassen, harte Fußleisten und Türenzargen können Schallbrücken bilden.

Beispiele für die Wirkung von Schallbrücken:

Decke ohne Schallbrücke:	+11 dB
Decke mit 1 Schallbrücke:	0 dB
Decke mit 10 Schallbrücken:	–7 dB
Decke ohne schwimmenden Estrich:	–15 dB

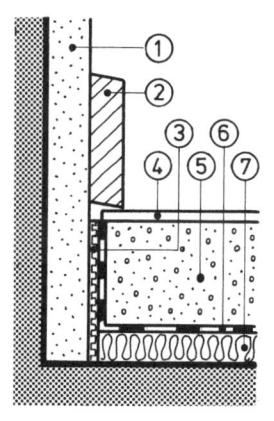

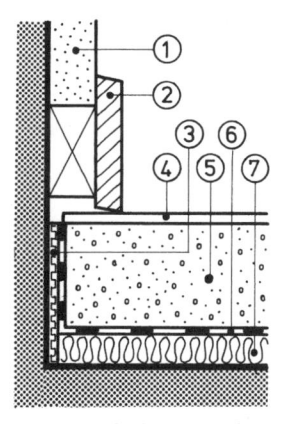

Wandanschlüsse bei Teppich-, PVC- oder Parkettbelägen auf schwimmenden Estrichen

1 = Putz
2 = Sockelleiste (Holz oder PVC)
3 = bituminierte Wellpappe
4 = Gehbelag

5 = Estrich
6 = Bitumenpappe oder Polyäthylenfolie
7 = Dämmstoffschicht

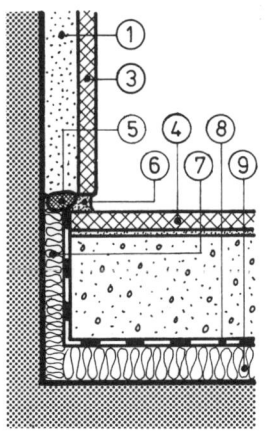

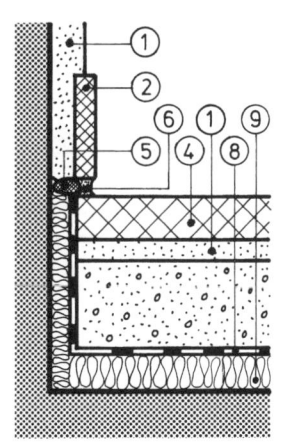

Wandanschlüsse bei keramischen Belägen, bei Natur- oder Betonwerksteinbelägen auf schwimmenden Estrichen

1 = Putz bzw. Mörtelbett
2 = Sockelleiste
3 = Wandfliesen
4 = Bodenfliesen im Dünnbettmörtel
5 = Schaumstoffschnur

6 = elastische Dichtungsmasse
7 = Randstreifen
8 = Bitumenpappe oder Polyäthylenfolie
9 = Dämmstoffschicht

Abb. 127 – Aufbau und Wandanschlüsse bei schwimmenden Estrichen.

Die Estricharten und ihre Zusammensetzung sind in DIN 18560 genormt. Die Dicke des Estrichs hängt von der Dicke und Steifigkeit der darunterliegenden Dämmschicht ab. Im einzelnen sind folgende Mindestestrichdicken vorgeschrieben:

Zementestrich: 35–45 mm Magnesiaestrich: 35–45 mm
Anhydritestrich: 35–40 mm Gußasphaltestrich: 20–25 mm

Dämmschichten unter schwimmenden Estrichen dürfen nur eine bestimmte Steifigkeit aufweisen. Die Steifigkeit kennzeichnet das Federungsvermögen der Zwischenschicht aus Luftpolster und Dämmschicht zwischen Estrich und Rohfußboden bei dynamischer, das heißt wechselnder Beanspruchung. Sie wird daher als **dynamische Steifigkeit s'** mit der Einheit MN/m^3 bezeichnet und bei verschiedenen Schalldämmstoffen nach DIN EN 29052–1 ermittelt.

Dabei unterscheidet man z. B. bei Faserdämmstoffen:

Dämmschichtgruppe I: Dynamische Steifigkeit s' bis 30 MN/m^3
Dämmschichtgruppe II: Dynamische Steifigkeit s' 30–90 MN/m^3

Die einzelnen Dämmstoffe werden von den Herstellern einheitlich nach den entsprechenden Normen gekennzeichnet.

1. Beispiel: Schaumstoff als Schalldämmstoff

DIN-Nummer   als Platte   dynamische Steifigkeit   Wärmedurchlasswiderstand R

Kennzeichnung: DIN 18164 – PS P T 20 – 30/25 – 0,62 – B1   Brandschutzklasse: schwer entflammbar

Polystyrol   für Trittschalldämmung   Nenndicke d_L, nicht eingebaut   Nenndicke d_B, belastet im eingebauten Zustand

2. Beispiel: Faserdämmstoff als Schalldämmstoff

DIN-Nummer   als Platte   dynamische Steifigkeit   Wärmeleitfähigkeitsgruppe

Kennzeichnung: DIN 18165 – Min P – T 30 – 040 – 20/15 – B1   Brandschutzklasse: schwer entflammbar

Mineralfaser-Dämmstoff   für Trittschalldämmung   Nenndicke d_L, nicht eingebaut   Nenndicke d_B, belastet im eingebauten Zustand

Spalte	1	2	3
Zeile	Deckenauflagen; schwimmende Böden	$\Delta L_{w,R}$ dB	
		mit hartem Bodenbelag	mit weichfederndem Bodenbelag[1] $\Delta L_{w,R} \geq 20$ dB
1	Gussasphaltestriche nach DIN 18560 Teil 1 mit einer flächenbezogenen Masse $m' \geq 45$ kg/m² auf Dämmschichten aus Dämmstoffen nach DIN 18164 Teil 2 oder DIN 18165 Teil 2 mit einer dynamischen Steifigkeit s' von höchstens		
	50 MN/m³	20	20
	40 MN/m³	22	22
	30 MN/m³	24	24
	20 MN/m³	26	26
	15 MN/m³	27	29
	10 MN/m³	29	32
2	Estriche nach DIN 18560 Teil 1 mit einer flächenbezogenen Masse $m' \geq 70$ kg/m² auf Dämmschichten aus Dämmstoffen DIN 18164 Teil 2 oder DIN 18165 Teil 2 mit einer dynamischen Steifigkeit s' von höchstens		
	50 MN/m³	22	23
	40 MN/m³	24	25
	30 MN/m³	26	27
	20 MN/m³	28	30
	15 MN/m³	29	33
	10 MN/m³	30	34

[1] Wegen der möglichen Austauschbarkeit von weichfedernden Bodenbelägen nach Tabelle 133, die sowohl dem Verschleiß als auch besonderen Wünschen der Bewohner unterliegen, dürfen diese bei dem Nachweis der Anforderungen nach DIN 4109 nicht angerechnet werden.

Tab. 129 – Trittschallverbesserungsmaß $\Delta L_{w,R}$ von schwimmenden Estrichen auf Massivdecken (Rechenwerte) nach Beiblatt 1 zu DIN 4109

Die Verbesserung des äquivalenten Trittschallschutzmaßes einer Rohdecke durch einen Estrichbelag, schwimmend auf einer Dämmschicht verlegt, ist aus Tabelle 129 ersichtlich.

6.3.2.2 Schwimmende Holzfußböden

Der Holzfußboden in Verbindung mit der Holzbalkendecke war früher der wichtigste Fußbodenbelag. Wegen seiner guten mechanischen Beständigkeit und seiner beachtlichen wärme- und schalltechnischen Vorzüge ist er auch heute noch, und zwar in Verbindung mit der fast ausschließlich angewandten Massivbauweise, nicht wegzudenken.

Auf verschiedenen Unterkonstruktionen werden der einfache Holzlangriemenboden, der Boden aus Stabparkett, Mosaikparkett oder Fertigparkett (Tafelparkett) verwendet. Die Riemenböden verlegt man in der Regel auf Lagerhölzern, während die Parkettböden auf schwimmende Estriche oder auf Trockenunterböden geklebt werden.

In den Abb. 130 bis 132 sind verschiedene Konstruktionen von trittschalldämmenden Holzfußböden dargestellt.

6.3.2.3 Weichfedernde Bodenbeläge

Die weichfedernden Bodenbeläge können zur Verbesserung der Trittschalldämmung entweder direkt auf der Rohdecke (mit Ausgleichsestrich), auf einem Verbundestrich oder auf einem schwimmenden Estrich verlegt werden. Dabei ist jedoch zu beachten, dass das Verbesserungsmaß des schwimmenden Estrichs nicht mit dem Verbesserungsmaß des Gehbelags addiert werden kann. Für die Kombination gilt näherungsweise der größere der beiden Werte.

Trittschalldämmende Holzfußböden auf Massivdecken

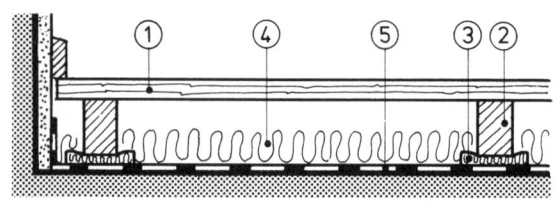

Abb. 130/1
1 = 2,3 cm Riemenfußboden
2 = 4/6 cm Kanthölzer
3 = 1 cm Mineralfaserstreifen
4 = 4 cm Mineralwollematten
5 = Trennlage

Trittschallverbesserungsmaß $\Delta L_{w,R}$ = 24 dB

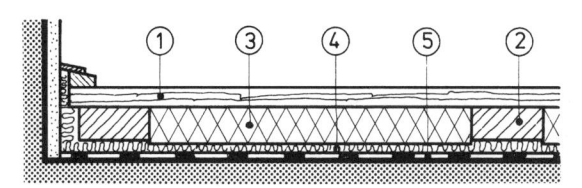

Abb. 131/1
1 = 2,3 cm Riemenfußboden
2 = 3,5/8 cm Kanthölzer
3 = 4 cm Holzwolle-Leichtbauplatten, tragend
4 = 0,8 cm Mineralwolleplatte (s' = 30 MN/m^3)
5 = Trennlage
Trittschallverbesserungsmaß $\Delta L_{w,R}$ = 27 dB

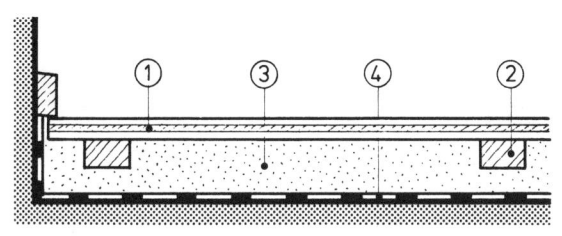

Abb. 131/2
1 = 2,2 cm Mehrschichten-Parkettdielen
2 = 3/5 cm Kanthölzer
3 = 6 cm Schüttmaterial (z. B. Schlacke)
4 = Trennlage
Trittschallverbesserungsmaß $\Delta L_{w,R}$ = 21 dB

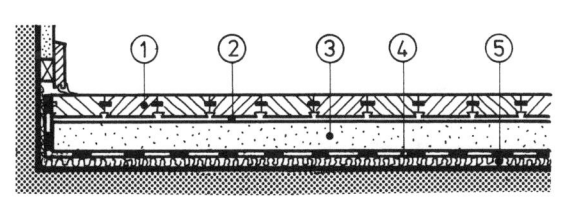

Abb. 131/3
1 = 2,3 cm Eiche-Stabparkett
2 = Bitumenkleber
3 = 3,5 cm Zementestrich
4 = Trennschicht
5 = 1 cm Mineralwolleplatten
Trittschallverbesserungsmaß $\Delta L_{w,R}$ = 25 dB

Abb. 132/1
1 = 1 cm Mosaikparkett (geklebt)
2 = 2,5 cm Holzwolle-Leichtbauplatte (porenverschlossen)
3 = 1 cm Kokosfasermatte
4 = 0,2 mm Polyethylenfolie

Trittschallverbesserungsmaß $\Delta L_{w,R}$ = 27 dB

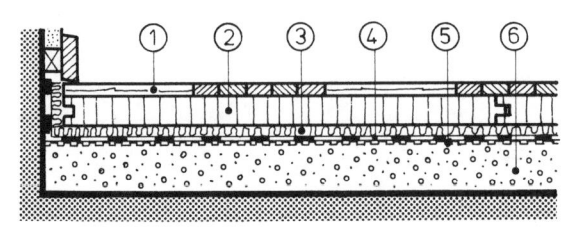

Abb. 132/2
1 = Mosaikparkett (geklebt)
2 = 2,2 cm PHENAPAN-Spanplatte
3 = 0,8 cm Glasfaserplatte
4 = 0,2 mm Polyethylenfolie
5 = 0,3 cm Rippenpappe
6 = 4–6 cm Dämm- und Ausgleichsschüttung

Trittschallverbesserungsmaß $\Delta L_{w,R}$ = 25 dB

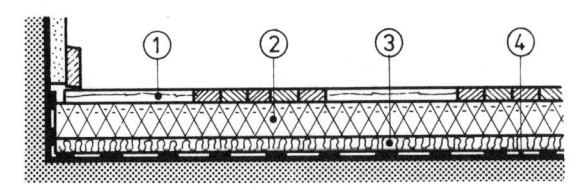

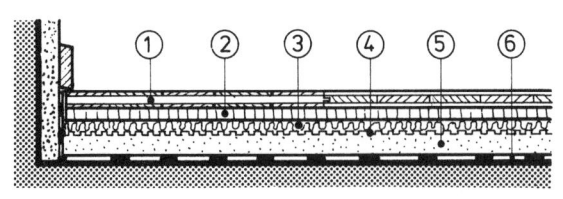

Abb. 132/3
1 = 1,3 cm Parkettfertigelemente (schwimmend verlegt)
2 = 1 cm Weichfaserdämmplatte
3 = 0,8 cm Mineralfaserplatten
4 = 0,3 cm Rippenpappe
5 = 2 cm Ausgleichsschüttung
6 = 0,2 mm Polyethylenfolie

Trittschallverbesserungsmaß $\Delta L_{w,R}$ = 28 dB

Spalte	1	2
Zeile	Deckenauflagen; weichfedernde Bodenbeläge	$\Delta L_{w,R}$ dB
1	Linoleum-Verbundbelag nach DIN 18173	14[1,2]
PVC-Verbundbeläge nach DIN 16952		
2	PVC-Verbundbelag mit genadeltem Jutefilz als Träger	13[1,2]
3	PVC-Verbundbelag mit Korkment als Träger	16[1,2]
4	PVC-Verbundbelag mit Unterschicht aus Schaumstoff	16[1,2]
5	PVC-Verbundbelag mit Synthesefaser-Vliesstoff als Träger	13[1,2]
Textile Fußbodenbeläge nach DIN 61151[3]		
6	Nadelvlies, Dicke = 5 mm	20
Polteppiche[4] nach DIN 53855		
7	Unterseite geschäumt, Normdicke a_{20} = 4 mm	19
8	Unterseite geschäumt, Normdicke a_{20} = 6 mm	24
9	Unterseite geschäumt, Normdicke a_{20} = 8 mm	28
10	Unterseite ungeschäumt, Normdicke a_{20} = 4 mm	19
11	Unterseite ungeschäumt, Normdicke a_{20} = 6 mm	21
12	Unterseite ungeschäumt, Normdicke a_{20} = 8 mm	24

[1] Die Bodenbeläge müssen durch Hinweis auf die jeweilige Norm gekennzeichnet sein. Das maßgebliche Trittschallverbesserungsmaß $\Delta L_{w,R}$ muss auf dem Erzeugnis oder der Verpackung angegeben sein.
[2] Die in den Zeilen 1 bis 5 angegebenen Werte sind Mindestwerte; sie gelten nur für aufgeklebte Bodenbeläge.
[3] Die textilen Bodenbeläge müssen auf dem Produkt oder auf der Verpackung mit dem entsprechenden $\Delta L_{w,R}$ der Spalte 2 und mit der Werksbescheinigung nach DIN 50049 ausgeliefert werden.
[4] Pol aus Polyamid, Polypropylen, Polyacrylnitril, Polyester, Wolle und deren Mischungen.

Tab. 133 – Trittschallverbesserungsmaß $\Delta L_{w,R}$ von weichfedernden Bodenbelägen für Massivdecken (Rechenwerte) nach Beiblatt 1 zu DIN 4109

Wegen der möglichen Austauschbarkeit von weichfedernden Bodenbelägen bezüglich des Verschleißes und der besonderen Wünsche der Bewohner, dürfen für Gebäude mit Wohnungen beim Nachweis des Trittschallschutzes die Bodenbeläge nicht berücksichtigt werden. In diesen Fällen ist also der Einbau eines schwimmenden Estrichs oder eines schwimmenden Holzfußbodens erforderlich.

Da die weichfedernden Bodenbeläge keine Verbesserung des Luftschallschutzes gegenüber anderen Räumen bringen, dürfen sie zur Verbesserung des Trittschallschutzes nur bei den Deckenkonstruktionen eingesetzt werden, die selbst schon den erforderlichen Luftschallschutz aufweisen.

Teppiche haben noch den zusätzlichen Effekt, dass sie das im Raum selbst entstehende Gehgeräusch vermindern.

In der Tabelle 133 sind die Trittschallverbesserungsmaße verschiedener weichfedernder Bodenbeläge angegeben.

6.3.3 Trittschalldämmung bei Holzbalkendecken

Eine Holzbalkendecke sollte grundsätzlich zweischalig aufgebaut sein. Obere und untere Schalen dürfen nicht starr miteinander verbunden sein, sondern sind durch eine weichfedernde Konstruktion (Dämmschicht oder federnde Abhängung) zu trennen.

a) Maßnahmen unter der Balkenlage:

Die Unterdecke kann aus Gipskartonplatten, Spanplatten oder verputzten Holzwolle-Leichtbauplatten bestehen. Diese werden auf einer Lattung über Federbügel oder Federschienen an der Balkenlage schwingungsfähig befestigt, d.h. die Befestigungsschrauben sind nicht fest anzuziehen, damit die Federschienen ein Spiel von ca. 1 mm haben und lose an den Schraubenköpfen hängen. Auch eine Befestigung der Unterdecke an separaten Traghölzern ist möglich. Durch die federnde Abhängung kann der Trittschallschutz bis zu 10 dB verbessert werden. Da die Unterdecke biegeweich, aber auch schwer sein soll, kann sie von unten her noch mit einer zweiten, aber wegen der notwendigen Biegeweichheit nur punktweise befestigten Span- oder Gipsbauplatte aufgedoppelt werden. Zur Beschwerung können auf die Unterdecke auch Gipskartonplattenstreifen oder eine Sandschicht gelegt werden.

b) Maßnahmen zwischen der Balkenlage:

Bei einer vorhandenen Unterdecke sind zwischen die Deckenbalken 50 bis 100 mm dicke Platten aus Mineralfaserfilz mit einem längenspezifischen Strömungswiderstand von $\Xi \geq 5$ kNs/m^4 einzulegen. Ein schon vorhandener Einschub, mit Schlacke oder Sand gefüllt, erhöht ebenfalls den Schallschutz.

c) Maßnahmen oberhalb der Balkenlage:

Die Verbesserung des Trittschallschutzes einer Holzbalkendecke wird auch durch das Aufbringen eines geeigneten Fußbodenaufbaus in Form eines schwimmenden Estrichs erreicht. Als Auflage dient eine Verlegeplatte als obere Beplankung der Balkenlage, wozu sich Spanplatten, OSB-Platten (Langspanplatten) oder Sperrholzplatten eignen.

Der schwimmende Estrich besteht aus einem Zement- oder Asphaltestrich auf einer Trittschall-Dämmschicht. Er bringt jedoch auf Holzbalkendecken wegen der geringeren Dämmwirkung eine etwas geringere Verbesserung der Trittschalldämmung als auf Massivdecken. Mit einem Trockenestrich erreicht man wegen des geringen Plattengewichts nur ein Trittschall-Verbesserungsmaß von etwa 10 dB.

Möglichkeiten für einen Deckenaufbau:

Estrichart	auf Trittschalldämmplatte aus	Trittschallverbesserungsmaß $\Delta L_{w,H}$
Zementestrich ca. 115 kg/m³	Mineralfaserplatten, Holzweichfaserplatten, Polystyrol-Platten $s' > 20$ MN/m³	14–23 dB
Gussasphaltestrich ca. 60–75 kg/m³	Mineralfaserplatten Holzweichfaserplatten, Kokosfaserplatten $s' = 20$–50 MN/m³	bis 16 dB
Trockenestrich ca. 10–30 kg/m³ z. B. aus Spanplatten, 22 mm Gipsbauplatten 25 mm (oder 2 x 12,5 mm)	Mineralfaserplatten $s' \geq 16$ MN/m³	7–11 dB

Da der schwimmende Estrich auf der Rohdecke ein Masse-Feder-System darstellt und deshalb eine Resonanzfrequenz entsteht, sollte die Masse des Estrichs und die Masse der Rohdecke möglichst groß sein (die zulässige Grenze ist durch die Statik gegeben). Durch eine Beschwerung der Rohdecke wird die Resonanzfrequenz in den unteren Frequenzbereich gerückt und kann somit die Schalldämmung nur in geringem Maße verschlechtern.

Auch bei Decken mit einer von unten sichtbaren Balkenlage reicht der Schallschutz wegen des geringen Gewichts der Deckenauflage in der Regel nicht aus. Deshalb muss auch hier zwischen der oberen Balkenabdeckung und der schwimmenden Deckenauflage eine »biegeweiche« Beschwerung eingebaut werden. Diese kann aus etwa 6 cm dicken Betonplatten (maximal 30 x 30 cm), aus Kalksteinen oder Vollziegeln mit hoher Rohdichte bestehen. Auch trockene Schüttungen (ca. 4–8 cm dick) aus Sand, Kalksplitt oder Kies auf Rieselschutzpapier sind möglich.

Die Platten und Steine sind mit Fliesen- oder Bitumenkleber auf der oberen Beplankung der Rohdecke zu befestigen oder in ein etwa 5 mm dickes Bett aus Quarzsand zu legen. Schüttungen sollten wegen des Wanderns der Körnung beim Begehen des Estrichs in Rastergittern aus Latten, in Pappwaben oder in

Sandmatten gefasst sein. Durch das zusätzliche Gewicht kann die Trittschalldämmung um bis zu 20 dB verbessert werden.

Ein weichfedernder Gehbelag, z. B. ein Teppichbelag, mit einem guten Trittschallverbesserungsmaß auf dem schwimmenden Estrich kann bei Holzbalkendecken, im Gegensatz zu Massivdecken, den Trittschallschutz bei tiefen Frequenzen nur wenig verbessern.

Es ist festzuhalten, dass alle Holzbalkendecken mit ausreichendem Trittschallschutz von $L'_{n,w} > 53$ dB automatisch auch einen genügend hohen Luftschallschutz von $R'_w > 54$ dB haben.

Holzbalken-Rohdecken sind Decken mit einem im Labor gemessenen äquivalenten bewerteten Norm-Trittschallpegel $L_{n,w,eq,H}$ (siehe Tabelle 141). Mit der Rohdecke einschließlich der Unterdecke ist jedoch der geforderte Trittschallschutz nicht zu erreichen. Um diesen zu verbessern, kann auf der Oberseite dieser Decke ein Aufbau in Form eines schwimmenden Estrichs oder einer ähnlichen Konstruktion aufgebracht werden. Die damit erzielte Trittschalldämmung kann auf einfache Weise anhand von Tabellenwerten errechnet werden (siehe Seite 140).

Trittschalldämmwerte nach Beiblatt 1 zu DIN 4109 sind für Holzbalkendecken in Massivbauten in Tabelle 138, für Holzbalkendecken in Holzhäusern in Tabelle 144 angegeben. Tabelle 143 zeigt außerdem einige Beispiele von geprüften Holzbalkendecken.

Alte Holzbalkendecken in Altbauten entsprechen den heutigen Anforderungen an den Schallschutz nicht mehr. Soll eine alte Decke verbessert werden, sollte sie aus wirtschaftlichen Gründen möglichst unverändert bleiben und nur eine zusätzliche Maßnahme unterhalb oder oberhalb der Decke erhalten (s. Abb. Seite 139).

Eine unterseitige Maßnahme kann eine mittels einer Federschiene schwingungsfähig abgehängte 10 bis 20 kg/m² schwere Unterdecke (z. B. eine 12,5 mm dicke Gipskartonplatte) sein. Diese sollte einen lichten Abstand von 50 bis 100 mm von der Decke haben. Dadurch liegt die Resonanzfrequenz unter 100 Hz und verschlechtert die Schalldämmung nicht. Eine oberseitige Maßnahme kann, wenn notwendig, ein schwimmender Zement- oder Asphaltestrich auf einer Perliteschüttung als Niveauausgleich sein. Schwierig sind dabei jedoch die Anschlüsse an Treppen.

Konstruktionsdetails	Vorteile	Nachteile
Gehbelagaufbau		
Teppich	kann je nach Art des Teppichs und des Deckenaufbaus hohe Trittschallminderung bewirken	darf für den Standard-Schallschutz nach DIN 4109 nicht angesetzt werden
Fliesen	geringe Verbesserungen in den tiefen Frequenzen	starke Verschlechterung in den hohen Frequenzen
Schwimmender Estrichaufbau		
Zementestrich auf Trittschalldämmplatte	große Trittschallminderung, kostengünstig	Baufeuchte durch Zementestrich, benötigt Zeit zum Abbinden
Trockenestrich auf Trittschalldämmplatte	geringe Aufbauhöhen, keine Baufeuchte, Einbau durch Bauherrn möglich	relativ geringe Trittschallminderungen
Gussasphalt auf Mineralfaser-Dämmplatte	keine Baufeuchte, sehr kurze »Abbindezeit«, geringere Aufbauhöhen als beim Zementestrich möglich	teuer, Gussasphalt neigt zum kalten Fluss, deshalb nur relativ steife Trittschallplatten mit geringer Trittschallminderung einsetzbar
Rohdeckenbeschwerung		
Plattenbeschwerung	eventuell im Werk vorfertigbar	hohe Materialkosten, müssen verklebt oder in Sandbett verlegt werden, damit Beschwerungseffekt voll zur Geltung kommt, Beschwerung erhöht Estrichaufbau
Schüttung	einfach einzubringen, höhere Trittschallminderung als vergleichbar schwere Plattenbeschwerungen	bei unsachgemäßer Einbringung kann Sand rieseln (Altbau-Flair), Beschwerung erhöht Estrichaufbau
Unterdecke		
Unterdecke an Lattung	werkseitig vorfertigbar, GKB und Lattung lassen sich rationell mittels Klammern befestigen, kostengünstig	geringe Entkopplung der Unterdecke
Unterdecke an Federschiene	große Trittschallverbesserung, im Vergleich zur Lattung kein Verlust an Raumhöhe	schwer werkseitig vorfertigbar, Montage nur mit Schrauben möglich

Tab. 137 – Vor- und Nachteile der einzelnen Verbesserungsmaßnahmen

Spalte	1	2	3	4	5	6
	Deckenausbildung[1]	Fußboden auf oberer Balkenabdeckung	Unterdecke		$R'_{w,R}$[2] dB	$L'_{n,w,R}$[3] dB
Zeile			Anschluß Holzlatten an Balken	Anzahl der Lagen		
1		Spanplatten auf mineralischem Faserdämmstoff	über Federbügel oder Federschiene	1	50	56
2				2	50	53
3		Schwimmender Estrich auf mineralischem Faserdämmstoff	über Federbügel oder Federschiene	1	50	51

① Spanplatte nach DIN 68763, gespundet oder mit Nut und Feder
② Holzbalken
③ Gipskartonbauplatte nach DIN 18180, 12,5 mm oder 15 mm dick, Spanplatte nach DIN 68763, 13 mm bis 16 mm dick, oder – bei einlagigen Unterdecken – Holzwolle-Leichtbauplatten nach DIN 1101, Dicke ≥ 25 mm, verputzt
④ Faserdämmstoff nach DIN 18165 Teil 2, Anwendungstyp T, dynamische Steifigkeit $s' \leq 15$ MN/m³
⑤ Faserdämmstoff nach DIN 18165 Teil 1, längenbezogener Strömungswiderstand $\Xi \geq 5$ kN · s/m⁴
⑥ Holzlatten, Achsabstand ≥ 400 mm, Befestigung über Federbügel
⑦ Estrich auf Trennlage

[1] Bei einer Dicke der eingelegten Dämmschicht (siehe 5) von mindestens 100 mm ist ein seitliches Hochziehen nicht erforderlich.
[2] Gültig für flankierende Wände mit einer flächenbezogenen Masse $m'_{L,Mittel}$ von etwa 300 kg/m². Weitere Bedingungen für die Gültigkeit der Tabelle 138 siehe Abschnitt 5.1.1.2
[3] Bei zusätzlicher Verwendung eines weichfedernden Bodenbelags dürfen in Abhängigkeit vom Trittschallverbesserungsmaß $\Delta L_{w,R}$ des Belags folgende Zuschläge gemacht werden: 2 dB für $\Delta L_{w,R} \geq 20$ dB, 6 dB für $\Delta L_{w,R} \geq 25$ dB.

Tab. 138 – Bewertetes Schalldämm-Maß R'_w,R und bewerteter Norm-Trittschallpegel $L'_{n,w,R}$ von Holzbalkendecken in Massivbauten (Rechenwerte) nach Beiblatt 1 zu DIN 4109

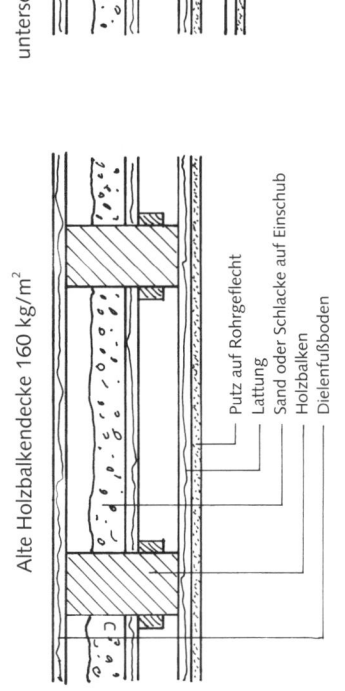

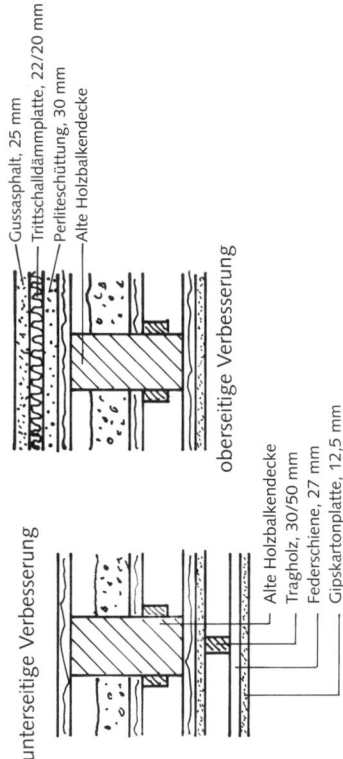

Abb. 139 – Aufbau einer typischen Holzbalkendecke im Altabau:

6.3.3.1 Berechnung des Trittschallschutzes einer Holzbalkendecke

Die Trittschalldämmung einer Holzbalkendecke im Holzbau kann mit folgender Gleichung ermittelt werden:

$$L_{n,w} = L_{n,w,eq,H} - \Delta L_{w,H} \tag{16}$$

Darin: $L_{n,w}$ = Norm-Trittschallpegel der Holzbalkendecke in dB
$L_{n,w,eq,H}$ = Äquivalenter bewerteter Normtrittschallpegel der Rohdecke (Laborwert) in dB
$\Delta L_{w,H}$ = Trittschallverbesserungsmaß des Estrichaufbaus in dB

Dieser Norm-Trittschallpegel $L_{n,w}$ umfasst jedoch nicht die Flankenschallübertragung über angrenzende Wände am Bau. Diese wird durch einen Korrekturwert K berücksichtigt, der dem Norm-Trittschallpegel $L_{n,w}$ zuzurechnen ist und damit den bewerteten Norm-Trittschallpegel $L'_{n,w}$ der geplanten Decke am Bau ergibt. Der Korrekturwert K ist der Abb. 140 zu entnehmen. Somit ist:

$$L'_{n,w} = L_{n,w} + K \tag{17}$$

Beispiel: Eine Holzbalken-Rohdecke hat einen äquivalenten bewerteten Norm-Trittschallpegel von $L_{n,w,eq,H}$ = 65 dB. Der Trittschallschutz soll durch einen Estrichaufbau mit einem Trittschallverbesserungsmaß von $\Delta L_{w,H}$ = 16 dB verbessert werden. Welchen bewerteten Norm-Trittschallpegel $L'_{n,w}$ erreicht die Decke am Bau?

Lösung: $L'_{n,w}$ = $L_{n,w,eq,H}$ − $\Delta L_{w,H}$ + K
= 65 dB − 16 dB + 2 dB = **51 dB**
(Tab. 141)   (Tab. 142)   (Abb. 140)

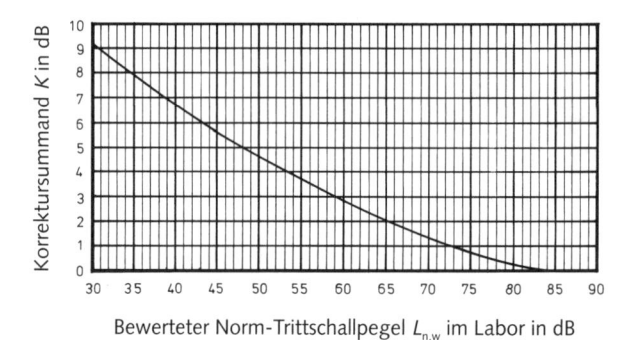

Abb. 140 – Korrekturwert K zur Berücksichtigung der Flankenübertragung

	Holzbalken-Rohdecken	$L_{n,w,eq,H}$ dB	R'_w dB
A	① ② ③ ④ ⑦	69	46
B	① ② ③ ④ ⑧	65	53
C	① ② ③ ④ ⑨	62	54
D	① ② ③ ⑤ ⑨	60	56
E	① ② ③ ⑥ ⑪ ⑩	57	56

1. Verlegespanplatte, 22 mm
2. Balken, 220 / > 60 mm, Abstand e = 625 mm
3. Hohlraumdämmung, 100 mm, längenbezogener Strömungswiderstand $\Xi \geq 5$ kNs/m^4
4. Gipskartonplatte, 12,5 mm
5. Gipskartonplatte, 2 x 12,5 mm
6. Spanplatte, 16 mm
7. Lattung, e = 415 mm
8. Lattung mit Federbügel befestigt, d = 45 mm
9. Federschiene, 27 mm, e = 415 mm
10. Tragholz
11. Schüttung, Sand, 20 mm

Tab. 141 – Äquivalenter, bewerteter Norm-Trittschallpegel $L_{n,w,eq,H}$ und bewertetes Schalldämm-Maß R'_w von Holzbalken-Rohdecken in Holzbauten

#	Estrichaufbau	$\Delta L_{w,H}$ dB
1	Gussasphalt, 30 mm Mineralfaser-Trittschalldämmplatte ($s' < 30$ MN/m³), 22/20 mm	15
2	Zementestrich, 50 mm Polystyrol-Trittschalldämmplatte ($s' < 20$ MN/m³), 22/20 mm	16
3	Spanplatte, 22 mm Lagerholz, 30/50 mm Mineralwolledämmstreifen, 15 mm Hohlraumdämmung, 15 mm Sandschüttung, 30 mm auf Rieselschutzpapier	22
4	OSB-Verlegeplatte, 18 mm Zelluloseplatte, 60 mm Holzweichfaserstreifen, 60 mm	13
5	Dielenboden, 22 mm Lagerhölze, 20 mm Zelluloseplatten, 40 mm Quarzsand ($m' = 60$ kg/m²) auf Rieselschutzpapier Holzweichfaserstreifen, 60 mm	21
6	Spanplatte, 22 mm Betonsteine, 120 kg/m², 300 × 300 mm Mineralfaserplatte, 30/25 mm	27

Tab. 142 – Trittschallverbesserungsmaß $\Delta L_{w,H}$ verschiedener schwimmender Estriche auf Holzbalkendecken

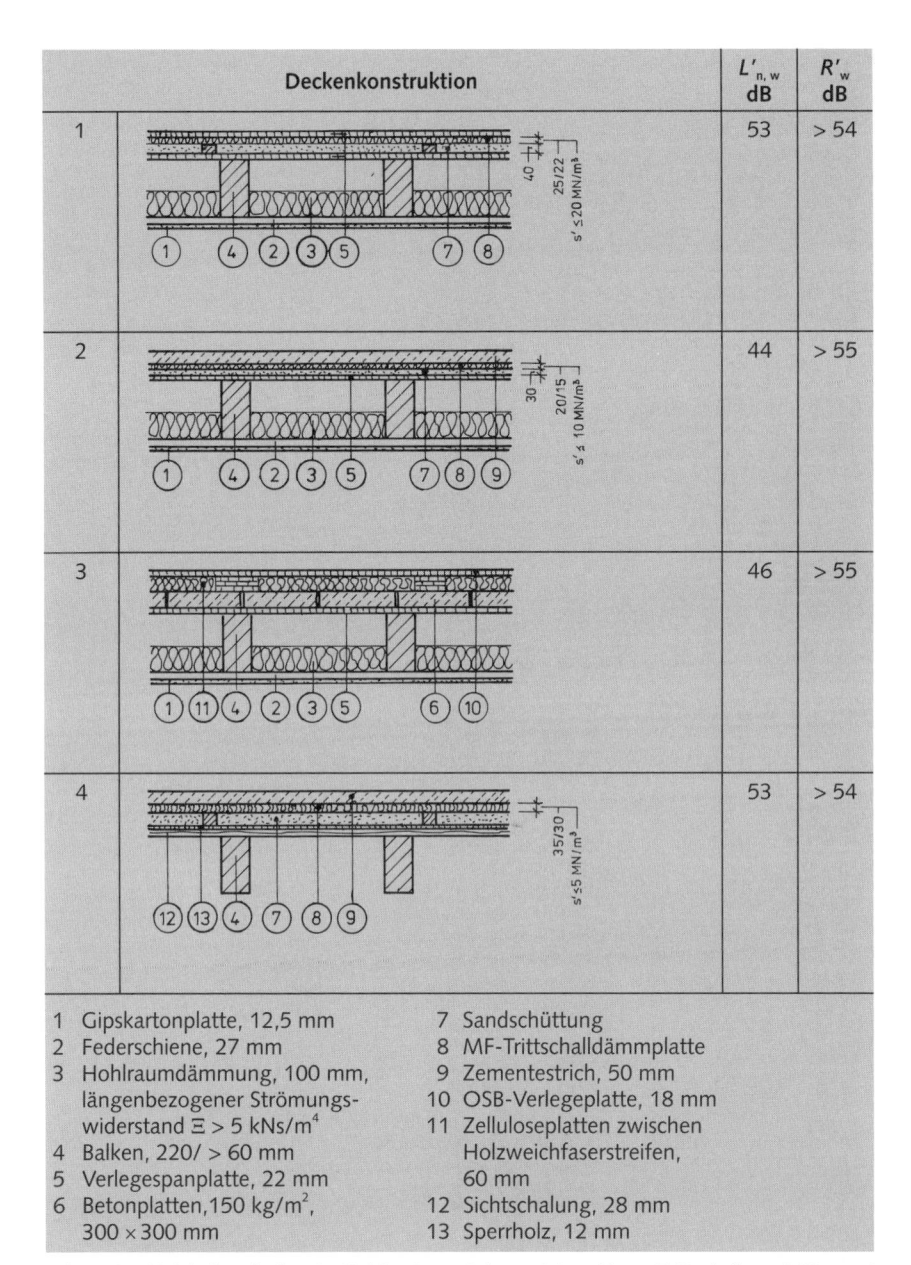

Deckenkonstruktion	$L'_{n,w}$ dB	R'_w dB
1	53	> 54
2	44	> 55
3	46	> 55
4	53	> 54

1 Gipskartonplatte, 12,5 mm
2 Federschiene, 27 mm
3 Hohlraumdämmung, 100 mm, längenbezogener Strömungswiderstand $\Xi > 5$ kNs/m^4
4 Balken, 220/ > 60 mm
5 Verlegespanplatte, 22 mm
6 Betonplatten, 150 kg/m^2, 300 × 300 mm
7 Sandschüttung
8 MF-Trittschalldämmplatte
9 Zementestrich, 50 mm
10 OSB-Verlegeplatte, 18 mm
11 Zelluloseplatten zwischen Holzweichfaserstreifen, 60 mm
12 Sichtschalung, 28 mm
13 Sperrholz, 12 mm

Tab. 143 – Holzbalkendecken in Holzbauten mit bewertetem Norm-Trittschallpegel $L'_{n,w}$ und bewertetem Schalldämm-Maß R'_w

Spalte	1	2	3	4	5	6	7	8
			Unterdecke				$L'_{n,w,R}$	
	Ausführungsbeispiele[1]	Fuß- boden auf oberer Balken- abde- ckung	An- schluss Holz- latten an Balken	Anzahl der Lagen	$R_{w,R}$	$R'_{w,R}$	ohne Boden- belag	Boden- belag mit $\Delta L_{w,R}$ ≥ 26 dB
Zeile					dB	dB		dB
1		Span- platten auf minera- lischem Faser- dämm- stoff	direkt ver- bunden	1	53	50	64	56
2			über Feder- bügel oder Feder- schiene	1	57	54	56	49
				2	62	57	53	46

3	Spanplatten auf Lagerhölzern	über Federbügel oder Federschiene	1	65	57	51	44
4	Schwimmender Estrich auf mineralischem Faserdämmstoff	über Federbügel oder Federschiene	1	65	57	51	44
5		direkt verbunden	1	60	54	56	49

Tab. 144 – Bewertete Schalldämm-Maße $R_{w,R}$ und $R'_{w,R}$ und bewerteter Normtrittschallpegel $L'_{n,w,R}$ von Holzbalkendecken in Holzhäusern (Rechenwerte) nach Beiblatt 1 zu DIN 4109

Spalte	1	2	3	4	5	6	7	8
Zeile	Ausführungsbeispiele[1]	Fußboden auf oberer Balkenabdeckung	Unterdecke		$R_{w,R}$	$R'_{w,R}$	$L'_{n,w,R}$ dB	
			Anschluss Holzlatten an Balken	Anzahl der Lagen			ohne Bodenbelag	Bodenbelag mit $\Delta L_{w,R} \geq 26$ dB
					dB	dB		
6		Spanplatten auf mineralischem Faserdämmstoff und Betonplatten	–	–	63	55	53	46

① Spanplatte nach DIN 68763, gespundet oder mit Nut und Feder
② Holzbalken
③ Gipskartonplatten nach DIN 18180
④ Trittschalldämmplatte nach DIN 18165 Teil 2, Anwendungstyp T oder TK, dynamische Steifigkeit $s' \leq 15$ MN/m³
⑤ Faserdämmstoff nach DIN 18165 Teil 1, längenbezogener Strömungswiderstand $\Xi \geq 5$ kN · s/m⁴
⑥ Trockener Sand
⑦ Unterkonstruktion aus Holz, Achsabstand der Latten ≥400 mm. Bei Befestigung über Federbügel oder Federschiene darf kein fester Kontakt zwischen Latte und Balken bestehen. Ein weichfedernder Faserdämmstreifen darf zwischengelegt werden. Andere Unterkonstruktionen dürfen verwendet werden, wenn nachgewiesen ist, dass sie sich hinsichtlich der Schalldämmung gleich oder besser als die hier angegebene Ausführung verhalten.
⑧ Mechanische Verbindungsmittel oder Verleimung
⑨ Bodenbelag
⑩ Lagerholz 40 mm × 60 mm auf Mineralfaserstreifen
⑪ Gipskartonplatten nach DIN 18180, 12,5 mm oder 15 mm dick, Spanplatten nach DIN 68763, 10 mm bis 13 mm dick, oder verputzte Holzwolle-Leichtbauplatten nach DIN 1101, Dicke ≥25 mm
⑫ Betonplatten oder -steine, Seitenlänge ≤400 mm, in Kaltbitumen verlegt, offene Fugen zwischen den Platten, flächenbezogene Masse mindestens 140 kg/m²
⑬ Zementestrich auf Trennlage

¹ Bei einer Dicke der eingelegten Dämmschicht (siehe 5) von mindestens 100 mm ist ein seitliches Hochziehen nicht erforderlich.
² Dicke unter Belastung.

Tab.144 – Fortsetzung

7 Schallschutz bei Fenstern

Außenfenster haben, schallschutztechnisch gesehen, die wichtige Aufgabe, sowohl die Übertragung des Außenlärms (Verkehrslärm, Gewerbelärm, Fluglärm u. ä.) von der Straße in die Wohnräume zu verhindern als auch den in Räumen von Gewerbebetrieben auftretenden Lärm nicht nach außen dringen zu lassen.

Fenster mit schalldämmenden Funktionen werden zudem bei verglasten leichten Raumtrennwänden, bei Oberlichtkonstruktionen usw. benötigt.

7.1 Einfluss der Dämmwirkung des Fensters auf die Wand, in die es eingebaut ist

Im allgemeinen haben Fenster eine wesentlich geringere Schalldämmung als die Wände, in die sie eingebaut sind. Sie stellen somit das schalltechnisch schwächste Glied in einem Wandsystem dar. Das liegt zum einen daran, dass diese Bauteile ein geringeres Gewicht haben als anschließende Wände, zum anderen an dem Umstand, dass es sich um bewegliche Teile handelt, welche die jeweiligen Wandöffnungen nicht dicht verschließen.

Nach DIN 4109 kann der Schalldämmwert $R'_{w,R,res}$ einer Wand einschließlich des Fensters mit Hilfe des Diagramms in Abbildung 149 ermittelt werden, wenn die mittleren Schalldämm-Maße von Wand ($R_{w,R,1}$) und Fenster ($R_{w,R,2}$) bekannt sind. Umgekehrt kann aber auch aus der gemessenen Schalldämmung $R'_{w,R,res}$ einer Wand mit Fenster, bei bekanntem Dämm-Maß $R_{w,R,1}$ der Wand, das Dämm-Maß $R_{w,R,2}$ des Fensters ermittelt werden. Dasselbe Verfahren wird bei Wänden mit Türen angewendet.

An folgendem Zahlenbeispiel soll die Anwendbarkeit dieses Diagramms gezeigt werden:

Gesucht sei der Dämmwert der gesamten Wand einschließlich Fenster.
Wand: mittleres Schalldämm-Maß $R_{w,R,1}$ = 50 dB
Wandfläche (einschließlich Fenster) S_{ges} = 20 m²
Fenster: mittleres Schalldämm-Maß $R_{w,R,2}$ = 28 dB
Fensterfläche S_2 = 5 m²

Für das Diagramm wird nun errechnet:

$$\frac{S_{ges}}{S_2} = \frac{20\,m^2}{5\,m^2} = 4 \qquad (18)$$

und

$$R_{w,R,1} - R_{w,R,2} = 50\,dB - 28\,dB = 22\,dB \qquad (19)$$

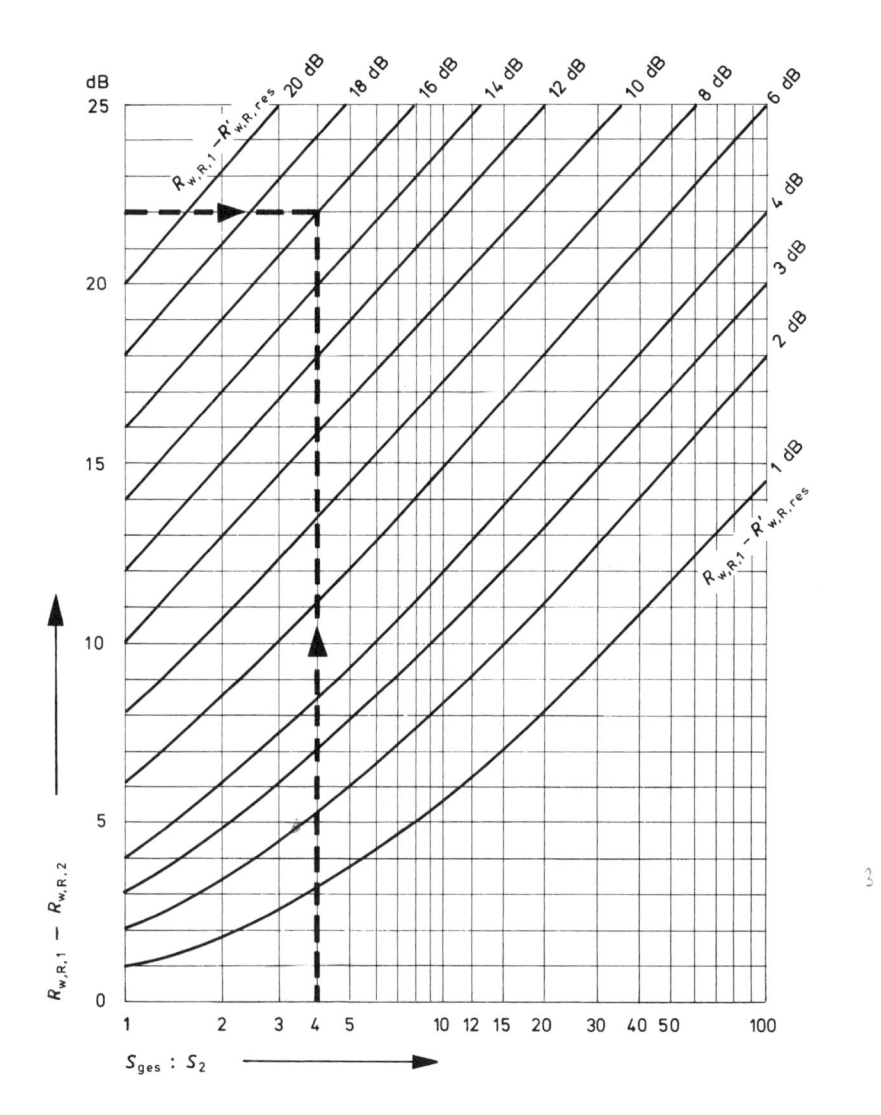

Abb. 149 – Diagramm zur Ermittlung der Luftschalldämmung einer Wand, die aus Flächenteilen mit unterschiedlicher Schalldämmung zusammengesetzt ist (nach DIN 4109).
Es bedeuten: S_1 = Wandfläche ohne Fenster oder Tür
S_2 = Fenster oder Türfläche
S_{ges} = Wandfläche einschließlich Fenster oder Tür
$R_{w,R,1}$ = Schalldämm-Maß der Wand allein
$R_{w,R,2}$ = Schalldämm-Maß von Fenster oder Tür
$R'_{w,R,res}$ = Schalldämm-Maß der Wand einschießlich Fenster oder Tür

Dem Diagramm entnimmt man nun im Kreuzungspunkt des waagerechten Wertes 4 und des senkrechten Wertes 22 auf der Diagonallinie $R_{w,R,1} - R'_{w,R,res}$ = 16 dB. Nach Umstellung der Gleichung ist

$$R'_{w,R,res} = R'_{w,R,1} = -16\ dB = 50\ dB - 16\ dB = 34\ dB \quad (20)$$

Ergebnis: Der Dämmwert der gesamten Wand einschließlich der Fenster beträgt noch $R'_{w,R,res}$ = 34 dB.

Diese Umrechnung kann auch für jede einzelne Frequenz durchgeführt werden, um zu einer Messkurve zu gelangen. Will man zum Beispiel das Schalldämm-Maß des Fensters oder der Tür ermitteln, weil ein bestimmtes Schalldämm-Maß $R'_{w,R,res}$ der Wand einzuhalten ist, muss man den Rechengang in umgekehrter Richtung vornehmen.

7.2 Einflussgrößen beim Schallschutz am Fenster

Die Luftschalldämmung eines Fensters ist abhängig von der Glasscheibendicke, vom Glasscheibenabstand, vom Schalleinfallswinkel, von der Randeinspannung, von der Randausbildung, vom Wandanschluß und von der Fugendichtigkeit.

7.2.1 Glasscheibendicke

Die Schalldämmung einer Glasscheibe steigt mit zunehmender Dicke der Glasscheibe und der damit verbundenen Gewichtserhöhung an. Dabei lässt sich ein verhältnismäßig langsamer Anstieg der Dämmwerte beobachten. Glas ist ein relativ biegesteifes Material, und deshalb macht sich im akustisch interessierenden Bereich zwischen 100 Hz und 3150 Hz im Bereich der Grenzfrequenz ein Dämmeinbruch bemerkbar, der durch den Spuranpassungseffekt hervorgerufen wird (vgl. Kap. 4.1.2.2).

Aus dem Diagramm in Abb. 151/1 ist gut ersichtlich, dass schon bei Glasscheiben mit mehr als 4 mm Dicke die Grenzfrequenz und damit der Dämmeinbruch unter 3000 Hz liegt.

In Abb. 151/2 sind bewertete Schalldämm-Maße von Einfachscheiben in Abhängigkeit von der Glasscheibendicke ablesbar.

Bei Doppelverglasungen sollen bei der Festlegung der Glasscheibendicke möglichst verschieden dicke Glasscheiben gewählt werden. Dadurch kann durch Überlagerung des nachteiligen Spuranpassungseffekts eine Verbesserung der Schalldämmung erreicht werden. Günstig ist, wenn die eine Scheibe mindestens doppelt so dick wie die andere gewählt wird, wodurch im Durchschnitt um 2–4 dB günstigere Dämmwerte zu erwarten sind. Die dickere Glasscheibe sollte wegen der stärkeren Beanspruchung durch Winddruck und bei zu erwartenden Außenstörgeräuschen mit niedrigen Frequenzen als Außenscheibe verwendet werden.

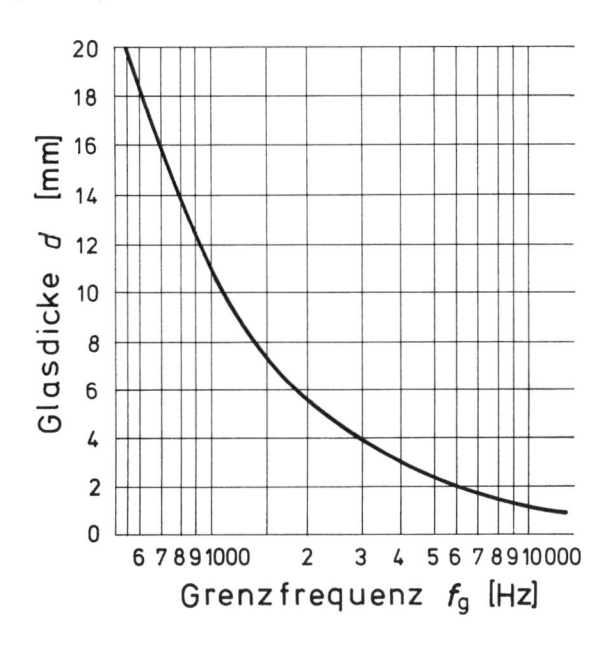

Abb. 151/1 – Grenzfrequenz bei Flachglasscheiben.

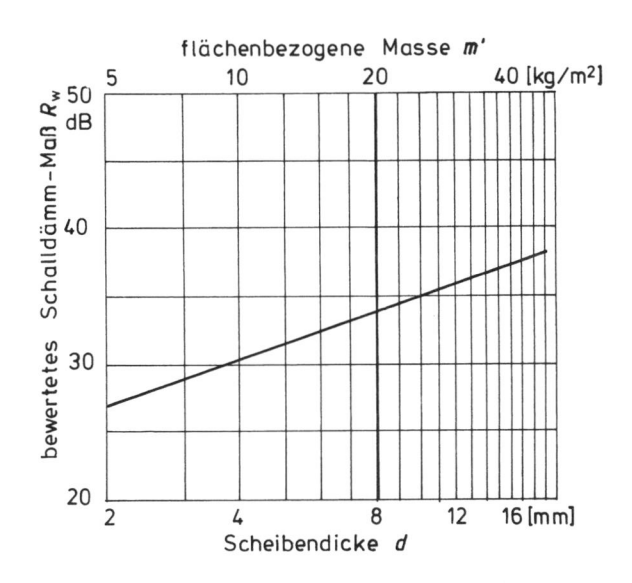

Abb. 151/2 – Bewertetes Schalldämm-Maß R_w von Glasscheiben.

151

7.2.2 Glasscheibenabstand

Wie aus Abb. 151/2 zu ersehen ist, kommt man bei einfach verglasten Fenstern kaum an 38 dB heran, was allerdings noch voraussetzt, dass diese dicht schließen. Will man eine bessere Schalldämmung erreichen, so sind Doppelscheibenfenster zu verwenden. Diese stehen als Einfachfenster mit Isolierverglasung, als Verbundfenster und als Kastenfenster zur Verfügung.

Der Schallschutz ist umso besser, je größer der Scheibenabstand gewählt wird. Bei kleinem Scheibenabstand liegt die Resonanzfrequenz f_0 des Doppelscheibensystems im akustisch wichtigen Bereich zwischen 100 Hz und 3150 Hz, was zu einem Dämmeinbruch und damit zu einer Verringerung des Schalldämmwerts führt. Die Schalldämmung lässt sich dadurch verbessern, dass man durch eine Vergrößerung des Scheibenabstandes die Resonanzfrequenz und damit den Dämmeinbruch unter 100 Hz herabdrückt.

Durch die Beziehung

$$f_0 = 1200 \cdot \sqrt{\frac{1}{a}\left(\frac{1}{d_1} + \frac{1}{d_2}\right)} \tag{21}$$

kann die Höhe der Resonanzfrequenz bei einem doppelschaligen System ermittelt werden.

Darin bedeuten:
f_0 = Resonanzfrequenz in Hz
d_1, d_2 = Dicke der beiden Scheiben in mm
a = Scheibenabstand in mm

Rechenbeispiel: In welcher Höhe liegt die Resonanzfrequenz f_0 bei einem Fenster mit einer 4 mm dicken und einer 6 mm dicken Glasscheibe bei einem Scheibenabstand von $a = 40$ mm?

Die Resonanzfrequenz liegt bei

$$f_0 = 1200 \cdot \sqrt{\frac{1}{a}\left(\frac{1}{d_1} + \frac{1}{d_2}\right)}$$

$$= 1200 \cdot \sqrt{\frac{1}{40}\left(\frac{1}{4} + \frac{1}{6}\right)} = 123 \text{ Hz}$$

Setzt man in obige Gleichung für f_0 den Wert 100 Hz ein und formt diese nach a um, so ergibt sich

$$a = 144 \cdot \left(\frac{1}{d_1} + \frac{1}{d_2}\right) \tag{22}$$

Mit Hilfe dieser Beziehung kann der Mindestscheibenabstand errechnet werden, bei dem die Resonanzfrequenz noch unter 100 Hz liegt.

Rechenbeispiel:
Welcher Scheibenabstand ist notwendig, damit bei einem Fenster mit einer 4 mm und einer 6 mm dicken Scheibe die Resonanzfrequenz 100 Hz nicht überschreitet?

$$a = 144 \cdot \left(\frac{1}{d_1} + \frac{1}{d_2}\right) = 144 \cdot \left(\frac{1}{4} + \frac{1}{6}\right) = 60 \text{ mm}$$

Ergebnis: Der Abstand a muss mindestens 60 mm betragen.
Zur Verbesserung des Schalldämmwerts ist bei Schallschutz-Isoliergläsern der Scheibenzwischenraum anstelle mit Luft mit einem Gemisch aus Luft und Schwergas gefüllt. Optimal ist ein Gemisch von 70 % Luft und 30 % Schwergas (z. B. Schwefelhexafluorid SF_6). Auch der Scheibenaufbau der Einzelscheiben bei Isoliergläsern wirkt sich auf den Schallschutz aus. So gibt es neben den homogenen Scheiben vorteilhafte Verbundscheibengläser mit Folienverbund und solche mit Gießharzverbund (z. B. mit Acrylgießharz).

In Tabelle 155 sind bewertete Schalldämm-Maße für verschiedene Isoliergläser und Doppelfenster angegeben.

7.2.3 Schalleinfallswinkel

Der in einen Raum abgestrahlte Schall erzeugt ein diffuses (zerstreutes, nicht gerichtetes) Schallfeld, das bei Messungen beispielsweise von Raumtrennwänden eine Rolle spielt. Dagegen ist an Außenfenstern, hervorgerufen zum Beispiel durch Straßenlärm, meistens eine bestimmte Schalleinfallsrichtung vorherrschend. Wie Messergebnisse aus Untersuchungen von Dr. Eisenberg zeigen, beeinflußt die Richtung des einfallenden Schalls den Schalldämmwert erheblich.

So ist zum Beispiel in Abb. 154 ersichtlich, dass sich das bewertete Schalldämm-Maß bei ein und derselben Glasdicke zwischen senkrechtem und streifendem Schalleinfall um 11 dB verschlechtert hat. Deutlich ist auch der Dämmeinbruch im Bereich der Grenzfrequenz zu erkennen. Bei Isolierglasscheiben wurden schon Schwankungen bis zu 14 dB gemessen. Die beim mittleren Schalleinfallswinkel von ca. 45° zu erreichenden Dämmwerte entsprechen etwa den Dämmwerten eines diffusen Schallfeldes. Daher gelten auch die in der Praxis angegebenen Schalldämmwerte in der Regel für einen Schalleinfallswinkel von 45°.

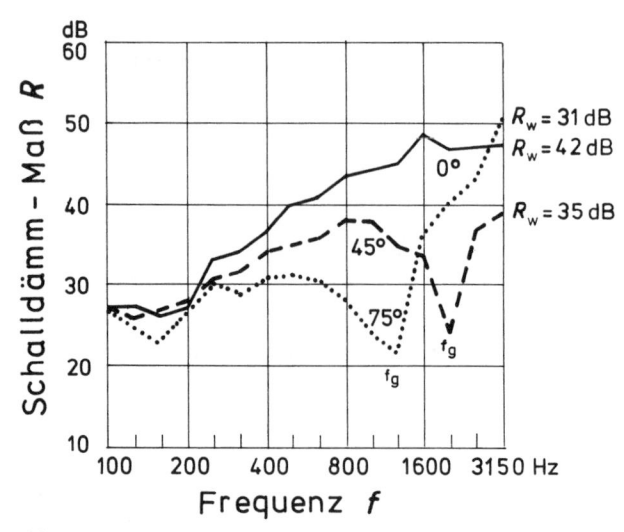

Abb. 154 – Luftschalldämmung einer 12 mm dicken Glasscheibe bei gerichtetem Schalleinfall für die Schalleinfallswinkel 0°, 45° und 75°.

7.2.4 Schalldämmende Mehrscheiben-Isoliergläser

Die in der Tabelle 155 aufgeführten Schalldämm-Maße von Mehrscheiben-Isoliergläsern wurden bei Prüfungen im Labor ermittelt. Die Höhe des Schalldämm-Maßes hängt vom Flächengewicht und von der Biegesteifigkeit der Scheiben, vom Scheibenabstand und vom Gewicht des Füllgases im Scheibenzwischenraum ab.

Mehrscheiben-isoliergläser mit Luftfüllung im Scheibenzwischenraum weisen wegen des geringen Luftgewichts keinen besonderen Schallschutz auf. Deshalb wird für Schallschutz-Isoliergläser ein Schwergas anstelle von Luft zwischen die Scheiben eingebracht. Man verwendet dazu die Gase Argon, Kripton oder ein Mischgas aus 60 % Argon und 40 % SF_6-Schwergas. Eine Verbesserung des Schallschutzes wird auch durch den Einsatz von Verbundscheiben erreicht. Dabei werden zwei Scheiben mit Gießharz vollflächig verklebt, was zu einem höheren Gewicht ohne Erhöhung der Biegesteifigkeit der Glasscheibe führt. Bei VSG-Scheiben (Verbundsicherheitsglas) sind die Scheiben mit einer Folie verbunden. Für die Berechnung des Schalldämm-Maßes $R_{w,R,Fenster}$ sind noch zusätzliche Kriterien wie Rahmenart, Einbausituation und Fenstergröße zu berücksichtigen (s. Tabelle 155).

Mehr-scheiben-Isolierglas	Scheibendicke		Scheiben-zwischenraum	Bewertetes Schalldämm-Maß $R_{w,P}$	
	d_1 mm	d_2 mm	SZR mm	Luft-füllung	Gasfül-lung
mit Einzel-scheiben	6	4	12	35	37
	8	4	12	36	38
	6	4	16	37	38
	8	4	16	38	39
	10	4	16		40
	12	4	20		42
	8	4	24		43
	10	4	24		44
	12	4	24		45
Scheiben mit Folienverbund (VSG)	6	8 VSG	14		40
	10	8 VSG	14		41
	6	9 VSG	16		41
Scheiben mit Gießharzverbund (GH)	9 GH	6	12		43
	9 GH	8	12		45
	9 GH	6	16		45
	9 GH	8	16		46
	9 GH	10	16		47
	9 GH	12	16		49
	9 GH	8	20		49
	9 GH	6	24		47
	9 GH	9 GH	20		50
	9 GH	11 GH	16		51
	9 GH	13 GH	16		52
	9 GH	13 GH	20		54

Tab. 155 – Bewertete Schalldämm-Maße $R_{w,P,GLAS}$ für Mehrscheiben-Isoliergläser (MIG) – Auswahl

7.2.5 Randeinspannung

Unter Randeinspannung versteht man bei Fenstern die Befestigung der Glasscheiben im Falz des Flügels. Diese ist insofern wichtig, als die Scheiben gegen das Rahmenmaterial so gedämmt sein sollen, dass sie keinen Körperschall aufnehmen und diesen als Luftschall wieder abstrahlen können. Außerdem sollen die Glasscheiben

Hartes Kittbett, schalltechnisch ungeeignet

— Leinölkitt

Innenscheibe

— Elastische Versiegelung

Außenscheibe

— Vorlegeband

— Elastische Versiegelung

Isolierverglasung

— Verklotzung

— Kunststoffdichtung

Scheibe in Gummi- oder Elastic-PVC-Profile verlegt

Schallschluckkammer als Randdämpfung

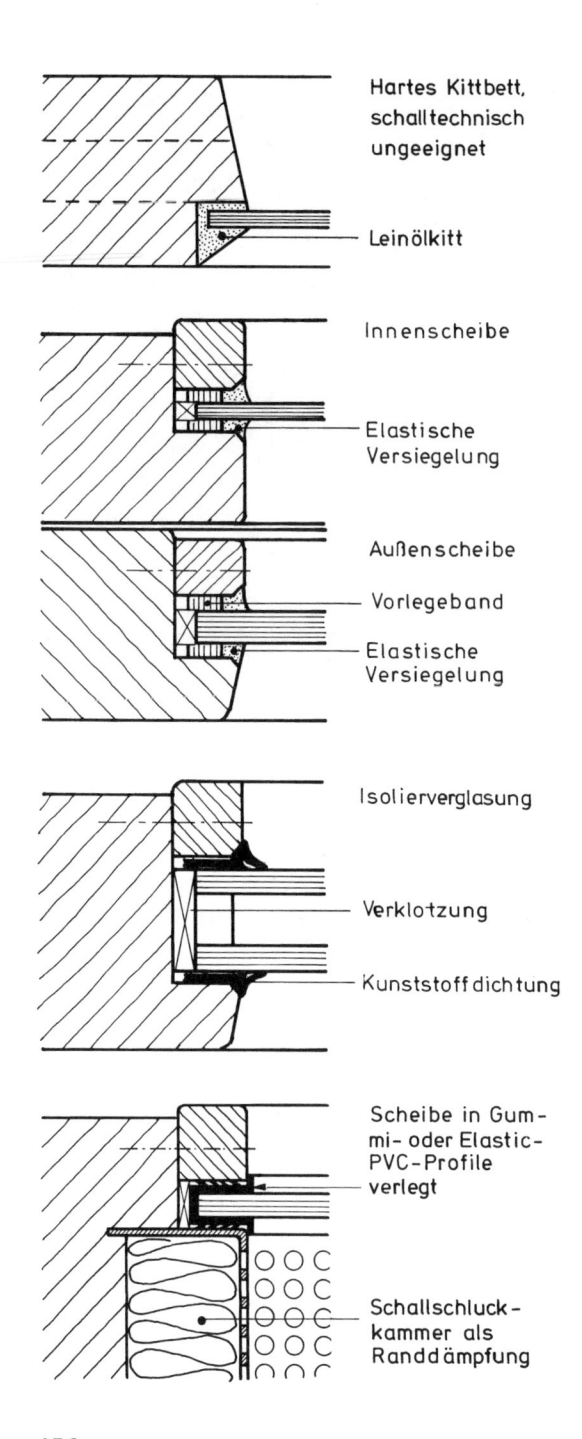

Abb. 156 – Beispiele für die Verglasung schalldämmender Fenster.

die Möglichkeit haben, bis zu einem bestimmten Grade selbst zu schwingen. Bei der herkömmlichen Verlegung der Scheiben in ein hartes Kittbett sind diese Bedingungen jedoch nicht gegeben. Es empfiehlt sich deshalb, die Glasscheiben in dauerelastische Dichtstoffe zu verlegen oder sie mit Hilfe von elastischen Dichtprofilen (z. B. weichen Gummi- oder Kunststoffprofilen) einzusetzen. Beispiele für die Verglasung sind in Abb. 156 dargestellt.

7.2.6 Randdämpfung

Beim Durchgang der Schallwellen durch ein Doppelfenster wird der Schall auch an den seitlichen Leibungen zwischen den Glasscheiben reflektiert, was zu Querresonanzen innerhalb des Fensters bzw. zu Resonanzschwingungen des Lufthohlraumes führen kann. Aus diesem Grund sollte zwischen den Scheiben am Rande umlaufend eine Art Schallschluckkammer als Randdämpfung vorgesehen werden. Diese erreicht man durch den Einbau von schallschluckendem Material (z. B. Mineralwolle), abgedeckt mit fein gelochten oder geschlitzten Metallblechen, Hartfaserplatten o. ä. Durch diese Anordnung wird eine Verbesserung der Schalldämmung um einige Dezibel vor allem im Frequenzbereich oberhalb 1000 Hz erzielt. Beispiele dazu sind in Abb. 156, 174 und 175 zu finden.

7.2.7 Wandanschluß

Wie schon in vorangegangenen Kapiteln ausgeführt, erlauben Risse, Löcher, offene Fugen und dergleichen einen ungehinderten Schalldurchgang. Solche Stellen können auch am Anschluss zwischen Blendrahmen und Mauerwerk auftreten, und zwar am seitlichen Anschlag, am Sturz und an der Fensterbank. Deshalb ist beim Einbau der Fenster darauf zu achten, dass ringsum eine fugenlose Abdichtung erfolgt.

Der Hohlraum kann mit Mineralwolle ausgestopft werden. Die Fuge ist auf beiden Seiten mit einer elastischen Dichtmasse abzudichten. Durch eine stabilere Befestigung des Blendrahmens am Mauerwerk lässt sich ein besserer Kontakt erreichen, der zur Erhöhung der Schalldämmung führen kann. Beispiele dazu werden in Abb. 171 bis 175 gezeigt.

7.2.8 Fugendurchlässigkeit

Zur Funktion eines Fensters gehört neben der Belichtung des Raumes auch dessen Belüftung. Dazu wird in der Regel das Fenster geöffnet. Ein Luftaustausch findet aber auch bei geschlossenem Fenster statt, und zwar über die Falze. Der Einfluß dieser Fugen auf die Schalldämmung des Fensters ist sehr groß. Untersuchungen (u. a. auch von Dr. Eisenberg) haben gezeigt, dass bei Fugen bis zu 2 mm Dicke, wie wir sie an Fensterfalzen vorfinden, der Schallpegel am meisten ansteigt.

Aus Abb. 158 geht hervor, dass zum Beispiel ein Einfachfenster ohne Falzdichtung mit einer 2,8 mm dicken Scheibe nahezu dieselbe Schalldämmung erreicht wie dasselbe Fenster mit einem 12 mm dicken Glas. Dies bedeutet, dass von einer dickeren Scheibe und damit vom höheren Flächengewicht der Verglasung ohne gleichzeitige Unterdrückung der Fugendurchlässigkeit keine nennenswerte Verbesserung der Schalldämmung zu erwarten ist.

Der Luftdurchgang durch die Fugen eines Fensters wird durch den Q_{100}-Wert gekennzeichnet: Er gibt die Referenzluftdurchlässigkeit bei einem Prüfdruck von 100 Pa an, bezogen auf die Gesamtfläche des Fensters (Einheit: $m^3/h \cdot m^2$) oder auf die Fugenlänge des Fensters (Einheit: $m^3/(h \cdot m)$). Weiteres siehe Seite 251.

Je größer der Q_{100}-Wert ist, desto größer ist auch die Fugendurchlässigkeit, desto geringer ist die Luftschalldämmung eines Fensters. Untersuchungen haben gezeigt, dass undichte Fenster die Luftschalldämmung bis zu 80 % mindern können.

Die Größe des Q_{100}-Werts und somit die Fugendurchlässigkeit hängt ab
• von der Zahl und Passgenauigkeit der Falze,
• von der Art und Einbaugenauigkeit der Beschläge,

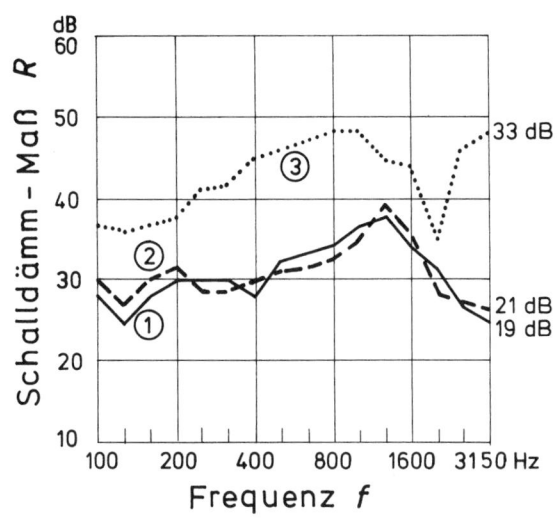

Abb. 158 – Schalldämmung von Einfachfenstern
1 = Scheibendicke 2,8 mm, ohne Dichtung = 19 dB
2 = Scheibendicke 12 mm, ohne Dichtung = 21 dB
3 = Scheibendicke 12 mm, mit Falzdichtung = 33 dB

- von der Standfestigkeit des Rahmenmaterials bei Temperatur- und Feuchtigkeitsschwankungen.

Niedrige Q_{100}-Werte können nur erreicht werden, wenn die Fensterfalze zusätzlich abgedichtet werden. Als Dichtungsmaterial stehen vor allem Lippendichtungen und Hohlprofildichtungen aus Gummi und Elastic-PVC zur Verfügung. Die Dichtungen sollten sich gut an das Rahmenmaterial anschmiegen können und ein gutes Rückstellvermögen, d. h. die Fähigkeit zum Zurückverformen bei Entlastung, haben. Beim Einbau der Dichtungen ist besondere Sorgfalt an den Rahmenecken notwendig.

Beispiele für Falzdichtungen zeigen Abb. 171/1 bis 176/2.

7.3 Schalldämmende Lüftungsfenster

Ein besonderes Problem beim schalldämmenden Fenster ist die Lüftung des Raumes. Eine Notwendigkeit dazu besteht z. B. wiederholt in Räumen, in denen sich viele Menschen aufhalten (Unterrichtsräume, Sitzungszimmer usw.) oder in denen sie der Ruhe bedürfen (Kranken-, Hotel-, Schlafräume usw.). Liegen diese Räume an verkehrsreichen Straßen, in der Nähe von Industriebetrieben oder Flughäfen, so ist eine Lüftung ohne Störung durch Lärm nicht möglich, da hierzu im Normalfall die Fenster geöffnet werden müssen. Diesem Nachteil wird durch sogenannte Lüftungsfenster begegnet. Durch sie ist eine stufenlos regelbare Belüftung des Raumes bei geschlossenem Fenster über Luftkanäle möglich, die auf Fensterbreite eingebaut und mit schallschluckenden Materialien (z. B. Mineralwolle) ausgekleidet sind. Die Luftumwälzung wird durch eingebaute Ventilatoren erreicht: Sie saugen frische Luft von draußen an und die verbrauchte Luft wieder ab.

Bei schalldämmenden Lüftungsfenstern wird bei Einfachfenstern die Lüftungseinrichtung entweder unterhalb des Fensters, im Fensterflügel oder oberhalb des Fensterflügels eingebaut, bei Kastenfenstern oberhalb oder unterhalb des Fensters (s. Abb. 160).

Die Belüftung der Räume kann auch zentral erfolgen, indem über Abluftkanäle die verbrauchte Luft aus den Räumen abgesaugt wird. Aufgrund des entstehenden Unterdrucks strömt die frische Luft über die Zuluftkanäle an den Fenstern wieder nach.

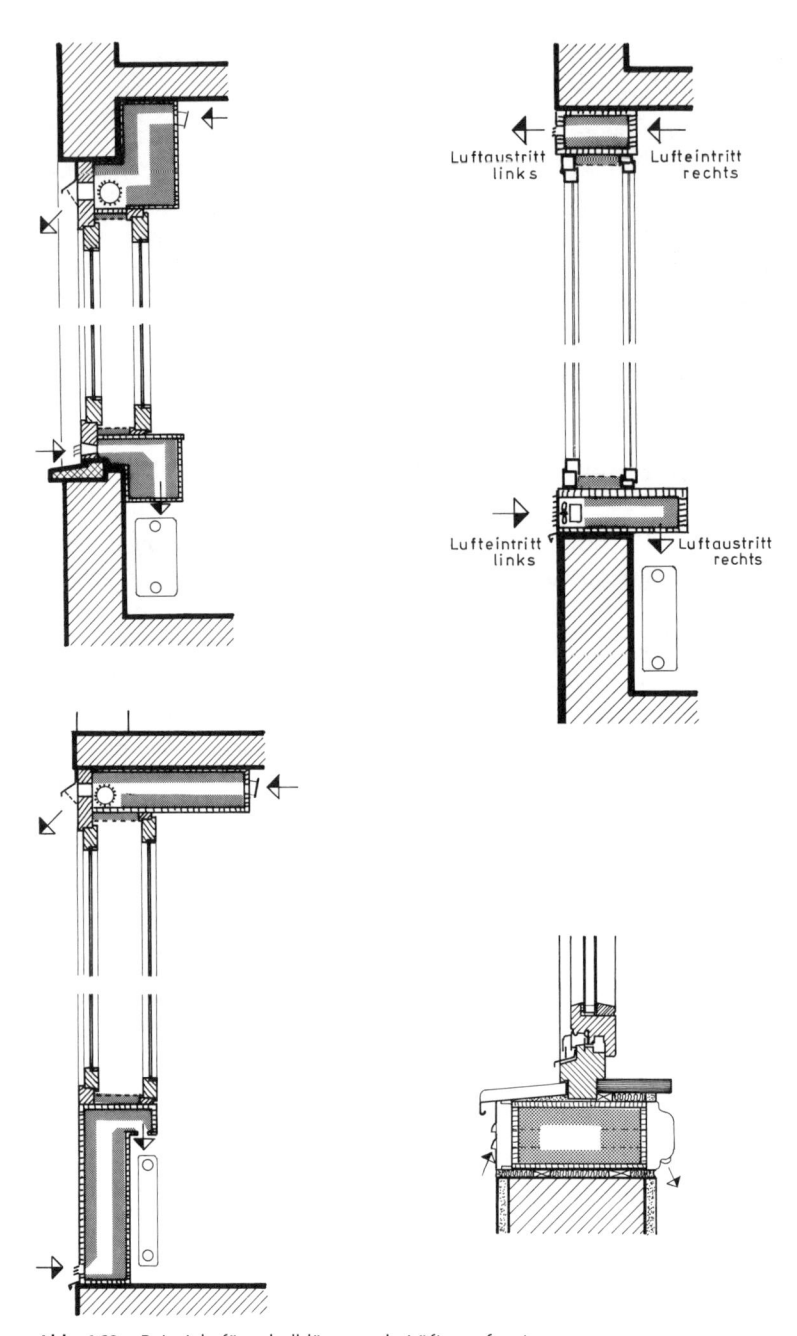

Abb. 160 – Beispiele für schalldämmende Lüftungsfenster

7.4 Einfluss des Rollladens auf die Schalldämmung

Die meisten Fenster besitzen einen Rollladen für den Sicht-, Sonnen-, Wärme- und Witterungsschutz. Die schalltechnische Wirkung eines Rollladens kann je nach Konstruktion sehr unterschiedlich sein. Man hat festgestellt, dass ein offener Rollladen und ein vor dem Fenster herabgelassener Rollladenpanzer in herkömmlicher Bauweise die Schalldämmung des Fensters kaum verbessert, in ungünstigen Fällen sogar verschlechtert.

Eine Verbesserung der Schalldämmung von Rollladen-Fensterelementen bis zu 15 dB kann jedoch erreicht werden, wenn folgende Kriterien beachtet werden:
- Die raumseitigen Begrenzungsflächen des Rollladenkastens (Wandung und Montagedeckel) müssen schwer sein; gegebenenfalls sind sie mit Blech, m' ≥ 8 kg/m^2 zu beschweren oder zweischalig auszuführen.
- Der Montagedeckel ist mit Dichtprofilen, Dichtbändern oder mit dauerelastischem Kitt gut abzudichten.
- Der Hohlraum soll, soweit möglich, mit schallabsorbierendem Material ausgekleidet werden (z. B. mit Mineralfaserplatten ≥ 20 mm).
- Die Gurtdurchführungen sollten klein sein oder durch ein Kurbelgetriebe ersetzt werden.
- Der Abstand zwischen Glasscheibe und Rollladenpanzer sollte mindestens 150 mm betragen. Beim üblichen Abstand von 20–50 mm liegt die Resonanzfrequenz mitten im akustisch wichtigen Bereich und verschlechtert so den Schallschutz.
- Günstig ist auch der Einbau von Absorptionsschichten (z. B. Mineralwolle hinter einer Lochplatte) an den seitlichen Leibungen zwischen Fenster und Rollladenführung.

Kann der Rollladenkasten nicht über das Fenster, sondern vor das Fenster gesetzt werden, können bessere Schalldämmwerte leichter erreicht werden.

Im Beiblatt 1 zu DIN 4109 sind für zwei Systemvarianten (unterer Rollladendeckel innerhalb oder außerhalb des Fensters) je nach Konstruktion des Rollladenkastens Rechenwerte des bewerteten Schalldämm-Maßes $R_{w,R}$ zwischen 25 und 40 dB angegeben.

7.5 Schallschutzklassen bei Fenstern

Um die Kennzeichnung und Auswahl der Fenster bezüglich ihrer Schalldämmung und der Anforderungen an den Schallschutz zu erleichtern, wurden die Fenster in der VDI-Richtlinie 2719 – Schalldämmung von Fenstern – in Schallschutzklassen eingeteilt (s. Tab. 162). Den Schallschutzklassen sind bewertete Schalldämm-Maße R'_w von am Bau funktionsfähig eingebauten Fenstern zugeordnet. Die bei Eignungsprüfungen ermittelten Laborwerte von Fenstern ($R_{w,P}$) müssen mindestens um 2 dB über den Anforderungen am Bau (s. Tab. 162) liegen.

In DIN 4109 werden für die Außenwände und Fenster je nach Flächenanteil Schalldämm-Maße zum Schutz gegen Außenlärm angegeben (s. Tab. 74/3). Mit welchen Fensterarten und Fensterkonstruktionen diese Werte erreicht werden können, zeigt Tabelle 166 und 169. Alle Fensterkonstruktionen gelten ohne besonderen Nachweis im Sinne dieser Mindestanforderungen als geeignet, wenn ihre Ausführungen mindestens den in Tabelle 166 und 169 aufgeführten Ausführungsbeispielen entsprechen.

Einschränkungen sind gegebenenfalls bei verschiedenen konstruktiven Besonderheiten zu machen. Notwendige Korrekturwerte sind auf Seite 164 und in Tabelle 166 beschrieben.

Um einen gleichmäßigen und hohen Schließdruck im gesamten Falzbereich sicherzustellen, muss eine genügende Anzahl von Verriegelungsstellen vorhanden sein. Die Fugen zwischen Fensterrahmen und Außenwand müssen gut abgedichtet sein.

Schallschutzklasse	bewertetes Schalldämm-Maß R'_w des am Bau funktionsfähig eingebauten Fensters, gemessen nach DIN 52210 Teil 5 in dB	erforderliches bewertetes Schalldämm-Maß R_w des im Prüfstand (P-F) nach DIN 52210 Teil 2 eingebauten funktionsfähigen Fensters in dB
1	25–29	≥ 27
2	30–34	≥ 32
3	35–39	≥ 37
4	40–44	≥ 42
5	45–49	≥ 47
6	≥ 50	≥ 52

Tab. 162 – Schallschutzklassen von Fenstern nach VDI 2719

7.6 Ermittlung des Schallschutzes bei Fenstern

Bei üblichen Wohngeräuschen, also für Innenbauteile, beschreibt das bewertete Schalldämm-Maß R_w die Schallschutzwirkung von Bauteilen im allgemeinen sehr gut.

Auf Außenbauteile wirken jedoch häufig Geräusche mit sehr tieffrequentem oder sehr hochfrequentem Spektrum ein. Für solche Geräusche erweist sich das bewertete Schalldämm-Maß R_w häufig als ungeeignet.

Im Rahmen der Harmonisierung der europäischen Normen wurden im Schallschutz u. a. mit der DIN EN ISO 717–1 Spektrum-Anpassungswerte eingeführt und in der DIN 4109 berücksichtigt. Man unterscheidet den

- Spektrum-Anpassungswert C für hoch- bis mittelfrequente Geräusche und den
- Spektrum-Anpassungswert C_{tr} für mittel- bis tieffrequente Geräusche (s. Tabelle 163).

Geräuschquelle	Entsprechender Spektrum-Anpassungswert
• Wohnaktivitäten (Reden, Musik, Radio, TV) • Kinderspielen • Schienenverkehr mit mittlerer und hoher Geschwindigkeit • Autobahnverkehr 80 km/h • Düsenflugzeug in kleinem Abstand • Betriebe, die überwiegend mittel- und hochfrequenten Lärm abstrahlen	C (Spektrum Nr. 1)
• Städtischer Straßenverkehr • Schienenverkehr mit geringer Geschwindigkeit • Propellerflugzeug • Düsenflugzeug in großem Abstand • Discomusik • Betriebe, die überwiegend tief- und mittelfrequenten Lärm abstrahlen	C_{tr} (Spektrum Nr. 2)
Die Spektrum-Anpassungswerte werden in Klammern und durch Semikolon getrennt, hinter dem bewerteten Schalldämmmaß angegeben, wie z. B. R_w (C; C_{tr}) = 42 (–1; –4) dB	

Tab. 163 – Spektrum-Anpassungswerte bei verschiedenen Geräuschquellen

In DIN 4109, Beiblatt 1, wurde die Tabelle 40 den heutigen Anforderungen angepasst. Darin sind Konstruktionsmerkmale für Einfachfenster (Tabelle 166) und solche für Verbund- und Kastenfenster (Tabelle 169) enthalten. Zum Verständnis und zur Handhabung der Tabelle 166 einige Vorbemerkungen:

Zu Spalte 1 (Tabelle 166):
Sie enthält das bewertete Schalldämm-Maß $R_{w,P}$ von Einfachfenstern (im Prüfstand gemessen) mit den in Spalte 5 und 6 aufgeführten Konstruktionsmerkmalen (siehe jeweils obere 4 Zeilen + letzte Zeile).

Dazu Beispiel 7: Gesamtglasdicke $d_{Ges} \geq 10$ mm
Glasaufbau des MIG ≥ 6 mm + 4 mm mit ≥ 16 mm SZR
1 Falzdichtung zwischen Flügel und Rahmen ist notwendig
Ergebnis: Der $R_{w,P}$-Wert in Spalte 1 beträgt für das fertige Fenster 37 dB.

Liegt als Alternative ein Prüfzeugnis für ein Isolierglas mit einem $R_{w,P,Glas} \geq 35$ dB (Beispiel 7, 5. + 6. Zeile) vor, kann der in Spalte 1 vorhandene $R_{w,P}$-Wert von 37 dB für das fertige Einfachfenster angesetzt werden.

Zu Spalte 2:
Das bewertete Schalldämm-Maß als Rechenwert erhält man für das Einfachfenster durch die Berücksichtigung des Vorhaltemaßes von 2 dB.
$R_{w,R} = R_{w,P} - 2$ dB
Ergebnis: $R_{w,R} = 37$ dB $- 2$ dB $= 35$ dB (s. Beispiel 7)

Zu den Spalten 7–11:
Verschiedene konstruktive Besonderheiten bei den Einfachfenstern, die beim bewerteten Schalldämm-Maß $R_{w,R}$ noch nicht berücksichtigt werden konnten, müssen, sofern sie vorliegen, durch Korrekturwerte einbezogen werden. Diese sind:

$K_{AH} = -1$ **dB**, wenn die Aluminiumschale bei Holz-Alu-Fenstern nicht zum Flügel oder Blendrahmen hin abgedichtet ist.

K_{RA} in Spalte 7, wenn der Rahmenanteil am Gesamtfenster $< 30\%$ beträgt.

K_S in Spalte 8, wenn bei einem 2-flügeligen Fenster kein festes Mittelstück vorhanden ist (Stulpfenster)

K_{FV} in Spalte 9, bei Festverglasungen mit erhöhtem Scheibenanteil.

$K_{F1,5}$ in Spalte 10, wenn die Fensterfläche $< 1,5$ m² ist.

$K_{F3} = -2$ **dB**, wenn eine Einzelscheibe des Fensters ≥ 3 m² beträgt.

K_{SP} in Spalte 11, wenn das Fenster glasteilende Sprossen enthält.

Die Schalldämmung $R_{w,R,Fenster}$ für Einfachfenster mit Mehrscheiben-Isolierglas (MIG) beträgt somit:

$$R_{w,R,Fenster} = R_{w,R} + K_{AH} + K_{RA} + K_S + K_{FV} + K_{F,1,5} + K_{F3} + K_{Sp} \quad (23)$$

Berechnung für Beispiel 7:

$$R_{w,R,Fenster} = 35 \text{ dB} - 1 + 0 + 0 + 0 + 0 + 0 + 0 = 34 \text{ dB}$$

Da: Holz-Alu-Fenster ohne Dichtung zur Aluschale,
Fensterfläche 2,20 m²
Rahmenanteil 40 %, ohne Sprossenteilung, Stulpfenster,
keine Festverglasung.
Ergebnis: Das bewertete Schalldämm-Maß $R_{w,R,Fenster}$ = 34 dB kann für das Fenster in Spalte 7 unter den obengenannten Voraussetzungen als Nachweis für den Schallschutz dienen.

Würde das Fenster an einer Hauptverkehrsstraße mit städtischem Straßenverkehr (Fahrzeug- und Straßenbahnverkehr) liegen, könnte bei Belästigung der Anwohner durch tieffrequenten Lärm noch der Spektrum-Anpassungswert C_{tr} in Spalte 4 zur Bemessung von $R_{w,R}$ herangezogen werden.

Für das Beispiel 7 bedeutet dies:

$$R_{w,R} = R_{w,R,Fenster} (-C_{tr}) \quad (24)$$

Schreibweise $R_{w,R} (C_{tr}) = 34 (-4) \text{ dB}$

Anhand der Tabellen 73 und 74 wäre nun zu klären, ob das bewertete Schalldämm-Maß $R_{w,R}$ den Anforderungen entspricht.

Spalte	1	2	3	4	5	6	7	8	9	10	11
Zeile	$R_{w,P}$ dB	$R_{w,R}$ dB	C dB	C_{tr} dB	Konstruktionsmerkmale	Einfachfenster mit MIG[a,b]	Korrekturen				
							K_{RA} dB	K_S dB	K_{FV} dB	$K_{F1,5}$ dB	K_{Sp} dB
1	[c]	25	[c]	[c]	d_{Ges} in mm Glasaufbau in mm SZR in mm oder $R_{w,P,GLAS}$ in dB Falzdichtungen	≥ 6 – ≥ 8 ≥ 27 –	[c]	[c]	[c]	[c]	[c]
2	[c]	30	[c]	[c]	d_{Ges} in mm Glasaufbau in mm SZR in mm oder $R_{w,P,GLAS}$ in dB Falzdichtungen	≥ 6 – 12 ≥ 30 ①	[c]	[c]	[c]	[c]	[c]
3	33	31	–2	–5	d_{Ges} in mm Glasaufbau in mm SZR in mm oder $R_{w,P,GLAS}$ in dB Falzdichtungen	≥ 8 ≥ 4 + 4 ≥ 12 ≥ 30 ①	–2	0	–1	0	0
4	34	32	–2	–6	d_{Ges} in mm Glausaufbau in mm SZR in mm oder $R_{w,P,GLAS}$ in dB Falzdichtungen	≥ 8 ≥ 4 + 4 ≥ 16[d] ≥ 30 ①	–2	0	–1	0	0
5	35	33	–2	–4	d_{Ges} in mm Glasaufbau in mm SZR in mm oder $R_{w,P,GLAS}$ in dB Falzdichtungen	≥ 10 ≥ 6 + 4 ≥ 12 ≥ 32 ①	–2	0	–1	0	0

Tab. 166 – Konstruktionstabelle für Einfachfenster mit Mehrscheiben-Isolierglas (MIG) nach DIN 4109 Beiblatt 1

Spalte	1	2	3	4	5	6	7	8	9	10	11
Zeile	$R_{w,P}$ dB	$R_{w,R}$ dB	C dB	C_{tr} dB	Konstruktionsmerkmale	Einfachfenster mit MIG[a,b]	Korrekturen				
							K_{RA} dB	K_S dB	K_{FV} dB	$K_{F1,5}$ dB	K_{Sp} dB
6	36	34	−1	−4	d_{Ges} in mm Glasaufbau in mm SZR in mm oder $R_{w,P,GLAS}$ in dB Falzdichtungen	≥10 ≥6+4 ≥16[d] ≥33 ①	−2	0	−1	0	0
7	37	35	−1	−4	d_{Ges} in mm Glasaufbau in mm SZR in mm oder $R_{w,P,GLAS}$ in dB Falzdichtungen	≥10 ≥6+4 ≥16[d] ≥35 ①	−2	0	−1	0	0
8	38	36	−2	−5	d_{Ges} in mm Glasaufbau in mm SZR in mm oder $R_{w,P,GLAS}$ in dB Falzdichtungen	≥12 ≥8+4 ≥16[d] ≥38 ② (AD/MD + ID)[e]	−2	0	0	0	0
9	39	37	−2	−5	d_{Ges} in mm Glasaufbau in mm SZR in mm oder $R_{w,P,GLAS}$ in dB Falzdichtungen	≥14 ≥10+4 ≥20 ≥39 ② (AD/MD + ID)[e]	−2	0	0	0	0
10	40	38	−2	−5	$R_{w,P,GLAS}$ in dB Falzdichtungen	≥40 ② (AD/MD + ID)	−2	0	0	−1	−1
11	41	39	−2	−5	$R_{w,P,GLAS}$ in dB Falzdichtungen	≥41 ② (AD/MD + ID)	0	0	0	−1	−2
12	42	40	−2	−5	$R_{w,P,GLAS}$ in dB Falzdichtungen	≥44 ② (AD/MD + ID)	0	−1	0	−1	−2

Tab. 166 – Fortsetzung

Spalte	1	2	3	4	5	6	7	8	9	10	11
Zeile	$R_{w,P}$ dB	$R_{w,R}$ dB	C dB	C_{tr} dB	Konstruktions-merkmale	Einfach-fenster mit $MIG^{a,b}$	Korrekturen				
							K_{RA} dB	K_S dB	K_{FV} dB	$K_{F1,5}$ dB	K_{Sp} dB
13	43	41	–2	–4	$R_{w,P,GLAS}$ in dB Falzdichtungen	≥46 ② (AD/MD + ID)	0	–2	0	–1	–2
14	44	42	–1	–4	$R_{w,P,GLAS}$ in dB Falzdichtungen	≥49 ② (AD/MD + ID)	0	–2	+1	–1	–2
15	45	43	–1	–5	$R_{w,P,GLAS}$ in dB Falzdichtungen	≥51 ② (AD/MD + ID)	0	–1	+1	–1	–2
16	≥46	≥44	f	f	f	f	f	f	f	f	f

d_{Ges} Gesamtglasdicke
Glasaufbau Zusammensetzung der beiden Einzelscheiben
SZR Scheibenzwischenraum; mit Luft oder Argon gefüllt
$R_{w,P,Glas}$ Prüfwert der Scheibe im Normformat (1,23 m x 1,48 m) im Labor
Falzdichtung AD umlaufende Außendichtung, MD umlaufende Mitteldichtung, ID umlaufende Innendichtung im Flügelüberschlag
① Mindestens eine umlaufende elastische Dichtung, in der Regel als Mitteldichtung angeordnet
② Zwei umlaufende elastische Dichtungen, in der Regel als Mittel- und Innendichtung oder eine Dichtung auch als Außendichtung möglich
MIG Mehrscheiben-Isolierglas

[a] Sämtliche Flügel müssen bei Holzfenstern mindestens Doppelfalze, bei Metall- und Kunststofffenstern mindestens zwei wirksame Anschläge haben. Erforderliche Falzdichtungen müssen umlaufend, ohne Unterbrechung angebracht sein; sie müssen weichfedernd, dauerelastisch, alterungsbeständig und leicht auswechselbar sein. Um einen möglichst gleichmäßigen und hohen Schließdruck im gesamten Falzbereich sicherzustellen, muss eine genügende Anzahl von Verriegelungsstellen vorhanden sein (wegen der Anforderungen an Fenster siehe auch DIN 18055).
[b] Die Schalldämmung der beschriebenen Verglasungen ist nicht identisch mit den alternativ angegebenen Schalldämmungen.
[c] Da keine neuen Konstruktionen in der Statistik enthalten sind, liegen C-, C_{tr}- und Korrekturwerte nicht vor.
[d] Gilt auch für 15 mm SZR.
[e] Bei Holzfenstern genügt eine umlaufende Dichtung.
[f] Keine allgemein gültige Aussage möglich, Nachweis über Eignungsprüfung I nach DIN 4109.

Tab. 166 – Fortsetzung

Der aus Tabelle 166 abzulesende Wert für die Schalldämmung $R_{w,R,Fenster}$ für Einfachfenster mit Mehrscheiben-Isolierglas (MIG) beträgt

$R_{w,Fenster} = R_{w,R} + K_{AH} + K_{RA} + K_S + K_{FV} + K_{F,1,5} + K_{F,3} + K_{Sp}$ dB

Dabei ist:

K_{AH} die Korrektur für Aluminium-Holzfenster; $K_{AH} = -1$ dB; Diese Korrektur entfällt, wenn die Aluminiumschale zum Flügel- und Blendrahmen hin abgedichtet wird. Kleine Öffnungen zum Zweck des Druckausgleichs zwischen Aluminiumschale und Holzrahmen sind zulässig.

K_{RA} der Korrekturwert für einen Rahmenanteil 30 %. Der Rahmenanteil ist die Gesamtfläche des Fensters abzüglich der sichtbaren Scheibengröße. K_{RA} darf bei Festverglasungen nicht berücksichtigt werden.

K_S der Korrekturwert für Stulpfenster (zweiflügelige Fenster ohne festes Mittelstück);

K_{FV} der Korrekturwert für Festverglasungen mit erhöhtem Scheibenanteil;

$K_{F,1,5}$ die Korrektur für Fenster $< 1{,}5$ m²; $\geq K_{F,1,5}$

$K_{F,3}$ die Korrektur für Fenster mit Einzelscheibe ≥ 3 m²; $K_{F,3} = -2$ dB;

K_{Sp} der Korrekturwert für glasteilende Sprossen;

Die Werte gelten für ringsum dichtschließende Fenster. Fenster mit Lüftungseinrichtungen werden nicht erfasst.

Tab. 166 – Fortsetzung

Spalte	1	2	3	4	5
Zeile	$R_{w,R}$ dB	Konstruktionsmerkmale	Einfachfenster mit Einfachglas[a]	Verbundfenster[a]	Kastenfenster[a,b]
1	25	d_{Ges} in mm oder $R_{w,P,GLAS}$ in dB Falzdichtungen	≥ 4 ≥ 27 ①	≥ 6 – –	– – –
2	30	d_{Ges} in mm SZR in mm oder $R_{w,P,GLAS}$ in dB Falzdichtungen	≥ 8 – ≥ 32 ①	≥ 6 ≥ 30 – ①	– – – –
3	32	d_{Ges} in mm Glasaufbau in mm SZR in mm Falzdichtungen	c	≥ 8 bzw. $\geq 4 + 4/12/4$ ≥ 30 ①	– – – ①
4	35	d_{Ges} in mm Glausaufbau in mm SZR in mm Falzdichtungen	c	≥ 8 bzw. $\geq 6 + 4/12/4$ ≥ 40 ①	– – – ①

Tab. 169 – Konstruktionstabelle für Einfachfenster mit Einfachglas, Verbund- und Kastenfenster nach DIN 4109 Beiblatt 1

Spalte	1	2	3	4	5
Zeile	$R_{w,R}$ dB	Konstruktions-merkmale	Einfachfenster mit Einfachglas[a]	Verbundfenster[a]	Kastenfenster[a,b]
5	37	d_{Ges} in mm Glasaufbau in mm SZR in mm Falzdichtungen	c	≥ 10 bzw. ≥ 6 + 6/1/4 ≥ 40 ①	≥ 8 bzw. ≥ 4 + 4/12/4 ≥ 100 ①
6	40	d_{Ges} in mm Glasaufbau in mm SZR in mm Falzdichtungen	c	≥ 14 bzw. ≥ 8 + 6/12/4 ≥ 50 AD + ID[d]	≥ 8 bzw. ≥ 6 + 4/12/4 ≥ 100 AD + ID
7	42	d_{Ges} in mm Glasaufbau in mm SZR in mm Falzdichtungen	c	≥ 16 bzw. ≥ 8 + 8/12/4 ≥ 50 AD + ID[d]	≥ 10 bzw. ≥ 8 + 4/12/4 ≥ 100 AD + ID
8	45	d_{Ges} in mm Glasaufbau in mm SZR in mm Falzdichtungen	c	≥ 18 bzw. ≥ 8 + 8/12/4 ≥ 60 AD + ID[d]	≥ 12 bzw. ≥ 8 + 6/12/4 ≥ 100 AD + ID
9	46		c	c	c

d_{Ges}	Gesamtglasdicke, bei Verbund- und Kastenfenstern alternativ zum Glasaufbau für Konstruktionen mit Einfachgläsern
Glasaufbau	Zusammensetzung der Einzelscheiben
SZR	Scheibenzwischenraum
$R_{w,P,Glas}$	Prüfwert der Scheibe im Normformat (1,23 m x 1,48 m) im Labor
Falzdichtung	AD Dichtung im äußeren Flügel, umlaufend ID Dichtung im inneren Flüge, umlaufend
①	Mindestens eine umlaufende elastische Dichtung, in der Regel als Mitteldichtung

[a] Sämtliche Flügel müssen bei Holzfenstern mindestens Doppelfalze, bei Metall- und Kunststofffenstern mindestens zwei wirksame Anschläge haben. Erforderliche Falzdichtungen müssen umlaufend, ohne Unterbrechung angebracht sein; sie müssen weichfedernd, dauerelastisch, alterungsbeständig und leicht auswechselbar sein. Um einen möglichst gleichmäßigen und hohen Schließdruck im gesamten Falzbereich sicherzustellen, muss eine genügende Anzahl von Verriegelungstellen vorhanden sein (wegen der Anforderungen an Fenster siehe auch DIN 18055).
[b] Eine schallabsorbierende Leibung ist sinnvoll, da sie die durch Alterung der Falzdichtung entstehende Fugenundichtigkeiten teilweise ausgleichen kann.
[c] Keine allgemein gültige Aussage möglich, Nachweis über Eignungsprüfung I nach DIN 4109.
[d] Werte gelten nur, wenn keine zusätzlichen Maßnahmen zur Belüftung des Scheibenzwischenraumes getroffen sind oder wenn eine ausreichende Luftumlenkung im äußeren Dichtungssystem vorgenommen wurde (Labyrinthdichtung).

Tab. 169 – Fortsetzung

7.7 Konstruktionsbeispiele für schalldämmende Fenster

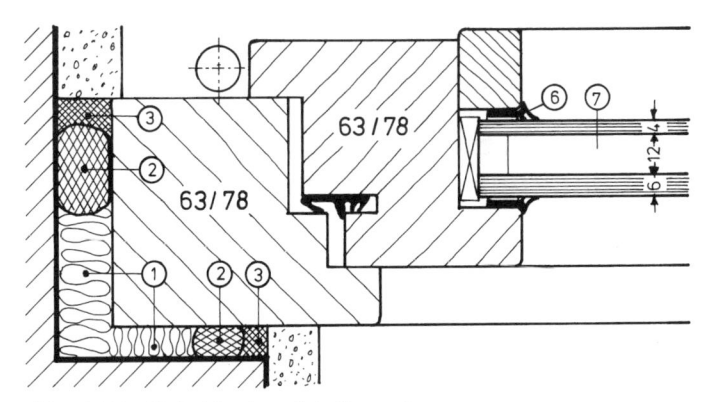

Abb. 171/1 – Einfachfenster mit Isolierverglasung
$R_{w,R}$ = ca. 33 dB

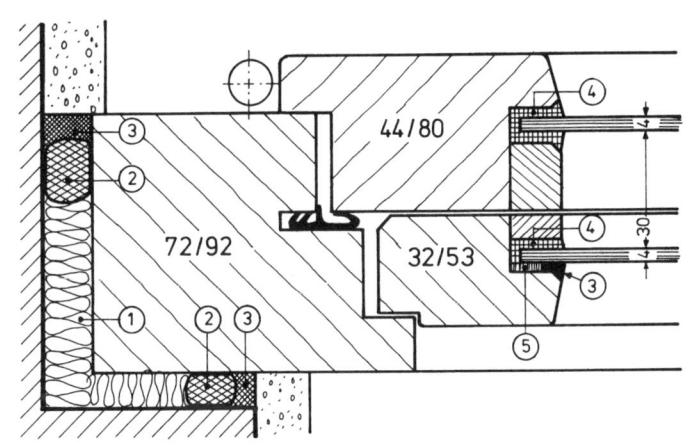

Abb. 171/2 – Verbundfenster
$R_{w,R}$ = ca. 34 dB

1 = Mineralwolle
2 = Schaumstoffrundprofil
3 = elastischer Dichtstoff
4 = Dichtstoff des Falzraumes
5 = Vorlegeband
6 = Kunststoff-Dichtung
7 = Gasfüllung

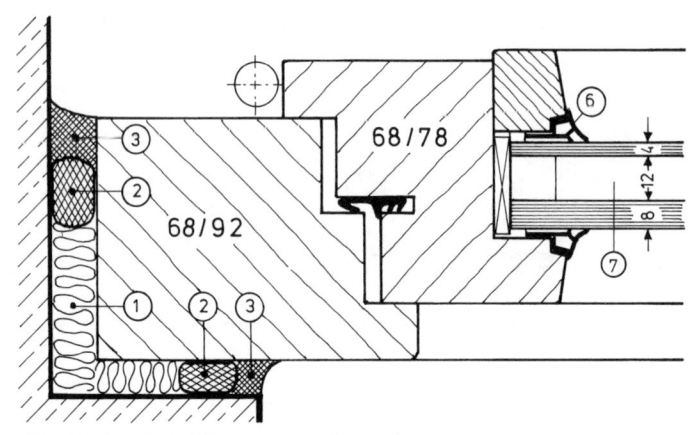

Abb. 172/1 – Einfachfenster mit Isolierverglasung
$R_{w,R}$ = ca. 38 dB

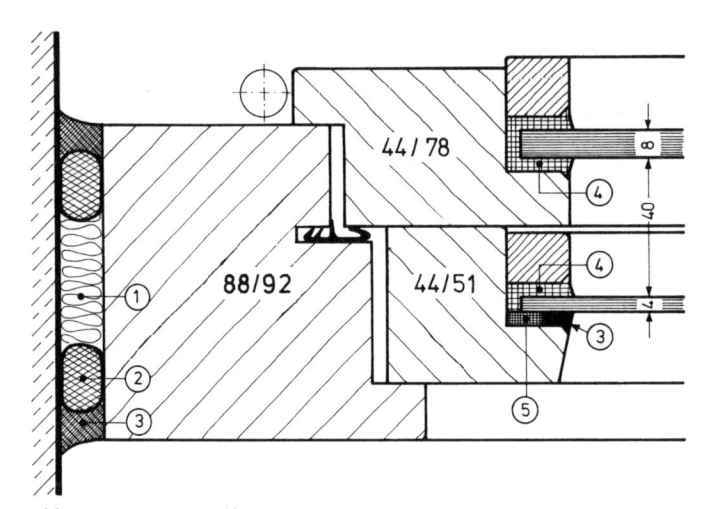

Abb. 172/2 – Verbundfenster
$R_{w,R}$ = ca. 39 dB

1 = Mineralwolle
2 = Schaumstoffrundprofil
3 = elastischer Dichtstoff
4 = Dichtstoff des Falzraumes
5 = Vorlegeband
6 = Kunststoff-Dichtung
7 = Gasfüllung

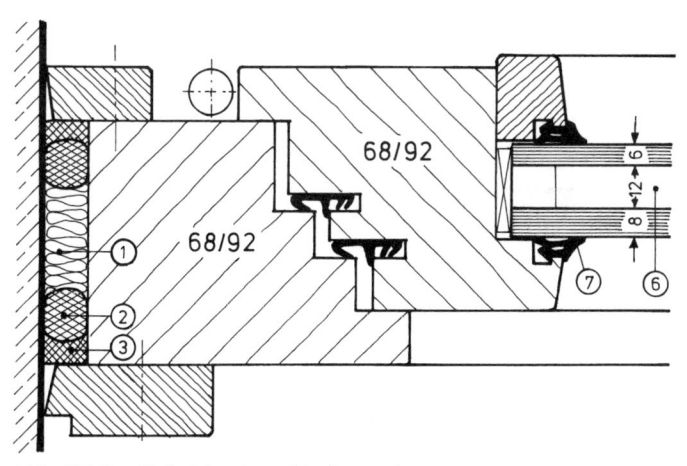

Abb. 173/1 – Einfachfenster mit Isolierverglasung
$R_{w,R}$ = ca. 39 dB

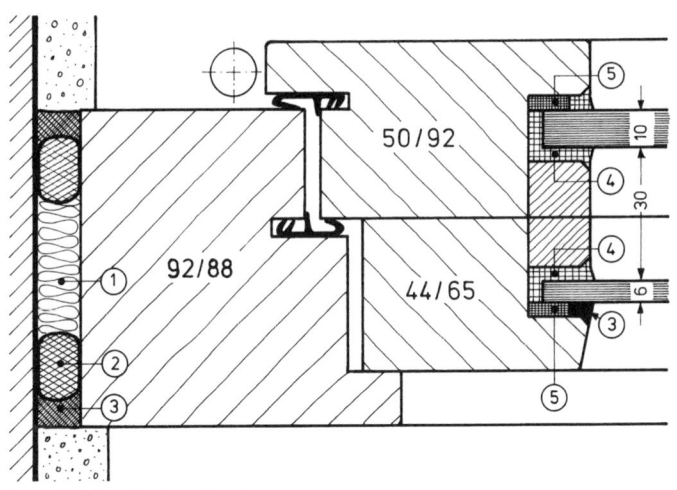

Abb. 173/2 – Verbundfenster
$R_{w,R}$ = ca. 42 dB

1 = Mineralwolle
2 = Schaumstoffrundprofil
3 = elastischer Dichtstoff
4 = Dichtstoff des Falzraumes
5 = Vorlegeband
6 = Gasfüllung
7 = Kunststoff-Dichtung

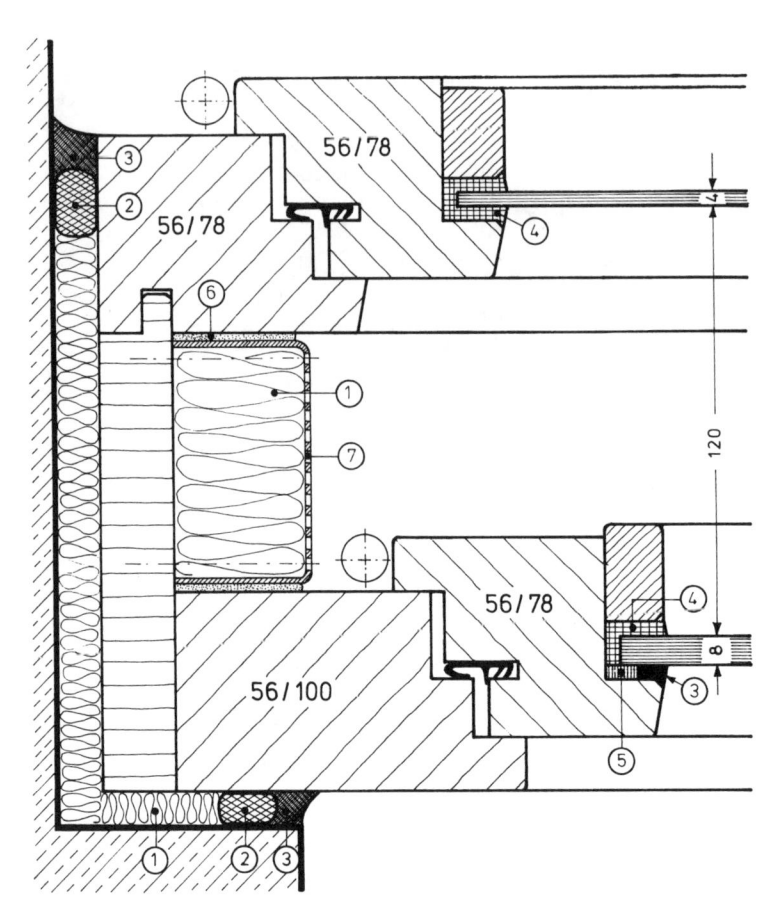

Abb. 174 – Kastenfenster
$R_{w,R}$ = ca. 46 dB

1 = Mineralwolle
2 = Schaumstoffrundprofil
3 = elastischer Dichtstoff
4 = Dichtstoff des Falzraumes
5 = Vorlegeband
6 = Porengummi
7 = gelochte Metallplatte

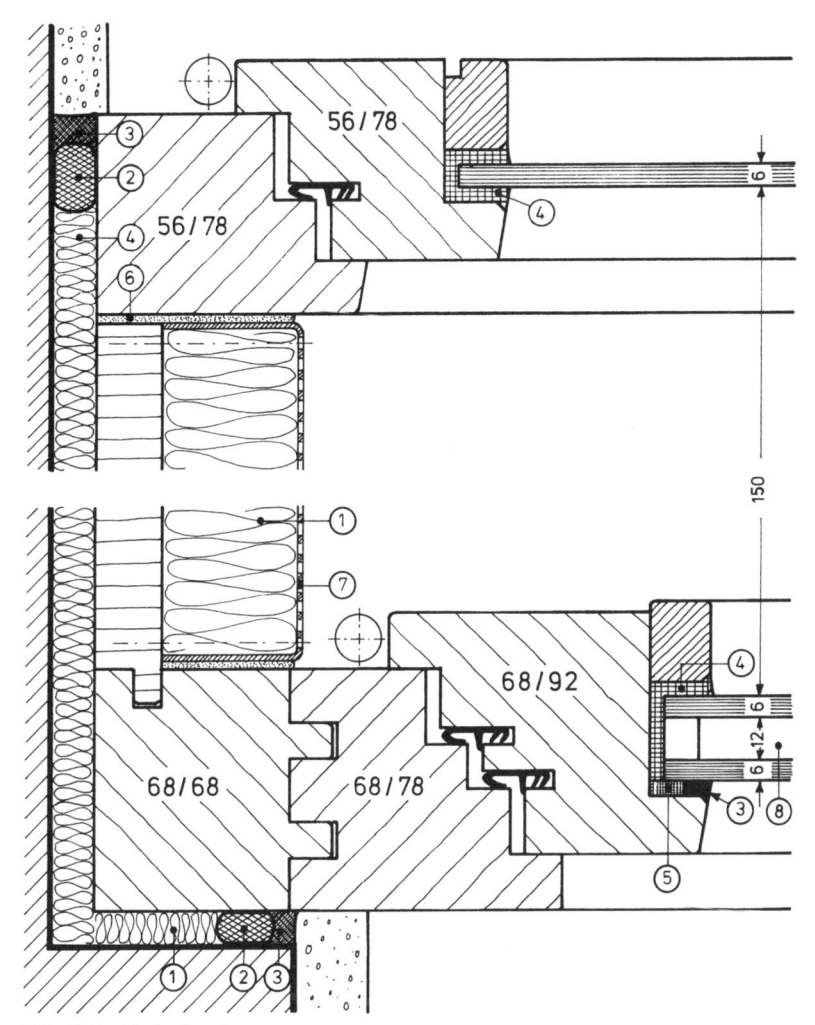

Abb. 175 – Kastenfenster
$R_{w,R}$ = ca. 54 dB

1 = Mineralwolle
2 = Schaumstoffrundprofil
3 = elastischer Dichtstoff
4 = Dichtstoff des Falzraumes
5 = Vorlegeband
6 = Porengummi
7 = gelochte Metallplatte
8 = Gasfüllung

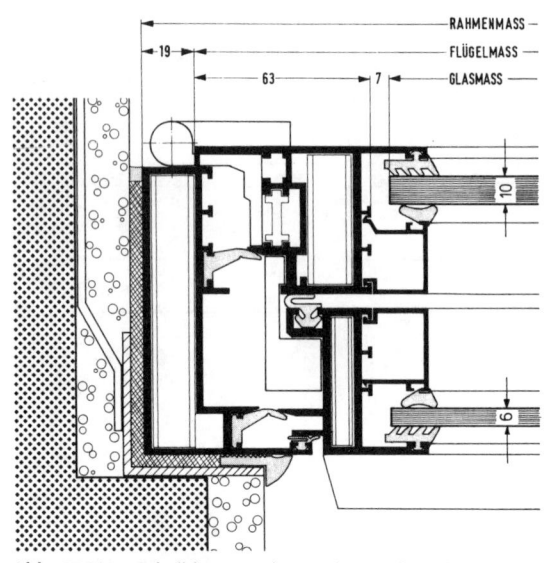

Abb. 176/1 – Schalldämmendes Leichtmetall-Verbundfenster
$R_{w,R}$ = 46 dB (nach Hartmann)

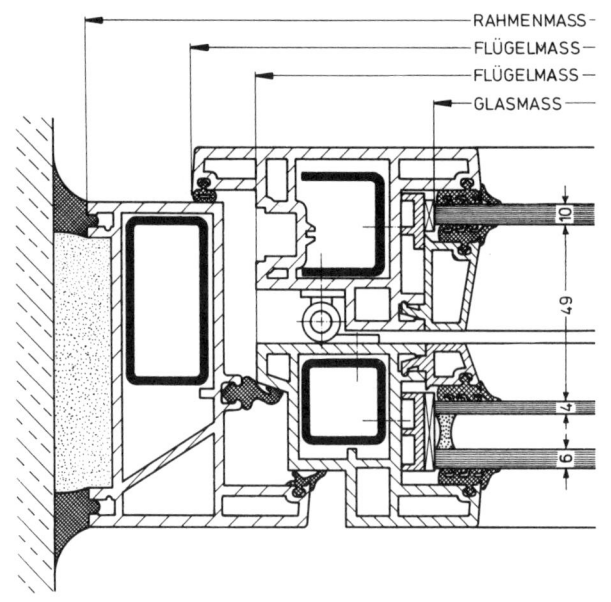

Abb. 176/2 – Schalldämmendes Kunststoff-Verbundfenster
$R_{w,R}$ = 51 dB (nach Kömmerling)

8 Schallschutz bei Türen

Schalldämmende Türen werden häufig benötigt, z. B. in Konferenz- und Verhandlungsräumen, in Chefzimmern, Büroräumen, Behandlungsräumen bei Ärzten oder in Fernsprechkabinen.

Die normale Zimmertür hat eine recht mangelhafte Luftschalldämmung, und zwar nur ca. 15–20 dB. Als Gründe dafür sind zu nennen:
a) zu leichtes Türblatt mit einer relativ hohen Biegefestigkeit (wegen des Stehvermögens des Türblattes),
b) unmittelbarer Schalldurchgang durch Türfalze, Bodenfuge, Öffnungen im Türblatt (Schlüsselloch, Briefkasten usw.) und über das Türfutter an der Mauerlaibung.

8.1 Schalldämm-Maße bei Türen

Die Schalldämmung wird bei Türen im Vergleich mit den Anforderungen an den Mindestschallschutz durch das bewertete Schalldämm-Maß $R_{w,R}$ angegeben.

Bei der Angabe von Schalldämmwerten ist zu unterscheiden:

R_w = Bewertetes Schalldämm-Maß ohne Einfluss von flankierenden Bauteilen (z. B. Dichtungen und Zargen).

$R_{w,P}$ = Bewertetes Schalldämm-Maß eines kompletten Türelements einschließlich Dichtungen und Zargen) aufgrund einer Eignungsprüfung im Prüfstand.

$R_{w,R}$ = $R_{w,P}$ –5 dB als Vorhaltemaß, das mögliche Unterschiede zwischen dem geprüften Bauteil im Prüfstand oder am Bau berücksichtigen soll. $R_{w,R}$ als Rechenwert muss den Anforderungen entsprechen.

$R_{w,B}$ = Ermittelter Wert bei der Eignungsprüfung am Bau (ein Vorhaltemaß entfällt hier).

$R_{w,R,res}$ = Bewertetes Schalldämm-Maß der Wand einschließlich der Tür (siehe Abbildung 149).

In DIN 4109 sind Mindestanforderungen an die Luftschalldämmung von Türen in Geschoßhäusern, in Beherbergungsstätten und Krankenanstalten sowie in Schulen angegeben. Daneben werden auch Vorschläge für einen erhöhten Schallschutz bei Türen gemacht. Diese Anforderungen und Vorschläge sind in den Tabellen 52 und 70 enthalten.

8.2 Einfluß der Dämmwirkung auf die umgebende Wand

Wie beim Fenster ist die Dämmwirkung einer Tür in den meisten Fällen geringer als die der umgebenden Wand. Deshalb hat es keinen Sinn, in eine gut schalldämmende Wand (z. B. mit 50 dB) eine Tür mit einem geringen Dämmwert (z. B. von 30 dB) einzubauen. Das Schalldämm-Maß der gesamten Wand würde dadurch unverhältnismäßig stark gesenkt werden (in unserem Beispiel auf rund 38 dB). Als Regel gilt, dass der Dämmwert einer Tür nicht um mehr als 5 dB schlechter sein soll als die umgebende Wand. Andernfalls ändert sich der Gesamtdämmwert der gesamten Wand in subjektiv feststellbarem Maße.

Das Schalldämm-Maß einer Wand einschließlich der Tür kann nach DIN 4109 mit Hilfe des Diagramms in Abb.149 (Kapitel 7.1) ermittelt werden.

8.3 Konstruktive Möglichkeiten für Türblätter

Die Dämmwirkung eines Türblatts hängt von dessen Gewicht, von der Biegesteifigkeit der verwendeten Materialien und vom konstruktiven Aufbau des Türblatts ab.

8.3.1 Einschalige Türblätter

Einschalige Türblätter bestehen aus mehreren steifen, fest miteinander verbundenen Schichten und weisen gegebenenfalls auch einzelne kleinere Hohlräume auf. Diese Türblätter sollten möglichst schwer sein, jedoch das Gewicht von 60 kg/m^2 oder 100 kg pro Türblatt wegen des hohen Kraftaufwandes beim Öffnen und Schließen der Tür möglichst nicht überschreiten.

Einige derzeit auf dem Markt angebotene Türblätter werden auf S. 180 gezeigt. Die angegebenen dB-Werte beziehen sich nur auf die Dämmwirkung des Türblatts, nicht dagegen auf die angeschlagene Tür. Hier sind noch die Qualität der Dichtung und sonstige Schallnebenwege zu berücksichtigen.

Ein hohes Flächengewicht und damit einen höheren Dämmwert kann man bei Türen mit Hohlräumen durch *Einfüllen von trockenem Sand* erreichen. Es ist jedoch darauf zu achten, dass diese Hohlräume (z. B. Röhren oder rechteckige Hohlräume) horizontal verlaufen. Bei senkrecht verlaufenden Hohlräumen besteht die Gefahr, dass sich der Sand mit der Zeit zusammenrüttelt, wobei dann der obere Teil der Tür keinen Sand enthält und somit einen um einige dB geringeren Dämmwert aufweist. Bei horizontal verlaufenden Röhren besteht diese Gefahr nicht.

Der eingefüllte Sand erbringt nicht nur ein höheres Flächengewicht, sondern erhöht die Schalldämmung des Türblatts auch durch seine innere Dämpfung, das heißt dadurch, dass die einzelnen Sandkörnchen aneinander reiben und die Schallenergie in Wärmeenergie umgewandelt wird.

Bei verschiedenen Türkonstruktionen findet man *Bleibleche zum* Zwecke des Strahlenschutzes eingebaut. Man hat festgestellt, dass diese – im Innern als Teil der Mittelschicht eingebaut – schalltechnisch nur der Erhöhung des Flächengewichts dienen können. Ein bedeutender akustischer Vorteil des Bleiblechs, seine geringe Biegesteifigkeit, bleibt ungenützt. Günstiger ist deshalb das Anbringen von Bleiblech bei doppelschaligen Türblättern, was sich aus den günstigen Messergebnissen ablesen lässt (siehe Abb. 185). Will man Türen nachträglich schalltechnisch verbessern, so kann Bleiblech, verbunden mit einer Deckschicht, wegen der geringen zusätzlichen Dicke vorteilhaft verwendet werden.

8.3.2 Türblätter mit Spanten

Diese Türblätter haben ein Gerippe aus fichtenen Spanstegen oder ein Lamellengitter aus harten Holzfaserplatten, Pappe o. ä. Die beiden Deckschichten bestehen entweder aus harten Holzfaserplatten oder aus Furnierplatten. Die Türblätter verhalten sich schalltechnisch etwa wie einschalige Türblätter. Da sie wegen der Hohlräume sehr leicht und wegen der Spanten sehr biegesteif sind, können nur Schalldämmwerte von 20 dB bis 30 dB erwartet werden.

8.3.3 Türblätter in Sandwichbauart

Türblätter in Sandwichbauweise stellen im Prinzip ein zweischaliges System dar, wobei zwischen den beiden Deckschichten eine oder mehrere Schichten aus Holzspan- oder Holzfaserplatten eingebaut werden. Sind diese Schichten nur durch Klammern, Klebestreifen, Furnierstreifen, Absorberfolien o. ä. miteinander verbunden, erreicht man bessere Ergebnisse, als wenn diese vollflächig aneinandergeleimt sind. Beispiele sind in den Abb. 181 bis 183 gezeigt.

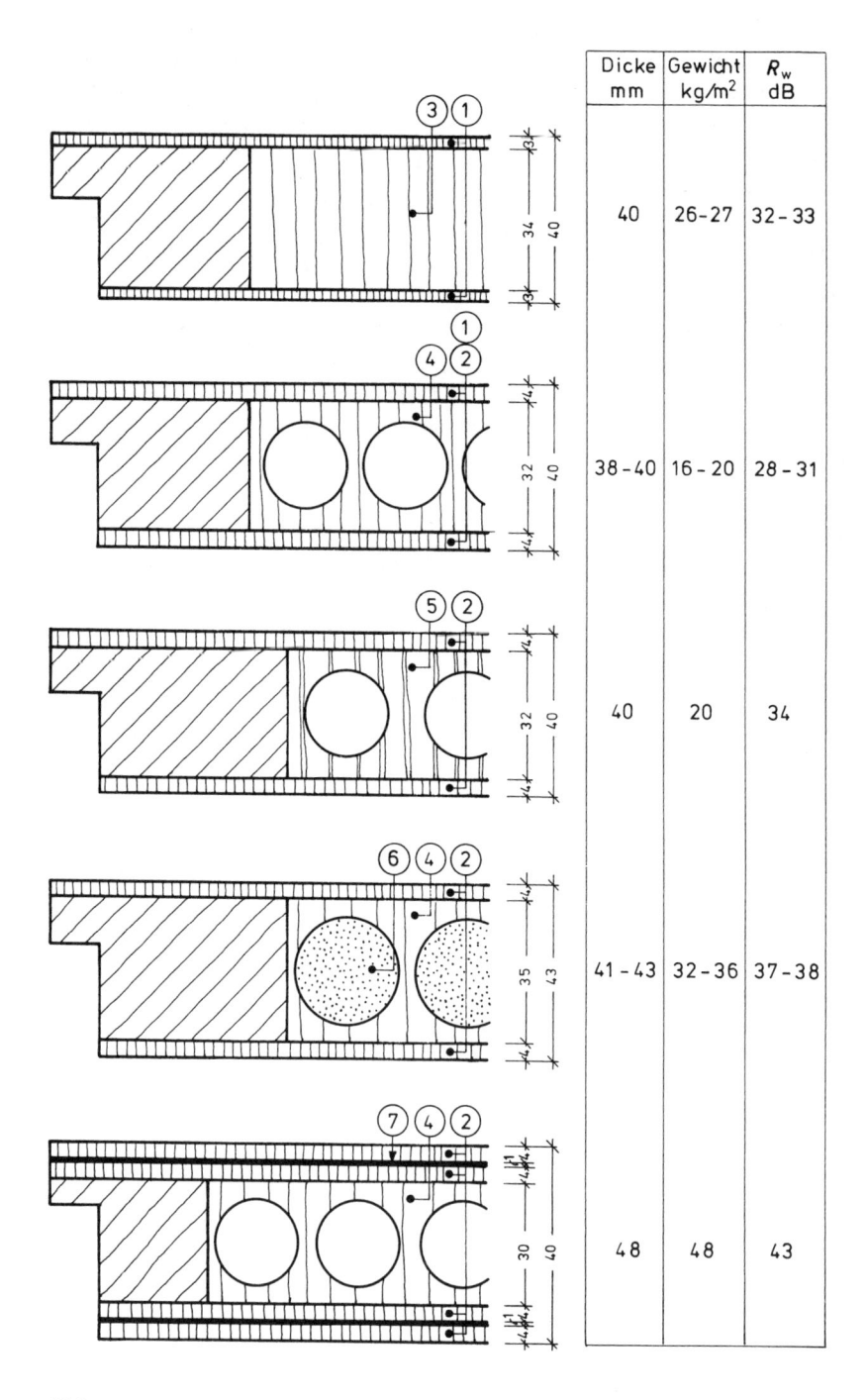

Dicke mm	Gewicht kg/m²	R_w dB
40	26–27	32–33
38–40	16–20	28–31
40	20	34
41–43	32–36	37–38
48	48	43

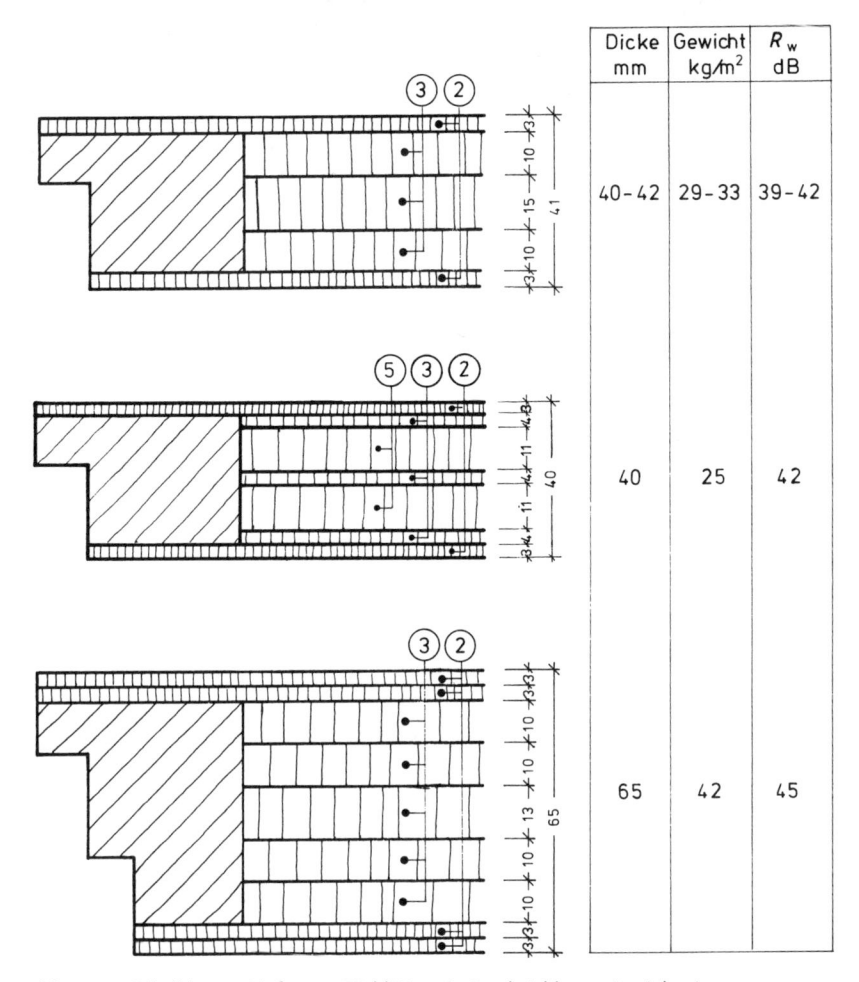

Dicke mm	Gewicht kg/m²	R_w dB
40-42	29-33	39-42
40	25	42
65	42	45

Abb. 181 – Schalldämm-Maße von Türblättern in Sandwichbauweise (oben).

1 = Furnierschicht, Furnierplatte
2 = harte Holzfaserplatte
3 = Flachpressspanplatte
4 = Röhrenspanplatte
5 = Platte aus granulierten Holzfasern
6 = Sandfüllung
7 = Bleiblech

Abb. 180 – Schalldämm-Maße einschaliger Türblätter (linke Seite).

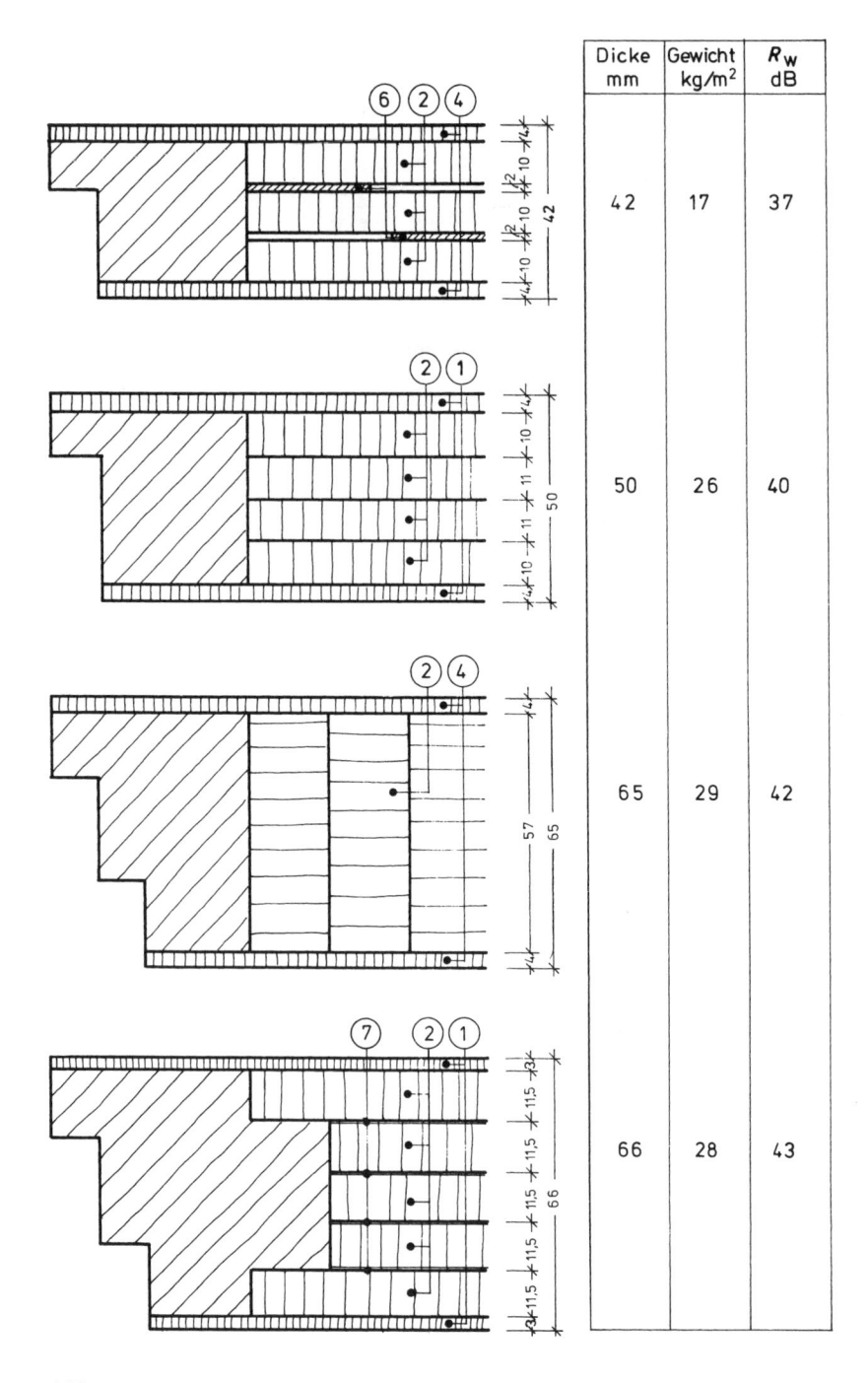

Dicke mm	Gewicht kg/m²	R_W dB
42	17	37
50	26	40
65	29	42
66	28	43

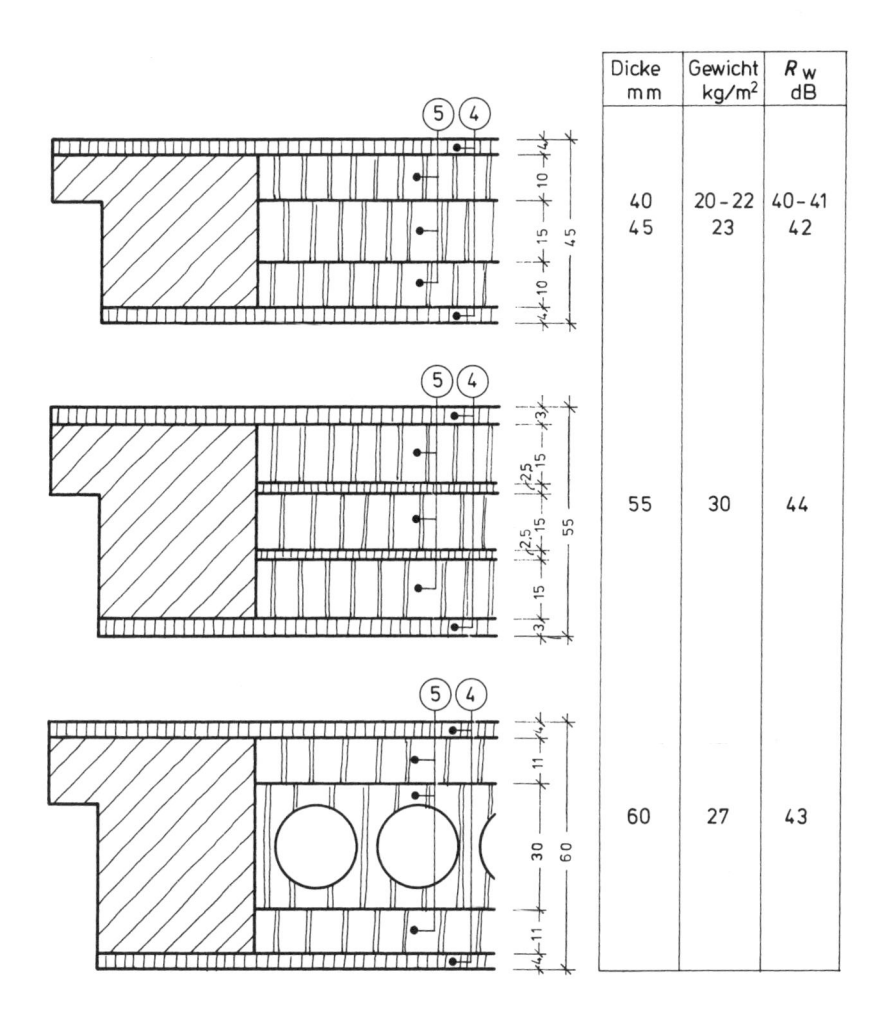

Dicke mm	Gewicht kg/m²	R_w dB
40 45	20-22 23	40-41 42
55	30	44
60	27	43

Abb. 182 und 183 – Schalldämm-Maße von Türblättern in Sandwichbauweise.

1 = Furnierschicht, Furnierplatte
2 = poröse Holzfaserplatte (Holzfaserdämmplatte)
3 = Spanplatte
4 = harte Holzfaserplatte
5 = Platte aus granulierten Holzfasern
6 = Furnierstreifen
7 = eingelegtes Natronkraftpapier

Die auf den Seiten 180 bis 183 abgebildeten Türblätter sind den Veröffentlichungen der Firmen Bongers, Danzer, Donar, Moralt, Svedex, Wirus und Waldsee entnommen.

8.3.4 Doppelschalige Türblätter

Im Interesse eines geringeren Flächengewichts der Türen können die Türblätter zweischalig ausgeführt werden. Zugleich wird jedoch für Türen auch eine möglichst geringe Dicke angestrebt. Wie schon in früheren Kapiteln beschrieben, ist bei doppelschaligen Konstruktionen der Einfluß der störenden Resonanzfrequenzen zu beachten. Im Bereich dieser Resonanzfrequenz wird die Dämmfähigkeit des Bauteils erheblich vermindert, weshalb sie möglichst außerhalb des akustisch interessierenden Bereichs zwischen 100 Hz und 3150 Hz liegen sollte. Die Resonanzfrequenz f_0 hängt vom Flächengewicht m' der Schale und vom Schalenabstand a ab. Um nun f_0 möglichst niedrig zu bekommen, versucht man, ein möglichst hohes Flächengewicht und einen möglichst großen Schalenabstand zu erreichen. Diese Maßnahmen gelten für den Schalldurchgang auf Weg 1.

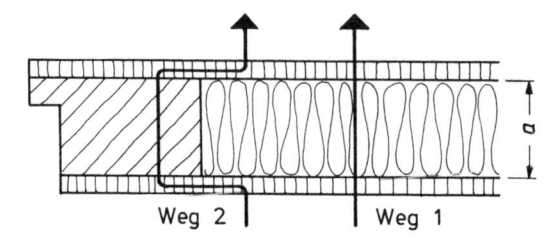

Schalltechnisch nachteilig wirkt sich auch die Verbindung der beiden Schalen – in der Regel ein Holzrahmen – aus. Diese Schallbrücke verursacht eine vermehrte Schallübertragung und damit eine Dämminderung. Versuche von K. Gösele haben ergeben, dass die Schallübertragung auf dem Weg 2 um so mehr abnimmt, je dünner und biegeweicher die beiden Schalen sind. Andererseits erreicht man durch eine Verstärkung der Schalen (um ein größeres Flächengewicht wegen f_0 zu bekommen) eine bessere Dämmung bei tiefen Frequenzen.

Diese gegensätzlichen Forderungen lassen sich wie folgt angleichen:

a) Man stellt die Schalen möglichst aus biegeweichem, aber noch ausreichend festem Material her, zum Beispiel aus 8–12 mm dicken Sperrholzplatten, 10–15 mm dicken Spanplatten oder aus harten Holzfaserplatten. Durch dickere Platten ist keine Verbesserung der Dämmung zu erreichen.

b) Man beschwert diese Schalen zusätzlich, ohne diese jedoch dadurch nennenswert biegesteifer zu machen. Mögliche Materialien für die Beschwerung an der Innnenseite der Schale sind Gummi, Bleiblech, Klötze aus Gipskartonplatten, Faserzementplatten oder schwerem Spanholz sowie Sand, schwere Bitumenpappe, Schalldämmplatten u. a.

Die aufgeklebten Klötze sollen wegen der Biegeweichheit der Platte klein, die Fugen zwischen den Klötzen schmal sein.

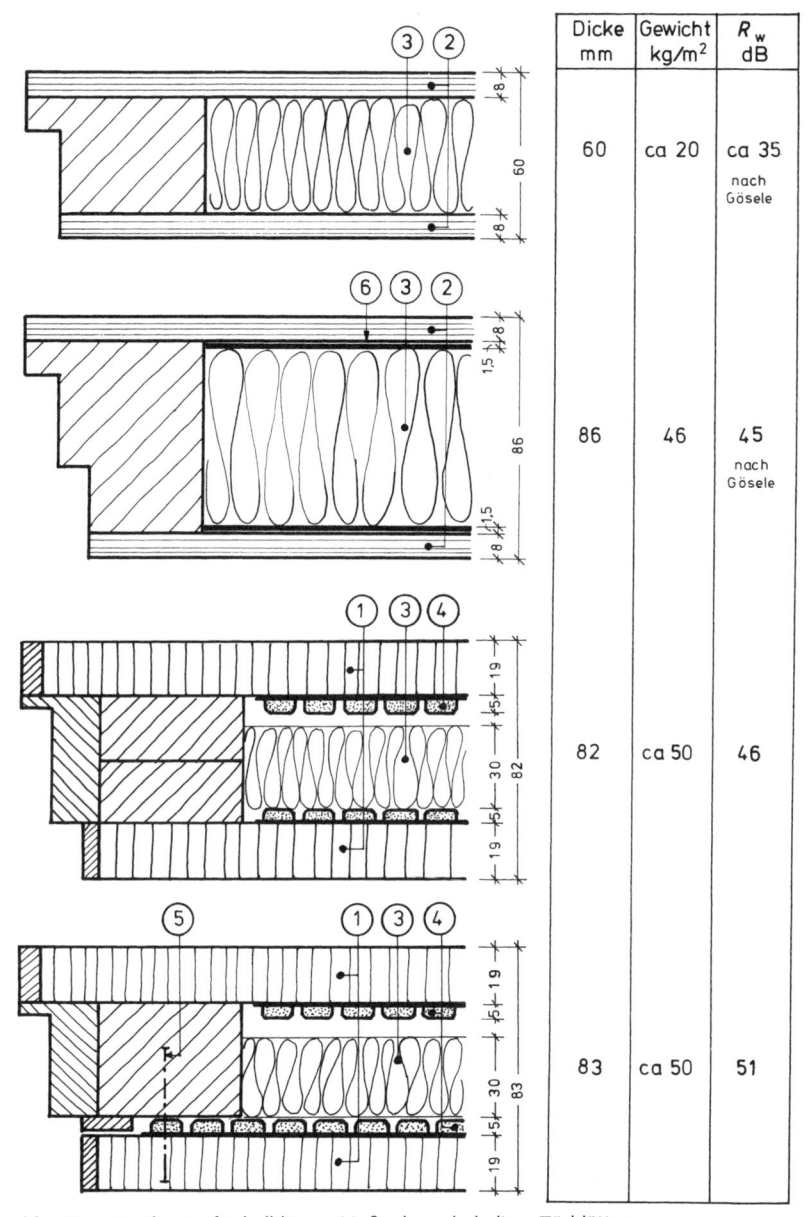

Dicke mm	Gewicht kg/m²	R_w dB
60	ca 20	ca 35 nach Gösele
86	46	45 nach Gösele
82	ca 50	46
83	ca 50	51

Abb. 185 – Mittlere Luftschalldämm-Maße doppelschaliger Türblätter
1 = Spanplatte
2 = Furnierplatte
3 = Mineralwolleplatte
4 = HAWA-PHON-Schalldämmplatte (vollflächig verklebt)
5 = Punktweise Befestigung mittels Dübel oder Schrauben, Abstand ≥ 400 mm
6 = Bleiblech

Bei Verwendung von Bleiblech zum Beschweren der Schalen muss dieses vollflächig aufgeklebt werden. Bleiblech, das lediglich an die Schalen angenagelt oder ohne Kontakt dazu eingebaut ist, bringt im Vergleich zu den aufgewendeten Kosten kaum akustische Vorteile. Das anzuklebende Bleiblech kann auch in beliebige Stücke zerschnitten werden, wobei Fugen zwischen den einzelnen Stücken bis 1 cm Größe nicht nachteilig sind. Bitumenpappen und Gummimatten werden in der Regel nur an die Schalen angeheftet, nicht angeklebt.

Der Hohlraum zwischen den Schalen ist in jedem Fall mit Mineralwolleplatten oder ähnlichen Materialien mit geringer Federsteifigkeit und hohem Strömungswiderstand auszufüllen. Dabei sollte kein loses Material verwendet werden, weil dieses im Laufe der Zeit durch Erschütterungen (z. B. infolge des häufigen Türenschließens) absackt.

Bei zweischaligen Türen sollten also
a) die Schalen möglichst schwer sein, damit ein höherer Dämmwert erreicht wird,
b) die Schalen möglichst biegeweich sein, damit die Grenzfrequenz f_g möglichst hoch liegt,
c) der Abstand der Schalen möglichst groß sein, damit die Resonanzfrequenz f_0 möglichst niedrig wird.

Einige Beispiele von doppelschaligen Türblättern zeigt Abb. 185.

8.3.5 Stahlblechtüren

Stahlblechtüren haben, da sie auch zweischalig aufgebaut sind, einen sehr hohen Schalldämmwert (bis 50 dB). Dieses gute Ergebnis wird erreicht, weil Stahlblech ein relativ hohes Flächengewicht und dabei eine geringere Biegesteifigkeit aufweist. Die fehlende innere Dämpfung des Stahlblechs kann durch Aufbringen eines Antidröhnbelags und durch Ausfüllen des Hohlraums zwischen den Schalen mit Mineralwolle ausgeglichen werden.

8.4 Dichtungen an der Tür

Türen mit zusätzlicher Falzdichtung erbringen höhere Dämmwerte als Türen ohne Dichtung. Die Forderung lautet also: Bei schalldämmenden Türen müssen alle Fugen rings um das Türblatt abgedichtet werden. Da sich Türen mit beidseitig unterschiedlichem Klima leicht verformen können, müssen Dichtungen gewählt werden, die eine Abdichtung auch bei Verformung der Türblätter gewährleisten.

8.4.1 Abdichtung der Türfalze

Für die Abdichtung der Türfalze stehen eine ganze Reihe von Dichtungsmaterialien zur Verfügung, z. B.:
a) Moosgummi mit rechteckigen oder profilierten Querschnitten. Moosgummi ist hochelastisch und anschmiegsam, erfordert jedoch eine erhöhte Anpresskraft.
b) Hohlgummi mit runden oder profilierten Querschnitten, die als Schläuche in Nuten am Falz eingedrückt werden.
c) PVC- und Gummihohlprofile, die mittels gerippter Stege in einer Nut am Falz befestigt werden.
d) PVC- und Gummilippendichtungen. Auch sie werden durch gerippte Stege im Falz gehalten.
e) PVC- und Gummiprofile in Leichtmetallschienen zum Anschrauben.
f) Magnetbanddichtungen.

Das Dichtungsmaterial muss alterungsbeständig, weichfedernd und leicht auswechselbar sein.

Die Falzdichtungen können als Einfach- oder als Doppeldichtung in den Falz des Türfutters, in den Türfalz oder, bei Doppeldichtung, in beide eingebaut werden (s. Abb. 188 und 189). Es ist darauf zu achten, dass die Dichtungen auf gleicher Ebene liegen, um einen dichten Luftabschluss zu erreichen. Schwierigkeiten bereitet hier vor allem der Übergang zur Schwellendichtung. Für eine optimale Abdichtung der Falze ist ein erhöhter Anpressdruck notwendig. Er lässt sich bei besonders gut schalldämmenden Türen durch die Verwendung eines Keiltreiberschlosses oder einer Keilfalle erreichen. Dabei wird durch das Drehen des Türdrückers um etwa 90° nach oben die Tür um einige mm angezogen.

Eine weitere Möglichkeit, den Schalldurchgang über die Türfalze zu vermindern, bilden sogenannte Schallschluckkammern. Diese können im Falz sehr dicker Türen angeordnet werden. Hier wird ein an den Falz angrenzender Hohlraum mit Mineralwolle gefüllt und mit einem gelochten Blech oder einer gelochten Hartfaserplatte abgedeckt. Die in den Hohlraum eindringende Schallenergie wird in dieser Schallschluckkammer durch Umwandlung in Wärmeenergie teilweise vernichtet. Solche Schallschluckkammern können auch an der Türunterkante oder – bei Doppeltüren – im dazwischenliegenden Türfutter untergebracht werden (s. Abb. 191).

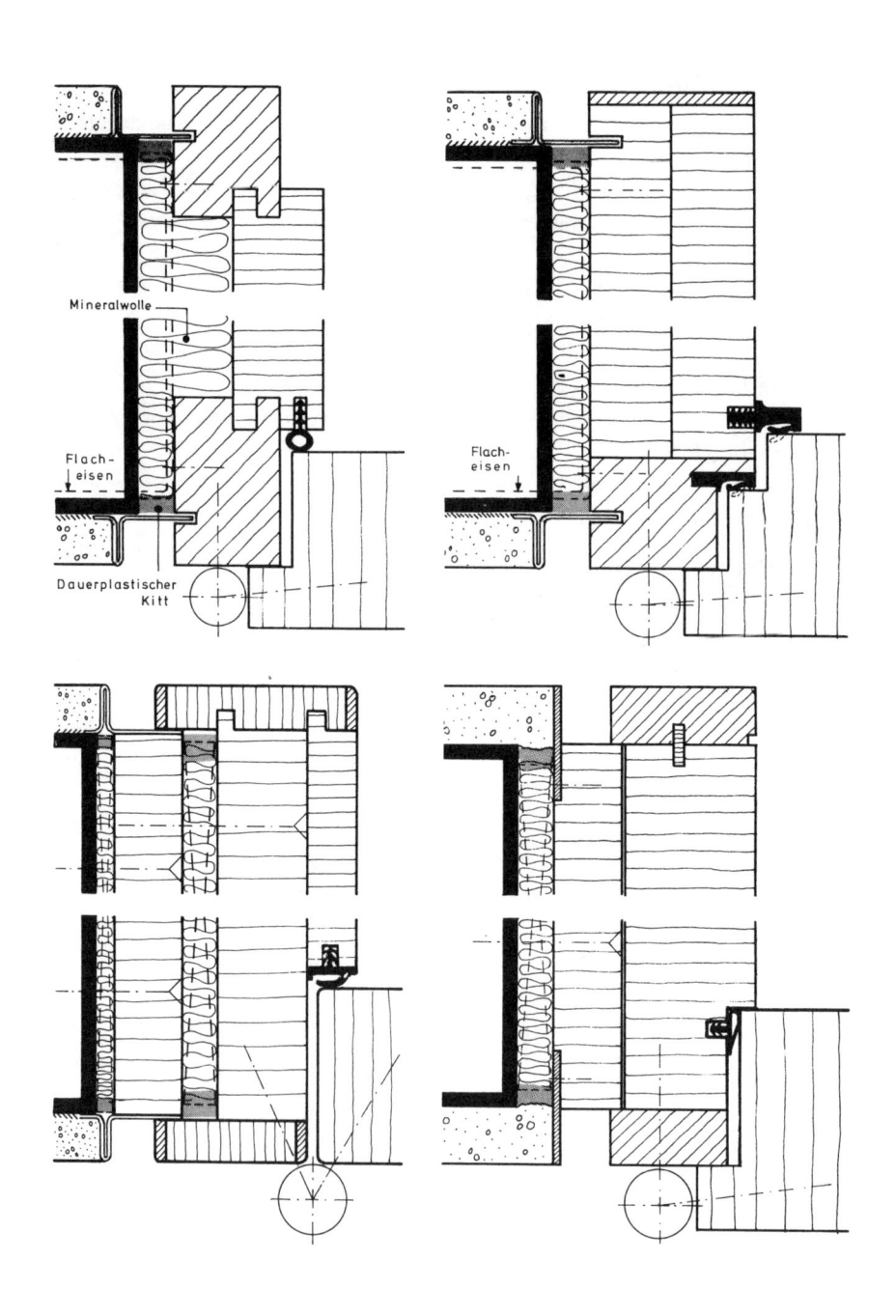

Abb. 188 und 189 – Beispiele für Falzdichtungen bei Holztüren.

Compri-Band

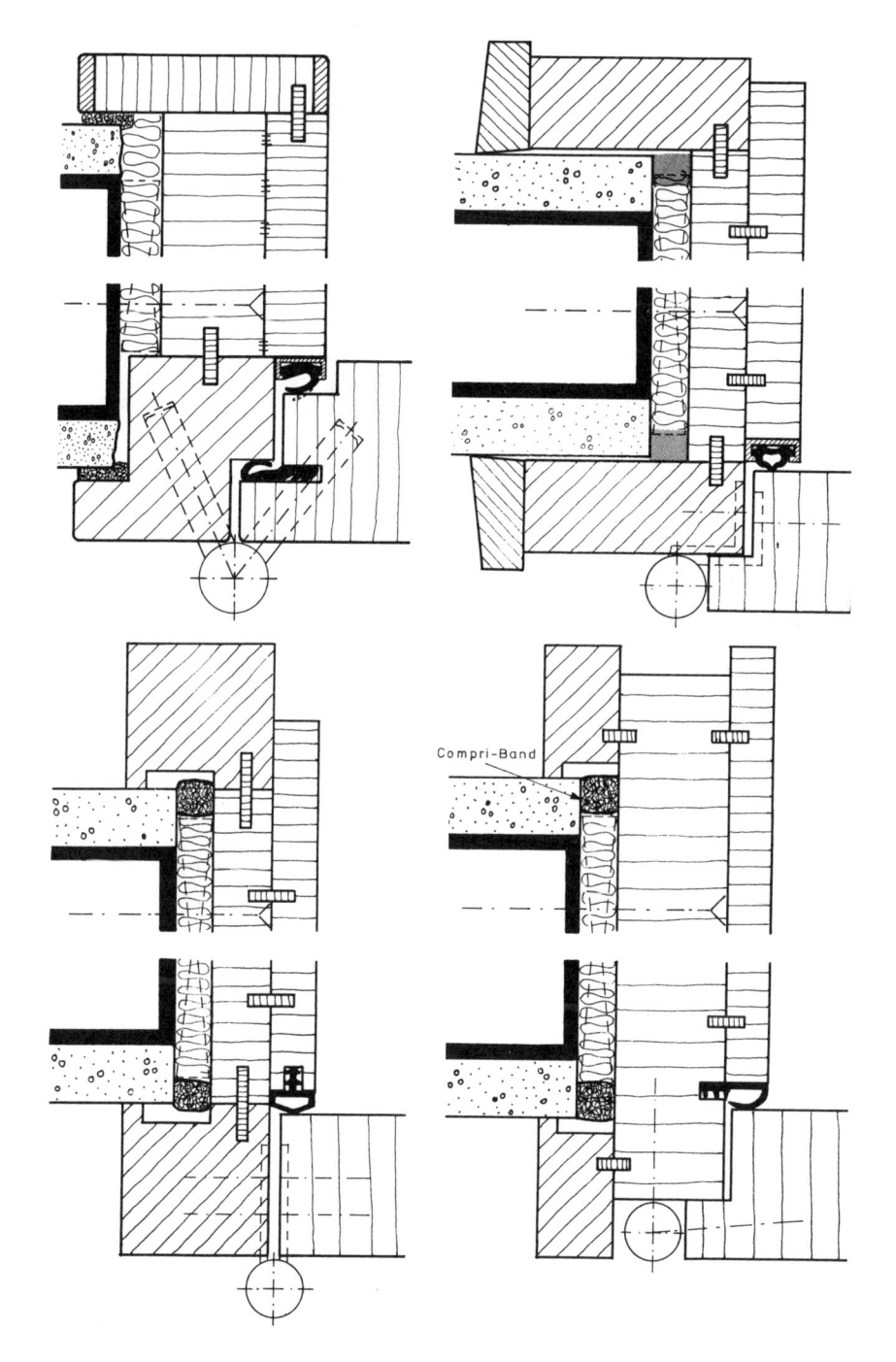

Beispiele für Falzdichtungen bei Stahltüren

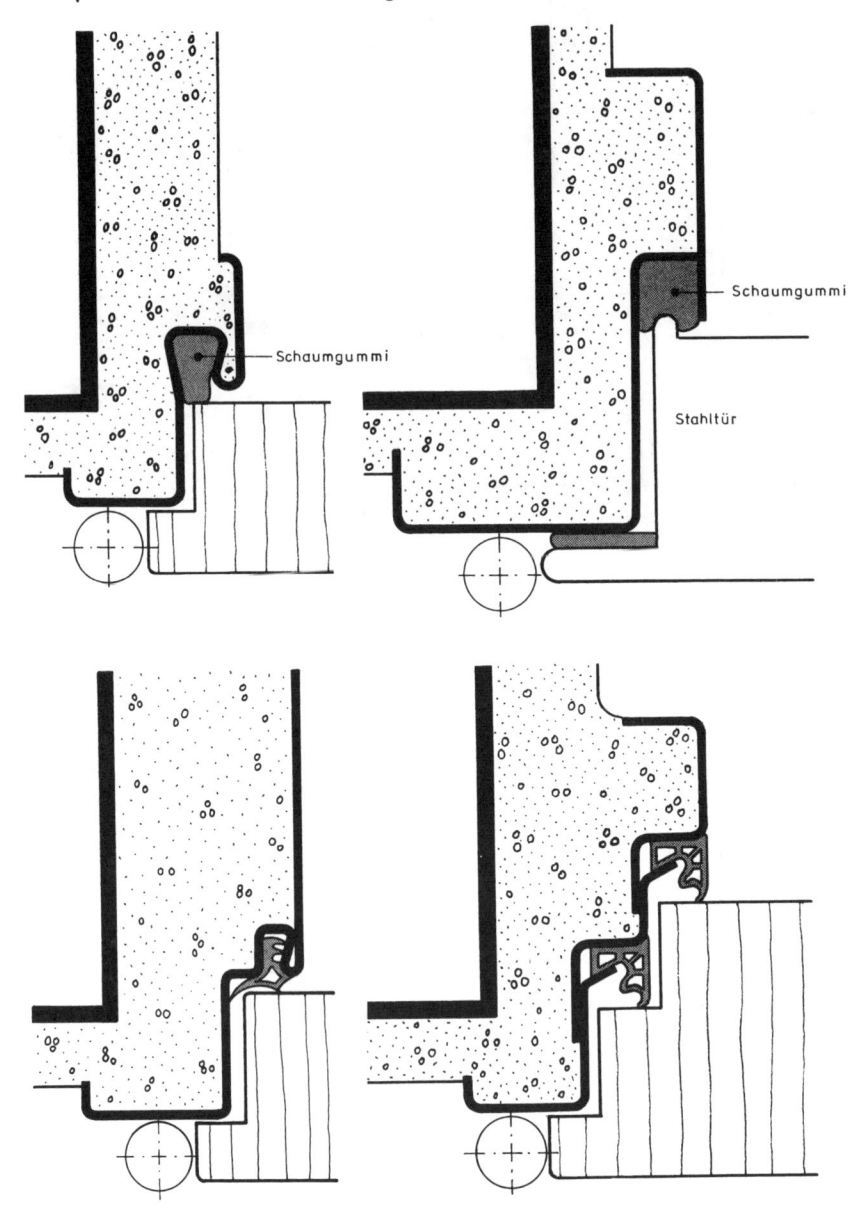

Abb. 190 – Beispiele für Falzdichtungen bei Stahlzargen.

im Falz

an der Türunterkante

im Türfutter bei Doppeltüren

Abb. 181: Beispiele für die Anordnung einer Schallschluckkammer.

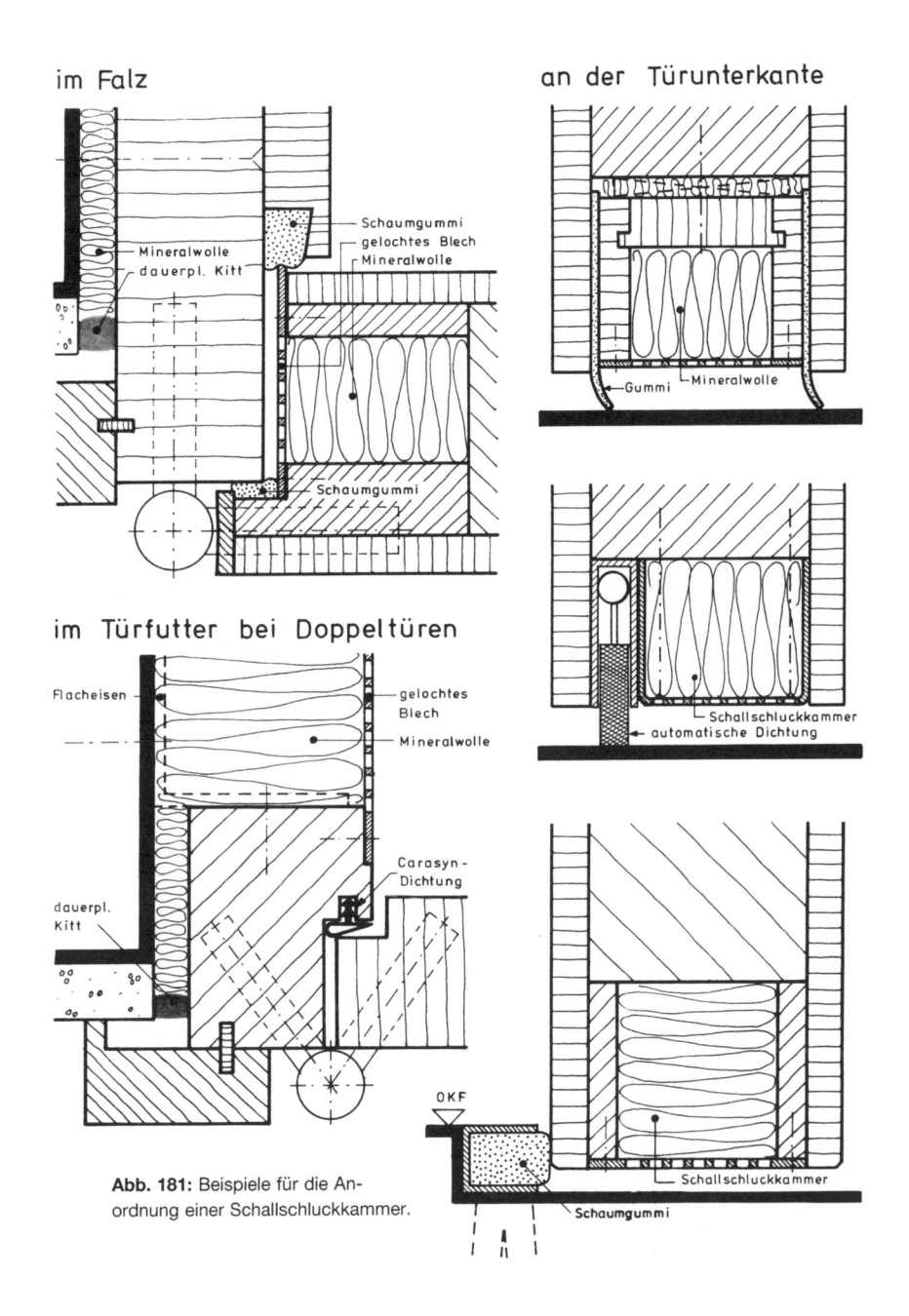

Abb. 191 – Beispiele für die Anordnung einer Schallschluckkammer.

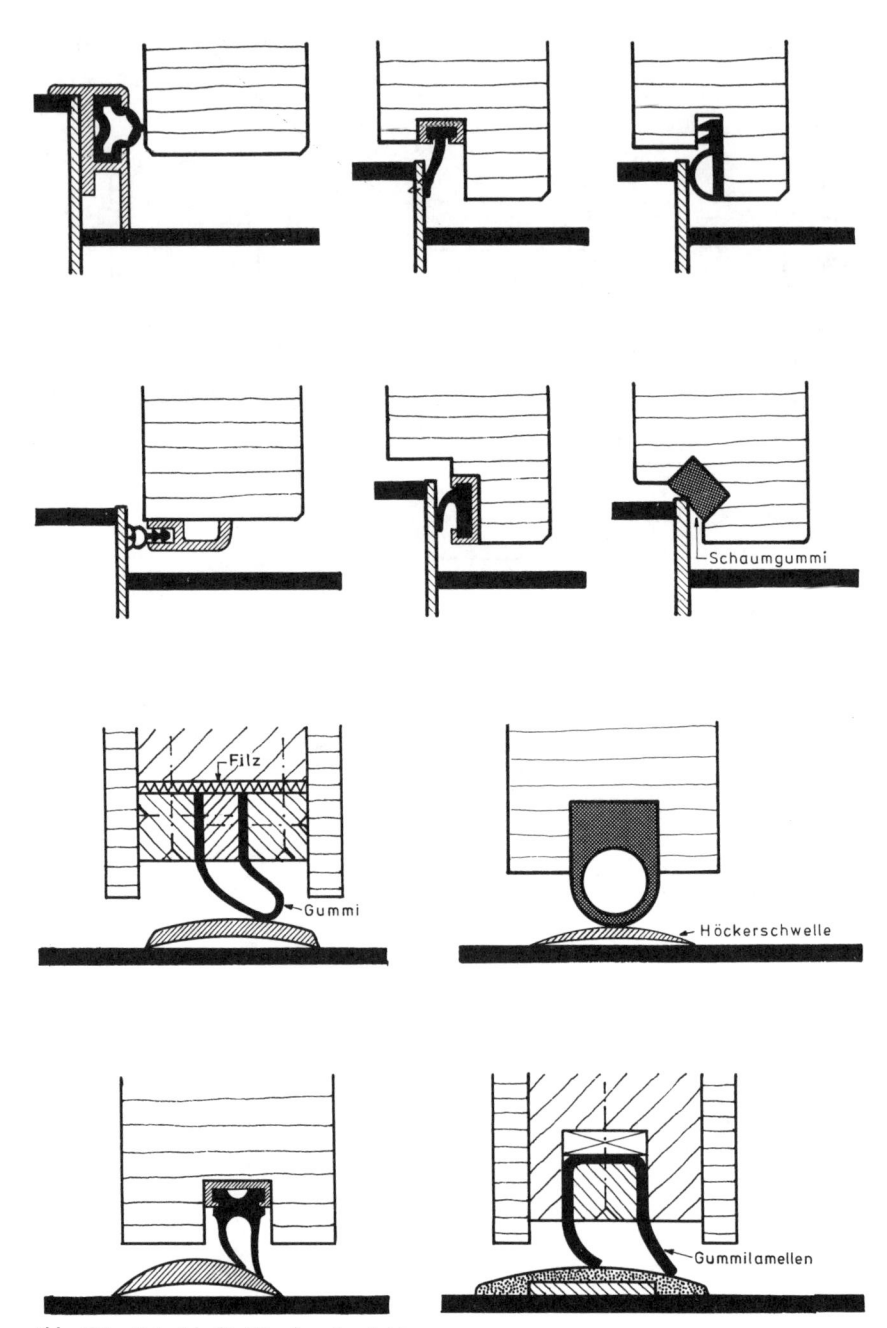

Abb. 192 – Beispiele für Türschwellendichtungen.

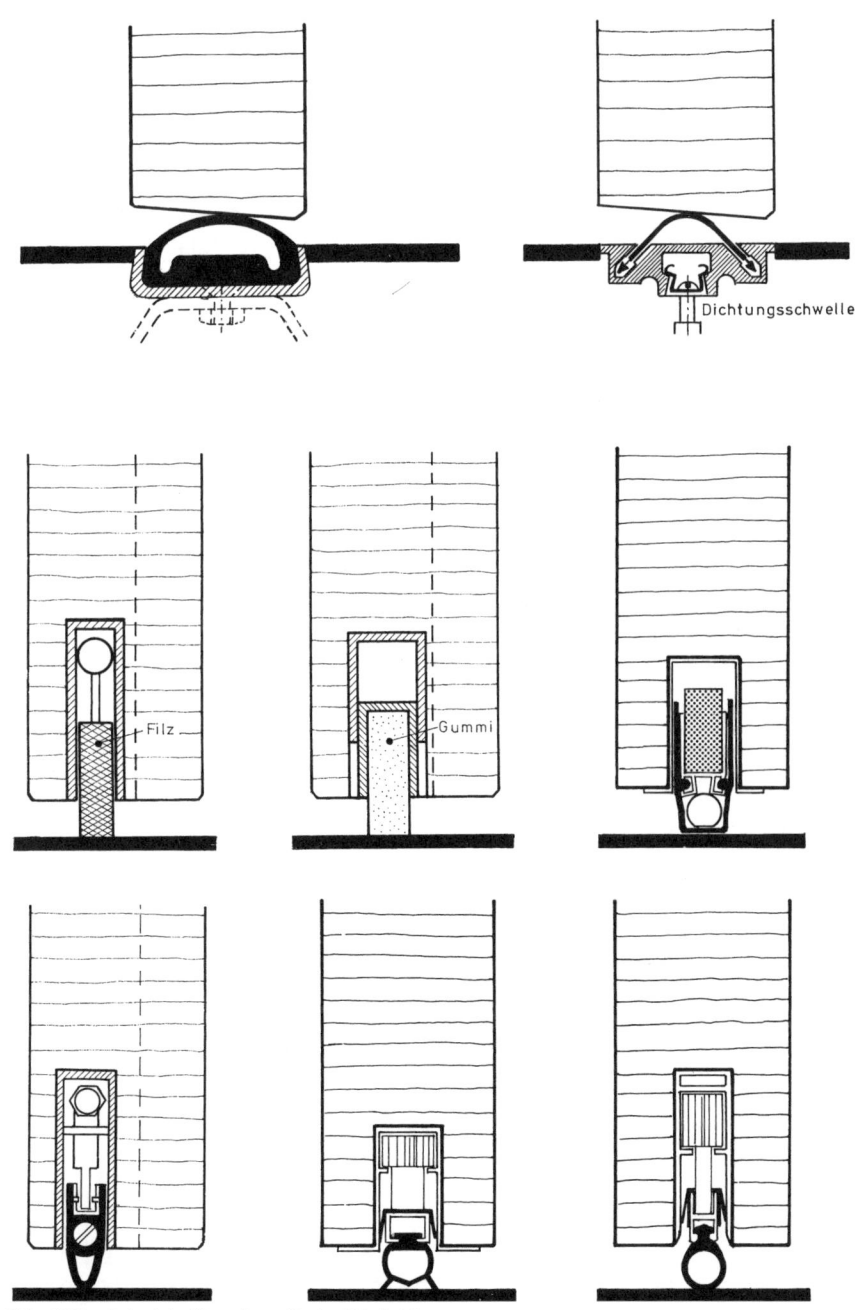

Abb. 193 – Beispiele für automatische Türdichtungen.

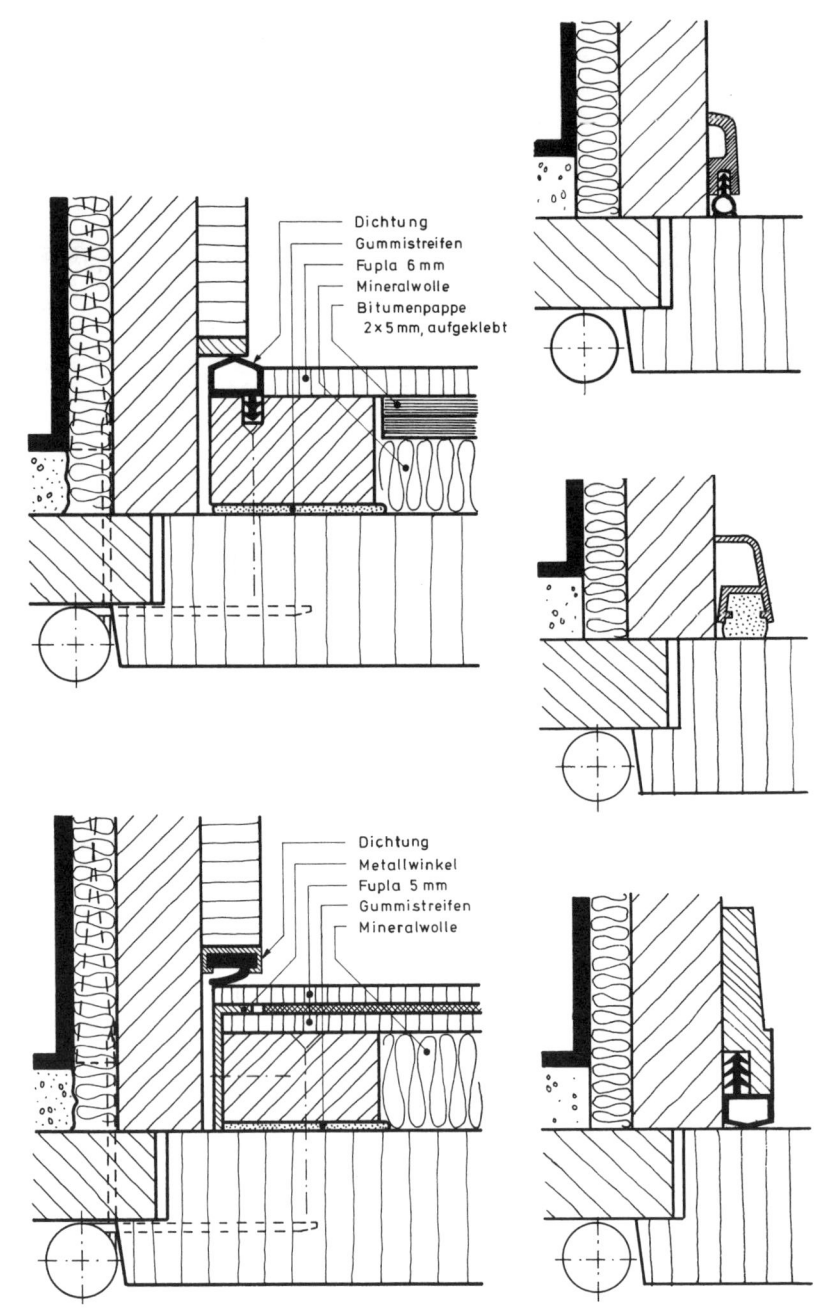

Abb. 194 – Beispiele für nachträgliche schalldämmende Maßnahmen bei Türen.

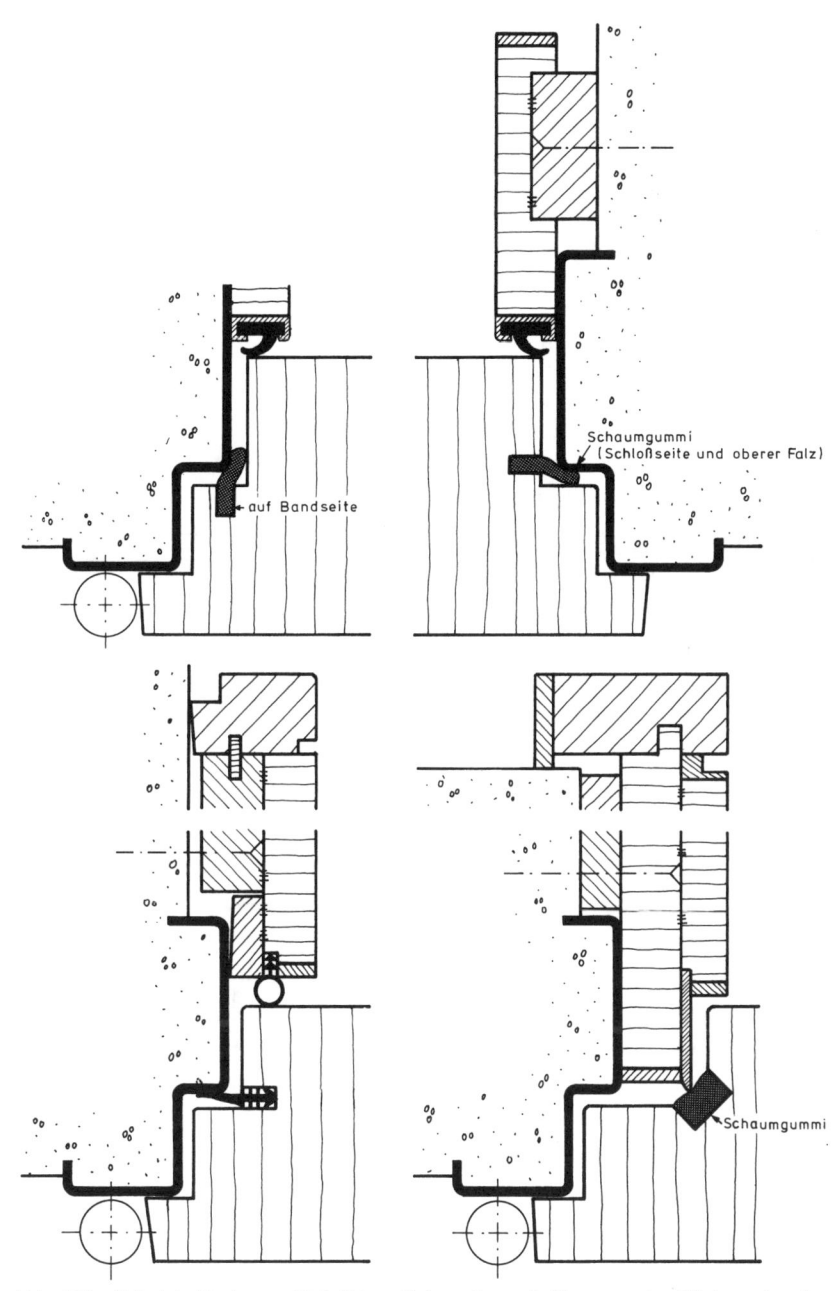

Abb. 195 – Beispiele für den nachträglichen Einbau einer schallhemmenden Tür in vorhandene Stahlzarge.

195

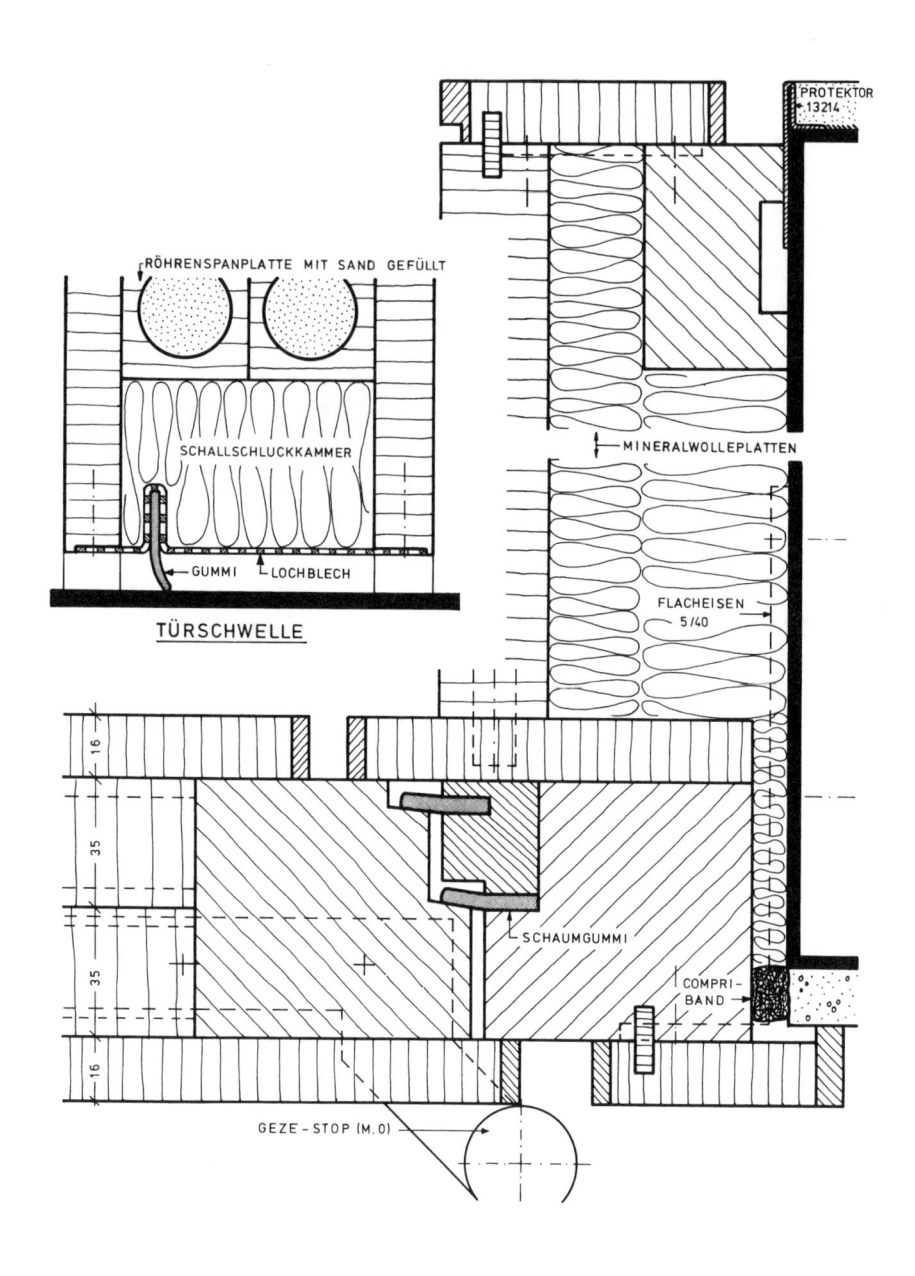

Abb. 196 – Schwere schalldämmende Tür.

8.4.2 Abdichtung der Bodenfuge
Für die Gestaltung der Fuge zwischen Türunterkante und Fußboden gibt es drei grundsätzliche Lösungen:

1. Türschwellenanschlag
Hier kann der Niveauunterschied der Fußböden in beiden Räumen 1–3 cm betragen, das heißt, die Tür bekommt einen Anschlag auch an ihrer Unterkante. Die Dichtungsmöglichkeiten sind ähnlich wie die in den seitlichen Falzen (s. Abb. 192).

2. Höckerschwelle
Der Fußboden verläuft in beiden Räumen auf gleicher Höhe. Unterhalb der Türkante wird lediglich eine leicht gerundete Schwelle aus Leichtmetall oder Hart-PVC auf den Boden aufgeschraubt, aufgeklebt oder bei der Verlegung des Fußbodens eingebaut. Auf diese Höckerschwelle läuft nun beim Schließen der Tür eine an der Türunterkante angebrachte Lippen- oder Lamellendichtung aus Gummi oder eine als Hohlprofil ausgebildete Dichtung auf und bewirkt einen verminderten Schalldurchgang (s. Abb. 192).

Das Dichtungsprofil kann auch in die Höckerschwelle eingebaut sein, auf das die Türkante aufläuft (s. Abb. 193).

3. Automatische Absenkdichtung
Automatische Dichtungen werden dort eingesetzt, wo der Fußboden auf gleicher Ebene ohne Erhöhung durchlaufen soll. Bei diesen Dichtungen wird beim Schließvorgang auf der Band- oder Schloßseite die Automatik ausgelöst, wobei sich der Dichtungsstreifen aus Gummi, Filz oder Weich-PVC bis zum Fußboden senkt. Auf ebenen glatten Böden können Lippendichtungen, auf Teppichböden Dichtungsschienen verwendet werden (s. Abb. 193).

8.4.3 Abdichtung am Wandanschluß
Eine Dichtung zwischen Türfutter und Mauerlaibung ist notwendig, weil der hier vorhandene Hohlraum eine direkte Schallübertragung von einem Raum in den andern ermöglicht. Dieser Hohlraum ist mit Mineralwolle gut auszustopfen und auf beiden Seiten mit dauerelastischem Kitt oder mit fest eingepresstem Compriband (= bitumengetränktes Schaumgummiband) abzudichten (s. Abb. 188). Dasselbe gilt für Stahlhohlraumzargen in versetzbaren Trennwänden.

Stahlumfassungszargen müssen voll hintergossen werden und satt im Mauerwerk sitzen. Auf eine zusätzliche Abdichtung kann deshalb hier verzichtet werden.

Bei höheren Anforderungen an die Schalldämmung muss auch in die Zarge zusätzliche Masse durch Einkleben von Gipskartonplattenstreifen, Schwerfolien, Schalldämmplatten o. ä. eingebracht werden.

Öffnungen im Türblatt sind ebenfalls zu vermeiden, da kleine Öffnungen verhältnismäßig viel Schallenergie hindurchlassen und auf der Gegenseite wie neue Schallquellen wirken. Deshalb sind Schlösser mit Schließzylindern zu verwenden.

Zusammenfassend kann gesagt werden, dass eine eingebaute betriebsfertige Tür (Türblatt einschließlich Zarge bzw. Futter und Dichtungen) ein um etwa 5–7 dB geringeres Schalldämm-Maß erreicht wie das Türblatt selbst.

Bei hohen Dämmwerten der Türblätter ist die Abminderung größer als bei Türblättern mit geringeren Schalldämm-Maßen. Diese Verminderung hängt hauptsächlich von den Undichtigkeiten der Falz- und Schwellendichtungen sowie von der Schallübertragung über die Zarge ab.

9 Schallschutz durch Schallschluckung (Absorption)

Befindet sich in einem Raum eine Schallquelle, so kann die Ausbreitung des Lärms in Zonen außerhalb dieses Raumes dadurch verhindert werden, dass die raumumschließenden Bauteile (Wände, Decken, Fenster usw.) schalldämmend ausgebildet werden. Die Schalldämmung hat dabei jedoch keinen Einfluss auf den Lärm im Raum, in dem sich die Geräuschquelle befindet. Will man den Schallpegel in diesem Raum verringern, um den Aufenthalt darin erträglicher zu machen, so muss man schallschluckende Maßnahmen treffen, die ihrerseits ebenfalls nur geringe Auswirkungen auf die Ausbreitung des Lärms auf angrenzende Räume haben.

Die Schall*absorption* oder Schall*schluckung* (oft auch als Schalldämpfung bezeichnet) befaßt sich also immer mit Luftschallvorgängen innerhalb des »lauten« Raumes, während mit Schall*dämmung* der Widerstand eines Bauteils gegen den Schalldurchgang in angrenzende Räume oder nach außen gemeint ist.

Unter Schallabsorption versteht man den Verlust an Schallenergie bei der Reflexion an den Begrenzungsflächen eines Raumes oder an Gegenständen oder Personen in einem Raum.

Werden Schallwellen in einem Raum absorbiert, hat dies drei wichtige Wirkungen:
a) Die Halligkeit des Raumes nimmt ab,
b) Der Schallpegel in diesem Raum wird niedriger,
c) Die Verständlichkeit der Sprache wird in der Regel erhöht.

9.1 Physikalische Vorgänge bei der Schallabsorption

Beim Auftreffen von Luftschallwellen auf die Oberfläche eines festen Körpers wird ein Teil der Schallenergie in den Raum zurückgeworfen, das heißt reflektiert (s. A in Abb. 199). Handelt es sich bei diesem Körper um ein plattenförmiges Gebilde, so wird dieses durch die auftreffenden Luftschallwellen in Schwingung versetzt. Die angeregte Platte wird ihrerseits wieder zur Schallquelle. Sie leitet die Schallenergie entweder als Körperschall weiter (B) oder strahlt die auf der einen Seite aufgenommene Luftschallenergie auf der anderen Seite als Luftschall wieder ab (C). Ein weiterer Teil der auftreffenden Luftschallwellen wird im Körper in Wärme umgewandelt, das heißt verschluckt oder absorbiert (D).

Die Schallwellen, die eine Lärmquelle (z. B. eine laufende Maschine) in einen Raum mit schallharten Begrenzungsflächen abstrahlt, werden von den Wänden, von Decke und Fußböden reflektiert, und zwar so oft, bis ihre Schallenergie aufgebraucht ist. Jede Reflexion bedeutet aber eine Erhöhung des Lärmpegels im Raum. Der Direktschall, den die Maschine abstrahlt, wird also noch von einem häufig viel stärkeren diffusen Schallfeld überlagert und damit erheblich verstärkt (s. Abb. 200). Die Erhöhung des Schallpegels lässt sich eindrucksvoll demonstrieren, wenn man einen lauten Motor in einem leeren, geschlossenen Raum laufen lässt. Der Lärm ist um ein Mehrfaches größer, als wenn der gleiche Motor im Freien arbeitet, wo der Widerhall wegfällt.

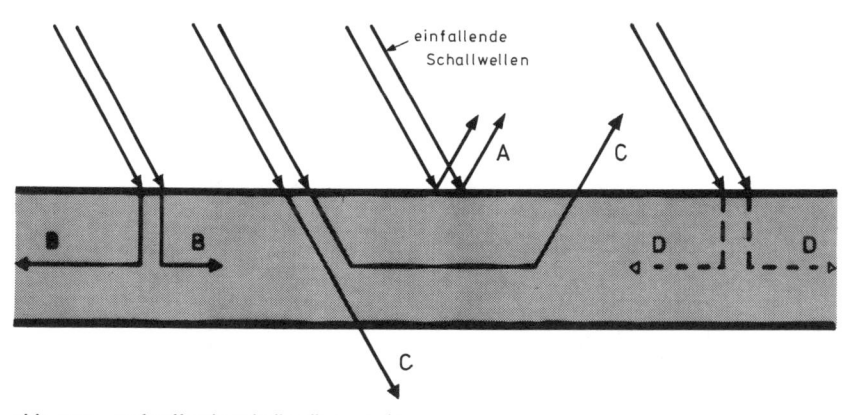

Abb. 199 – Auftreffende Schallwellen werden
A = reflektiert,
B = als Körperschall weitergeleitet,
C = als Luftschall abgestrahlt
D = in Wärme umgewandelt.

Um nun den verstärkten Lärmpegel in einem Raum zu senken, kann man zunächst versuchen, die Lärmquelle zu verkleinern oder einzukapseln. Meistens ist das aber nicht möglich, und deshalb sollte man wenigstens den durch Reflexion an den Raumbegrenzungsflächen hinzukommenden Anteil des Lärms möglichst klein halten. Dies kann dadurch geschehen, dass die schallharten und damit stark reflektierenden Flächen mit einem schallschluckenden Material verkleidet werden.

Der zu absorbierende Schallanteil im akustisch interessierenden Bereich enthält jedoch Töne mit unterschiedlicher Frequenz f und Wellenlänge λ, z. B.:

tiefe Töne   mit f = 100–400 Hz (λ = 3,40–0,85 m),
mittlere Töne   mit f = 400–800 Hz (λ = 0,85–0,43 m),
hohe Töne   mit f = 800–6400 Hz (λ = 0,43–0,005 m).

9.2 Arten von Schallabsorbern

Es gibt zwei grundsätzlich verschiedene Konstruktionsmöglichkeiten zur Verringerung dieses Schalls, die auch kombiniert angewendet werden können: poröse Absorber und Resonanzabsorber. Dabei wird die auftreffende Schallenergie in andere Energieformen umgewandelt, und zwar in Wärme und Bewegungsenergie.

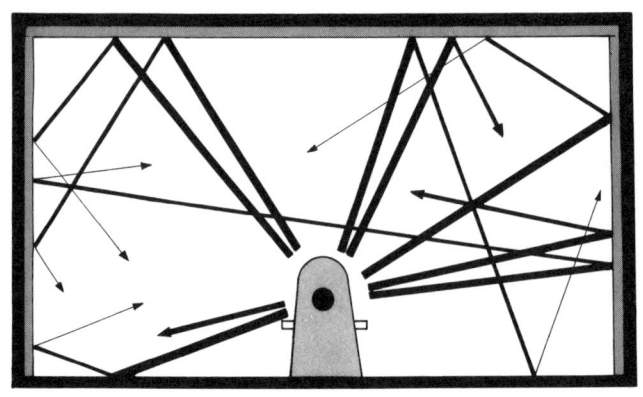

Abb. 200 – Schematische Darstellung der Reflexion und Absorption von Luftschallwellen in einem Raum.

9.2.1 Poröse Absorber

Bei porösem Schallschluckmaterial dringt die auftreffende Schallwelle in nach außen offene Poren und Kanäle ein, wobei die mit hoher Frequenz schwingenden Luftmoleküle eine Reibung an den Porenwandungen erfahren. Ein großer Teil der Schwingungsenergie wird dabei in Wärmeenergie umgesetzt. Durch einen akustisch günstigen Strömungswiderstand des Schallschluckmaterials werden die in der Schallwelle schwingenden Luftteilchen gebremst, ohne dass es zu einer Reflexion der betreffenden Welle kommt.

Poröse Schallschlucker sind leichte Materialien mit rauher, offenporiger Oberfläche: Mineralfaserplatten, Glasfaserplatten, poröse Holzfaserplatten, Moltoprenstoffe u. ä. Sie werden direkt auf der Wand- oder Deckenfläche befestigt. Diese Materialien absorbieren vor allem hohe Töne.

Ist die Oberfläche der Schallschluckschicht empfindlich oder optisch wenig ansprechend, kann sie auch mit gelochten oder geschlitzten Platten oder Blechen oder mit schalldurchlässigen Folien abgedeckt werden. Voraussetzung für eine ausreichende Absorption hoher Töne ist der Lochanteil von mindestens 15 % Plattenfläche. (Beispiele für poröse Absorber s. Abb. 203.)

Die Absorption steigt bei den porösen Schallschluckern
- mit der Frequenzhöhe,
- mit der Materialdicke (s. Abb. 201),
- durch Nuten oder Löcher in der Oberfläche (z. B. Akustikplatten aus Mineralwolle oder Holzfasern, s. Abb. 202/1),
- wenn die Materialien bei der Verlegung nicht aneinandergestoßen, sondern mit Fugen verlegt werden.

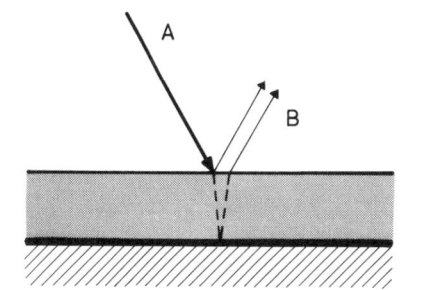

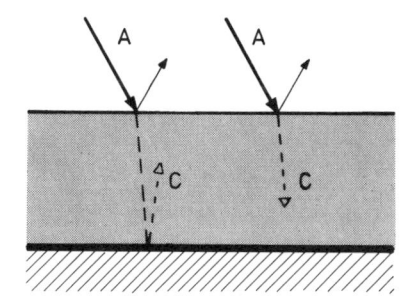

Abb. 201 – Bei zu geringer poröser Schichtdicke wird ein Teil der einfallenden Schallwellen (A) vom Untergrund wieder reflektiert (B). Die Dicke muss mindestens 10–15mm betragen, damit sie wirksam wird. Dickere Materialien erreichen eine höhere Absorption (C). Sie begünstigen auch die Absorption tieferer Töne.

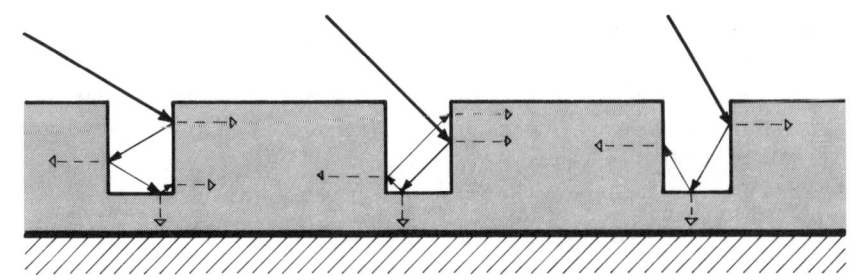

Abb. 202/1 – Genutete oder gelochte Platten haben eine größere poröse Oberfläche, die eine höhere Schallschluckung bewirkt.

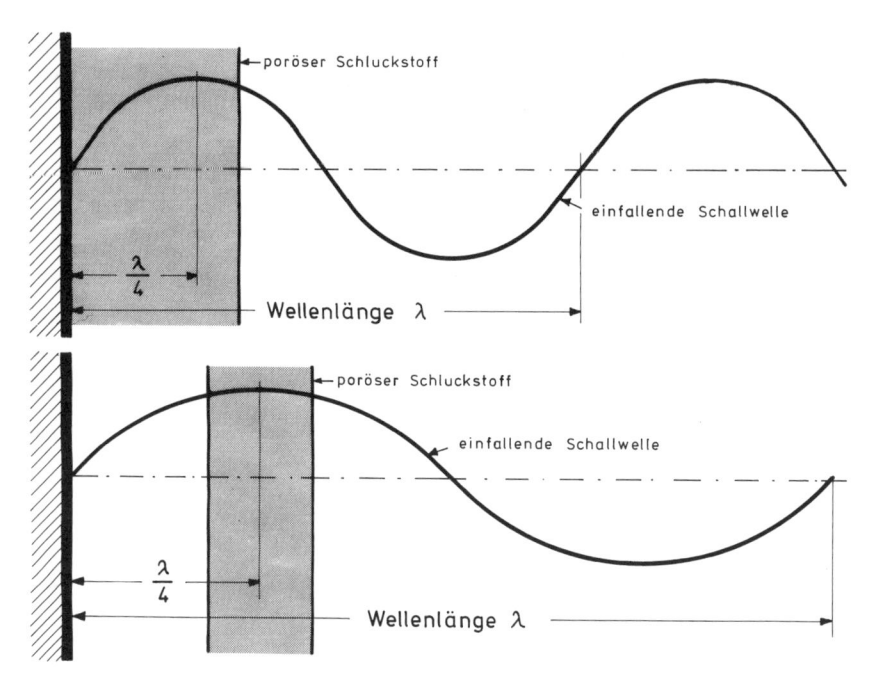

Abb. 202/2 – Die volle Schluckleistung eines Materials wird dann erreicht, wenn die Schichtdicke wenigstens ein Viertel der einfallenden Schallwellenlänge beträgt oder wenn die Schluckschicht im Schwellenmaximum der Schallwelle liegt. Dem entspricht der Abstand $\lambda/4$ der Wellenlänge vor der reflektierenden Wand.

Absorber für hohe Töne

— Mineralfaserplatten

— Poröse Holzfaserplatten

— Lochbleche vor Mineralfaser

Absorber für tiefe Töne

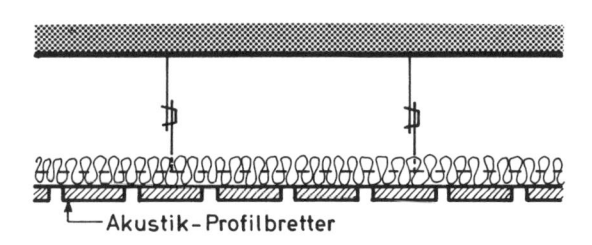

— Dünne Gipskartonplatten

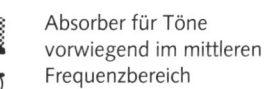

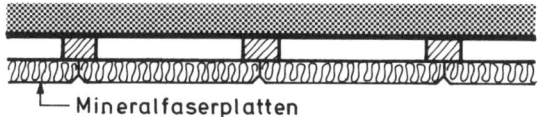

— Akustik-Profilbretter

Absorber für Töne vorwiegend im mittleren Frequenzbereich

— Mineralfaserplatten

— Gipskassettenplatten

Abb. 203 – Beispiele verschiedener Absorberarten.

9.2.2 Resonanzabsorber

Die zweite Möglichkeit zur Umwandlung von Schallenergie bietet der sogenannte Resonanzabsorber (oder Resonanzschallschlucker). Er besteht aus einer dünnen Sperrholz-, Spanholz-, Gipskartonplatte o. ä., die mit Abstand von der Wand oder Decke so befestigt wird, dass sie frei schwingen kann. Zusammen mit dem dahinterliegenden Luftpolster bildet sie ein Masse-Feder-System. Dieses wird durch die einfallenden Schallwellen in Schwingung versetzt, wobei sich ein Teil der Schallenergie in Bewegungsenergie der Platte umwandelt. Mit diesen Konstruktionen werden in der Hauptsache tiefe Töne absorbiert (s. Abb. 203).

Wie im Kapitel 4.2.2.4 erwähnt, weist jedes Schwingungssystem eine Eigenfrequenz auf, die vom Flächengewicht der Platte und von der Dicke des dahinterliegenden Luftpolsters abhängt. Im Bereich dieser Resonanzfrequenz ist eine gute Schallabsorption festzustellen, da dem Schall in dieser Frequenzhöhe zur Erregung der Schwingungen am meisten Energie entzogen wird. (Zum Vergleich sei nochmals darauf hingewiesen, dass im Gegensatz dazu die Schalldämmung eines Bauteils im Bereich der Resonanzfrequenz sehr gering ist.)

Absorber im Mitteltonbereich

Sie absorbieren als Optimum den Schall vor allem im mittleren Tonbereich und bilden in der Regel eine Kombination von Resonanz- und porösen Schallschluckern. Dabei werden poröse Schallschlucker mit Abstand von der Wand oder Decke angebracht. Die Abdeckung aus Blech, Gipskartonplatten, Gipskörpern, Holzfaserplatten oder Sperrholzplatten ist gelocht oder geschlitzt. Ist der Lochanteil groß genug, tritt nur eine geringe Minderung im hohen Absorptionsbereich ein (s. Abb. 203).

9.3 Schallabsorptionsgrad

Die Schallabsorptionsfähigkeit eines Stoffes oder einer Konstruktionsanordnung ist mit Hilfe eines Messverfahrens nach DIN 52212 zu ermitteln. Festgestellt wird dabei der *Schallschluckgrad a*. Er gibt das Verhältnis der von der absorbierenden Fläche nicht reflektierten (nicht zurückgeworfenen) Schallenergie zur auffallenden Schallenergie an.

Es bedeutet ein Schluckgrad von

    0,0 = keine Schluckung (= vollständige Reflexion),
    0,8 = 80 %ige Schluckung,
    1,0 = 100 %ige Schluckung (= keine Reflexion).

Die von einem Stoff durch Messung oder Berechnung in verschiedenen Frequenzbereichen ermittelten Schallschluckwerte werden in einer Schallabsorptionskurve dargestellt.

Abb. 205 zeigt, dass zum Beispiel eine 40 mm dicke Glasfaserplatte, direkt auf einer starren Wand befestigt, tiefe Töne (bei 100 Hz) nur zu 10 %, mittlere Töne (bei ca. 500 Hz) schon zu 65 % und hohe Töne (bei 4000 Hz) zu 95 % schluckt.

Anhand einer solchen Schallschluckkurve lässt sich also feststellen, ob sich die betreffende Konstruktionsanordnung zur Absorption hoher, mittlerer oder tiefer Töne eignet. Zu bemerken ist noch, dass in der Praxis auch Schallabsorptionswerte bis 1,2 anzutreffen sind. Solche Stoffe könnten also in einem Frequenzbereich bis zu 20 % mehr an Schall schlucken, als überhaupt auftrifft. Diese Diskrepanz zwischen Definition und Messergebnissen rührt daher, dass durch Beugungserscheinungen ein Absorber gegebenenfalls auch über seine geometrische Begrenzung hinaus wirksam sein kann und dass die angewendete Messmethode (Hallraummessung) diese Werte zulässt.

Die Schallabsorptionsfähigkeit eines Raums beeinflusst nicht nur die Höhe des Schallpegels in ihm, sondern auch die Nachhallzeit des Schalls. Unter *Nachhallzeit T* versteht man die Zeit in Sekunden, in der der Schallpegel nach Abstellen der Schallquelle um 60 dB, also auf den millionstel Teil seines Anfangswertes sinkt.

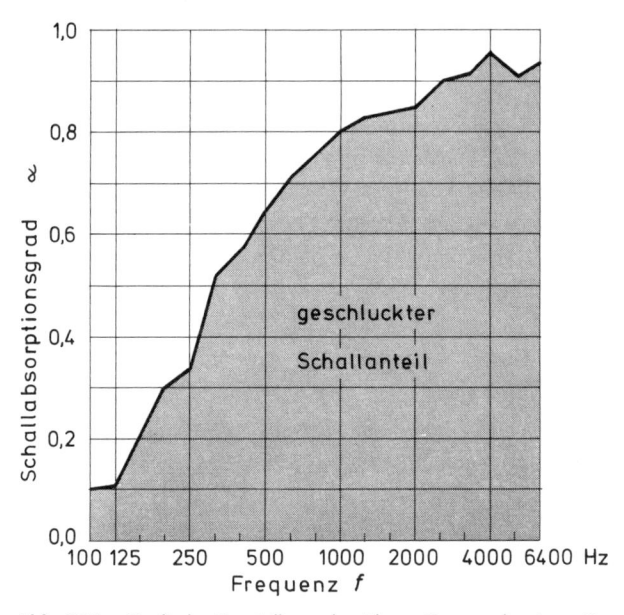

Abb. 205 – Grafische Darstellung der Absorptionsgrade einer 40 mm dicken Glasfaserplatte, direkt auf starrer Wand befestigt.

In Räumen mit großer Nachhallzeit kann der Lärmpegel durch den Einbau von schallschluckenden Verkleidungen um 3–15 dB(A) verringert werden. Jede Verdoppelung des Schallschluckvermögens der Schallschluckfläche beziehungsweise jede Halbierung der Nachhallzeit bewirkt eine Senkung des Schallpegels um 3 dB(A). Für eine subjektiv merkbare Lärmminderung in einem Raum ist eine Pegelminderung von ca. 6 dB(A) nötig, was eine Vervierfachung der Schluckfläche bedeutet. In Räumen mit schon vorhandener kurzer Nachhallzeit lässt sich der Lärm auch mit erheblichem Aufwand kaum mehr verringern.

Grundsätzlich kann man sagen, dass zur Verringerung von Störgeräuschen in einem Raum soviel absorbierende Flächen wie möglich eingebaut werden sollten. Die Materialien und Konstruktionen sollen dabei jene Frequenzen bevorzugt schlucken, die hauptsächlich das Störgeräusch bilden.

9.4 Schallabsorbierende Konstruktionen

In diesem Kapitel wird eine Reihe von schallschluckenden Konstruktionen mit den wichtigsten Absorptionsgraden vorgestellt. Letztere sind Durchschnittswerte, die sich je nach Materialart (auch verschiedene Fabrikate), Materialdicke, konstruktivem Aufbau, Befestigungsart und Befestigungsabstand verändern (s. Tabellen Seite 208–211).

Zusammenfassend ist zu bemerken:
1. Bei Schallschluckkonstruktionen verschiebt sich das Absorptionsgradoptimum vom hohen zum tiefen Absorptionsbereich um so mehr,
    a) je größer der leere Hohlraum (Luftpolster) hinter einer Konstruktion ist,
    b) je mehr dieser Hohlraum mit Schallschluckmaterial ausgefüllt ist,
    c) je unporöser, das heißt, je weniger schalldurchlässig ein Material ist, z. B., wenn Metall- oder Kunststofffolien hinter eine Gitterverkleidung zur Abdeckung von Mineralwolle gelegt werden,
    d) je geschlossener die Oberfläche ist, das heißt, je mehr Oberflächenporigkeit und Lochflächenanteil abnehmen,
    e) je schwerer und biegeweicher die abdeckende, schwingende Platte ist.
2. Die Schallschluckanordnungen sollten möglichst an mehreren Flächen im Raum angebracht werden, da die Schluckwirkung hierbei günstiger ist. Steht nur eine Fläche (z. B. die Decke) zur Verfügung, empfiehlt sich eine strukturierte Anordnung der Schallschluckelemente z. B. in Form abgehängter Schallschürzen.

3. Wenn schallschluckende und schalldämmende Maßnahmen bei Neubauten schon von Anfang an eingeplant werden, sind sie wirkungsvoller und auch billiger herzustellen. Um mit nachträglichen Maßnahmen einen überhöhten Schallpegel in bestehenden Räumen wirksam verringern zu können, muß man zuerst durch Schallmessungen die Höhe des Pegels in den einzelnen Frequenzbereichen feststellen. Aufgrund der Messergebnisse lässt sich dann bestimmen, welche Frequenzen am meisten stören und welche Möglichkeiten einer Dämpfung in Frage kommen.

9.5 Hörsamkeit im Raum

Neben der Verringerung des Lärmpegels in einem Raum ist es auch Aufgabe der Raumakustik, die Hörsamkeit in einem Raum zu verbessern. Eine gute Hörsamkeit ist z. B. in Hörsälen, Sitzungszimmern und Versammlungsräumen für die gute Verständlichkeit des gesprochenen Worts, in Konzertsälen, Orchesterräumen und Kirchen auch für die akustische Harmonie musikalischer Darbietungen notwendig.

Die Hörsamkeit hängt dabei nicht nur vom Raumvolumen und von der Größe und Anordnung der Absorptionsflächen ab, sondern auch von den Raumproportionen, von der Gliederung der Wände und der Decke sowie von der Zahl der im Raum anwesenden Personen. Die günstigste Nachhallzeit für Sprach- oder Musikdarbietungen lässt sich schon bei der Planung und Ausstattung des Raumes durch Berechnungen vorausbestimmen. Sie beträgt für sprachliche Darbietungen in kleineren bis mittelgroßen Räumen etwa 0,6 s bis 1,2 s, für musikalische Darbietungen in mittleren und großen Räumen etwa 1,5 s bis 2,5 s.

Da dieses Gebiet der Raumakustik nicht unmittelbar zum Schallschutz gehört, wird hier auf weitere Ausführungen verzichtet.

	bei den Frequenzen (in Hz)					
	125	250	500	1000	2000	4000
Poröser Putz						
Sichtbeton oder normaler glatter Putz auf Mauerwerk (zum Vergleich)	0,01	0,01	0,02	0,02	0,02	0,05
Steinwolleputz, 20 mm	0,09	0,29	0,55	0,61	0,82	**0,91**
Spritzputz mit Vermiculite-Zusatz, 25 mm	0,05	0,10	0,20	0,55	0,60	0,55
Gipskartonplatten						
9,5 mm, ungelocht, Deckenabstand 50 mm, Hohlraum mit Mineralwolle gefüllt	**0,35**	0,12	0,08	0,07	0,06	0,07
wie vor, ohne Mineralwollefüllung	**0,32**	0,07	0,05	0,04	0,05	0,08
9,5 mm, gelocht, ca. 13 % Lochflächenanteil, Deckenabstand 50 mm, dahinter Mineralwollefilz	0,27	0,74	**0,80**	0,73	0,47	0,41
wie vor, 450 mm Deckenabstand	**0,85**	0,81	0,74	0,76	0,59	0,53
Gipskassettenplatten						
30 mm dick, ca. 11 % Lochflächenanteil, Deckenabstand 48 mm, mit Mineralwollematte darin + Aluminiumfolien-Abdeckung	0,15	0,44	**1,11**	0,74	0,64	0,43
wie vor, jedoch ca. 19 % Lochflächenanteil, Deckenabstand 70 mm	0,17	0,53	**0,75**	0,62	0,55	0,44
Mineralwolleplatten						
20 mm dick (ca. 3,5 kg/m²), direkt an die Decke geklebt	0,03	0,12	0,47	0,85	**0,99**	**0,98**
wie vor, 50 mm Deckenabstand	0,10	0,36	0,79	**1,03**	0,92	0,81
wie vor, 200 mm Deckenabstand	0,48	**0,98**	0,84	0,90	**0,94**	0,82

Material						
Kunststoff-Schaumplatten						
a) **Polyurethanschaum** (Moltopren) 30 mm dick, direkt an der Decke befestigt	0,11	0,16	0,34	**0,95**	**0,94**	0,93
b) **Polystyrolschaum** (Styropor mit aufgerauhter Oberfläche)						
10 mm dick, 40 mm Deckenabstand, Hohlraum mit Mineralwolle gefüllt	0,20	0,38	**0,93**	0,92	0,58	0,69
15 mm dicke Lochplatte (nicht durchgelocht), 40 mm Deckenabstand, Hohlraum mit Mineralwolle gefüllt	0,25	0,62	**0,84**	0,68	0,53	0,63
20 mm dicke Lochplatte (nicht durchgelocht), direkt an der Decke befestigt	0,04	0,07	0,16	0,39	**0,74**	0,67
Folien						
a) **Poröse Akustikfolie** (Mikropor) = 0,6–1 mm dicke Blätter aus Glas- und Mineralfasern						
0,6 mm dick, 100 mm Deckenabstand	0,20	0,56	**0,77**	0,71	0,54	0,56
0,8 mm dick, 100 mm Deckenabstand	0,21	0,67	**0,93**	0,85	0,56	0,61
b) **Weich-PVC-Folie**, 28 g/m² vor 50 mm dicker Mineralwolleschicht	0,13	0,53	0,92	0,99	0,80	**0,73**
Einfache Holzschalung						
Akustik-Profilbretter (nach DIN 68127), 18 mm dick, 90 mm breit, Fugen 15 mm, dahinter 30 mm Hohlraum + 20 mm Glasfaserplatten wie vor, 200 mm Hohlraum	0,07	0,25	**0,83**	0,72	0,35	0,35
wie vor, 400 mm Hohlraum, Fugen 10 mm	0,38	**0,73**	0,49	0,47	0,37	0,33
Schalungsbretter, 12 mm dick, 85 mm breit, Fugen 25 mm,	**0,60**	0,51	0,47	0,41	0,31	0,29
dahinter 200 mm Hohlraum + 30 mm Mineralfaserplatten	0,60	**0,85**	0,80	**0,82**	0,70	0,62

Tab. 208 – Schallabsorptionsgrade α verschiedener Wand- und Deckenverkleidungen (nach Bobran und anderen Quellen)

		bei den Frequenzen (in Hz)					
	125	250	500	1000	2000	4000	
Poröse Holzfaserplatten (Akustikplatten)							
12 mm dick, schlicht, direkt an der Decke befestigt	0,07	0,10	0,13	0,20	**0,35**	0,24	
12 mm dick, schlicht, 50 mm Deckenabstand	0,07	0,27	0,20	0,20	0,28	**0,37**	
12 mm dick, gelocht oder geschlitzt, 50 mm Abstand	0,20	0,36	0,30	0,41	0,50	**0,70**	
Harte Holzfaserplatten, 4 mm dick, 50 mm Deckenabstand							
ungelocht, ohne Mineralwolle im Hohlraum	**0,30**	0,20	0,15	0,10	0,08	0,10	
ungelocht, Hohlraum mit Mineralwolle ausgefüllt	0,20	**0,40**	0,20	0,10	0,08	0,10	
gelocht (20 % Lochanteil), im Hohlraum 50 mm Mineralwolle	0,12	0,45	0,80	**0,90**	0,78	0,58	
wie vor, im Hohlraum 20 mm dicke Glasfaserplatte	0,10	0,33	0,87	**1,15**	0,99	0,89	
Holzspanplatten							
a) **Deweton-Röhrenplatte**, 25 mm dick, 30 mm Deckenabstand							
vorderseitig jede Röhre geschlitzt	0,24	0,20	0,23	0,54	**1,02**	0,65	
vorderseitig jede 2. Röhre geschlitzt	0,28	0,25	0,36	0,58	**0,88**	0,51	
vorderseitig jede Röhre geschlitzt,							
rückseitig jede 4. Röhre mit 300 mm langen Schlitzen	0,09	0,31	0,49	0,60	**0,99**	0,71	
wie vor, im Hohlraum 30 mm dicke Mineralwolleplatte	0,26	**0,72**	0,54	0,42	**0,63**	0,51	
b) **Poröse Holzspanplatte** (Variantex), 20 mm dick							
Oberfläche roh, ungeschliffen, weiß gespritzt, 50 mm Deckenabstand	0,15	0,60	**0,87**	0,68	0,79	0,80	
Oberfläche grobporös, geschliffen, gespritzt, ohne Deckenabstand	0,06	0,17	0,58	**0,85**	0,55	0,60	

Holzwolle-Leichtbauplatten unmittelbar an der Decke befestigt, 25 mm	0,05	0,10	0,50	0,75	0,60	0,70
Furniergitterplatten ESO-MODULATOR-Platte, 18 mm dick, geschlitzte Furnierschicht auf Rahmen mit Furnier-Versteifungsrippen, hinterlegt mit Schallschluckfolie Mikropor						
bei 100 mm Wandabstand	0,10	0,23	0,52	0,40	0,52	0,48
bei 550 mm Wandabstand	**0,61**	0,47	0,47	0,38	0,49	0,48
Metallgitterplatten Alu-Paneele, gelocht, dahinter 25 mm dicke Mineralfasermatte, Hohlraumdicke 200 mm	0,38	0,80	0,84	0,92	0,93	**0,98**
wie vor, Hohlraumdicke 90 mm	0,26	0,52	**0,72**	**0,72**	0,69	0,67
Alu-Kassetten, mit 12,6 % Lochflächenanteil, darin 25 mm dicke Mineralwolle, Hohlraum 470 mm	**0,80**	0,69	0,59	0,78	**0,80**	0,66
Alu-Kassetten, 13 % Lochflächenanteil, darin 20 mm dicke Mineralfaserplatte, Hohlraum 140 mm	0,19	0,72	**0,92**	0,79	0,88	0,86
Alu-Lamellen, ungelocht, 50 mm breit, Fugen 12,5 mm, dahinter 20 mm Mineralfaserplatte, Hohlraum 170 mm	0,43	0,90	**1,00**	0,85	0,88	0,61
Sonstige Teppichboden, 7 mm dick	0,00	0,05	0,10	0,30	0,50	0,60
POLYKLET-Akustikwandsteine aus gebranntem Ziegelton, 90 mm dick, darin Mineralfaserplatte	0,37	0,63	1,00	0,90	0,88	0,82

Tab. 208 – Fortsetzung

Beispiele für schallschluckende und zugleich schalldämmende Vorsatzschalen

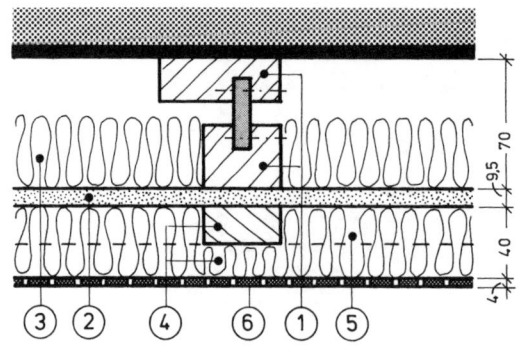

Abb. 212/1

1 = Kanthölzer, mit Gummistreifen verbunden
2 = Gipskartonplatte 9,5 mm
3 = Mineralwolle 40 mm
4 = Lattenrost
5 = Mineralwolle 40 mm
6 = Gelochte Hartfaserplatte 4 mm

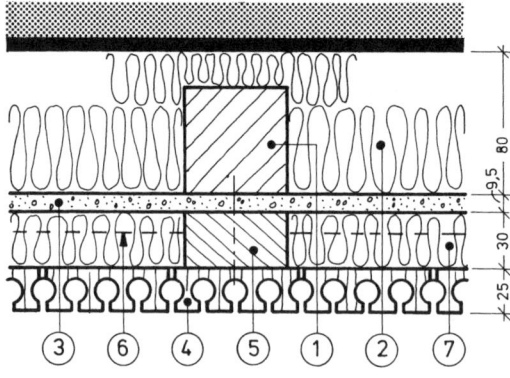

Abb. 212/2

1 = Kantholz 60/60 mm (frei eingespannt)
2 = Mineralwolle 50 mm
3 = Gipskartonplatte 9,5 mm
4 = Deweton-Akustikplatte, beidseitig geschlitzt
5 = Lattung 30 mm
6 = Querleisten zur Aussteifung
7 = Mineralwolle 30 mm

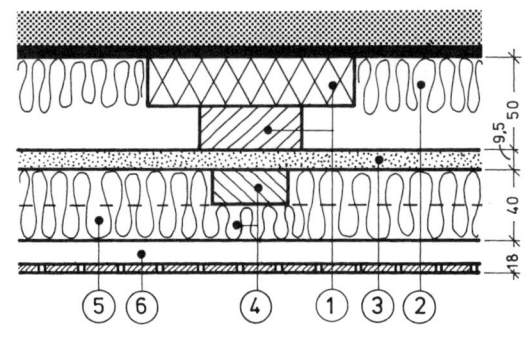

Abb. 213/1
1 = EMFA-Schwingholz (Holzleiste auf Kokosplattenstreifen)
2 = Mineralwolleplatte 30 mm
3 = Gipskartonplatte 9,5 mm
4 = Lattenrost
5 = Mineralwolleplatte 40 mm
6 = ESO-Modulatorplatte (geschlitztes Sperrholz auf Furnierrippen)

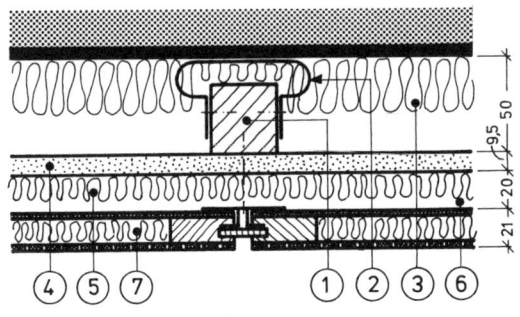

Abb. 213/2
1 = Kantholz 40/40 mm
2 = Stahlfederbügel
3 = Mineralwolle 30 mm
4 = Gipskartonplatte 9,5 mm
5 = Mineralwolle 15 mm
6 = Querleisten 20 mm
7 = Goldbach-Schallschluckverkleidung, 21 mm

213

Teil II
Wärmeschutz im Innenausbau

1 Notwendigkeit des Wärmeschutzes

Der Innenausbauer wird heute sehr oft mit Fragen des Wärmeschutzes konfrontiert. Veränderte Baumethoden und Bautechniken sowie die Verwendung neuer Baumaterialien erfordern ein fundiertes Wissen über die wärmephysikalischen Vorgänge in den Baustoffen und Bauteilen. Zudem ist der Wärmeschutz in gleichem Maße eine Frage der Hygiene wie der Wirtschaftlichkeit. Beide Faktoren rechtfertigen die Aufwendungen für einen wirksamen Wärmeschutz.

1.1 Auswirkungen des Wärmeschutzes auf die Gesundheit des Menschen

In Wohnungen mit ungenügendem Wärmeschutz ist die Gesundheit des Menschen stark gefährdet. Erkrankungen der Atemwege, Rheuma, ja sogar Tuberkulose können die Folge längeren Wohnens in nicht ausreichend beheizten und in feuchten Räumen sein.

Die Behaglichkeit des Menschen in beheizten Räumen hängt wesentlich ab von

- der Aktivität des Menschen,
- der Raumlufttemperatur,
- der Oberflächentemperatur der Wände und der Decke,
- der Fußbodentemperatur
- der relativen Luftfeuchtigkeit,
- der Luftbewegung.

Die Körpertemperatur des gesunden Menschen beträgt ca. 37 °C. Da die Umgebungstemperaturen immer niedriger sind als die Körpertemperatur, gibt der Mensch dauernd Wärme in Form von Wärmeabstrahlung an die umgebende Luft ab, zusätzlich durch Verdunstung, durch Atmung und durch Wärmeleitung, z. B. über die Füße an den Fußboden. Im liegenden Zustand gibt der Mensch ca. 80 Watt, bei sitzender Tätigkeit ca. 120 Watt und bei schwerer Arbeit bis ca. 350

Watt an Wärme ab. Ist die Umgebungstemperatur zu niedrig, dann fließt zuviel Wärme ab: Der Mensch friert. Ist sie zu hoch, so tritt eine Wärmestauung ein: Der Mensch schwitzt. Um eine behagliche Atmosphäre zu erreichen, sollte die Lufttemperatur in Wohnräumen bei 20 °C liegen, bei sitzender Tätigkeit kann sie bis 22 °C, bei körperlicher Arbeit sollte sie zwischen 16 °C und 19 °C betragen. Sitzt man in der Nähe einer Außenwand, so empfindet man häufig auf der der Wand zugekehrten Körperseite ein Frösteln. Dies ist der Fall, wenn die Oberflächentemperatur der Wand zu niedrig ist und dadurch dem Sitzenden zuviel Wärme entzogen wird. Die Oberflächentemperatur aller Raumumschließungsflächen sollte deshalb möglichst gleich sein und 16 °C bis 18 °C nicht unterschreiten (s. Abb. 215/1).

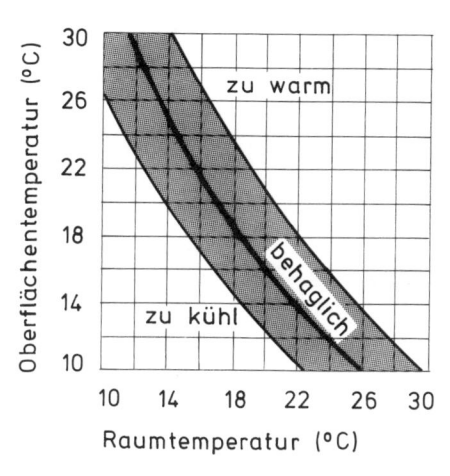

Abb. 215/1 – Behaglichkeitskurve für Wandoberflächen (nach Bedford und Liese).

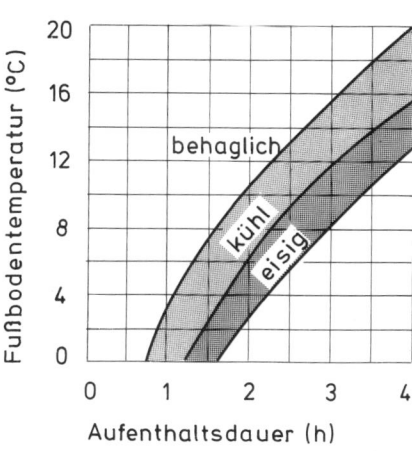

Abb. 215/2 – Behaglichkeitskurve für Fußböden (nach Frank).

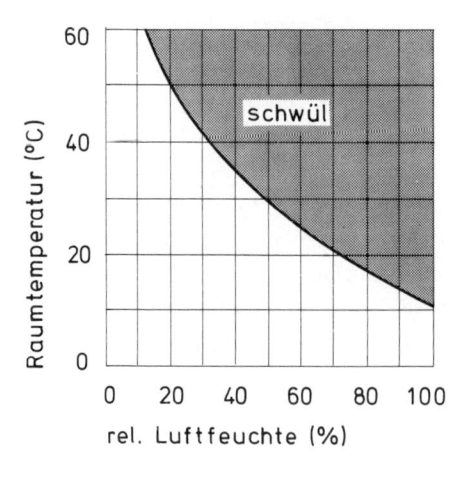

Abb. 216 – Behaglichkeitskurve für relative Luftfeuchten.

Bei Fußböden werden Oberflächentemperaturen zwischen 22 °C und 24 °C als angenehm empfunden, da hierbei über die Fußsohlen nicht zuviel Wärme abgeleitet wird (s. Abb. 215/2).

Starken Einfluss auf die Wohnbehaglichkeit hat die relative Luftfeuchtigkeit im Raum. Zu hohe oder zu niedrige Luftfeuchtigkeiten sind nicht nur unangenehm, sondern auch schädlich für die Bewohner und das Inventar. Eine Luftfeuchtigkeit zwischen 35 % und 60 % wird bei einer Lufttemperatur von 20 °C als normal bezeichnet. Die häufig vorgebrachten Klagen über »zu trockene Luft« haben ihre Ursache meist weniger im zu geringen Feuchtigkeitsgehalt als im übermäßigen Gehalt an Schwebstoffen. Aufgewirbelter Staub und auf verstaubten Heizkörpern erzeugte Schwelgase reizen die Schleimhäute der Atmungsorgane und erzeugen dieses Trockenheitsgefühl. Wann eine hohe relative Luftfeuchtigkeit als schwül empfunden wird, geht aus Abb. 216 hervor. In der Praxis werden der Berechnung im allgemeinen die in Tabelle 217 genannten Werte zugrunde gelegt.

Heizlüfter und ähnliche Heizungssysteme oder Belüftungseinrichtungen verursachen innerhalb eines Raumes oft eine starke Luftbewegung und damit Zugluft. Die Luftgeschwindigkeit sollte in geschlossenen Räumen 0,15–0,2 m/sec nicht überschreiten.

Zu einem behaglichen Raumklima gehört nicht zuletzt auch eine saubere Luft, eine gute Beleuchtung sowie ein Umfeld ohne störende Geräusche. Der Wohnwert eines Hauses, einer Wohnung, eines Raumes wird also weitgehend durch die gefühlsmäßige Ausgewogenheit zwischen Mensch und Raumklima bestimmt.

Raumart	Temperatur °C	relat. Feuchte %
Wohnräume	22	55–65
Fabrikräume	15–20	50–60
Versammlungsräume	18	60–70
Gießereien	10–12	50–60
Montagehallen	12–15	50–60
Schulklassen	18–20	60–65
Hallenbäder	20–25	80–90
Stallungen	6–12	80–85

Tab. 217 – Übliche relative Luftfeuchtigkeiten in Räumen

1.2 Wirtschaftliche Bedeutung des Wärmeschutzes

Die wirtschaftliche Bedeutung des Wärmeschutzes hat im Zuge der Energieverknappung sowohl im Wohnungsbau als auch bei Verwaltungsbauten, Schulen, Krankenhäusern, Geschäftshäusern und Betriebsgebäuden stark zugenommen.

1. Durch einen optimalen Wärmeschutz kann der Wärmeverlust gegenüber herkömmlicher Bauweise um 40–50 % vermindert werden, was bei den derzeitigen Energiekosten eine erhebliche Kosteneinsparung bedeutet. Diese Ersparnis lässt den Mehraufwand für die Wärmeschutzmaßnahmen innerhalb kürzester Frist amortisieren.
2. Wegen des geringen Wärmebedarfs kann die Heizanlage kleiner gewählt werden. Dadurch verringern sich auch die Anschaffungskosten.
3. Mit Hilfe sinnvoller Wärmeschutzmaßnahmen werden die extrem hohen und extrem niedrigen Temperaturen in den tragenden und anderen Bauteilen ausgeschaltet. Es können also durch große Temperaturschwankungen keine zu großen Wärmespannungen – verursacht durch Wärmeausdehnung und Kontraktion der Bauteile – und somit auch keine Risse in diesen Bauteilen entstehen.
4. Kälteschäden, wie das Einfrieren von Wasserleitungen, werden vermieden.
5. Durch die Erhöhung der Wärmedämmung werden Schäden infolge von Tau- und Schwitzwasserbildung verhindert. Solche Schäden können sich als Schimmel und Rost, als Fäulnis, Putzschäden, Ausblühungen und Verfärbungen an den Stellen bemerkbar machen, an denen wegen schlechter Belüftung diese Feuchtigkeit nicht abgeführt werden kann.

6. Die Wasserdampfdiffusion verhindern oder sie auf unschädliche Größenordnungen reduzieren heißt Kondensationsvorgänge im Bauteilquerschnitt vermeiden. Tauwasser im Bauteil durchfeuchtet diesen wie auch die Dämmstoffe. Es setzt damit deren Wärmedämmfähigkeit herab und verursacht Bauschäden.

Schon diese Punkte 1–6 zeigen: Eine gute Wärmedämmung ist unumgänglich. Dies um so mehr, als sich vor allem in Großbauten die heutige Bauweise von der früheren dadurch unterscheidet, dass häufig die tragenden Bauteile von den raumumschließenden getrennt werden. Letztere werden nur als dünne, vorgehängte Schürzen aus neu entwickelten Materialien hergestellt, was auch eine bauphysikalisch richtige Ausführung erfordert. Ein Umdenken auf dem Gebiet der Bauphysik, das neben dem Wärmeschutz auch noch den Feuchtigkeits- und den Schallschutz umfasst, ist bei Verwendung neuer Materialien und Konstruktionen geboten.

2 Physikalische und wärmeschutztechnische Grundlagen und Begriffe

2.1 Wärme

Wärme ist eine Energieform. Wärmeenergie ist gleichbedeutend mit Bewegungsenergie der Moleküle, die in Gasen ungeordnet durcheinanderschwirren, während sie in festen Körpern um feste Mittellagen schwingen. Die Moleküle eines kalten Körpers bewegen sich langsamer als die eines warmen Körpers. Einen Körper erwärmen heißt also, die Bewegungsenergie seiner Moleküle erhöhen.

Wärme mit verschieden großem Energiegehalt sucht sich anzugleichen. Sie geht immer von Stellen höherer Temperatur zu Stellen niederer Temperatur, nie umgekehrt. Deshalb stellt jeder Stoff, der wärmer als seine Umgebung ist, für diese eine Wärmequelle dar. Physikalisch gesehen, gibt es den Begriff »Kälte« nicht. Der unterste Ausgangspunkt für die Wärme ist der absolute Nullpunkt (−273 °C), bei dem jede Materie erstarrt, weil die Wärmebewegung der Moleküle völlig zum Stillstand kommt. (Nach dem Nernstschen Wärmesatz ist der absolute Nullpunkt allerdings prinzipiell unerreichbar.) Kälte ist somit ein subjektiver Begriff. Unter Kälte versteht man normalerweise den Wärmestand unter dem Gefrierpunkt des Wassers (= 0 °C).

2.2 Temperatur

Alle Stoffe haben einen bestimmten Wärmestand. Man nennt ihn Temperatur. Die Einheiten der Temperatur sind Kelvin (K) und Grad Celsius (°C). 1 Grad Celsius (1 °C) ist 1/100 des Abstands auf einem Quecksilberthermometer zwischen dem Gefrierpunkt (Eispunkt) und dem Siedepunkt (Dampfpunkt) des Wassers beim Normalluftdruck von 1013 Hektopascal = 1,013 bar. Gibt man die Temperatur in °C an, benützt man das Formelzeichen Θ (sprich: Theta).

Bei der Einheit Kelvin geht man vom absoluten Nullpunkt aus. Null Kelvin ist demnach der absolute Nullpunkt, 273 K entspricht dem Eispunkt, 373 K dem Siedepunkt des Wassers. Wird die Temperatur in K angegeben, verwendet man das Formelzeichen T.

Beispiel: Die Temperatur der Raumluft beträgt T = – 293 K oder Θ = 20 °C.
Temperaturunterschiede (ΔT) werden dagegen immer in Kelvin angegeben.

Beispiel: Raumlufttemperatur Θ = +20 °C,
             Außenlufttemperatur Θ = –10 °C,
             Temperaturunterschied ΔT = 30 K.

2.3 Wärmemenge

Wasser in einem Stausee kann durch seine Lage mechanische Arbeit verrichten – es steckt mechanische Energie in ihm. Das Wasser kann seine Energie an eine tieferliegende Turbine abgeben, wobei die Lageenergie in Bewegungsenergie umgeformt wird. Ein an die Turbine angeschlossener Generator wandelt diese Bewegungsenergie in elektrische Energie um. Leitet man den elektrischen Strom durch ein Heizgerät, so wird elektrische Energie in Wärmeenergie umgewandelt.

Da man mit Energie Arbeit verrichten oder eine bestimmte Wärmemenge erzeugen kann oder, wie James Joule 1843 nachgewiesen hat, eine bestimmte mechanische Arbeit einer entsprechenden Wärmemenge entspricht, werden die Größen Energie, Arbeit und Wärmemenge als Größen gleicher Art bezeichnet und deshalb auch in der gleichen Einheit Joule (J) gemessen.

Definition: 1 Joule = Arbeit, die verrichtet wird, wenn der Angriffspunkt der Kraft 1 N in Richtung der Kraft um 1 m verschoben wird.

Die Einheit der Wärmemenge Q ist somit auch das Joule (sprich: dschu:l).

1 Joule = 1 Newtonmeter = 1 Wattsekunde
1 J   = 1 Nm   = 1 Ws

Um feststellen zu können, welche von zwei Wärmequellen mehr Wärme liefert, erhitzt man auf jeder von ihnen eine gleich große Menge Wasser. Dem Wasser, das in gleicher Zeit die höhere Temperatur erreicht hat, wurde eine größere Wärmemenge zugeführt.

2.4 Spezifische Wärmekapazität

Verschiedenartige Stoffe von gleicher Masse benötigen zu ihrer Erwärmung unterschiedliche Wärmemengen. Ein Vergleich ist durch die spezifische Wärmekapazität möglich. Die spezifische Wärmekapazität c ist die Wärmemenge (gemessen in Joule), weilche notwendig ist, um 1 kg eines Stoffes um 1 K zu erwärmen. Einheit: J/(kg · K).

In der DIN 4108 sind Rechenwerte der spezifischen Wärmekapazität für wärmetechnische Berechnungen enthalten (s. Tabelle 221).

2.5 Wärmeübertragung

Für den Transport von Wärme gibt es drei Möglichkeiten: Wärmestrahlung, Wärmemitführung (Konvektion) und Wärmeleitung.

2.5.1 Wärmestrahlung

Wärmestrahlen verhalten sich ähnlich wie Lichtstrahlen. Wie diese gehen sie durch materiefreie Räume. Als Beispiel sei hier die Wärmestrahlung des Sonnenspektrums durch den Weltraum genannt. Die Wärmestrahlen werden beim Auftreffen auf Materie in Wärmebewegung der Moleküle umgesetzt.

Alle glühenden und heißen Körper strahlen Wärme ab. Diese Wärmestrahlen können wie Lichtstrahlen abgeschirmt werden (Beispiel: Ofenschirm). Welches Maß an Wärme ein der Wärmestrahlung ausgesetzter Körper aufnimmt, hängt überwiegend von seiner Oberfläche ab: Dunkle und raue Körper erwärmen sich stärker als helle und glatte. Glas, z. B. Fensterscheiben, lässt die kurzwelligen Sonnenstrahlen leicht hindurch. Sie werden im Raum teilweise in langwellige Wärmestrahlen umgewandelt, wodurch ein Wärmestau oder Treibhauseffekt entsteht.

Aluminium	800	Holz und Holzwerkstoffe	2100
sonstige Metalle	400	Holzwolle-Leichtbauplatten	2100
Anorganische Bau- und Dämmstoffe	1000	Pflanzliche Fasern und Textilfasern	1300
Schaumkunststoffe und Kunststoffe	1500	Wasser Luft	4200 1000

Tab. 221 – Rechenwerte der spezifischen Wärmekapazität c verschiedener Stoffe in J/(kg · K) nach DIN 4108

2.5.2 Wärmemitführung (Konvektion)

Im Gegensatz zur Wärmestrahlung ist die Wärmemitführung an leicht bewegliche Stoffe (Gase oder Flüssigkeiten) gebunden. Je mehr sich die Gase (z. B. Luft) oder die Flüssigkeiten (z. B. Wasser) erwärmen, desto mehr dehnen sich diese aus, das heißt, um so kleiner wird ihr Raumgewicht. Leichte, das heißt erwärmte Gase oder Flüssigkeiten steigen nach oben, kältere und damit schwerere Gas- oder Flüssigkeitsmengen treten an ihre Stelle. Somit entsteht eine Gas- oder Flüssigkeitsströmung, die die Wärme von der Wärmequelle wegführt. Als Beispiele können Öfen mit Luftumwälzung, Warmwasser-Schwerkraftheizungen u. ä. genannt werden. Konvektion tritt auch an den Oberflächen eines Bauteils oder in Luftschichten mit unterschiedlich warmen Begrenzungsflächen, zum Beispiel bei Doppelscheibenfenstern, auf.

2.5.3 Wärmeleitung

Bei der Wärmeleitung erfolgt der Temperaturausgleich durch die Weitergabe der Wärme von Stoffteilchen zu Stoffteilchen, ohne dass diese ihren Ort verändern. Die Wärme wird als Schwingungsenergie von den bei der Wärmequelle liegenden und stark schwingenden Molekülen an benachbarte, schwächer schwingende Moleküle durch Stoßvorgänge weitergegeben.

Es gibt gute und schlechte Wärmeleiter. Gute Wärmeleiter sind Metalle (Silber, Kupfer, Zink, Eisen usw.). Zu den schlechten Wärmeleitern gehören Holz, Porzellan, Glas, Kunststoffe, auch Gase und Flüssigkeiten (ohne Strömung).

Als Beispiele für die praktische Anwendung von guten und schlechten Wärmeleitern seien nur genannt:

	Guter Wärmeleiter	Schlechter Wärmeleiter
Wandbaustoffe:	Beton	– Dämmstoffe
Fußböden:	Steinfußboden	– Holzfußboden

2.6 Wärmeleitfähigkeit

Die Wärmeleitfähigkeit λ (sprich: klein Lambda) ist eine der wichtigsten im Wärmeschutz vorkommenden Stoffkenngrößen. Sie erfasst den gesamten Wärmeaustausch in einem festen Stoff durch Wärmeleitung, Wärmestrahlung und Konvektion.

Die Wärmeleitfähigkeit λ gibt diejenige Wärmemenge in Joule je Sekunde an, die durch eine 1 m² große Fläche eines Baustoffs von 1 m Dicke hindurchgeht, wenn der Temperaturunterschied zwischen beiden Oberflächen 1 Kelvin beträgt (s. Abb. 223).

Da 1 Joule je Sekunde (1 J/s) der Einheit 1 Watt (1 W) entspricht, wurde als Einheit für die Wärmeleitfähigkeit Watt je Meter und Kelvin $\left(\dfrac{W}{m \cdot K}\right)$ festgelegt.

Die Größe der Wärmeleitfähigkeit eines Baustoffs hängt ab:
a) von der Rohdichte des Stoffes: Je höher die Rohdichte, desto besser leitet der Stoff die Wärme. Dabei spielen jedoch noch die Wärmeleitfähigkeit der Grundstoffe je nach ihrer Herkunft (pflanzlich oder steinig) und das Stoffgefüge eine Rolle.
b) von der Porigkeit und der Porengröße des Stoffes: Je mehr Poren und je kleiner diese sind, desto schlechter ist seine Leitfähigkeit für Wärme. In großen Poren wird wegen der Konvektion der Luft die Leitfähigkeit begünstigt. Allerdings kann die ungünstige Form und Anordnung der feinen Poren die Saugwirkung (Kapillarwirkung) und damit die Durchfeuchtung des Stoffes begünstigen.
c) vom Feuchtigkeitsgehalt des Stoffs: Je feuchter der Stoff, desto besser ist die Wärmeleitfähigkeit. Wasser leitet die Wärme 25mal besser als Luft.

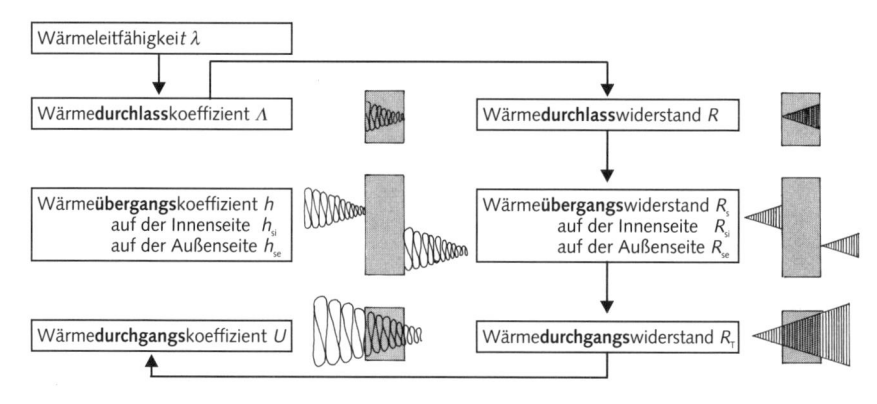

Abb. 222 – Übersicht über wichtige wärmeschutztechnische Größen.

Für den Nachweis des ausreichenden Wärmeschutzes dürfen bei Wärmeschutzberechnungen nicht die Wärmeleitfähigkeitswerte aus Laboruntersuchungen verwendet werden (die Untersuchungen sind in der Regel an trockenen Stoffen durchgeführt worden), sondern die in der DIN 4108 enthaltenen Rechenwerte sind anzuwenden. Diese stellen mittlere Erfahrungswerte dar und berücksichtigen den Einfluss der vorhandenen Dauerfeuchtigkeit. Bei Verwendung solcher Rechenwerte wird dem Formelzeichen der Wärmeleitfähigkeit der Index R angehängt. Es lautet somit λ_R. In Tabelle 224 sind Rechenwerte der Wärmeleitfähigkeit enthalten. Daneben gibt es weitere im Bundesanzeiger veröffentlichte Rechenwerte für firmenbezogene Baustoffe und Gläser.

2.7 Wärmedurchlasskoeffizient

Die Wärmeleitfähigkeit λ bezieht sich beim Wärmedurchgang auf einen 1 m dicken Baustoff. Die Wände und Decken weisen in der Praxis jedoch weit weniger als 1 m Dicke auf, nämlich die Schichtdicke d (s. Abb. 223).

Der Wärmedurchlasskoeffizient Λ (sprich: groß Lambda) gibt diejenige Wärmemenge in Joule je Sekunde (= Watt) an, die durch eine 1 m² große Fläche eines Baustoffs mit der Dicke d hindurchgeht, wenn der Temperaturunterschied zwischen beiden Oberflächen 1 Kelvin beträgt.

$$\text{Wärmedurchlasskoeffizient } \Lambda = \frac{\lambda}{d}\left[\frac{W}{m^2 \cdot K}\right] \quad \begin{aligned}\Lambda &= \text{in } W/(m^2 \cdot K) \\ \lambda &= \text{in } W/(m \cdot K) \\ d &= \text{in m}\end{aligned} \quad (1)$$

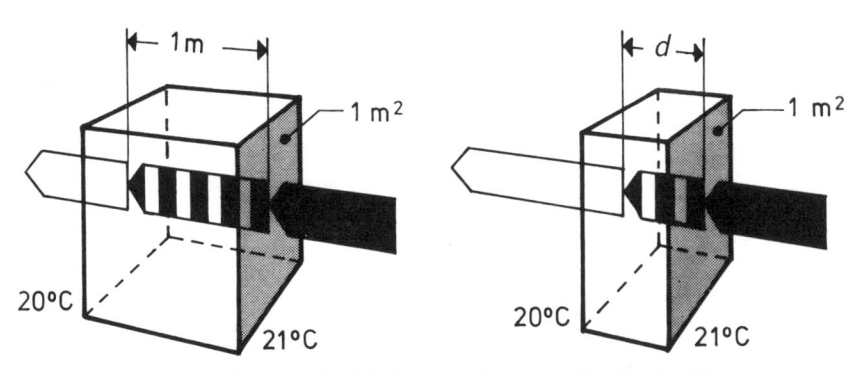

Abb. 223 – Darstellung der Wärmeleitfähigkeit und des Wärmedurchlasskoeffizienten.

Baustoff	nach Stoffnorm DIN	Rohdichte ρ in kg/m³	Rechenwert der Wärmeleitfähigkeit λ_R in W/(m · K)	Wasserdampf-Diffusionswiderstandszahl μ[1]
1. Putze, Mörtel, Estriche				
Kalkmörtel, Kalkzementmörtel		1800	0,87	15/35
Zementmörtel		2000	1,4	15/35
Kalkgipsmörtel, Gipsmörtel		1400	0,70	10
Gipsputz ohne Zuschlag		1200	0,35	10
Wärmedämmputz 060 080	18550	≥200	0,060 0,080	5/20
Zementestrich		2000	1,4	15/35
Gussasphaltestrich		2300	0,9	dampfdicht
2. Großformatige Bauteile				
Normalbeton (Kies- oder Splittbeton mit geschlossenem Gefüge), auch bewehrt	1045	2400	2,1	70/150
Leichtbeton und Stahlleichtbeton mit geschlossenem Gefüge unter Verwendung von Blähton, Blähschiefer, Naturbims	4219 4236	800 1000 1200 1400 1500	0,39 0,49 0,62 0,79 0,89	70/150
Leichtbeton mit haufwerksporigem Gefüge, mit porigen Zuschlägen	4232 4226	600 800 1000 1200 1400 1600	0,22 0,28 0,36 0,46 0,57 0,75	5/15
3. Bauplatten				
Wandbauplatten aus Gips	18163	600 900 1200	0,29 0,41 0,58	5/10
Gipskartonplatten	18180	900	0,21	8
Faserzementplatten	274	2000	0,58	20/50

[1] Es ist jeweils der für die Baukonstruktion ungünstigere Wert einzusetzen.

Tab. 224 – Rechenwerte der Wärmeleitfähigkeit und Richtwerte der Wasserdampf-Diffusionswiderstandszahlen von Baustoffen (Auszug aus DIN 4108)

Baustoff	DIN	ρ in kg/m³	λ_R in W/(m·K)	μ^1
3. Bauplatten *(Forts.)*				
Porenbetonbauplatten, unbewehrt	4166			
– mit normaler Fugendicke und Mauermörtel	1053	500 600 700	0,22 0,24 0,27	5/10
– dünnfugig verlegt		500 600 700	0,17 0,20 0,23	5/10
Wandbauplatten aus Leichtbeton	18162	800 1000 1400	0,29 0,37 0,58	5/10
4. Mauerwerk einschließlich Mörtelfugen				
Mauerwerk aus Vollklinker	105	2000	0,96	50/100
Hochlochklinker		1800	0,81	50/100
Vollziegel, Hochlochziegel		1200 1400 1600 1800	0,50 0,58 0,68 0,81	5/10
Mauerwerk aus Leichthochlochziegel Typ W,	105	700 800 900	0,30 0,33 0,36	5/10
Mauerwerk aus Kalksandsteinen	106	1000 1200 1400	0,50 0,56 0,70	5/10
aus Kalksand-Plansteinen		1600 1800 2000	0,79 0,99 1,1	15/25
Mauerwerk aus Porenbeton-Blocksteinen (G)	4165	500 600 700 800	0,22 0,24 0,27 0,29	5/10

[1] Es ist jeweils der für die Baukonstruktion ungünstigere Wert einzusetzen.

Tab. 224 – Fortsetzung

Baustoff	DIN	ρ in kg/m³	λ_R in W/(m · K)	μ^1
4. Mauerwerk einschließlich Mörtelfugen *(Forts.)*				
Hohlblocksteine aus Leichtbeton	18151	600	0,32	
2-K-Steine, bis 240 mm breit		800	0,39	
3-K-Steine, bis 300 mm breit		1000	0,49	5/10
4-K-Steine, bis 365 mm breit		1200	0,60	
		1400	0,73	
Leichtbeton-Vollsteine	18152	600	0,34	5/10
		800	0,40	
		1000	0,46	
		1200	0,54	
		1600	0,74	10/15
		1800	0,87	
5. Wärmedämmstoffe				
Holzwolle-Leichtbauplatten²	1101	360–		
≥ 25 mm dick		460	0,090	2/5
≤ 15 mm dick		570	0,15	
Mehrschicht-Leichtbauplatten	1101			
– Polystyrol-Partikelschaum-schicht		≥15	0,040	20/50
– Mineralfaserschicht		20–250	0,040 0,045	1
– Holzwolle-Einzelschichten²				
10–24 mm dick		–650	0,15	2/5
≥ 25 mm dick		–460	0,090	
Korkplatten	18161			
Wärmeleitfähigkeitsgruppe 045		80–	0,045	5/10
050		500	0,050	
055			0,055	
Polystyrol(PS)-Hartschaum	18164			
Wärmeleitfähigkeitsgruppe 030			0,030	
035			0,035	
040			0,040	

[1] Es ist jeweils der für die Baukonstruktion ungünstigere Wert einzusetzen.
[2] < 10 mm dicke Platten werden wärmeschutztechnisch nicht berücksichtigt.

Tab 224 – Fortsetzung

Baustoff	DIN	ρ in kg/m³	λ_R in W/(m·K)	μ^1
5. Wärmedämmstoffe *(Forts.)*				
Polystyrol-Partikelschaum	18164	≥ 15		20/50
		≥ 20		30/70
		≥ 30		40/100
Polystyrol-Extruderschaum	18164	≥ 25		80/250
Polyurethan(PUR)-Hartschaum	18164			
Wärmeleitfähigkeitsgruppe 020			0,020	
025		≥ 30	0,025	30/100
030			0,030	
035			0,035	
mineralische und pflanzliche Faserdämmstoffe (z. B. Mineralwolle)	18165			
Wärmeleitfähigkeitsgruppe 035			0,035	
040		8–	0,040	1
045		500	0,045	
050			0,050	
Schaumglas	18174			
Wärmeleitfähigkeitsgruppe 045			0,045	
050		100–	0,050	praktisch
055		150	0,055	dampfdicht
060			0,060	
6. Holz und Holzwerkstoffe				
Eiche, Buche		800	0,20	40
Fichte, Kiefer, Tanne		600	0,13	40
Sperrholz (IF 20/AW 100)	68705	800	0,15	50/400
Flachpressspanplatten (V20/V100)	68761	700	0,13	50/100
Strangpressspanplatten	68764	700	0,17	20
harte Holzfaserplatten	68754	1000	0,17	70
poröse Holzfaserplatten und Bitumenholzfaserplatten	68752	≤ 400	0,07	5

[1] Es ist jeweils der für die Baukonstruktion ungünstigere Wert einzusetzen.

Tab. 224 – Fortsetzung

Baustoff	DIN	ρ in kg/m³	λ_R in W/(m·K)	μ^1
7. Beläge und Abdichtstoffe				
Linoleum DIN EN	548	1000	0,17	
Korklinoleum		700	0,081	
Kunststoffbeläge, z. B. auch PVC		1500	0,23	
Bitumendachbahnen	52128	1200	0,17	10 000/ 80 000
Nackte Bitumendachbahnen	52129	1200	0,17	2000/20 000
8. Sonstige gebräuchliche Stoffe				
Fliesen		2000	1,0	
Glas		2500	0,80	dampfdicht
Glasmosaik oder Keramik		2000	1,2	100/300
Stahl			50	
Kupfer			380	
Aluminium			200	

[1] Es ist jeweils der für die Baukonstruktion ungünstigere Wert einzusetzen.

Tab. 224 – Fortsetzung

Sperrstoffe und Anstriche	Dicke d in m	Wasserdampf-Diffusionswiderstandszahl μ^1
Vaporex-Dampfsperre, normal	0,0008	14 500
bituminiert	0,0007	31 200
besandet	0,0018	46 300
Super	0,0022	140 000
Nepa-Dampfbremse	0,0004	40 000
einfache Dachpappe	0,0012	1300
Bitumen-Wollfilzpappe (500)	0,0008	3500/18 000
PVC-Folie	≥ 0,0001	20 000/50 000
Polyethylenfolie	≥ 0,0001	100 000
Aluminiumfolie	0,00005	dampfdicht
Andere Metallfolien	≥ 0,0001	dampfdicht

Tab. 228 – Richtwerte der Wasserdampf-Diffusionswiderstandszahlen von Sperrstoffen und Anstrichen

Sperrstoffe und Anstriche	Dicke d in m	Wasserdampf-Diffusions-widerstandszahl μ^1
Bitumenanstrich	0,001	800
Chlorkautschuklacke	0,0001	24 000/77 000
Polyvinylchloridlacke	0,0001	25 000/50 000
Polyurethanlacke	0,0001	13000
Öllacke		20 000/27 000
Ölfarben		9800/24000
Binderfarben, ölfrei ölhaltig		670/5200 210/6250

[1]Es ist jeweils der für die Baukonstruktion ungünstigere Wert einzusetzen.

Tab. 228 – Fortsetzung

2.8 Wärmedurchlasswiderstand

Der Wärmedurchlasswiderstand R dient zur Beurteilung des Wärmeschutzes bei Einzelbauteilen. Während der Wärmedurchlasskoeffizient diejenige Wärmemenge angibt, die durch ein Bauteil hindurchgeht, wird durch den Wärmedurchlasswiderstand der Widerstand des Bauteils gegen den Durchgang von Wärme ausgedrückt. Rechnerisch bedeutet dies den Kehrwert des Wärmedurchlasskoeffizienten und dessen Einheit, $R = \frac{d}{\lambda}$. Je größer der Wärmedurchlasswiderstand R ist, desto besser ist die Wärmedämmung eines Bauteils, je kleiner der Wert ist, desto mehr Wärme kann durch den Bauteil abwandern.

2.8.1 Wärmedurchlasswiderstand bei einschichtigen Bauteilen

In einem einschichtigen Bauteil (z. B. einer Ziegelmauerwand) mit der Dicke d und der Wärmeleitfähigkeit λ wird der Wärmedurchlasswiderstand berechnet nach

$$R = \frac{d}{\lambda} \left[\frac{m^2 \cdot K}{W} \right] \qquad (2)$$

Ist die Oberflächentemperatur auf beiden Seiten des Bauteils bekannt, dann kann der Temperaturverlauf im Bauteil graphisch ermittelt werden. Angenommen sei für die folgende Skizze (Abb. 231/1) eine Innentemperatur $\theta_i = +18{,}5\ °C$ und eine Außentemperatur von $\theta_a = -16\ °C$.

2.8.2 Wärmedurchlasswiderstand bei mehrschichtigen Bauteilen

Besteht ein Bauteil aus mehreren Schichten, so setzt sich der gesamte Wärmedurchlasswiderstand aus der Summe der Einzelwiderstände zusammen.

$$\text{Wärmedurchlasswiderstand } R = \frac{d_1}{\lambda_1} + \frac{d_2}{\lambda_2} + \frac{d_3}{\lambda_3} + \frac{d_4}{\lambda_4} \text{ usw.} \left[\frac{m^2 \cdot K}{W}\right] \quad (3)$$

Mehrere Berechnungsbeispiele dieser Art werden in Kapitel 4 gezeigt. Die grafische Ermittlung des Temperaturverlaufs in einem mehrschichtigen Bauteil (z. B. Innenputz, Mauerwerk, Dämmschicht, Außenputz) erfolgt nach der Darstellung in Abb. 231/2. Die Oberflächentemperaturen sind in diesem Beispiel mit θ_{si} = +18,5 °C und θ_{se} = −16 °C angenommen. Die Wärmedurchlasswiderstände $\frac{d}{\lambda}$ der einzelnen Schichten werden dabei in beliebigem Maßstab auf einer waagerechten Linie aufgetragen, die Punkte X und Y miteinander verbunden und danach die Temperaturpunkte für die einzelnen Grenzschichten durch Parallelverschiebung ermittelt. Aus der damit entstandenen Temperaturverlaufskurve ist zu ersehen, in welcher Schicht und an welcher Stelle die einzelnen Temperaturen auftreten.

2.8.3 Wärmedurchlasswiderstände von Luftschichten

Die Wärmedurchlasswiderstände von Luftschichten R_g können nicht wie bei festen Baustoffen berechnet werden, da hier andere Gesetzmäßigkeiten gelten. Die Wärmeübertragung findet in diesen Fällen nicht nur durch Wärmeleitung, sondern in verstärktem Maße durch Wärmestrahlung und Konvektion statt. Während bei festen Körpern der Wärmedurchlasswiderstand linear zur Dicke des Baustoffs ansteigt, ist seine Größe bei Luftschichten von der Lage der Luftschicht, von der Richtung des Wärmestroms und von dem die Luftschicht begrenzenden Material abhängig. Bei senkrechten Luftschichten nimmt die Wärmedämmung bis zu einer Luftschichtdicke von etwa 50 mm zu; bei größeren Luftschichtdicken werden die Dämmwerte wegen zunehmender Konvektion wieder kleiner. Treten zur Begrenzung von Luftschichten blanke Metallflächen wie Aluminiumfolie auf, so wird durch teilweise Reflexion der Wärmestrahlen eine weitere Verbesserung der Wärmedämmung erreicht.

In Tabelle 232 sind Rechenwerte der Wärmedurchlasswiderstände von Luftschichten nach DIN EN ISO 6946 angegeben. Eine Luftschicht hinter einer gemauerten, nichttragenden Außenschale (geputzte Vormauerschale) darf zusammen mit der Außenschale in die Wärmedämmberechnung einbezogen werden, wenn diese nach DIN 1053–01 als Vorsatzschale gilt, d. h. mindestens 90 mm dick ist. Dünnere Außenschalen sind Bekleidungen.

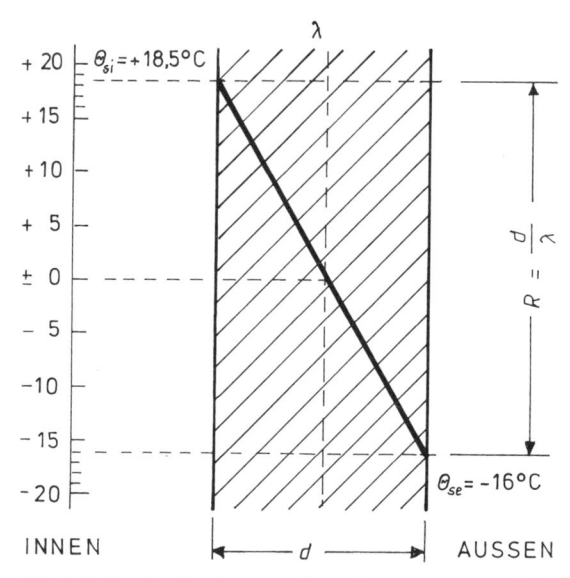

Abb. 231/1 – Graphische Darstellung des Temperaturverlaufs in einschichtigen Bauteilen (z. B. Mauerwerk).

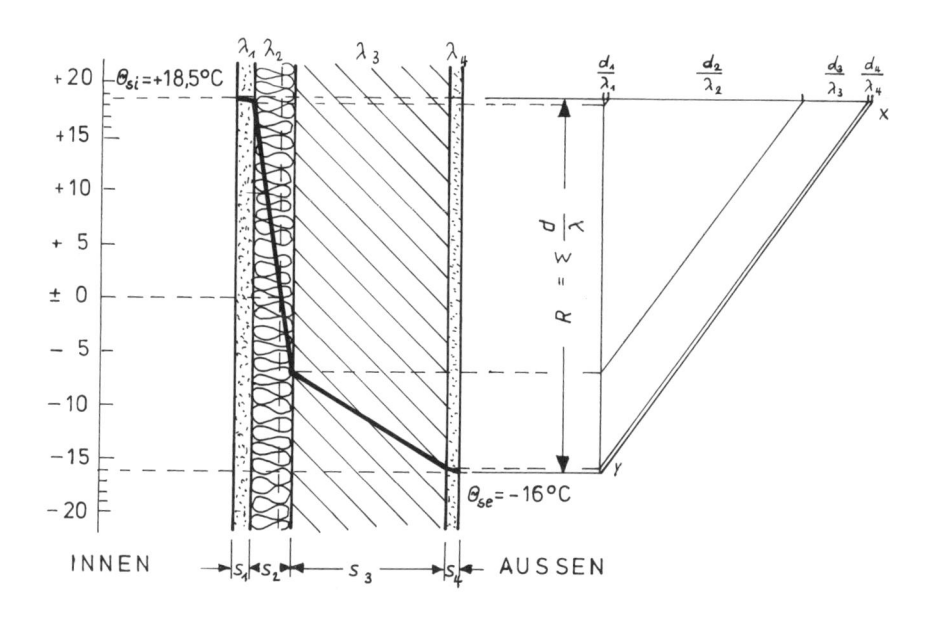

Abb. 231/2 – Graphische Darstellung des Temperaturverlaufs in mehrschichtigen Bauteilen.

Neben ruhenden Luftschichten unterscheidet DIN EN ISO 6946 noch schwach belüftete und stark belüftete Luftschichten. Schwach belüftet ist eine Luftschicht, wenn der Luftaustausch mit der Außenumgebung durch Öffnungen mit einem Querschnitt von 5 cm² bis 15 cm² erfolgt und zwar
je m Länge für vertikale Luftschichten und
je m² Oberfläche für horizontale Luftschichten.

Der Bemessungswert des Wärmedurchlasswiderstandes einer schwach belüfteten Luftschicht beträgt dann die Hälfte des entsprechenden Wertes nach Tabelle 232.

Stark belüftet ist eine Luftschicht, wenn die Öffnungen zwischen Luftschicht und Außenumgebung größer als bei einer schwach belüfteten Luftschicht sind. Das Bauteil gilt somit als hinterlüftet.

Luftschichtdicke in mm	Richtung des Wärmestroms		
	aufwärts	horizontal	abwärts
5	0,11	0,11	0,11
7	0,13	0,13	0,13
10	0,15	0,15	0,15
15	0,16	0,17	0,17
25	0,16	0,18	0,19
50	0,16	0,18	0,21
100	0,16	0,18	0,22
300	0,16	0,18	0,23

[1] Die Werte gelten für Luftschichten, die nicht mit der Außenluft in Verbindung stehen und für Luftschichten bei mehrschaligem Mauerwerk nach DIN 1053.

Tab. 232 – Wärmedurchlasswiderstand R_g von ruhenden Luftschichten nach DIN EN ISO 6946 in m² · K/W

2.9 Wärmedurchlasswiderstände von Dachräumen

Für eine Dachkonstruktion mit ebener gedämmter Decke und einem Schrägdach kann der Dachraum so betrachtet werden, als wäre er eine wärmetechnisch homogene Schicht mit einem Wärmedurchlasswiderstand nach Tabelle 233.

	Beschreibung des Daches	R_u $m^2 \cdot K/W$
1	Ziegeldach ohne Pappe, Schalung o.ä.	0,06
2	Plattendach oder Ziegeldach mit Pappe oder Schalung oder ähnlichem unter den Ziegeln	0,2
3	Wie 2, jedoch mit Aluminiumverkleidung oder einer anderen Oberfläche mit geringem Emissionsgrad an der Dachunterseite	0,3
4	Dach mit Schalung und Pappe	0,3

Anmerkung: Die Werte in dieser Tabelle enthalten den Wärmedurchlasswiderstand des belüfteten Raums und der (Schräg)-Dachkonstruktion. Sie enthalten nicht den äußeren Wärmeübergangswiderstand (R_{se}).

Tab. 233 – Wärmedurchlasswiderstände R_u von Dachräumen nach DIN EN ISO 6946

2.10 Wärmeübergangskoeffizient und Wärmeübergangswiderstand

Maßstab für die Bewertung einer Konstruktion (Wand, Decke oder Dach) nach ihrem Wärmedämmvermögen ist, wie in Kapitel 2.8 gezeigt, der Wärmedurchlasswiderstand (R). Man geht hier von den äußeren und inneren Oberflächentemperaturen der Baustoffe aus. Die warme Raumluft hat jedoch immer eine höhere Temperatur als die angrenzende Oberfläche des Bauteils, die Außenluft dagegen ist kälter als die äußere Bauteiloberfläche. Da die äußere und innere Lufttemperatur in der Regel bekannt bzw. leicht messbar sind, nimmt man häufig auch sie als Bezugsgröße. Der Temperaturunterschied zwischen Bauteiloberfläche und angrenzender Luft wird durch den Wärmeübergangskoeffizienten h bzw. durch dessen Kehrwert, den Wärmeübergangswiderstand R_s berücksichtigt (s. Abb. 222).

h_{si} bzw. R_{si} kennzeichnet dabei den Wärmeübergang an der Bauteilinnenseite, h_{se} bzw. R_{se} bezeichnet diesen an der Außenseite des Bauteils. Der Wärmeübergangskoeffizient h gibt die Wärmemenge in J/s (= W) an, die zwischen einer 1 m² großen Bauteiloberfläche und der berührenden Luft ausgetauscht wird, wenn der Temperaturunterschied zwischen Luft und Oberfläche 1 K beträgt. Die Einheit ist somit W/(m² · K).

Der Wärmeübergangswiderstand stellt den Kehrwert des Wärmeübergangskoeffizienten dar. Die Größe des Wärmeübergangswiderstandes R_s ist von der herrschenden Luftbewegung abhängig. Deshalb werden für Wärmeschutzberechnungen die in Tabelle 234 angegebenen Durchschnittswerte zugrunde gelegt.

Bauteile		Wärmeübergangswiderstand	
		Innen R_{si} $(m^2 \cdot K)/W$	außen R_{se} $(m^2 \cdot K)/W$
1	Außenwand ohne hinterlüftete Außenhaut	0,13	0,04
2	Außenwand mit hinterlüfteter Außenhaut, Wände (auch Abseitenwände) zu nicht wärmegedämmten Dachräumen, Durchfahrten, Garagen, offenen Hausfluren	0,13	0,08
3	Wohnungstrennwände, Wände zu fremdgenutzten Räumen, zu dauernd unbeheizten Räumen, Abseitenwand zum wärmegedämmten Dachraum	0,13	0,13
4	Treppenraumwand zum Treppenraum		
	mit Innentemperatur von $\theta \leq 10°$	0,13	0,13
	mit Innentemperatur von $\theta > 10°$ (z. B. Verwaltungs- und Schulgebäude, Gaststätten, Geschäftshäuser)	0,13	0,13
5	Wände, die an das Erdreich grenzen	0,13	0
6	Wohnungstrenndecken, Decken zwischen fremden Arbeitsräumen, Decken unter gedämmten Dachräumen		
	Wärmestrom von unten nach oben	0,10	0,10
	Wärmestrom von oben nach unten	0,17	0,17
7	Decken unter nicht ausgebauten Dachräumen oder unter belüfteten Räumen (z. B. belüftete Dachschrägen)	0,13	0,08
8	Decken, die Aufenthaltsräume nach oben gegen die Außenluft abgrenzen, z. B. Dächer und Decken unter Terrassen	0,13	0,04
9	Kellerdecken, Decken gegen abgeschlossene unbeheizte Hausflure	0,17	0,17
10	Decken, die Aufenthaltsräume nach unten gegen die Außenluft abgrenzen (z. B. über Garagen oder Durchfahrten	0,17	0,04
11	Unterer Abschluss nicht unterkellerter Aufenthaltsräume, unmittelbar an das Erdreich grenzend	0,17	0

Tab. 234 – Bemessungswerte der Wärmeübergangswiderstände nach DIN V 4108–4

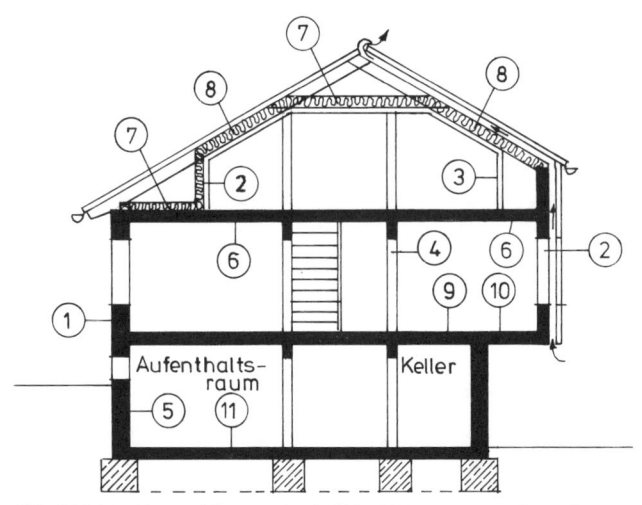

Abb. 235/1 – Kennzeichnung der in Tab. 234 genannten Bauteile.

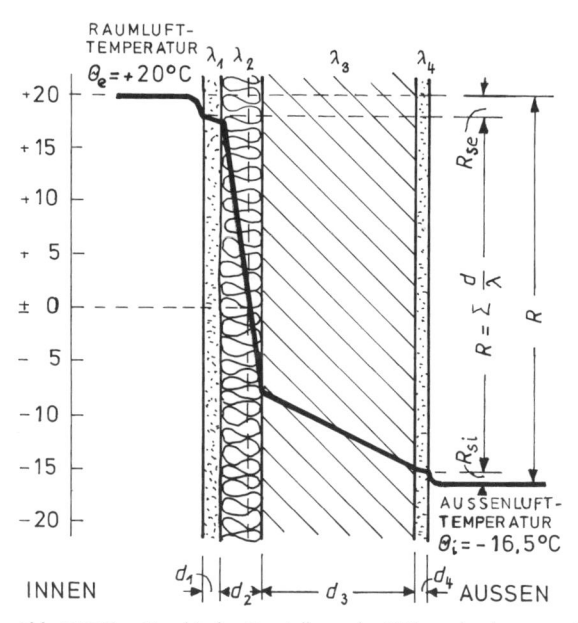

Abb. 235/2 – Graphische Darstellung des Wärmedurchgangswiderstands.

235

2.11 Wärmedurchgangswiderstand

Addiert man zum Wärmedurchlasswiderstand R (von Oberfläche zu Oberfläche eines Bauteils) die beiden Wärmeübergangswiderstände $R_{si} + R_{se}$, so erhält man den sogenannten Wärmedurchgangswiderstand R_T. Dieser stellt den gesamten Widerstand dar, der dem Wärmedurchgang durch das Bauteil zwischen warmer Raumluft und kalter Außenluft entgegengesetzt wird.

Berechnet wird der Wärmedurchgangswiderstand wie folgt:

$$R_T = R_{si} + R + R_{se} \left[\frac{m^2 \cdot K}{W}\right] \qquad (4)$$

Abb. 235/2 zeigt die graphische Darstellung des Wärmedurchgangswiderstands bei einem Bauteil (bestehend aus Innenputz, Mauerwerk, Dämmschicht, Außenputz) mit einer Raumlufttemperatur von +20°C und einer Außenlufttemperatur von –16,5 °C.

2.12 Wärmedurchgangskoeffizient

Der Wärmedurchgangskoeffizient U, auch U-Wert genannt, gibt die Wärmemenge in J/s (= W) an, die durch 1 m² eines Bauteils bei 1 Kelvin Temperaturunterschied von der warmen Raumluft zur kalten Außenluft oder im Sommer von der warmen Außenluft zur kühlen Raumluft hindurchgeht. Der Wärmedurchgangskoeffizient ist der Kehrwert des Wärmedurchgangswiderstandes.

$$\text{Wärmedurchgangskoeffizient } U = \frac{1}{R_{si} + R + R_{se}} = \frac{1}{R_T} \left[\frac{W}{m^2 \cdot K}\right] \qquad (5)$$

Während die Beurteilung der Wärmedämmung von Einzelbauteilen vor allem durch den Wärmedurchlasswiderstand erfolgt, dient der Wärmedurchgangskoeffizient vorwiegend zur Ermittlung der Transmissionswärmeverluste bei Einzelbauteilen, bei Bauteilgruppen und bei der gesamten Gebäudeumfassungsfläche. Er wird außerdem zur Bestimmung der Größe der Heizung und des Brennstoffbedarfs benötigt. Je kleiner der U-Wert ist, desto geringer ist der Wärmeverlust.

Für ein Bauteil, das aus mehreren nebeneinanderliegenden Bereichen mit verschiedenen Wärmedurchgangskoeffizienten U_1, U_2, U_3 usw. besteht, wird entsprechend ihren Flächenanteilen A_1/A, A_2/A, A_3/A usw. der gemittelte Wärmedurchgangskoeffizient U nach folgender Gleichung errechnet:

$$U = U_1 \cdot \frac{A_1}{A} + U_2 \cdot \frac{A_2}{A} + U_3 \cdot \frac{A_3}{A} \text{ usw.} \qquad (6)$$

Ist aus dem U-Wert eines Bauteils dessen Wärmedurchlasswiderstand zu ermitteln, so geschieht dies mit der Gleichung

$$R = \frac{1}{U} - (R_{si} + R_{se}) \left[\frac{m^2 \cdot K}{W} \right] \qquad (7)$$

Hierbei dürfen sich nach DIN 4108 Teil 5 Abschnitt 3.3 die Wärmedurchlasswiderstände R nebeneinanderliegender Bereiche (z. B. Gefachbereich und Bereich der Unterkonstruktion) höchstens um den Faktor 5 unterscheiden. Somit gilt:

$$\frac{R_1}{R_2} \leq 5 \qquad (8)$$

3 Anforderungen an den Wärmeschutz

Im Bestreben, wirtschaftlich beheizbare Räume zu schaffen, wird eine Reihe von wärmeschutztechnischen Anforderungen sowohl an die raumumschließenden Einzelbauteile als auch an die Umfassungsflächen von Gebäuden gestellt. Diese Anforderungen sind Mindestanforderungen und werden als Mindestwärmeschutz bezeichnet. Zu unterscheiden ist der Wärmeschutz im Winter und der Wärmeschutz im Sommer. Der winterliche Wärmeschutz zielt ab auf ein hygienisch einwandfreies Raumklima, auf den Schutz der Baukonstruktion vor Bauschäden infolge von Feuchtigkeitseinwirkungen und auf einen sparsamen Energieverbrauch für die Beheizung des Gebäudes. Durch Empfehlungen für den sommerlichen Wärmeschutz soll eine zu hohe Erwärmung der Aufenthaltsräume infolge sommerlicher Wärmeeinwirkung vermieden werden.

Grundlage für diese wärmeschutztechnischen Anforderungen ist die DIN 4108 – Wärmeschutz und Energieeinsparung in Gebäuden – als allgemein anerkannte Regel der Technik und die Energieeinsparverordnung vom 16.11.2001. Werden Wärmeschutzmaßnahmen getroffen, die über die Mindestanforderungen hinausgehen, spricht man von einem erhöhten Wärmeschutz. Dieser muss in jedem Fall zwischen Bauherr und Architekt bzw. Bauunternehmer besonders vereinbart werden.

Die Verminderung des Energieverbrauchs in Neu- und Altbauten ist aus gesamtwirtschaftlicher Sicht im Hinblick auf eine ökologisch-nachhaltige Wirtschaft auch ein Beitrag zum Klimaschutz, z. B. durch die Reduzierung von CO_2- oder SO_2-Emissionen, zum Schutz der Umwelt und zur Schonung der wertvollen Energiereserven, z. B. von Erdöl, Erdgas und Kohlevorkommen, für künftige Generationen.

3.1 Anforderungen an den Wärmeschutz im Winter

Der winterliche Wärmeschutz eines Raumes hängt ab
- vom Wärmedurchlasswiderstand bzw. vom Wärmedurchgangskoeffizienten und dem Flächenanteil der umschließenden Bauteile (Wände, Decken, Fenster, Türen),
- von der Anordnung der einzelnen Schichten bei mehrschichtigen Bauteilen (wegen der Tauwasserbildung),
- von der Luftdurchlässigkeit der Bauteile und ihrer Fugen, vor allem derjenigen, die den Raum gegen die Außenluft abschließen,
- von der Wärmespeicherfähigkeit der Bauteile,
- von der Energiedurchlässigkeit, Größe und Orientierung der Fenster unter Berücksichtigung von Sonnenschutzmaßnahmen.

Außerdem sind zu beachten die
- Anforderungen an Bauteile mit Wärmebrücken,
- Anforderungen an die Luftdichtheit von Außenbauteilen,
- Sicherung des Mindestluftwechsels

Besondere wärmeschutztechnische Anforderungen werden hier an die nichttransparenten Einzelbauteile, an die Umfassungsflächen des gesamten Gebäudes und an Fenster, Fenstertüren und Außentüren gestellt.

3.2 Anforderungen an nichttransparente Einzelbauteile nach DIN 4108

Die Mindestanforderungen nach DIN 4108 an Wände, Decken und Dächer als Abgrenzung von Aufenthaltsräumen sind in der Tabelle 239 enthalten. Aufenthaltsräume in diesem Sinne sind: Wohn- und Schlafräume, Dielen und Küchen, Unterrichts-, Versammlungs-, Gast-, Kranken-, Warte-, Büro-, Geschäfts- und Verkaufsräume sowie Werkstätten mit einer Innentemperatur von $\geq 19\,°C$. Zugehörige Nebenräume werden wie Aufenthaltsräume behandelt.

Für leichte Bauteile sind wegen deren fehlender Wärmespeicherfähigkeit (s. Abschnitt 3.8, Seite 267) erhöhte Wärmedurchlasswiderstände als Mindestwerte vorgeschrieben (s. Tabelle 240).

Als leichte Bauteile gelten leichte Außenwände, Decken unter nicht ausgebauten Dachgeschossen und Dächer mit einer flächenbezogenen Gesamtmasse unter $100\,kg/m^2$.

Bei der Berechnung des Wärmedurchlasswiderstandes R von Holzbauteilen in Tafelbauweise dürfen – soweit die Gefache in diesen Bauteilen belüftet sind – nur

	Bauteile	Wärmedurchlasswiderstand R $m^2 \cdot K/W$
1	Außenwände einschließlich Nischen und Brüstungen unter Fenstern, Fensterstürzen und Wärmebrücken	1,20
2	Wände von Aufenthaltsräumen gegen Bodenräume, Durchfahrten, offene Hausflure, Garagen	1,20
3	Wohnungstrennwände, Wände zu fremdgenutzten Räumen	0,07
4	Treppenraumwände zum Treppenraum	
	mit Innentemperaturen $\theta \leq 10°C$, aber Treppenraum frostfrei	0,25
	mit Innentemperaturen $\theta > 10°C$, z. B. in Verwaltungsgebäuden, Geschäftshäusern, Unterrichtsgebäuden, Hotels, Gaststätten und Wohngebäuden	0,07
5	Wände von Aufenthaltsräumen, die an das Erdreich grenzen	1,20
6	Wohnungstrenndecken, Decken zwischen fremden Arbeitsräumen, Decken unter ausgebauten Dachräumen mit gedämmten Dachschrägen und Abseitenwänden	
	allgemein	0,35
	in zentralbeheizten Bürogebäuden	0,17
7	Decken unter nicht ausgebauten Dachräumen, Decken unter belüfteten Räumen zwischen Dachschrägen und Abseitenwänden bei ausgebauten Dachräumen, wärmegedämmten Dachschrägen	0,90
8	Decken und Dächer, die Aufenthaltsräume nach oben gegen die Außenluft abgrenzen, Decken und Dächer unter Terrassen, Umkehrdächer (mit zusätzlicher Zuschlagsberechnung)	1,20
9	Kellerdecken, Decken gegen abgeschlossene, unbeheizte Hausflure	0,90
10	Decken, die Aufenthaltsräume nach unten gegen die Außenluft abgrenzen, z. B. über Garagen, Durchfahrten und belüfteten Kriechkellern	1,75
11	Unterer Abschluss nicht unterkellerter Aufenthaltsräume, wenn unmittelbar an das Erdreich grenzend (bis zu einer Raumtiefe von 5 m) oder über einem nicht belüfteten Hohlraum an das Erdreich grenzend	0,90

Tab. 239 – Mindestwerte der Wärmedurchlasswiderstände R für wärmeübertragende Bauteile mit einer flächenbezogenen Gesamtmasse von ≥ 100 kg/m^2 nach DIN 4108–2

	Bauteile	Wärmedurchlass-widerstand R $m^2 \cdot K/W$
1	Außenwände, Decken unter nicht ausgebauten Dachräumen und Dächer (< 100 kg/m²)	1,75
2	Rahmen und Skelettbauarten im Gefachbereich für das gesamte Bauteil im Mittel (R_m)	1,75 1,00
3	Rollladenkästen	1,00
4	Deckel von Rollladenkästen	0,55
5	Nichttransparenter Teil der Ausfachungen von Fensterwänden und Fenstertüren bei > 50 % der Gesamtausfachungsfläche bei < 50 % der Gesamtausfachungsfläche	 1,20 1,00

Tab. 240 – Mindestwerte der Wärmedurchlasswiderstände R für leichte Bauteile mit einer flächenbezogenen Gesamtmasse von < 100 kg/m², sowie für Rahmen und Skelettbauarten nach DIN 4108-2

die inneren Schichten vor dem belüfteten Hohlraum berücksichtigt werden, nicht dagegen die bewegliche Luftschicht im Hohlraum und die äußere Verkleidung.

Durch die Mindestanforderungen an Einzelbauteile nach DIN 4108 wird verhindert, dass ggf. Stellen eines Gebäudes ohne jegliche Wärmedämmung gebaut werden, wie es bei der Bestimmung des Jahres-Heizwärmebedarfs theoretisch möglich wäre.

3.3 Energieeinsparverordnung (EnEV)

Mit der Einführung der Energieeinsparverordnung im Februar 2002 werden gegenüber der Wärmeschutzverordnung 1995 durch die neue Bewertungsgröße »Maximaler Jahres-Primärenergiebedarf« weitere Einsparungen von Energie bei der Gebäudenutzung aus Gründen der Versorgungssicherheit und des Klimaschutzes gefordert.

Diese Verordnung umfasst nicht nur eine weitere Erhöhung der Anforderungen an den Wärmeschutz für das Gebäude, sondern bezieht auch den Energiebedarf für die Gebäudeheizung, die Warmwasserbereitung und die Lüftung ein.

Der **Jahres-Primärenergiebedarf** Q_p beschreibt die Energiemenge, die zur Deckung des Jahresheizwärmebedarfs Q_h, des Wärmebedarfs für die Trinkwassererwärmung Q_W und des Energiebedarfs für die Betreibung der Heizanlage benötigt wird einschließlich der Primärenergie, die direkt von der Natur zu Verfügung gestellt wird, wie z. B. Braun- und Steinkohle, Erdgas, Erdöl und Uran.

Der Jahresheizwärmebedarf Q_h beinhaltet
- den Transmissionswärmebedarf $\quad Q_T$
- den Lüftungswärmebedarf $\quad Q_V$
- die nutzbaren solaren Wärmegewinne $\quad Q_s$
- die nutzbaren internen Wärmegewinne $\quad Q_i$

Jahresheizwärmebedarf $Q_h = Q_T + Q_V - Q_s - Q_i$ (9a)

Der Jahres-Primärenergiebedarf Q_p beinhaltet
- den Jahresheizwärmebedarf $\quad Q_h$
- den Wärmebedarf für die Trinkwassererwärmung $\quad Q_W$
- die Anlagenaufwandszahl $\quad e_p$

Jahres-Primärenergiebedarf $Q_p = (Q_h + Q_w) \cdot e_p$ (9b)

Der **Transmissionswärmebedarf** Q_h hat vorhandene Transmissionswärmeverluste (H_T), der **Lüftungswärmebedarf** Q_V die Lüftungswärmeverluste (H_V) auszugleichen, damit ein gleichmäßiges Raumklima erhalten bleibt.

Die **Anlagenaufwandszahl** e_p umfasst die Anlagenverluste der Haustechnik unter Berücksichtigung des Anlagesystems (z.B. Niedertemperaturkessel, Brennwertkessel u.a.) und beinhaltet die Wärmeverluste bei der Erzeugung und Verteilung der Wärmeenergie im Gebäude. Inbegriffen sind auch die Primärenergiefaktoren, das sind die Energieverluste bei der Gewinnung, der Umwandlung und beim Transport der Energieträger.

Der **Endenergiebedarf** ist die Energiemenge, die den Anlagen für Heizung, Lüftung, Warmwasserbereitung und Kühlung zur Verfügung gestellt werden muss, um die normierte Raumtemperatur und die Erwärmung des Warmwassers über das ganze Jahr sicherzustellen (Abb. 242/2). Dazu gehört auch die Hilfsenergie (Strom) zum Betrieb von Pumpen und Regeleinrichtungen.

Die **Endenergie** ist die Energie, die am Ort des Verbrauchs an den Verbraucher geliefert und mit dem Verbraucher abgerechnet wird, z.B. als Fernwärme aus Kraftwerken, als Heizöl im Öltank, als Koks oder Briketts, als Strom aus der Steckdose.

Erneuerbare (regenerative) **Energien** sind Energieträger, die sich ständig erneuern und deshalb »unerschöpflich« sind, wie z.B. Sonnenenergie (Solarenergie), Wind- und Gezeitenenergie, Erd- und Umweltwärme, Biomasse und in begrenztem Umfang Holz. Sie verringern den Jahres-Primärenergiebedarf, sofern sie genutzt werden.

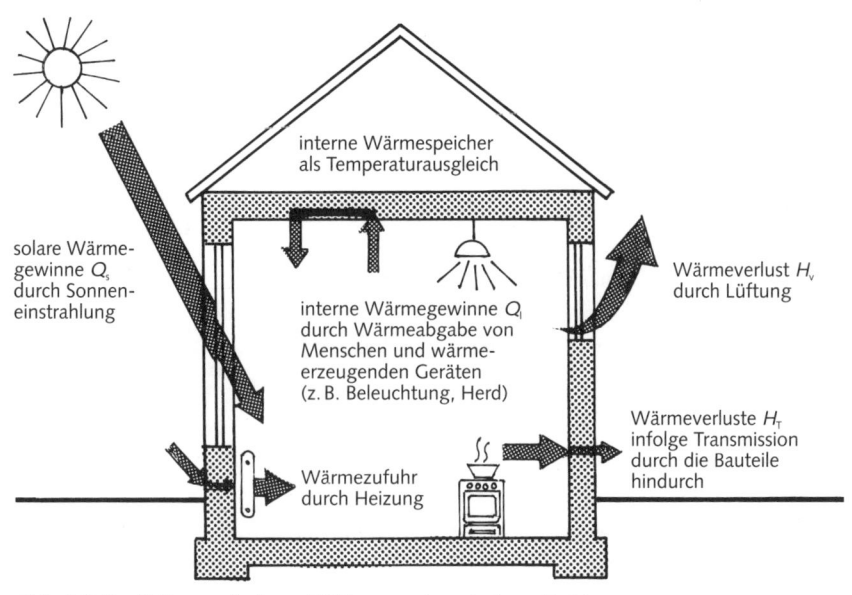

Abb. 242/1 – Wärmeverluste und Wärmegewinne (schematisch)

Labels in figure:
- solare Wärmegewinne Q_s durch Sonneneinstrahlung
- interne Wärmespeicher als Temperaturausgleich
- interne Wärmegewinne Q_i durch Wärmeabgabe von Menschen und wärmeerzeugenden Geräten (z. B. Beleuchtung, Herd)
- Wärmezufuhr durch Heizung
- Wärmeverlust H_v durch Lüftung
- Wärmeverluste H_T infolge Transmission durch die Bauteile hindurch

Berechnung des Energiebedarfs

Q_h = Jahresheizwärmebedarf
Q_T = Transmissionswärmebedarf
Q_V = Lüftungswärmebedarf
Q_s = Solarwärmegewinne
Q_i = Interne Wärmegewinne

q_g = Wärmeerzeugerverluste
q_s = Wärmespeicherverluste
q_d = Wärmeverteilerverluste
$q_{c,e}$ = Wärmeübergabeverluste

Raum = Bilanzgrenze
Nutzenergie
Raumgrenze
Übergabe
Verteilung Speicherung Erzeugung

Primär-Energie

Endenergie
(Gebäudegrenze)

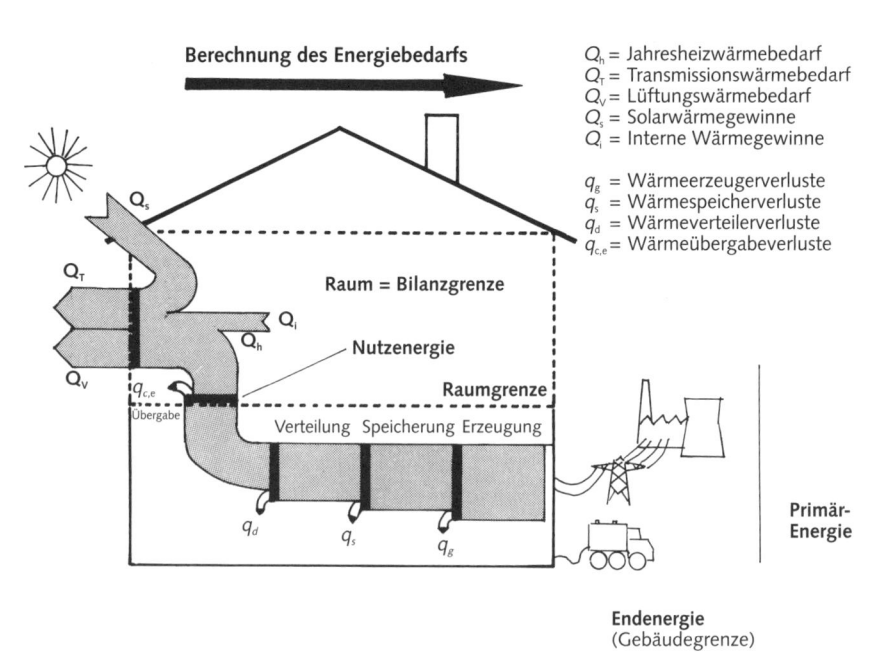

Abb. 242/2 – Ermittlung des Energiebedarfs (schematisch)

3.3.1 Anforderungen nach der Energieeinsparverordnung zur Ermittlung des Jahres-Primärenergiebedarfs für Wohngebäude mit normalen Innentemperaturen von ≥ 19°C

Aufgrund der Energieeinspar-VO über energiesparenden Wärmeschutz und energiesparende Anlagetechnik bei Gebäuden, ist der Jahres-Primärenergiebedarf und der spezifische Transmissionswärmeverlust auf ein Höchstmaß zu begrenzen. Die Begrenzung erfolgt (siehe Tabelle 244)

a) durch den maximalen Jahres-Primärenergiebedarf Q_p in kWh/(m² · a)
   - für Wohngebäude allgemein (Q''_p), bezogen auf die Gebäudenutzfläche A_N
   - für andere Gebäude (Q'_p), bezogen auf das beheizte Gebäudevolumen,
b) durch den spezifischen Transmissionswärmeverlust H_T in W/(m² · a) für Nichtwohngebäude und Wohngebäude mit einem Fensterflächenanteil von ≤ 30 %, bezogen auf die wärmeübertragende Umfassungsfläche A.
c) jeweils erweitert durch die Werte für den Energiebedarf der Heizungs-, Trinkwassererwärmungs- und Lüftungsanlage

3.3.2 Verfahren zur Berechnung des Jahresheizwärme- und Energiebedarfs

Die Berechnung des Jahresheizenergiebedarfs Q_h kann nach folgenden Verfahren erfolgen
1) durch monatliche Wärmebilanzierung, wobei die Summe der Monatsergebnisse den Jahresheizwärme- und Jahresenergiebedarf ergibt.
2) Durch periodische Wärmebilanzierung (Heizperiode) bzw. durch die jährliche Wärmebilanzierung. Diese kann in einem vereinfachten Verfahren durchgeführt werden.

3.3.3 Berechnungsmöglichkeiten

Nach der Energieeinsparverordnung gibt es folgende Berechnungsmöglichkeiten für den Nachweis, dass neu zu errichtende und bestehende Gebäude den Anforderungen an den Wärmeschutz entsprechen:
a) Beim Monatsbilanzverfahren ist die Berechnung des Wärmeschutzes nach DIN EN 832 in Verbindung mit DIN V 4108–6 und DIN V 4701–10 durchzuführen. Letztere ermöglicht die Berechnung des Energiebedarfs für Heizung, Trinkwassererwärmung und Lüftung bei der Ermittlung des jährlichen Endenergiebedarfs. Diese Berechnungsmöglichkeit gilt für Wohngebäude mit Innentemperaturen von ≥ 19°C und einem Fensterflächenanteil von ≥ 30 % sowie für andere Gebäude (Nichtwohngebäude).

Verhältnis A/V_e	Jahres-Primärenergiebedarf			Spezifischer, auf die wärmeübertragende Umfassungsfläche bezogener Transmissionswärmeverlust H_T' in W/(m² · K)	
	Q_p'' in kWh/(m² · a) bezogen auf die Gebäudenutzfläche		Q_p' in kWh/(m³ · a) bezogen auf das beheizte Gebäudevolumen		
	Wohngebäude außer solchen nach Spalte 3	Wohngebäude mit überwiegender Warmwasserbereitung aus elektrischem Strom	andere Gebäude	Nichtwohngebäude mit einem Fensterflächenanteil ≤ 30 % und Wohngebäude	Nichtwohngebäude mit einem Fensterflächenanteil > 30 %
1	2	3	4	5	6
≤ 0,2	66,0 + 2600/(100 + A_N)	88,00	14,72	1,05	1,55
0,3	73,53 + 2600/(100 + A_N)	95,53	17,13	0,80	1,15
0,4	81,06 + 2600/(100 + A_N)	103,06	19,54	0,68	0,95
0,5	88,58 + 2600/(100 + A_N)	110,58	21,95	0,60	0,83
0,6	96,11 + 2600/(100 + A_N)	118,11	24,36	0,55	0,75
0,7	103,64 + 2600/(100 + A_N)	125,64	26,77	0,51	0,69
0,8	111,17 + 2600/(100 + A_N)	133,17	29,18	0,49	0,65
0,9	118,70 + 2600/(100 + A_N)	140,70	31,59	0,47	0,62
1	126,23 + 2600/(100 + A_N)	148,23	34,00	0,45	0,59
≥ 1,05	130,00 + 2600/(100 + A_N)	152,00	35,21	0,44	0,58

Zwischenwerte zu Tabelle 1
Zwischenwerte zu den in Tabelle 1 festgelegten Höchstwerten sind nach folgenden Gleichungen zu ermitteln:
Spalte 2 $Q_p'' = 50{,}94 + 75{,}29 \cdot A/V_e + 2600/(100 + A_N)$ in kWh/(m² · a)   Spalte 5 $H_T' = 0{,}3 + 0{,}15/(A/V_e)$ in W/(m² · K)
Spalte 3 $Q_p'' = 72{,}94 + 75{,}29 \cdot A/V_e$ in kWh/(m² · a)   Spalte 6 $H_T' = 0{,}35 + 0{,}24/(A/V_e)$ in W/(m² · K)
Spalte 4 $Q_p' = 9{,}9 + 24{,}1 \cdot A/V_e$ in kWh/(m³ · a)

Tab. 2M: Höchstwerte des Jahres-Primärenergiebedarfs und des spezifischen Transmissionswärmeverlusts

Zeile	Zu ermittelnde Größen	Gleichung	Zu verwendende Randbedingung
1	2	3
1	Jahres-Heizwärmebedarf Q_h	$Q_h = 66 (H_T + H_V) - 0{,}95 (Q_s + Q_i)$	
2	Spezifischer Transmissionswärmeverlust H_T' bezogen auf die wärmeübertragende Umfassungsfläche	$H_T = \Sigma (F_{xi} U_i A_i) + 0{,}05 A$ $H_T' = \dfrac{H_T}{A}$	Temperatur-Korrekturfaktoren F_{xi} nach Tabelle 248
3	Spezifischer Lüftungswärmeverlust H_V	$H_V = 0{,}19\, V_e$ $H_V = 0{,}163\, V_e$	ohne Dichtheitsprüfung nach Anhang 4 Nr. 2 mit Dichtheitsprüfung nach Anhang 4 Nr. 2, EnEV
4	solare Gewinne Q_s	$Q_s = \Sigma (I_s)_{j,HP} \Sigma 0{,}567\, g_i A_i$	Solare Einstrahlung: Orientierung — $\Sigma (I_s)_{j,HP}$ Südost bis Südwest — 270 kWh/(m² × a) Nordwest bis Nordost — 100 kWh/(m² × a) übrige Richtungen — 155 kWh/(m² × a) Dachflächenfenster mit Neigung < 30°) — 225 kWh/(m² × a) Die Fläche der Fenster A_i mit der Orientierung j (Süd, West, Ost, Nord und horizontal) ist nach den lichten Fassadenöffnungsmaßen zu ermitteln.
5	Interne Gewinne Q_i	$Q_i = 22\, A_N$	A_N: Gebäudenutzfläche = 0,32 V_e

Der Jahres-Primärenergiebedarf ist vereinfachend wie folgt zu ermitteln:
$Q_p = (Q_h + Q_w) \times e_p$

Dabei ist
Q_p = Jahres-Primärenergiebedarf
Q_h = Jahres-Heizwärmebedarf
Q_w = Jahres-Energiebedarf für Warmwasserbereitung
e_p = Anlagenaufwandszahl (siehe Seite 241 und Seite 258).

Der Jahres-Primärenergiebedarf Q_p ist anschließend auf die Gebäudenutzfläche A zu beziehen und erhält damit die Bezeichnung $Q''_{p,vorh}$.
$Q''_p = \dfrac{Q_p}{A}$

Der Wert $Q''_{p,vorh}$ ist nun mit dem in Spalte 2 der Tabelle 244 angegebenen oder zu ermittelnden Wert $Q''_{p,zul}$ zu vergleichen.
Ist $Q''_{p,vorh}$ kleiner als $Q''_{p,zul}$ ist der Wärmeschutz für das Gebäude ausreichend.

Tab. 245 – Vereinfachtes Verfahren zur Ermittlung des Jahresheizwärmebedarfs nach der EnEV

b) Wohngebäude mit Innentemperaturen von ≥ 19 °C und mit einem Fensterflächenanteil von < 30 % können mit einem vereinfachten Nachweisverfahren nach Anhang 1 Nr.3 der Energieeinsparverordnung berechnet werden (Tabelle 245).

Berechnung des Fensterflächenanteils f:

$$f = \frac{A_w}{A_w + A_{AW}}$$

A_W = Fläche der Fenster in m² (10)
A_{AW} = Fläche der Außenwände in m²
f = Fensterflächenanteil in %

c) Bei Gebäuden mit Innentemperaturen von < 19 °C darf der Transmissions-Wärmeverlust die Höchstwerte der Tabelle 261 nicht überschreiten.

d) Werden in bestehenden Gebäuden (Altbauten) Teile erneuert, erstmals eingebaut oder ersetzt, sind für diese Bauteile die Wärmedurchgangskoeffizienten U zu berechnen, die die Höchstwerte nach Tabelle 285 nicht überschreiten dürfen.

3.3.4 Bezugsgrößen zur Bestimmung des Jahres-Primärenergiebedarfs

3.3.4.1 Beheiztes Bauwerksvolumen

Das beheizte Bauwerksvolumen V_e (in m³) ist das Volumen, das von der wärmeübertragenden Umfassungsfläche A umschlossen wird.

3.3.4.2 Gebäudenutzfläche

Die Gebäudenutzfläche A_N wird für Gebäude, deren lichte Raumhöhen maximal 2,60 m betragen, aus dem beheizten Bauwerksvolumen V_e ermittelt.

$$A_N = 0{,}32 \cdot V_e \text{ (in m}^2\text{)} \tag{11}$$

3.3.4.3 Hüllflächenfaktor (A/V_e-Verhältnis)

Bei der Festlegung des maximalen Jahres-Heizwärmebedarfs ist die Eingruppierung vom Verhältnis der wärmeübertragenden Umfassungsfläche eines Gebäudes zum beheizten Bauwerksvolumen abhängig, d.h. die Umfassungsfläche A wird durch das Bauwerksvolumen V_e geteilt (Einheit: m⁻¹).

3.3.4.4 Wärmeübertragende Umfassungsfläche eines Gebäudes

Die wärmeübertragende Umfassungsfläche A eines Gebäudes wird wie folgt ermittelt:

$$A = A_{AW} + A_W + A_D + A_G + A_U + A_{DL} \text{ (in m}^2\text{)} \tag{12}$$

Hierin bedeuten:

A_{AW} die Flächen der an die Außenluft grenzenden Außenwände. Es gelten die Gebäudeaußenmaße. Gerechnet wird von Oberkante Gelände oder – falls die unterste Decke über Oberkante Gelände liegt – von der Oberkante dieser Decke bis zur Oberkante der obersten Decke oder der Oberkante der wirksamen Dämmschicht.

A_W die Flächen von Fenstern, Fenstertüren, Außentüren und Dachfenstern, soweit sie zu beheizende Räume nach außen abgrenzen. Die Einzelflächen werden aus den lichten Rohbaumaßen ermittelt.

A_{D1} die nach außen abgrenzenden wärmegedämmten Dach- oder Dach-Deckenflächen.

A_{D2} die obersten Geschossdecken unter nicht ausgebauten Dachräumen und die Flächen von Abseitenwänden.

A_G die Grundfläche des Gebäudes, sofern sie nicht an die Außenluft grenzt. Sie wird aus den Gebäudeaußenmaßen bestimmt. Gerechnet wird die Bodenfläche auf Erdreich oder bei unbeheizten Kellern die Kellerdecke. Werden Keller beheizt, sind in der Gebäudegrundfläche A_G neben der Kellergrundfläche auch die erdberührten Wandflächenanteile zu berücksichtigen.

A_U die Wände und Decken, die an unbeheizte Räume angrenzen.

A_{DL} die Deckenflächen, die das Gebäude nach unten gegen die Außenluft abgrenzen.

A_{AB} die abgrenzenden Bauteilflächen gegenüber angrenzenden Gebäudeteilen mit wesentlich niedrigerer Innentemperatur (z.B. Treppen- oder Lagerräume). Die angrenzenden Gebäudeteile bleiben für die Ermittlung des Verhältnisses A/V_e unberücksichtigt.

3.3.4.5 Temperatur-Korrekturfaktor

Wenn der Wärmestrom aus dem beheizten Bereich durch die Bauteile nach außen abwandert, geschieht dies je nach Bauteilart unterschiedlich stark. Deshalb wurden für das vereinfachte Berechnungsverfahren Temperatur-Korrekturfaktoren (F_x) eingeführt, die bei der Berechnung des Wärmeverlusts H_T zu berücksichtigen sind (Tabelle 248).

Wärmestrom nach außen über	Kenngröße	Temperatur-Korrekturfaktor F_x
Außenwand	F_{AW}	1
Fenster	F_W	1
Dach als Grenze der wärmeübertragenden Umfassungsfläche	F_{Di}	1
Decke unter nicht ausgebautem Dachraum	F_{D2}	0,8
Abseitenwand	F_{D2}	0,8
Wände und Decken zu unbeheizten Räumen	F_U	0,5
Wände und Decken zu niedrig beheizten Räumen	F_{nb}	0,35
Kellerdecken zum unbeheizten Keller	F_G	0,6
Fußboden auf Erdreich	F_G	0,6
Fläche des beheizten Kellers gegen Erdreich	F_G	0,6

Tab. 248 – Temperatur-Korrekturfaktoren zur Berechnung des Transmissionswärmeverlusts (vereinfachtes Rechenverfahren) nach DIN V 4108-6

3.3.4.6 Berücksichtigung von Wärmebrücken

Über Wärmebrücken, vor allem an schwach gedämmten Knotenpunkten von Bauteilen, kann Wärme sehr schnell nach außen abwandern, was an diesen Stellen zu niedrigen Oberflächentemperaturen und damit zu Tauwasser und Schimmelbildung führen kann. Im Beiblatt 2 zu DIN 4108 wird an vielen Beispielen gezeigt, wie Wärmebrücken verhindert werden können.

Bei der Berechnung des Transmissionswärmeverlusts ist ein Wärmebrückenzuschlag zu berücksichtigen

a) durch eine Erhöhung der Wärmedurchgangskoeffizienten um $\Delta U_{WB} = 0{,}10$ W/(m² · K),

b) bei Anwendung der Planungsbeispiele nach DIN 4108, Beiblatt 2, durch eine Erhöhung um $\Delta U_{WB} = 0{,}05$ W/m² · K)

jeweils für die gesamte wärmeübertragende Umfassungsfläche.

3.3.4.7 Anforderungen an die Dichtheit von Gebäuden und Gebäudeteilen

Gemeint ist die Dichtheit der wärmeübertragenden Umfassungsfläche. Sie soll sicherstellen, dass der Austausch der Raumluft nicht unkontrolliert aufgrund der Wind- und Luftdruckverhältnisse, sondern gezielt nach hygienischen Erfordernissen oder sonstigen Bedürfnissen (z. B. Behaglichkeit, gesundes Raumklima) erfolgen kann. Unerwünschte Luftwechsel über Bauteilfugen sind nicht nur zusätzliche Energieverluste, sie können auch zu Bauschäden führen, wenn sich durch warme, feuchtigkeitsgeladene Luft in kalten Bauteilschichten Tauwasser bildet. Die Lüftung eines Gebäudes wird durch eine nach dem Stand der Technik dichte Ausführung nicht beeinträchtigt; sie kann nur durch gezieltes, wohldosiertes Öffnen der Fenster oder durch Lüftungsanlagen sichergestellt werden.

Ein Nachweis der Dichtheit des gesamten Gebäudes ist nach der Energieeinsparverordnung nicht unbedingt gefordert.

Werden Messungen der Luftdichtheit des Gebäudes oder von Gebäudeteilen durchgeführt, darf der nach DIN EN 13829, Verfahren A, gemessene Luftvolumenstrom bei einer Druckdifferenz von 50 Pa zwischen innen und außen
- bei Gebäuden ohne raumlufttechnische Anlagen
  bezogen auf das Raumluftvolumen 3/h oder
  bezogen auf die Netto-Grundfläche 7,8 $m^3/(m^2 \cdot h)$
  nicht überschreiten,
- bei Gebäuden mit raumlufttechnischen Anlagen (auch Abluftanlagen)
  bezogen auf das Raumluftvolumen 1,5/h oder
  bezogen auf die Netto-Grundfläche 3,9 $m^3/(m^2 \cdot h)$
  nicht überschreiten.

Lüftungswärmeverlust bei freier Lüftung

Der temperaturspezifische Lüftungswärmeverlust eines Gebäudes mit Fensterlüftung ergibt sich aus dem beheizten Luftvolumen V und der Luftwechselzahl n, die angibt, wie häufig das gesamte Luftvolumen eines Raumes in 1 Stunde ausgewechselt wird. Die spezifische Wärmespeicherfähigkeit der Luft beträgt 0,34 Wh/$(m^3 \cdot K)$. Das beheizte Luftvolumen kann vereinfachend angenommen werden mit

$V = 0{,}76 \cdot V_e$ bei Gebäuden bis 3 Vollgeschossen
$V = 0{,}80 \cdot V_e$ bei den übrigen Gebäuden.

Ist die Gebäudehülle besonders luftdicht ausgeführt, kann für die Berechnung des Lüftungswärmeverlusts beim Monatsbilanzverfahren nach der EnEV bei nicht luftdichtheitsgeprüften Gebäuden eine Luftwechselzahl von $n = 0{,}7$, bei luftdichtheitsgeprüften Gebäuden ($n_{50} \leq 3/h$) eine Luftwechselzahl $n = 0{,}6$ angesetzt werden.

Lüftungswärmeverluste bei maschinellen Lüftungseinrichtungen
Die Lüftungswärmeverluste bei mechanischen Lüftungsanlagen als Abluft-Zuluft-Wärmeaustauscher in Form von Schalldämmlüftern oder als zentrales Wohnungslüftungssystem sind anhand der Anlagedaten und der methodischen Hinweise in der DIN V 4701–10 zu ermitteln. (Abb. 250 und Abb. 160).

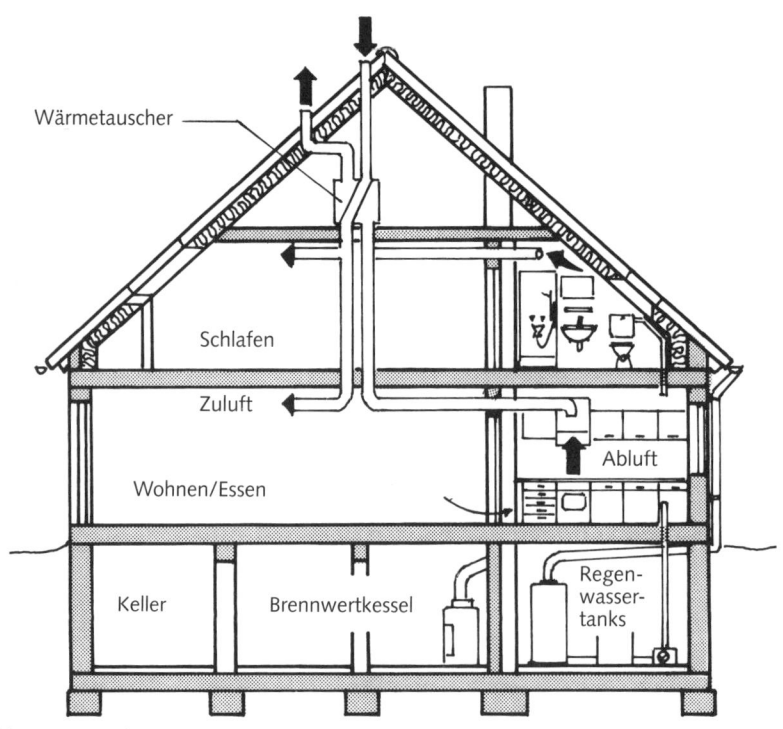

Abb. 250 – Mechanische Lüftung mit Wärmerückgewinnung

3.3.4.8 Anforderungen an die Fugendurchlässigkeit bei Fenstern

Die Fugendurchlässigkeit bei Fenstern, Fenstertüren und Dachflächenfenstern wird durch die Referenzluftdurchlässigkeit Q_{100} festgestellt.

Nach den Anforderungen der Energieeinsparverordnung müssen diese Bauteile je nach Anzahl der Vollgeschosse den in Tabelle 251/1 aufgeführten Klassen entsprechen.

Anzahl der Vollgeschosse des Gebäudes	Klasse der Fugendurchlässigkeit
bis zu 2	2
mehr als 2	3

Tab. 251/1 – Klassen der Fugendurchlässigkeit von außenliegenden Fenstern, Fenstertüren und Dachflächenfenstern nach DIN EN 12207–1

Außerdem ist zu beachten:
- Fenster ohne Öffnungsmöglichkeiten und feste Verglasungen sind dauerhaft und praktisch luftundurchlässig einzudichten.
- Zur Sicherstellung einer aus Gründen der Hygiene und Beheizung erforderlichen Lufterneuerung sind stufenlos einstellbare und leicht regulierbare Lüftungseinrichtungen zulässig. Diese Lüftungseinrichtungen müssen in geschlossenem Zustand den Anforderungen der Tabelle 252 genügen.
- Der Eindichtung der Fenster in der Außenwand ist besondere Aufmerksamkeit zu schenken. Die Fugen müssen entsprechend dem Stand der Technik dauerhaft und luftundurchlässig sein.

Konstruktionsmerkmale	Fugendurchlasskoeffizient a in $\dfrac{m^3}{h \cdot m \cdot (daPa)^{2/3}}$
Holzfenster (auch Doppelfenster) mit Profilen nach DIN 68121 ohne Dichtung	über 1,0 bis 2,0
alle Fensterkonstruktionen (bei Holzfenstern mit Profilen nach DIN 68121) mit alterungsbeständiger, leicht auswechselbarer, weichfedernder Dichtung	bis 1,0
fest eingebaute Fenster ohne Öffnungsmöglichkeit	

Tab. 251/2 – Konstruktionsmerkmale von Fenstern in Abhängigkeit vom Fugendurchlasskoeffizienten a nach DIN 18055

Da in einzelnen Normen und Veröffentlichungen noch auf den alten Fugendurchlasskoeffizienten a hingewiesen wird, werden in der Tabelle 252 die Beanspruchungsgruppen nach DIN 18055 nochmals gezeigt.

Zeile	Beanspruchungsgruppe nach DIN 18055 Gebäudehöhe	Fugendurchlass- koeffizient a in $\dfrac{m^3}{h \cdot m \cdot (daPa)^{2/3}}$	Bemerkungen
1	Gebäude bis zu 2 Vollgeschossen Beanspruchungsgruppe A = Gebäudenhöhe bis 8 m	2,0	Für Holzfenster mit Profilen nach DIN 68121 Teil 1 kann auf Nachweis verzichtet werden.
2	Gebäude mit mehr als 2 Vollgeschossen Beanspruchungsgruppe B = Gebäudehöhe bis 20 m	1,0	Für alle Fensterkonstruktionen mit umlaufender, alterungsbeständiger, weichfedernder und leicht auswechselbarer Dichtung kann auf Nachweis verzichtet werden.
3	Gebäude mit mehr als 2 Vollgeschossen Beanspruchungsgruppe C = Gebäudehöhe bis 100 m	1,0	Nachweis erforderlich
	Für Außentüren (nach DIN 4108–2)	2,0	da eine Funktionsfuge vorliegt

Tab. 252 – Fugendurchlasskoeffizient a für Fenster und Fenstertüren

3.3.4.9 Begrenzung des Transmissionswärmeverlusts bei Fenstern

Der Wärmedurchgangskoeffizient U bei Fenstern hängt ab
a) von der Wärmeleitfähigkeit des Glases bzw. des Rahmenmaterials (Holz, Kunststoff, Metall)
b) von der Luftschichtdicke zwischen den Scheiben bei Isolier- und Doppelverglasungen. So steigt z. B. die Wärmedämmfähigkeit einer stehenden Luftschicht bis etwa 50 mm an. Bei größeren Scheibenabständen nimmt sie jedoch wieder ab, da hier durch Konvektion der Luft die Wärme schneller von einer Scheibe zur anderen transportiert wird. In den Isolierglasscheiben werden anstelle von Luft häufig auch Gase verwendet, die eine niedrigere Wärmeleitfähigkeit als Luft besitzen und daher eine bessere Wärmedämmung erbringen.

Für die Berechnung des Wärmebedarfs sind für Fenster und Fenstertüren die in Tabelle 254 angegebenen U_F-Werte anzuwenden.

Fenster und Fenstertüren sind mindestens mit Isolier- oder Doppelverglasung auszuführen.

Geschlossene, möglichst dichtschließende Fensterläden, Rollläden und Jalousien können den Wärmedurchgang durch Fenster erheblich vermindern.

3.3.4.10 Äußere Abschlüsse bei Fenstern

Äußere (geschlossene) Abschlüsse bei Fenstern, wie z. B. Rollläden, Jalousien oder Fensterläden, bewirken eine zusätzliche Wärmedämmung. Dies ergibt rechnerisch einen zusätzlichen Wärmedurchlasswiderstand ΔR, der sich aus dem Wärmedurchlasswiderstand der Luftschicht zwischen dem Abschluss und dem Fenster sowie dem Wärmedurchlasswiderstand R_{sh} des Abschlusses zusammensetzt. Der Wärmedurchgangskoeffizient U_{ws} eines Fensters mit geschlossenem Abschluss kann nach DIN EN ISO 10077-1 wie folgt berechnet werden:

$$U_{ws} = \frac{1}{\frac{1}{U_w} + \Delta R} \tag{13}$$

Dabei ist: U_w = Wärmedurchgangskoeffizient des Fensters (s. Tab. 254 bei U_F),

ΔR = Zusätzlicher Wärmedurchlasswiderstand aus der Luftschicht zwischen Abschluss und Fenster sowie durch den Wärmedurchlasswiderstand R_{sh} des Abschlusses.

Abschlussart	Typischer Wärmedurchlasswiderstand des Abschlusses R_{sh} m² · K/W	Zusätzliche Wärmedurchlasswiderstände bei bestimmter Luftdurchlässigkeit der Abschlüsse ΔR m² · K/W		
		Hohe Luftdurchlässigkeit bei b_{sh}[1] > 15–35 mm	Hohe Luftdurchlässigkeit bei b_{sh}[1] > 8–15 mm	Niedrige Luftdurchlässigkeit bei b_{sh}[1] ≤ 8 mm
Alluminiumrollläden	0,01	0,09	0,12	0,15
Rollläden aus Holz und Kunststoff ohne Dämmstoffeinlage	0,10	0,12	0,16	0,22
Rollläden aus Kunststoff mit Dämmstoffeinlage	0,15	0,13	0,19	0,26
Abschlüsse aus Holz 25 mm bis 30 mm dick	0,20	0,14	0,22	0,30

[1] b_{sh} = Fugen zwischen Abschluss und äußerer Fensterlaibung bzw. Fenstersturz und Fensterbank

Tab. 253 – Zusätzlicher Wärmedurchlasswiderstand ΔR für Fenster mit geschlossenen Abschlüssen

Der zusätzliche Wärmedurchlasswiderstand ΔR für Fenster hängt auch ab vom Wärmedurchlasswiderstand R_{sh} des Abschlusses mit evtl. Spalten und Öffnungen und von der Luftdurchlässigkeit der Fugen (b_{sh}) zwischen Abschluss und äußerer Fensterlaibung bzw. Sturz und Fensterbank. Die Werte für ΔR können der Tabelle 253 entnommen werden, sofern für R_{sh} keine Werte aus Berechnungen oder Messungen vorliegen.

Abschlüsse mit mittlerer Luftdurchlässigkeit sind z. B. Fensterläden aus Massivholz, Jalousien aus Holz mit fest überlappenden Lamellen, Rollläden aus Holz, Kunststoff oder Metall mit aneinanderstoßenden Lamellen.

Zeile	Beschreibung der Verglasung	Verglasung[1] U_V $\frac{W}{m^2 \cdot K}$	Fenster und Fenstertüren einschließlich Rahmen U_F für Rahmenmaterialgruppe[2] W/(m² · K)				
			1	2.1	2.2	2.3	3
1. Unter Verwendung von Normalglas							
1.1	Einfachverglasung	5,8	5,2				
1.2	Isolierglas mit über 6 bis 8 mm Luftzwischenraum	3,4	2,9	3,2	3,3	3,6	4,1
1.3	Isolierglas mit über 8 bis 10 mm Luftzwischenraum	3,2	2,8	3,0	3,2	3,4	4,0
1.4	Isolierglas mit über 10 bis 16 mm Luftzwischenraum	3,0	2,6	2,9	3,1	3,3	3,8
1.5	Isolierglas mit zweimal über 6 bis 8 mm Luftzwischenraum	2,4	2,2	2,5	2,6	2,9	3,4
1.6	Isolierglas mit zweimal über 8 bis 10 mm Luftzwischenraum	2,2	2,1	2,3	2,5	2,7	3,3
1.7	Isolierglas mit zweimal über 10 bis 16 mm Luftzwischenraum	2,1	2,0	2,3	2,4	2,7	3,2
1.8	Doppelverglasung mit 20 bis 100 mm Scheibenabstand	2,8	2,5	2,7	2,9	3,2	3,7
1.9	Doppelverglasung aus Einfachglas und Isolierglas (LZR 10–16 mm) mit 20 bis 100 mm Scheibenabstand	2,0	1,9	2,2	2,4	2,6	3,1
1.10	Doppelverglasung aus 2 Isolierglaseinheiten (LZR 10–16 mm) mit 20 bis 100 mm Scheibenabstand	1,4	1,5	1,8	1,9	2,2	2,7

Tab. 254 – Rechenwerte der Wärmedurchgangskoeffizienten für Verglasungen und für Fenstertüren einschließlich Rahmen nach DIN 4108 (Auszug)

Zeile	Beschreibung der Verglasung	Verglasung[1] U_V $\frac{W}{m^2 \cdot K}$	Fenster und Fenstertüren einschließlich Rahmen U_F für Rahmenmaterialgruppe[2] $W/(m^2 \cdot K)$				
			1	2.1	2.2	2.3	3
2. Unter Verwendung von Sondergläsern							
2.1	Die U_V-Werter für Sondergläser sowie Rahmenmaterialgruppen für neue Fensterprofile werden aufgrund von Prüfungszeugnissen amtlich festgelegt und amtlich im Bundesanzeiger bekannt gegeben	2,4	2,2	2,5	2,6	2,9	3,4
2.2		2,3	2,1	2,4	2,6	2,8	3,4
2.3		2,2	2,1	2,3	2,5	2,7	3,3
2.4		2,1	2,0	2,3	2,4	2,7	3,2
2.5		2,0	1,9	2,2	2,4	2,6	3,1
2.6		1,9	1,8	2,1	2,3	2,5	3,1
2.7		1,8	1,8	2,0	2,2	2,5	3,0
2.8		1,7	1,7	2,0	2,2	2,4	2,9
2.9		1,6	1,6	1,9	2,1	2,3	2,9
2.10		1,5	1,6	1,8	2,0	2,3	2,8
2.11		1,4	1,5	1,8	1,9	2,2	2,7
2.12		1,3	1,4	1,7	1,9	2,1	2,7
2.15		1,2	1,4	1,6	1,8	2,0	2,6
2.14		1,1	1,3	1,6	1,7	2,0	2,5
2.15		1,0	1,2	1,5	1,7	1,9	2,4
2.16		0,9	1,2	1,5	1,7	1,9	2,4
2.18		0,8	1,2	1,4	1,6	1,9	2,3
2.18		0,7	1,1	1,3	1,5	1,8	2,2
2.19		0,6	1,0	1,3	1,5	1,8	2,2
2.20		0,5	1,0	1,2	1,4	1,7	2,1
3. Glasbausteinwand nach DIN 4242 mit Hohlglasbausteinen nach DIN 18175, 80 mm dick		–	–	–	–	–	3,5

Tab. 254 (Fortsetzung)

Erläuterungen zu dieser Tabelle s. S. 256

Erläuterungen zu Tabelle 254:

[1] Bei Fenstern mit einem Rahmenanteil von max. 5 % (z. B. Schaufensteranlagen) kann für U_F der Wärmedurchgangskoeffizient U_V der Verglasung gesetzt werden.

[2] Rahmenmaterialgruppen für Fensterrahmen:
Gruppe 1: Fenster mit Rahmen aus Holz, Kunststoff und Holzkombinationen (z. B. Holzrahmen mit Aluminiumbekleidung) ohne besonderen Nachweis oder wenn der Wärmedurchgangskoeffizient des Rahmens $U_R \leq 2{,}0$ W/(m² · K) beträgt*. Bei Kunststofffenstern muss die Profilausbildung vom Kunststoff bestimmt werden und evtl. vorhandene Metalleinlagen dürfen nur der Aussteifung dienen.
Gruppe 2.1: Fenster mit Rahmen aus wärmegedämmten Metall- oder Betonprofilen, wenn der Wärmedurchgangskoeffizient $2{,}0 < U_R \leq 2{,}8$ beträgt*.
Gruppe 2.2: Fenster mit Rahmen aus wärmegedämmten Metall- oder Betonprofilen, wenn der Wärmedurchgangskoeffizient des Rahmens $2{,}8 < U_R \leq 3{,}5$ W/(m² · K) beträgt* oder wenn die Kernzone der Profile folgende Merkmale aufweist:

Bei Verbindung der Innen- und Außenschale der Metallprofile mit Kunststoff:

Anteil der Kunststoffverbindung an der Dämmzone mit $\lambda \geq 0{,}17$ W/(m · K)	Abstand gegenüberliegender Stege a mm	Dicke der Dämmzone d mm
$b_1 + b_2 \leq 0{,}4 \cdot b$	≥ 7	≥ 12
$b_1 + b_2 > 0{,}4 \cdot b$	≥ 9	≥ 12

Gruppe 2.3: Fenster mit Rahmen aus wärmegedämmten Metall- oder Betonprofilen, wenn der Wärmedurchgangskoeffizient des Rahmens $3{,}5 < U_R \leq 4{,}5$ W/(m² · K) beträgt* oder wenn die Kernzone der Profile folgende Merkmale aufweist:

a) Bei Verbindung der Innen- und Außenschale der Metallprofile mit Kunststoff:

Anteil der Kunststoffverbindung an der Dämmzone mit $\lambda \geq 0{,}17$ W/(m · K)	Abstand gegenüberliegender Stege a mm	Dicke der Dämmzone d mm
$b_1 + b_2 \leq 0{,}4 \cdot b$	≥ 3	≥ 10
$b_1 + b_2 > 0{,}4 \cdot b$	≥ 5	≥ 10

b) Bei Verbindung der Innen- und Außenschale der Metallprofile mit Stiften:

Anteil der Kunststoffverbindung an der Dämmzone mit $\lambda \geq 0{,}17$ W/(m × K)	Abstand gegenüberliegender Stege a mm	Dicke der Dämmzone d mm
	≥ 5	≥ 10
	Abstand der Stifte	Dicke der Stifte
	≥ 200	≤ 3

Gruppe 3: Fenster mit Rahmen aus Beton, Stahl und Aluminium sowie wärmegedämmten Metallprofilen, die nicht in die Rahmenmaterialgruppen 2.1 bis 2.3 eingestuft werden können, ohne besonderen Nachweis.
Bei Verglasungen mit einem Rahmenanteil bis 15 % dürfen in der Gruppe 3 die U_F-Werte, ausgenommen Zeile 1.1, um 0,5 W/(m² · K) herabgesetzt werden.

* Die Rechenwerte der Wärmedurchgangskoeffizienten U_R müssen aufgrund von Prüfzeugnissen amtlich festgelegt und amtlich bekanntgegeben worden sein.

3.3.4.11 Solare Wärmegewinnung

Man unterscheidet solare Wärmegewinne durch transparente Bauteile, wie Fenster, und solare Wärmegewinne durch opake, d.h. nichttransparente Bauteile, wie Außenwände und Dächer.

Die Höhe der solaren Wärmegewinne bei Fenstern ist abhängig
- von den 4 Haupthimmelsrichtungen (Norden, Osten, Süden, Westen),
- und den Zwischenrichtungen (Nordost, Nordwest, Südost, Südwest),
- von der transparenten Fläche A,
- von den Abminderungsfaktoren:
  - Rahmenanteil am Fenster $F_F = 0{,}8$
  - Verschattung des Fensters F_S, z.B. durch andere Gebäude (siehe DIN V 4108–6)
  - Fest installierter Sonnenschutz F_C (Tabelle 266/2)
  - Gesamtenergiedurchlassgrad g (Tabelle 266/1)

Der spezifische solare Wärmegewinn bei Fenstern wird bei monatlicher Wärmebilanzierung berechnet mit

$$Q_S = A \cdot g \cdot 0{,}9 \cdot F_F \cdot F_S \cdot F_C \tag{14}$$

Solare Wärmegewinne bei opaken Bauteilen sind nach DIN V 4108–6 zu berechnen.

Solare Wärmegewinne durch transparente Bauteile können bei vereinfachter Wärmebilanzierung anstelle durch Abminderungsfaktoren (F_F, F_S und F_C) durch Zustrahlungsfaktoren berechnet werden.

3.3.4.12 Interne Wärmegewinne

Interne Gewinne entstehen durch die Körperabwärme der Hausbewohner, durch die Beleuchtung, durch elektrische Geräte, durch Kochen und andere Wärmequellen im Haus.

Durch einen allgemeinen Faktor, bezogen auf die Gebäudenutzfläche, können die internen Wärmegewinne pauschal berechnet werden (siehe Tabelle 245).

3.3.4.13 Anlagenaufwandszahl

Die Anlagenaufwandszahl e_p umfasst als Kennzahl die energetische Effizienz des gesamten Anlagesystems über Aufwandszahlen. Die Aufwandszahl stellt das Verhältnis von Aufwand und Nutzen (eingesetzter Brennstoff zu abgegebener Wärmeleistung) dar. Je kleiner die Zahl ist, um so effizienter ist die Anlage. Die Aufwandszahl schließt auch die anteilige Nutzung erneuerbarer Energien ein. Deshalb kann dieser Wert auch kleiner als 1,0 sein (Tabelle 259/1).

Bei der hier angegebenen »Anlagenaufwandszahl« ist die »Primärenergie« einbezogen. Die Zahl gibt also an, wie viele Einheiten (kWh) Energie aus der Energiequelle (z. B. einer Erdgasquelle) gewonnen werden müssen, um mit der beschriebenen Anlage eine Einheit Nutzwärme im Raum bereitzustellen.

Bei Wohngebäuden ist in der Anlagenaufwandszahl auch die Bereitstellung einer normierten Warmwassermenge berücksichtigt.

Die Anlagenaufwandszahl hat nur für die Gebäudeausführung Gültigkeit, für die sie berechnet wurde.

3.3.4.14 Gesamt-Endenergiebedarf

Die Gesamt-Endenergie $q_{WE,E}$ in kWh/(m² · a) kennzeichnet die notwendige Endenergie aus Öl, Gas oder Holz. Es bedeutet der Index WE = Wärmeenergie, und E = Endenergie.

Die Hilfsenergie $q_{HE,E}$ in kWh/(m² · a) gibt die erforderliche Endenergie aus Strom an.

Die Anlagenaufwandszahl e_p und die Gesamt-Endenergie $q_{WE,E}$ können in Abhängigkeit vom Jahresheizwärmebedarf q_h und von der beheizten Nutzfläche des Gebäudes A_N durch Interpolation bestimmt werden.

Die Anlagenaufwandszahl e_p kann in Tabelle 259/1, die Gesamt-Endenergie $q_{WE,E}$ bzw. die Hilfsenergie $q_{HE,E}$ in Tabelle 259/2 ermittelt werden.

Die in den Tabellen angegebenen Kennwerte dienen zur Ermittlung von e_p und $q_{WE,E}$ eines Brennwert-Kessels mit gebäudezentraler Trinkwassererwärmung. Die darin durch Interpolation ermittelten und eingetragenen Werte werden zur Berechnung des Primärenergiebedarfs im Formular auf Seite 288 benötigt.

A_N in m^2	100	150	200	216 300	500	750	1000	1500	2500	5000	10000
q_h in kWh/ $(m^2 a)$	\multicolumn{11}{c}{Anlagenaufwandszahl e_p (primärenergiebezogen)}
40	2,11	1,86	1,74	1,61	1,50	1,45	1,42	1,39	1,36	1,34	1,33
50	1,96	1,75	1,64	1,53	1,44	1,40	1,37	1,35	1,33	1,31	1,29
58 60	1,85	1,67	1,57	✗ 1,48	1,40	1,36	1,34	1,32	1,30	1,28	1,27
70	1,76	1,60	1,52	1,44	1,37	1,33	1,31	1,29	1,28	1,26	1,25
80	1,70	1,55	1,48	1,41	1,34	1,31	1,29	1,27	1,26	1,24	1,23
90	1,64	1,51	1,45	1,38	1,32	1,29	1,27	1,26	1,25	1,23	1,22
				✗ 1,55							

Tab. 259/1 – Kennwerte zur Ermittlung der Anlagenaufwandszahl e_p nach DIN V 4701-10, Seite 128

A_N in m^2	100	150	200	300	500	750	1000	1500	2500	5000	10000
q_h in kWh/ $(m^2 a)$	\multicolumn{11}{c}{Gesamt-Endenergie $q_{WE,E}$ in kWh/$(m^2 a)$ (ohne Hilfsenergie)}
				216							
40	89,02	84,78	76,14	71,68	67,98	66,03	65,02	64,13	63,35	62,58	62,05
50	99,54	95,27	86,55	82,03	78,27	76,29	75,25	74,34	73,53	72,72	72,16
58 60	110,06	105,75	96,95	✗ 92,39	88,57	86,55	85,49	84,55	83,70	82,86	82,27
70	120,58	116,24	107,36	102,74	98,87	96,81	95,73	94,75	93,88	93,00	92,38
80	131,10	126,73	117,76	113,09	109,16	107,07	105,96	104,96	104,06	103,15	102,49
90	141,63	137,22	128,17	123,44	119,46	117,33	116,20	115,17	114,23	113,29	112,60
\multicolumn{12}{c}{Hilfsenergie $q_{HE,E}$ in kWh/$(m^2 a)$}
alle	4,27	3,67	2,48	● 1,87	1,37	1,10	0,95	0,79	0,65	0,53	0,46
				✗ 93 ● 2,36							

Tab. 259/2 – Kennwerte zur Ermittlung des Endenergiebedarfs $q_{WE,E}$ und $q_{HE,E}$ nach DIN V 4701-10, Seite 129

3.4 Wärmeschutz bei aneinandergereihten Gebäuden

Bei der Berechnung des Jahres-Primärenergiebedarfs von aneinandergereihten Gebäuden, z. B. Reihenhäusern, werden die Gebäudetrennwände (im Gegensatz zu freistehenden Gebäuden)
- zwischen Gebäuden mit Innentemperaturen von ≥ 19 °C als wärmeundurchlässig angenommen und bei der Ermittlung der wärmeübertragenden Umfassungsfläche A und des Hüllflächenfaktors A/V_e nicht berücksichtigt,
- zwischen Gebäuden mit Innentemperaturen von ≥ 19°C und mit niedrigen Innentemperaturen zwischen 12 °C und < 19 °C mit einem Temperatur-Korrekturfaktor von $F_{nb} = 0{,}35$ gewichtet,
- zwischen Gebäuden mit Innentemperaturen von ≥ 19 °C und mit wesentlich niederen Innentemperaturen (≤ 11 °C) mit einem Temperatur-Korrekturfaktor von $F_U = 0{,}5$ gewichtet (s. Tabelle 248).

Die Höchstwerte des Jahres-Primärenergiebedarfs in den Tabellen 244 und 245 dürfen nicht überschritten werden.

3.5 Wärmeschutz für Gebäude mit niedrigen Innentemperaturen

Bei der Errichtung von Betriebsgebäuden mit niedrigen Innentemperaturen zwischen 12 °C und unter 19 °C ist zum Zweck der Energieeinsparung ebenfalls ein baulicher Wärmeschutz vorgeschrieben.

Es ist zunächst der Transmissionswärmeverlust aus dem Produkt von Bauteil-Fläche A x U-Wert x Temperatur-Korrekturfaktor F_x für jedes Außenbauteil (Wände, Decken, Dach, Fenster, Tore und Kellerdecke) zu bilden.

Wird die Summe der Einzelergebnisse mit dem Wärmebrückenzuschlag von 0,1 multipliziert, erhält man den spezifischen Transmissionswärmeverlust H_T (vergleiche den Rechengang auf Seite 288).

Den spezifischen, auf die Umfassungsfläche A bezogenen Transmissionswärmeverlust $H_T{'}$ erhält man durch $H_T{'} = H_T/A$.

Dieser Wert $H_T{'}$ darf die Höchstwerte in Tabelle 261 nicht überschreiten

A/V_e in m^{-1}	Höchstwerte H_T' in W/(m² · K)[1]	A/V_e in m^{-1}	Höchstwerte H_T' in W/(m² · K)[1]
≤ 0,20	1,03	0,70	0,67
0,30	0,86	0,80	0,66
0,40	0,78	0,90	0,64
0,50	0,73	≥ 1,00	0,63
0,60	0,70		

[1] Zwischenwerte sind nach folgender Gleichung zu ermitteln:
$H_T' = 0,53 + 0,1 \cdot V_e/A$ in W/(m² · K)

Tab. 261 – Höchstwerte des spezifischen Transmissionswärmeverlusts H_T' in Abhängigkeit vom Verhältnis A/V_e

3.6 Anforderungen zur Begrenzung des Wärmedurchgangs bei erstmaligem Einbau, Ersatz oder Erneuerung von Außenbauteilen bestehender Gebäude (vereinfachtes Nachweisverfahren)

Werden bestehende Gebäude baulich verändert, so ist auch hier der Heizwärmebedarf zu begrenzen.

Bei der baulichen Erweiterung von Gebäuden mit normalen Innentemperaturen gelten die Anforderungen nur bei erweitertem Raumvolumen von über 30 m³.

Werden an einem Gebäude einzelne Außenbauteile, wie Außenwände, außenliegende Fenster und Fenstertüren, Decken unter nicht ausgebauten Dachräumen, Decken, die Aufenthaltsräume nach oben oder unten gegen die Außenluft abgrenzen oder Kellerdecken, erstmalig eingebaut, ersetzt (wärmetechnisch nachgerüstet) oder erneuert, dürfen die Anforderungen der Tabelle 262 nicht überschritten werden, sofern sich die Ersatz- oder Erneuerungsmaßnahme auf ≥ 20 % des Bauteils erstreckt.

3.6.1 Anforderungen an den U-Wert für einzelne Außenbauteile bei kleinen Wohngebäuden (vereinfachtes Nachweisverfahren)

Beim vereinfachten Nachweisverfahren für kleine Wohngebäude mit einem beheizten Gebäudevolumen bis 100 m³ dürfen die in Tabelle 262 genannten maximalen Wärmedurchgangskoeffizienten U nicht überschritten werden (Formblatt für den Nachweis siehe Seite 285).

Bauteile		Gebäude mit Innentemperaturen von ≥ 19 °C	Gebäude mit Innentemperaturen von < 19 °C
		Wärmedurchgangskoeffizient U_{max} in W/(m² · K)	
1	Außenwände, allgemein	0,45	0,75
2	Außenwände, a) wenn außen Platten, Verschalungen oder Mauerwerks-Vorsatzschalen angebracht werden oder die Innenseite mit Bekleidungen versehen wird b) wenn Dämmschichten eingebaut oder der Außenputz mit $U > 0{,}9$ W/(m² · K) erneuert wird	0,35	0,75
3	Außenliegende Fenster, Fenstertüren, Dachflächenfenster		
	a) bei Ersatz oder Neueinbau des gesamten Fensters oder bei Einbau von zusätzlichen Vor- oder Innenfenstern	$U_F = 1{,}7$	$U_F = 2{,}8$
	b) bei Ersatz der Verglasung	$U_G = 1{,}5$	
4	Außenliegende Fenster, Fenstertüren, Dachflächenfenster mit Sonderverglasungen (Schallschutzverglasung $R_w \geq 40$ dB, einbruchhemmende Verglasung, Brandschutzverglasung $d \geq 18$ mm)		
	a) bei Ersatz oder Neueinbau des gesamten Fensters oder bei Einbau von zusätzlichen Vor- oder Innenfenstern	$U_F = 2{,}0$	$U_F = 2{,}8$
	b) bei Ersatz der Sonderverglasung	$U_G = 1{,}6$	–
5	Vorhangfassaden, allgemein	1,9	3,0
	mit Sonderverglasung	2,3	3,0

Tab. 262 – Höchstwerte der Wärmedurchgangskoeffizienten U für kleine Wohngebäude und bei erstmaligem Einbau, Ersatz und Erneuerung von Bauteilen in bestehenden Gebäuden nach der Energieeinsparverordnung (EnEV)

	Bauteile	Gebäude mit Innentemperaturen von ≥ 19 °C	Gebäude mit Innentemperaturen von < 19 °C
		\multicolumn{2}{c}{Wärmedurchgangskoeffizient U_{max} in W/(m² · K)}	
6	Decken unter nicht ausgebauten Dachräumen sowie Decken, Wände und Dachschrägen, die beheizte Räume nach oben gegen die Außenluft abgrenzen	0,30	0,40
	a) bei Neueinbau oder Ersatz von außenseitigen oder innenseitigen Bekleidungen oder Verschalungen und Dämmschichten		
	b) bei Einbau von zusätzlichen Bekleidungen und Dämmschichten in Wände zum unbeheizten Dachraum		
7	Flachdächer	0,25	0,40
	a) bei Erneuerung von Dachhaut und Dämmschicht		
	b) bei Anbringung von innenseitigen Bekleidungen oder Verschalungen		
8	Decken und Wände gegen unbeheizte Räume bei Anbringung von Wand- und Deckenbekleidungen oder Dämmschichten auf der Kaltseite	0,40	–
9	Decken und Wände von beheizten Räumen gegen Erdreich	0,50	–
	a) bei Anbringung von innenseitigen oder außenseitigen Wandbekleidungen einschließlich Feuchtigkeitssperre oder Drainagen		
	b) bei Anbringung von Fußbodenaufbauten auf der beheizten Seite und Einbau von Dämmschichten		
10	Erneuerung von Außentüren (Türfläche)	2,90	–

Tab. 262 – Fortsetzung

3.7 Anforderungen an den Wärmeschutz im Sommer

Der sommerliche Wärmeschutz ist abhängig
- von der Energiedurchlässigkeit der transparenten Außenbauteile, wie Fenster, feste Verglasungen einschließlich des Sonnenschutzes u. ä.,
- von ihrem Anteil an der Fläche der Außenbauteile,
- von ihrer Orientierung nach der Himmelsrichtung,
- von der Neigung der Fenster in der Dachfläche,
- von der Lüftung in den Räumen,
- von der Wärmespeicherfähigkeit insbesondere der innenliegenden Bauteile,
- von den Wärmeleiteigenschaften der nichttransparenten Außenbauteile bei instationären Bedingungen (z. B. Tag – Nacht).

Entsprechend diesen Einflussgrößen werden in der DIN 4108 Empfehlungen für einzelne Bauteile gegeben.

3.7.1 Allgemeine Anforderungen

Der sommerliche Wärmeschutz wird günstig beeinflusst,
- wenn die Fensterflächen nicht zu groß bemessen werden,
- wenn ein wirksamer Sonnenschutz durch auskragende Dächer und Balkone, durch Sonnenschutzvorrichtungen, wie Fensterläden, Rollläden, Jalousien, Vorhänge, und durch Sonnenschutzgläser vorgesehen wird,
- wenn die Außenbauteile eine helle Farbe erhalten,
- wenn die Gebäudefassaden mit Fenster vorwiegend in Nord-Süd-Richtung orientiert sind,
- wenn in Eckräumen die Fenster nur nach einer Himmelsrichtung orientiert sind,
- wenn eine wirksame, möglichst natürliche Lüftung, insbesondere während der Nachtstunden, möglich ist,
- wenn die nichttransparenten Außenbauteile eine ausreichende Wärmedämmung erhalten. Dadurch werden die instationären Wärmeleiteigenschaften dieser Bauteile verbessert. Die Schichtenfolge im Aufbau der Bauteile ist in der Regel günstig, wenn die Wärmedämmschichten außen, die speicherfähigen Schichten innen liegen.

3.7.2 Nachweis des Sonneneintragskennwertes nach DIN 4108-2

Die Energiedurchlässigkeit der transparenten Außenbauteile, wie z. B. Fenster, Fenstertüren und Dachflächenfenster, wird durch den Sonneneintragskennwert gekennzeichnet. Dieser hängt ab
- vom Fensterflächenanteil in der Fassade,

- vom Gesamtenergiedurchlassgrad der Verglasung,
- von der Wirksamkeit der Sonnenschutzvorrichtungen und
- vom Rahmenanteil am Fenster.

Damit zu Wohn- und ähnlichen Zwecken dienende Gebäude möglichst ohne Anlagentechnik zur Kühlung auskommen und zumutbare Temperaturen nur selten überschritten werden, darf der raumbezogene Sonneneintragskennwert S den Höchstwert S_{max} nicht überschreiten.

Die Anforderung an einen ausreichenden Wärmeschutz im Sommer ist erfüllt, wenn $S < S_{max}$ ist.

Auf einen Nachweis kann verzichtet werden, wenn der Fensterflächenanteil f in Tabelle 265 bei entsprechender Neigung der Fenster und Orientierung nach der Himmelsrichtung unterschritten wird.

Bei Überschreitung der Tabellenwerte ist der Sonneneintragskennwert S zu ermitteln.

Neigung der Fenster gegen-über der Horizontalen	Orientierung der Fenster	Fensterflächen-anteil f in %
über 60° bis 90°	West über Süd bis Ost	20
	Nordost über Nord bis Nordwest	30
von 0° bis 60°	Alle Orientierungen	15

Tab. 265 – Zulässige Werte des Fensterflächenanteils, unterhalb dessen auf einen sommerlichen Wärmeschutznachweis verzichtet werden kann

3.7.2.1 Bestimmung des raumbezogenen Sonneneintragskennwertes S

Der Sonneneintragskennwert S ist für jeden Raum nach folgender Gleichung zu bestimmen:

$$S = f_s \cdot g \cdot F_C \frac{F_F}{0{,}7} \tag{15}$$

Darin sind:

f_s = solarwirksamer Fensterflächenanteil (16)

$f_s = \dfrac{A_{w,s}}{A_{HF}}$

$A_{w,s}$ = solarwirksame Fensterfläche
A_{HF} = Wand- und Fensterfläche des Raumes als Hauptfassade

g = Gesamtenergiedurchlassgrad (Tabelle 266/1)
F_C = Abminderungsfaktor für fest installierte Sonnenschutzvorrichtungen (Tabelle 266/2)
F_F = Abminderungsfaktor für Rahmenanteil = 0,8

Verglasung	g
Doppelverglasung, Klarglas	0,75
Dreifachverglasung, Klarglas	0,60 bis 0,70
Doppelverglasung mit selektiver Beschichtung	0,50 bis 0,70
Dreifachverglasung mit 2-fach selektiver Beschichtung	0,35 bis 0,50
Sonnenschutzverglasung	0,20 bis 0,50

Tab. 266/1 – Gesamtenergiedurchlassgrade g von Verglasungen nach DIN 4108–6

Beschaffenheit der Sonnenschutzvorrichtung	F_c
Ohne Sonnenschutzvorrichtung	1,0
Innen liegend und zwischen den Scheiben liegend	
• weiß oder reflektierende Oberfläche mit geringer Transparenz[1]	0,75
• helle Farben und geringe Transparenz[1]	0,80
• dunkle Farben und höhere Transparenz[1]	0,90
Außen liegend	
• Jalousien und Stoffe geringer Transparenz[1]	0,25
• Jalousien und Stoffe höherer Transparenz[1]	0,40
• Rollläden, Fensterläden	0,30
• Vordächer, Loggien	0,50
• Markisen, allgemein	0,50

[1] Eine Transparenz < 10 % = gering, eine Transparenz < 30 % = erhöht

Tab. 266/2 – Abminderungsfaktoren F_c von fest installierten Sonnenschutzvorrichtungen nach DIN 4108–2

3.7.2.2 Bestimmung des Höchstwertes des raumbezogenen Sonneneintragskennwertes S_{max}

Der maximale Sonneneintragskennwert ist für die Räume, für die der Sonneneintragskennwert S ermittelt wurde, zu berechnen. Er hängt ab vom Basiswert des Sonneneintragskennwerts und von den Zuschlagwerten aus Tabelle 267.

$$S_{max} = S_0 + \Sigma \Delta S_x \qquad (17)$$

Darin sind: S_0 = Basiswert des Sonneneintragswerts = 0,18
ΔS_x = Zuschlagswerte zur Bestimmung des Sonneneintragskennwerts (Tabelle 267)

Gebäudelage	Gebäudebeschaffenheit	Zuschlagswert S_x
1	Gebiete mit erhöhter sommerlicher Belastung (= Gebiete mit mittleren monatlichen Außentemperaturen über 18 °C, z. B. Süddeutschland)	– 0,04
2.1	Leichte Bauart mit Holzständerkonstruktion, leichte Trennwände, untergehängte Decken	– 0,03
2.2	Extrem leichte Bauart mit Kombinationen aus 2.1, vorwiegend Innendämmung, große Hallen	– 0,10
3	Erhöhte Nachtlüftung mit n ≥ 1,5/h • bei leichter und sehr leichter Bauart • bei schwerer Bauart	+ 0,03 + 0,05
4	Sonnenschutzverglasung oder -vorrichtung mit $g \leq 0,4$	+ 0,04
5	Fensterflächenanteil $f > 65\,\%$	– 0,04
6	Fensterflächeneigung f_Δ zwischen 0° und 60° gegenüber der Horizontalen $$f_\Delta = \frac{\text{geneigte solarwirksame Fensterfläche}}{\text{Gesamtfläche der Hauptfassade (z.B. Dachfläche)}}$$	– 0,12
7	Nord-, Nordost- und Nordwest-orientierte Fassaden	+ 0,10

Tab. 267 – Zuschlagswerte zur Bestimmung des Höchstwertes des Sonneneintragskennwertes nach DIN 4108–2

3.8 Wärmespeicherfähigkeit der raumumschließenden Bauteile

Die Wärmespeicherfähigkeit von Baustoffen und Bauteilen darf nicht mit Wärmedämmfähigkeit verwechselt werden. Beide hängen von der Dichte des Baustoffs ab. Während die Wärmedämmung eines Baustoffs mit zunehmender Dichte abnimmt, nimmt die Wärmespeicherfähigkeit mit steigender Dichte zu.

Eine gute Wärmespeicherfähigkeit der raumumschließenden Bauteile, insbesondere der Innenbauteile, bewirkt
- eine langsame Raumerwärmung beim Aufheizen,
- eine langsamere Abkühlung des Raumes beim Abschalten der Heizung,
- eine geringere Erwärmung der Raumluft an heißen Tagen.

Wenn die Bauteile mit wärmedämmenden Schichten auf der Raumseite abgedeckt werden, wird die Wirksamkeit der Wärmespeicherfähigkeit verringert oder aufgehoben.

Wegen der temperaturausgleichenden Wirkung ist eine gute und richtig dimensionierte Wärmespeicherung vorwiegend dort wichtig, wo bei starker Sonneneinstrahlung im Sommer mit hohen Lufttemperaturen gerechnet werden muss, damit die Räume tagsüber angenehm kühl bleiben. Umgekehrt kühlen Räume, die im Winter dauernd bewohnt werden, nach dem Abschalten der Heizung nur langsam aus. Nachteilig wirkt sich eine hohe Wärmespeicherfähigkeit dort aus, wo Räume nur kurzzeitig benützt werden und deshalb schnell aufzuheizen sind (wie Räume von Berufstätigen).

4 Berechnung und Bewertung des Wärmeschutzes

In diesem Kapitel soll an einigen praktischen Beispielen gezeigt werden, wie der Wärmedurchlasswiderstand R und der Wärmedurchgangskoeffizient U bei Einzelbauteilen ermittelt wird. Außerdem wird am Beispiel eines Einfamilienhauses der Jahresenergiebedarf nach dem Energiebilanzverfahren festgestellt und werden U-Werte für das vereinfachte Nachweisverfahren berechnet.

4.1 Berechnung des Wärmeschutzes bei Einzelbauteilen

Die Wärmedämmung eines Bauteil wird mit Hilfe des Wärmedurchlasswiderstandes R oder des Wärmedurchgangskoeffizienten U (U-Wert) bestimmt. Je größer der Wärmedurchlasswiderstand bzw. je kleiner der Wärmedurchgangskoeffizient ist, desto besser ist die Wärmedämmung.

In der DIN 4108 – Wärmeschutz und Energieeinsparung in Gebäuden – sind für den Wärmeschutz Mindestwerte vorgegeben (Tabelle 239). Danach dürfen die Anforderungen an die Wärmedurchlasswiderstände R nicht unterschritten werden. Zu beachten ist dabei, dass für Außenwände, für Decken unter nicht ausgebauten Dachräumen und für Dächer mit einer flächenbezogenen Masse von weniger als 100 kg/m² höhere Dämmwerte gefordert werden (Tabelle 240).

Als flächebezogene Masse ist die Masse der Bauteilschichten zwischen innerer Bauteiloberfläche und der äußeren nicht hinterlüfteten Bauteilfläche anzurechnen. Die zur Berechnung der flächenbezogenen Masse erforderlichen Rohdichten sind in Tabelle 224 angegeben.

Auch die Anforderungswerte nach der Energieeinsparverordnung im vereinfachten Verfahren bei erstmaligem Einbau, Ersatz oder Erneuerung von Außenbauteilen bei bestehenden Gebäuden (Kap. 3.6) und für kleine Wohngebäude (Kap. 3.6.1) dürfen nicht überschritten werden.

Bei folgenden Bauteilen wird der Wärmeschutz beispielhaft berechnet und bewertet:

Beispiel 1: Gemauerte Außenwand
Beispiel 2: Außenwand in Leichtbauweise mit hinterlüfteter Außenhaut
Beispiel 3: Decke unter einem nicht ausgebauten Dachraum
Beispiel 4: Steildach mit hinterlüfteter Dachhaut

Unten ist in einer Übersicht gezeigt, wie bei der Lösung solcher Aufgaben vorgegangen werden kann.

Ablaufplan für die Lösungen der Aufgaben über Anforderungen an den Wärmeschutz

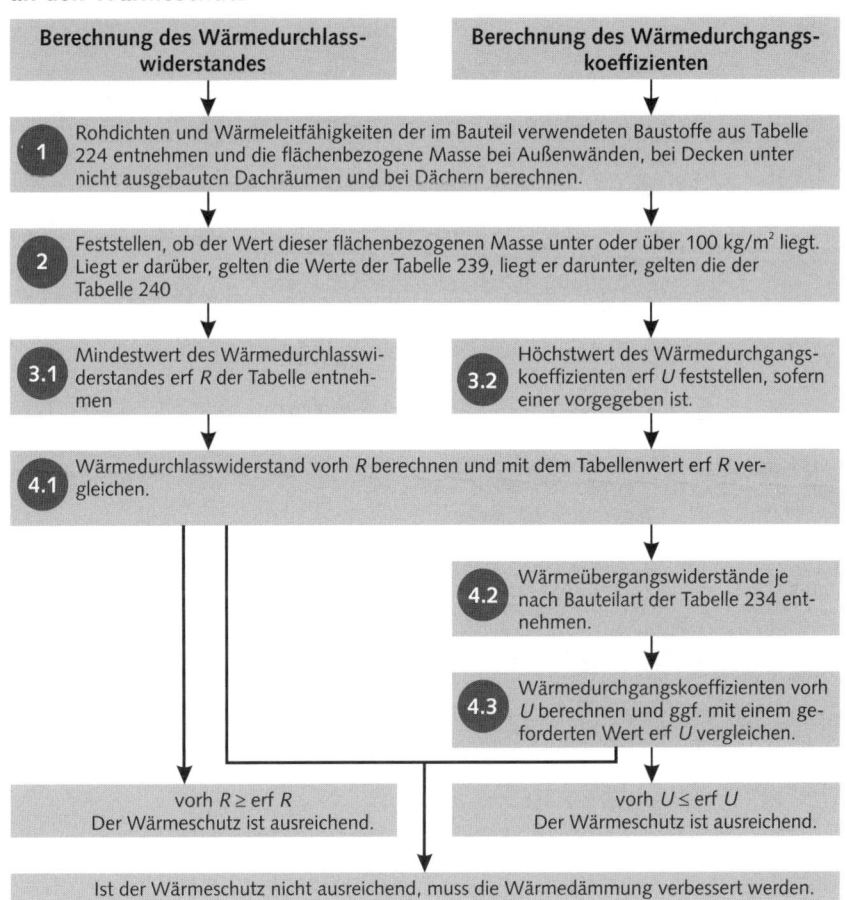

Berechnung des Wärmedurchlasswiderstandes	Berechnung des Wärmedurchgangskoeffizienten

1 Rohdichten und Wärmeleitfähigkeiten der im Bauteil verwendeten Baustoffe aus Tabelle 224 entnehmen und die flächenbezogene Masse bei Außenwänden, bei Decken unter nicht ausgebauten Dachräumen und bei Dächern berechnen.

2 Feststellen, ob der Wert dieser flächenbezogenen Masse unter oder über 100 kg/m² liegt. Liegt er darüber, gelten die Werte der Tabelle 239, liegt er darunter, gelten die der Tabelle 240.

| **3.1** Mindestwert des Wärmedurchlasswiderstandes erf R der Tabelle entnehmen. | **3.2** Höchstwert des Wärmedurchgangskoeffizienten erf U feststellen, sofern einer vorgegeben ist. |

4.1 Wärmedurchlasswiderstand vorh R berechnen und mit dem Tabellenwert erf R vergleichen.	
	4.2 Wärmeübergangswiderstände je nach Bauteilart der Tabelle 234 entnehmen.
	4.3 Wärmedurchgangskoeffizienten vorh U berechnen und ggf. mit einem geforderten Wert erf U vergleichen.

| vorh $R \geq$ erf R
Der Wärmeschutz ist ausreichend. | vorh $U \leq$ erf U
Der Wärmeschutz ist ausreichend. |

Ist der Wärmeschutz nicht ausreichend, muss die Wärmedämmung verbessert werden.

Beispiel 1: Außenwand

a) Eine 240 mm dicke Außenwand aus Leichthochlochziegeln (ρ = 700 kg/m²) ist außen mit einem 20 mm dicken Kalkputz, innen mit einem 15 mm dicken Gipsputz versehen.
Wird der Mindestwärmeschutz (R) erreicht?

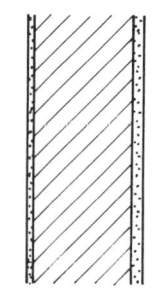

Lösung:
1 Ermittlung von Rohdichte, Wärmeleitfähigkeit und flächenbezogener Masse:

Bauteilschichten	Rohdichte	Wärmeleitfähigkeit	flächenbezogene Masse
Kalkputz	1800 kg/m³	0,87 W/m · K	36 kg/m²
Leichthochlochziegel	700 kg/m³	0,30 W/m · K	168 kg/m²
Gipsputz	1200 kg/m³	0,35 W/m · K	18 kg/m²
			= 222 kg/m²

2 Feststellung der zutreffenden Tabelle:
Die flächenbezogene Masse von 222 kg/m² liegt über 100 kg/m². Somit gelten die Dämmwerte der Tabelle 239.

3.1 Mindestwert des Wärmedurchlasswiderstandes: erf R = 1,20 m² · K/W

3.2 Höchstwert des Wärmedurchgangskoeffizienten: keine Anforderungen

4.1 Berechnung des Wärmedurchlasswiderstandes vorh R:

$$\text{vorh } R = \frac{d_1}{\lambda_1} + \frac{d_2}{\lambda_2} + \frac{d_3}{\lambda_3}$$

$$\text{vorh } R = \frac{0,02}{0,87} + \frac{0,24}{0,30} + \frac{0,015}{0,35}$$

$$\text{vorh } R = 0,866 \; \frac{m^2 \cdot K}{W}$$

$$\text{vorh } R = 0,866 \; \frac{m^2 \cdot K}{W} < \text{erf } R = 1,20 \; \frac{m^2 \cdot K}{W}$$

Der Mindestwärmeschutz ist nicht erreicht.

4.2 Ermittlung der Wärmeübergangswiderstände

R_{si} = 0,13 m² · K/W
R_{se} = 0,04 m² · K/W

4.3 Berechnung des Wärmedurchgangskoeffizienten vorh U:

$$\text{vorh } U = \frac{1}{R_{si} + R + R_{se}} = \frac{1}{0{,}13 + 0{,}866 + 0{,}04}$$

vorh $U = 0{,}97 \dfrac{W}{m^2 \cdot K}$

b) Wie dick müsste eine zusätzliche Wärmedämmschicht aus Holzwolle-Leichtbauplatten ($\lambda = 0{,}09$ W/(m · K)) sein, um den Mindestwärmeschutz von erf $R = 1{,}20$ m² · K/W zu erreichen?

Lösung:

Wärmedurchlasswiderstand	erf R = 1,200 m² · K/W
Wärmedurchlasswiderstand	vorh R = 0,866 m² · K/W
Fehlender Wärmedurchlasswiderstand	R = 0,334 m² · K/W

Dicke der Dämmschicht:

$$d = R \cdot \lambda = 0{,}334 \frac{m^2 \cdot K}{W} \cdot 0{,}09 \frac{W}{m \cdot K} = 0{,}03 \text{ m} = 30 \text{ mm}$$

Auf Seite 272 wird gezeigt, wie der Nachweis des Wärmeschutzes auch in einem Formblatt erfolgen kann.

c) Wie dick müssten folgende Wände sein, damit sie den Wärmedurchlasswiderstand von 1,20 m² · K/W erreichen (λ-Werte s. Tab. 224)?

Lösung:

Wandmaterial	Rohdichte ρ	d = R · λ m² · K/W W/(m · K)
Leichthochlochziegel	700 kg/m³	d = 1,20 · 0,30 = 0,360 m
Normalbeton	2400 kg/m³	d = 1,20 · 2,10 = 2,520 m
Porenbeton	600 kg/m³	d = 1,20 · 0,24 = 0,288 m
Kalksandstein	1200 kg/m³	d = 1,20 · 0,56 = 0,672 m
Hohlblockstein	800 kg/m³	d = 1,20 · 0,39 = 0,468 m
Fichte-Massivholz	600 kg/m³	d = 1,20 · 0,13 = 0,156 m

Nachweis des Wärmeschutzes von Einzelbauteilen nach DIN 4108

Objekt: *Bestehendes Gebäude*   Blatt: _____

BAUTEIL: *Vorhandene Außenwand*

1. Berechnung des Wärmedurchlasswiderstandes

1	2	3	4 (2 · 3)	5	6 (3 : 5)
Baustoffschichten von innen nach außen	Rohdichte ρ $\frac{kg}{m^3}$	Schichtdicke d m	Flächengewicht $\frac{kg}{m^2}$	Wärmeleitfähigkeit λ_R $\frac{W}{m \cdot K}$	d/λ_R $\frac{m^2 \cdot K}{W}$
Gipsputz	1200	0,015	18	0,35	0,043
Leichthochlochziegel	700	0,24	168	0,30	0,800
Kalkputz	1800	0,02	36	0,87	0,023
			222		0,866

erf. Wärmedurchlasswiderstand nach DIN 4108 Tab. 239 oder Tab. 240 (Bauteile < 100 kg/m²)	erf	1,20	$\frac{m^2 \cdot K}{W}$
vorh. Wärmedurchlasswiderstand des Bauteils (aller anrechenbaren Schichten)	vorh	0,866	$\frac{m^2 \cdot K}{W}$

Ergebnis: *nicht ausreichend*

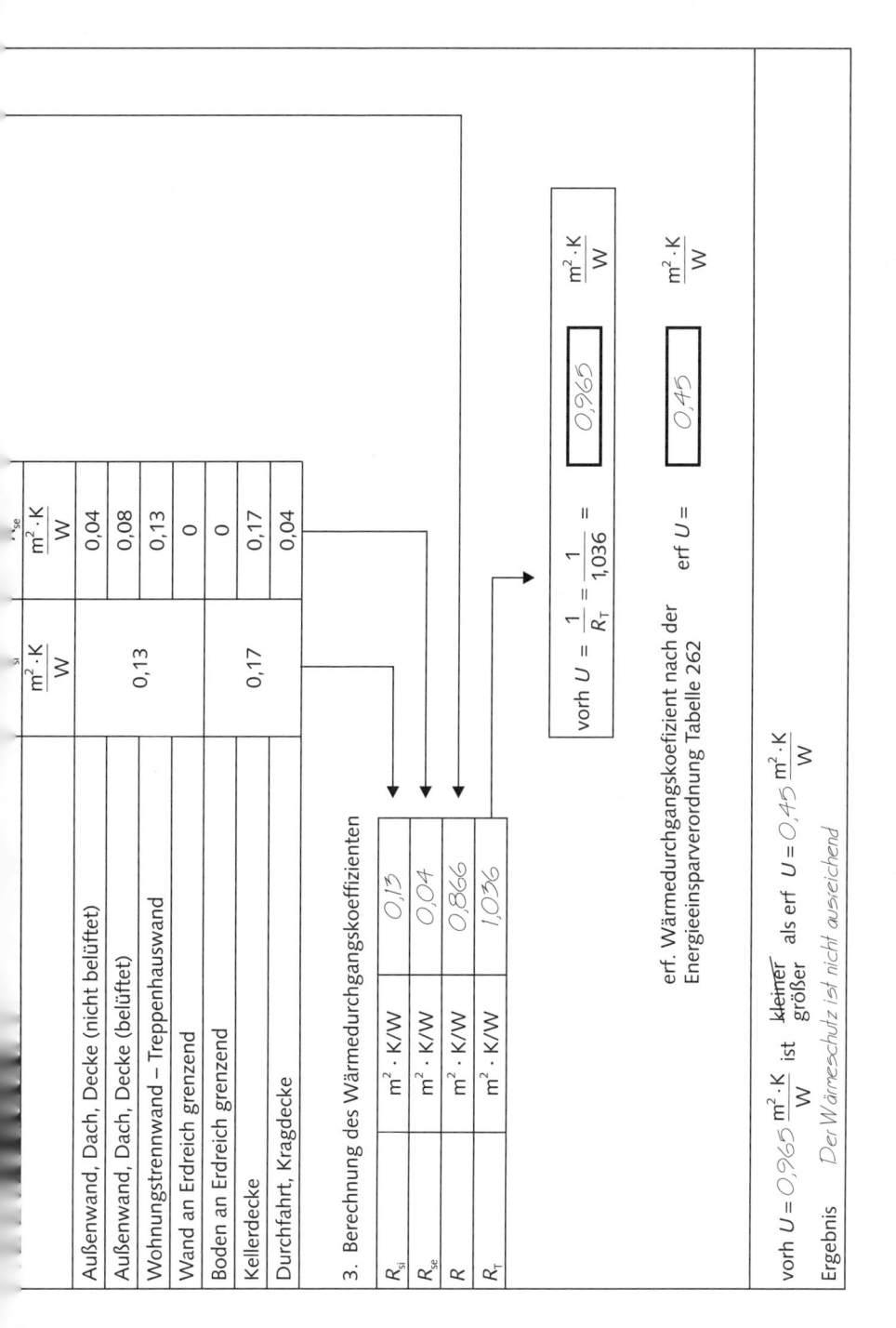

	$\frac{m^2 \cdot K}{W}$	$\frac{m^2 \cdot K}{W}$
Außenwand, Dach, Decke (nicht belüftet)	0,13	0,04
Außenwand, Dach, Decke (belüftet)		0,08
Wohnungstrennwand – Treppenhauswand		0,13
Wand an Erdreich grenzend		0
Boden an Erdreich grenzend		0
Kellerdecke	0,17	0,17
Durchfahrt, Kragdecke		0,04

3. Berechnung des Wärmedurchgangskoeffizienten

R_{si}	m² · K/W	0,13
R_{se}	m² · K/W	0,04
R	m² · K/W	0,866
R_T	m² · K/W	1,036

$$\text{vorh } U = \frac{1}{R_T} = \frac{1}{1,036} = \boxed{0,965} \ \frac{m^2 \cdot K}{W}$$

erf. Wärmedurchgangskoeffizient nach der Energieeinsparverordnung Tabelle 262

$$\text{erf } U = \boxed{0,45} \ \frac{m^2 \cdot K}{W}$$

vorh $U = 0,965 \frac{m^2 \cdot K}{W}$ ist kleiner ~~größer~~ als erf $U = 0,45 \frac{m^2 \cdot K}{W}$

Ergebnis *Der Wärmeschutz ist nicht ausreichend*

Beispiel 2: Außenwand in Leichtbauweise, Außenhaut hinterlüftet

Als Außenwandelement ist eine Leichtbaukonstruktion mit folgendem Aufbau von außen nach innen vorgesehen:

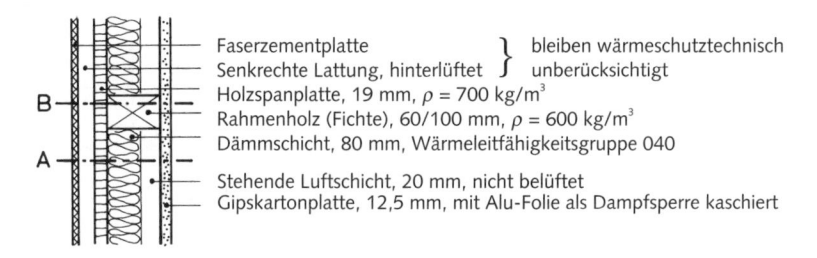

Faserzementplatte } bleiben wärmeschutztechnisch
Senkrechte Lattung, hinterlüftet } unberücksichtigt
Holzspanplatte, 19 mm, ρ = 700 kg/m³
Rahmenholz (Fichte), 60/100 mm, ρ = 600 kg/m³
Dämmschicht, 80 mm, Wärmeleitfähigkeitsgruppe 040
Stehende Luftschicht, 20 mm, nicht belüftet
Gipskartonplatte, 12,5 mm, mit Alu-Folie als Dampfsperre kaschiert

Ist der geforderte Mindestwärmeschutz nach DIN 4108 erreicht
a) im Gefachbereich (Bereich A),
b) im Bereich der ungünstigen Stellen (Bereich B),
c) als Mittelwert R_m?

Die Flächenanteile der Kanthölzer an der gesamten Wandfläche betragen 10%.

Lösung:
a) **Gefachbereich** (Bereich A)
1 Ermittlung von Rohdichte, Wärmeleitfähigkeit und flächenbezogener Masse:

Bauteilschichten	Rohdichte	Wärmeleitfähigkeit	flächenbezogene Masse
Gipskartonplatte	900 kg/m³	0,21 W/(m · K)	11,25 kg/m²
stehende Luftschicht	–	R_g = 0,18 m² · K/W	–
Dämmschicht	20 kg/m³	0,04 W/(m · K)	1,60 kg/m²
Holzspanplatte	700 kg/m³	0,13 W/(m · K)	13,30 kg/m²
			26,15 kg/m²

2 Feststellung der zutreffenden Tabelle:
Die flächenbezogene Masse liegt mit 26,15 kg/m² unter 100 kg/m².
Somit gelten die Dämmwerte der Tabelle 240.

3 Mindestwert des Wärmedurchlasswiderstandes erf R_A = 1,75 m² · K/W.

4 Berechnung des Wärmedurchlasswiderstandes:

$$\text{vorh } R_A = \frac{d_1}{\lambda_1} + R_g + \frac{d_3}{\lambda_3} + \frac{d_4}{\lambda_4}$$

$$= \frac{0{,}0125 \text{ m}}{0{,}21 \text{ W}/(\text{m}\cdot\text{K})} + 0{,}18 \frac{\text{m}^2 \cdot \text{K}}{\text{W}} + \frac{0{,}08 \text{ m}}{0{,}04 \text{ W}/(\text{m}\cdot\text{K})} + \frac{0{,}019 \text{ m}}{0{,}13 \text{ W}/(\text{m}\cdot\text{K})}$$

$$= 2{,}385 \frac{\text{m}^2 \cdot \text{K}}{\text{W}}$$

vorh $R_A = 2{,}385 \frac{\text{m}^2 \cdot \text{K}}{\text{W}} >$ erf $R = 1{,}75 \frac{\text{m}^2 \cdot \text{K}}{\text{W}}$
→ **Der Wärmeschutz ist ausreichend.**

b) **Ungünstige Stelle** (Bereich B)
1 Ermittlung der Wärmeleitfähigkeit und der Schichtdicke:

Bauteilschichten	Wärmeleitfähigkeit	Schichtdicke
Gipskartonplatte	0,21 W/(m · K)	1,25 cm
Rahmenholz	0,13 W/(m · K)	10,00 cm
Holzspanplatte	0,13 W/(m · K)	1,90 cm

2 Feststellung der zutreffenden Tabelle:
Für ungünstige Stellen sind die Dämmwerte der Tabelle 240 maßgebend.

3 Mindestwert des Wärmedurchlasswiderstandes erf $R_m = 1{,}00$ m² · K/W für das gesamte Bauteil.

4 Berechnung des Wärmedurchlasswiderstandes:

$$\text{vorh } R_B = \frac{d_1}{\lambda_1} + \frac{d_2}{\lambda_2} + \frac{d_3}{\lambda_3}$$

$$= \frac{0{,}0125 \text{ m}}{0{,}21 \text{ W}/(\text{m}\cdot\text{K})} + \frac{0{,}10 \text{ m}}{0{,}13 \text{ W}/(\text{m}\cdot\text{K})} + \frac{0{,}019 \text{ m}}{0{,}13 \text{ W}/(\text{m}\cdot\text{K})}$$

$$= 0{,}974 \frac{\text{m}^2 \cdot \text{K}}{\text{W}}$$

Faktor bei nebeneinanderliegenden Bereichen (s. Seite 237):

$$\frac{\text{vorh } R_A}{\text{vorh } R_B} = \frac{2{,}385}{0{,}974} = 2{,}45. \text{ Da } 2{,}45 < 5 = \text{zulässig}$$

c) **Berechnung des Mittelwerts R_m:**
Wird ein Wärmedurchlasswiderstand als Mittelwert aus dem Gefachbereich und dem Bereich der ungünstigen Stelle gefordert, müssen diese beiden Wärmedurchlasswiderstände vorh R_A und vorh R_B in die Wärmedurchlasskoeffizienten Λ_A und Λ_B umgerechnet werden.
Dabei ist $\Lambda = \frac{1}{R}$. Die Wärmedurchlasskoeffizienten können dann mit dem entsprechenden Flächenanteil multipliziert werden.
Ist der Mittelwert Λ_m errechnet, wird er wieder in $R_m = \frac{1}{\Lambda_m}$ umgerechnet.
Lösung:

vorh R_A = 2,385 $\frac{m^2 \cdot K}{W}$, Anteil des Gefachbereichs = 90 %

vorh R_B = 0,974 $\frac{m^2 \cdot K}{W}$, Anteil des Berechs Unterkonstruktion = 10 %

vorh Λ_A
$= \frac{1}{R_A} = \frac{1}{2,385 \, m^2 \cdot K/w} = 0{,}419 \, \frac{W}{m^2 \cdot K}$

vorh Λ_B
$= \frac{1}{R_B} = \frac{1}{0,974 \, m^2 \cdot K/w} = 1{,}027 \, \frac{W}{m^2 \cdot K}$

vorh $\Lambda_m = \Lambda_A \cdot 90\,\% + \Lambda_B \cdot 10\,\%$

$= 0{,}419 \, \frac{W}{m^2 \cdot K} \cdot 0{,}90 + 1{,}027 \, \frac{W}{m^2 \cdot K} \cdot 0{,}10$

$= 0{,}48 \, \frac{W}{m^2 \cdot K}$

vorh $R_m = \frac{1}{\text{vorh } \Lambda_m}$

$= \frac{1}{0{,}48 \, W/(m^2 \cdot K)}$

$= 2{,}083 \, \frac{m^2 \cdot K}{W}$

> vorh $R_m = 2{,}083 \, \frac{m^2 \cdot K}{W} >$ erf $R_m = 1{,}0 \, \frac{m^2 \cdot K}{W}$
> → **Der Wärmeschutz ist ausreichend.**

Beispiel 3: Decke unter nicht ausgebautem Dachraum
Die Decke unter einem nicht ausgebauten Dachraum in einem **kleinen Wohngebäude** hat folgenden Aufbau:

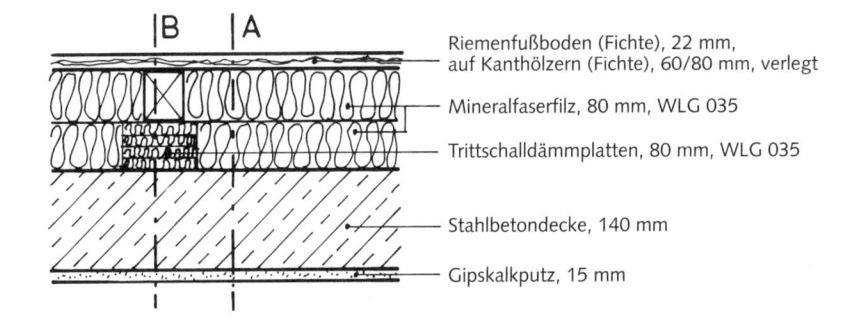

Riemenfußboden (Fichte), 22 mm,
auf Kanthölzern (Fichte), 60/80 mm, verlegt
Mineralfaserfilz, 80 mm, WLG 035
Trittschalldämmplatten, 80 mm, WLG 035
Stahlbetondecke, 140 mm
Gipskalkputz, 15 mm

Wird der geforderte Wärmeschutz nach DIN 4108 und nach der Energieeinsparverordnung (vereinfachtes Nachweisverfahren) erreicht
a) im Gefachbereich (Bercich A),
b) im Bereich der ungünstigen Stellen (Bereich B)?
c) Wie groß ist der Mittelwert U_m, wenn der Flächenanteil der Kanthölzer an der gesamten Bodenfläche 8 % beträgt?

Lösung:
a) Berechnung für den **Gefachbereich** (Bereich A):
1   Ermittlung von Rohdichte, Wärmeleitfähigkeit und flächenbezogener Masse:

Bauteilschichten	Rohdichte	Wärmeleitfähigkeit	flächenbezogene Masse
Riemenfußboden	600 kg/m³	0,13 W/(m · K)	13,2 kg/m²
Mineralfaserfilz	70 kg/m³	0,035 W/(m · K)	5,6 kg/m²
Stahlbetondecke	2400 kg/m³	2,10 W/(m · K)	336 kg/m²
Gipskalkputz	1400 kg/m³	0,70 W/(m · K)	21 kg/m²
			375,8 kg/m²

2   Feststellen der maßgebenden Tabellen:
Die flächenbezogene Masse liegt mit 375,8 kg/m² über 100 kg/m². Somit gelten die Dämmwerte der Tabellen 239 und 285.

3.1 Mindestwert des Wärmedurchlasswiderstandes:
erf $R = 0,90$ m² · K/W

3.2 Höchstwert des Wärmedurchgangskoeffizienten:
erf $U = 0{,}30$ W/(m² · K)

4.1 Berechnung des Wärmedurchlasswiderstandes vorh R

$$\text{vorh } R_A = \frac{d_1}{\lambda_1} + \frac{d_2}{\lambda_2} + \frac{d_3}{\lambda_3} + \frac{d_4}{\lambda_4}$$

$$\text{vorh } R_A = \frac{0{,}022 \text{ m} \cdot \text{m} \cdot \text{K}}{0{,}13 \text{ W}} + \frac{0{,}16 \text{ m} \cdot \text{m} \cdot \text{K}}{0{,}035 \text{ W}} + \frac{0{,}14 \text{ m} \cdot \text{m} \cdot \text{K}}{2{,}10 \text{ W}}$$

$$+ \frac{0{,}015 \text{ m} \cdot \text{m} \cdot \text{K}}{0{,}70 \text{ W}}$$

$$\text{vorh } R_A = 4{,}828 \, \frac{\text{m}^2 \cdot \text{K}}{\text{W}}$$

$$\text{vorh } R_A = 4{,}828 \, \frac{\text{m}^2 \cdot \text{K}}{\text{W}} > \text{erf } R = 0{,}90 \, \frac{\text{m}^2 \cdot \text{K}}{\text{W}}$$

→ **Der Wärmeschutz ist ausreichend.**

4.2 Ermittlung der Wärmeübergangswiderstände: $R_{si} = 0{,}13$ m² · K/W, $R_{se} = 0{,}08$ m² · K/W

4.3 Berechnung des Wärmedurchgangskoeffizienten vorh U:

$$\text{vorh } U_A = \frac{1}{R_{si} + R + R_{se}}$$

$$\text{vorh } U_A = \frac{1}{0{,}13 \frac{\text{m}^2 \cdot \text{K}}{\text{W}} + 4{,}828 \frac{\text{m}^2 \cdot \text{K}}{\text{W}} + 0{,}08 \frac{\text{m}^2 \cdot \text{K}}{\text{W}}}$$

$$\text{vorh } U_A = 0{,}198 \, \frac{\text{W}}{\text{m}^2 \cdot \text{K}}$$

$$\text{vorh } U_A = 0{,}198 \, \frac{\text{W}}{\text{m}^2 \cdot \text{K}} < \text{erf } U = 0{,}30 \, \frac{\text{W}}{\text{m}^2 \cdot \text{K}}$$

→ **Der Wärmeschutz ist ausreichend.**

b) Berechnung für den **Bereich der ungünstigen Stellen** (Bereich B):
1 Ermittlung der Wärmeleitfähigkeit und der Schichtdicke:

Bauteilschichten	Wärmeleitfähigkeit	Schichtdicke
Riemenfußboden	0,13 W/(m · K)	2,2 cm
Kanthölzer	0,13 W/(m · K)	8,0 cm
Trittschalldämmplatten	0,035 W/(m · K)	8,0 cm
Stahlbetondecke	2,10 W/(m · K)	14,0 cm
Gipskalkputz	0,70 W/(m · K)	1,5 cm

2 Feststellen der maßgebenden Tabelle:
Für ungünstige Stellen sind die Dämmwerte der Tabelle 239 und 285 maßgebend.

3.1 Mindestwert des Wärmedurchlasswiderstandes: erf $R = 0{,}90$ m². K/W

3.2 Höchstwert des Wärmedurchgangskoeffizienten: erf $U = 0{,}30$ W/(m² · K)

4.1 Berechnung des Wärmedurchlasswiderstandes vorh R:

$$\text{vorh } R_B = \frac{d_1}{\lambda_1} + \frac{d_2}{\lambda_2} + \frac{d_3}{\lambda_3} + \frac{d_4}{\lambda_4} + \frac{d_5}{\lambda_5}$$

$$\text{vorh } R_B = \frac{0{,}022 \text{ m} \cdot \text{m} \cdot \text{K}}{0{,}13 \text{ W}} + \frac{0{,}08 \text{ m} \cdot \text{m} \cdot \text{K}}{0{,}13 \text{ W}} + \frac{0{,}08 \text{ m} \cdot \text{m} \cdot \text{K}}{0{,}035 \text{ W}}$$

$$+ \frac{0{,}14 \text{ m} \cdot \text{m} \cdot \text{K}}{2{,}10 \text{ W}} + \frac{0{,}015 \text{ m} \cdot \text{m} \cdot \text{K}}{0{,}70 \text{ W}}$$

vorh $R_B = 3{,}158 \frac{\text{m}^2 \cdot \text{K}}{\text{W}}$

vorh $R_B = 3{,}158 \frac{\text{m}^2 \cdot \text{K}}{\text{W}} >$ erf $R = 0{,}90 \frac{\text{m}^2 \cdot \text{K}}{\text{W}}$

→ **Der Wärmeschutz ist ausreichend.**

4.2 Ermittlung der Wärmeübergangswiderstände: $R_{si} = 0{,}13$ m² · K/W, $R_{se} = 0{,}08$ m² · K/W

4.3 Berechnung des Wärmedurchgangskoeffizienten vorh U:

$$\text{vorh } U_B = \frac{1}{R_{si} + R + R_{se}}$$

$$\text{vorh } U_B = \frac{1}{0{,}13 \frac{m^2 \cdot K}{W} + 3{,}158 \frac{m^2 \cdot K}{W} + 0{,}08 \frac{m^2 \cdot K}{W}}$$

$$\text{vorh } U_B = 0{,}297 \frac{W}{m^2 \cdot K}$$

vorh $U_B = 0{,}297 \frac{W}{m^2 \cdot K} <$ erf $U = 0{,}30 \frac{W}{m^2 \cdot K}$
→ Der Wärmeschutz ist ausreichend.

Faktor bei nebeneinanderliegenden Bereichen (s. Seite 237):

$$\frac{\text{vorh } R_A}{\text{vorh } R_B} = \frac{4{,}828}{3{,}158} = 1{,}53. \text{ Da } 1{,}53 < 5 = \text{zulässig}.$$

c) *Berechnung des Mittelwertes U_m:*
1   Flächenanteile von Gefachbereich und ungünstigen Stellen an der gesamten Fußbodenfläche: Anteil des Gefachbereichs = 92 %, Anteil der ungünstigen Stellen (Kanthölzer) = 8 %.

Die Berechnung des Mittelwerts kann bei Wärmedurchlasskoeffizienten und Wärmedurchgangskoeffizienten, im Gegensatz zu Wärmedurchlasswiderständen und Wärmedurchgangswiderständen, ohne Umrechnungen direkt mit den vorhandenen Flächenanteilen erfolgen.

2   Berechnung des Mittelwerts vorh U_m:
vorh U_m = vorh $U_A \cdot 0{,}92$ + vorh $U_B \cdot 0{,}08$

$$\text{vorh } U_m = 0{,}198 \frac{W}{m^2 \cdot K} \cdot 0{,}92 + 0{,}297 \frac{W}{m^2 \cdot K} \cdot 0{,}08$$

vorh $U_m = 0{,}206 \frac{W}{m^2 \cdot K}$

Beispiel 4: Steildach, hinterlüftet

Das Dach über einem ausgebauten Dachraum erhält einen verbesserten Wärmeschutz. Es hat folgenden Aufbau:

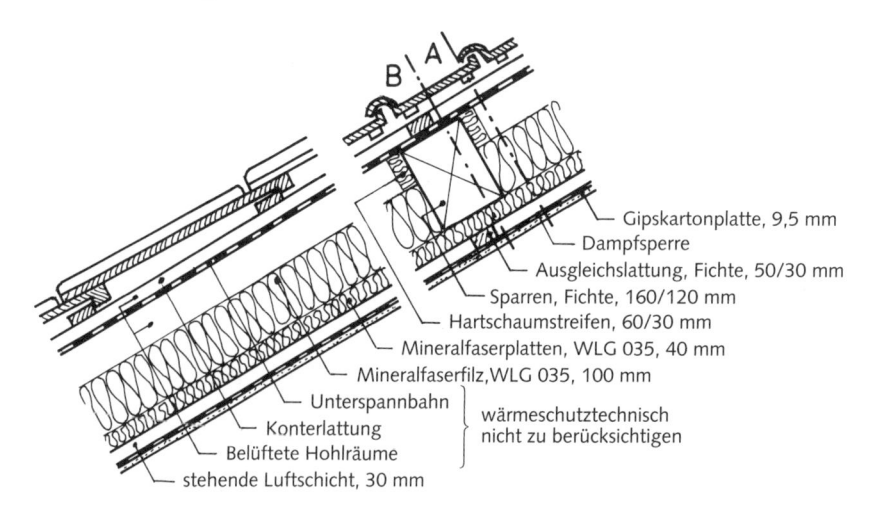

- Gipskartonplatte, 9,5 mm
- Dampfsperre
- Ausgleichslattung, Fichte, 50/30 mm
- Sparren, Fichte, 160/120 mm
- Hartschaumstreifen, 60/30 mm
- Mineralfaserplatten, WLG 035, 40 mm
- Mineralfaserfilz, WLG 035, 100 mm
- Unterspannbahn ⎫
- Konterlattung ⎬ wärmeschutztechnisch nicht zu berücksichtigen
- Belüftete Hohlräume ⎪
- stehende Luftschicht, 30 mm ⎭

Ist der erforderliche Wärmeschutz nach DIN 4108 und nach der Energieeinsparverordnung (vereinfachtes Nachweisverfahren) erreicht
a) im Gefachbereich (Bereich A),
b) im Bereich der ungünstigen Stellen (Bereich B),
c) als Mittelwert U_m, wenn der Anteil der Sparrenfläche an der gesamten Dachfläche 14 % beträgt?

Zu beachten: Dampfsperre, Unterspannbahn und belüftete Hohlräume werden bei der Wärmeschutzberechnung nicht berücksichtigt.

a) Berechnung für den **Gefachbereich** (Bereich A):
1   Ermittlung von Rohdichte, Wärmeleitfähigkeit und flächenbezogener Masse:

Bauteilschichten	Rohdichte	Wärmeleitfähigkeit	flächenbezogene Masse
Gipskartonplatte	900 kg/m³	0,21 W/(m · K)	8,6 kg/m²
Luftschicht	–	$R_g = 0,16$ m² · K/W	–
Mineralfaserfilz	70 kg/m³	0,035 W/(m · K)	9,8 kg/m²
			= 18,4 kg/m²

2 Feststellen der maßgebenden Tabelle:
Die flächenbezogene Masse liegt mit 18,4 kg/m² unter 100 kg/m². Somit gelten nach DIN 4108 die Dämmwerte der Tabelle 240. Der Dämmwert nach der Energieeinsparverordnung ist der Tabelle 262 zu entnehmen.

3.1 Mindestwert des Wärmedurchlasswiderstandes:
erf $R = 1{,}75$ m² · K/W

3.2 Höchstwerte der Wärmedurchgangskoeffizienten:
erf $U = 0{,}30$ W/(m² · K)

4.1 Berechnung des Wärmedurchlasswiderstandes vorh R:

vorh $R_A = \dfrac{d_1}{\lambda_1} + R_g + \dfrac{d_2}{\lambda_2} + \dfrac{d_3}{\lambda_3}$

vorh $R_A = \dfrac{0{,}0095 \text{ m} \cdot \text{m} \cdot \text{K}}{0{,}21 \text{ W}} + 0{,}16 \dfrac{\text{m}^2 \cdot \text{K}}{\text{W}} + \dfrac{0{,}04 \text{ m} \cdot \text{m} \cdot \text{K}}{0{,}035 \text{ W}} + \dfrac{0{,}10 \text{ m} \cdot \text{m} \cdot \text{K}}{0{,}035 \text{ W}}$

vorh $R_A = 4{,}205 \dfrac{\text{m}^2 \cdot \text{K}}{\text{W}}$

vorh $R_A = 4{,}205 \dfrac{\text{m}^2 \cdot \text{K}}{\text{W}} >$ erf $R = 1{,}75 \dfrac{\text{m}^2 \cdot \text{K}}{\text{W}}$

→ **Der Wärmeschutz ist ausreichend.**

4.2 Ermittlung der Wärmeübergangswiderstände: $R_{si} = 0{,}13$ m² · K/W, $R_{se} = 0{,}04$ m² · K/W.

4.3 Berechnung des Wärmedurchgangskoeffizienten vorh U:

vorh $U_A = \dfrac{1}{R_{si} + R + R_{se}}$

vorh $U_A = \dfrac{1}{0{,}13 \dfrac{\text{m}^2 \cdot \text{K}}{\text{W}} + 4{,}205 \dfrac{\text{m}^2 \cdot \text{K}}{\text{W}} + 0{,}04 \dfrac{\text{m}^2 \cdot \text{K}}{\text{W}}}$

vorh $U_A = 0{,}228 \dfrac{\text{W}}{\text{m}^2 \cdot \text{K}}$

vorh $U_A = 0{,}228 \dfrac{\text{W}}{\text{m}^2 \cdot \text{K}} <$ erf $U = 0{,}30 \dfrac{\text{W}}{\text{m}^2 \cdot \text{K}}$

→ **Der Wärmeschutz ist ausreichend.**

b) Berechnung für den **Bereich der ungünstigen Stellen** (Bereich B):
1 Ermittlung der Wärmeleitfähigkeit und der Schichtdicke:

Bauteilschichten	Wärmeleitfähigkeit	Schichtdicke
Gipskartonplatte	0,21 W/(m · K)	0,95 cm
Ausgleichslattung	0,13 W/(m · K)	3,0 cm
Mineralfaserplatte	0,035 W/(m · K)	4,0 cm
Sparren	0,13 W/(m · K)	16,0 cm

(Der Sparren wird wärmeschutztechnisch in voller Höhe berücksichtigt, da er seitlich durch die Dämmschicht und die Hartschaumstreifen gedämmt ist).

2 Feststellen der maßgebenden Tabelle:
Für ungünstige Stellen (Wärmebrücken) sind die Anforderungen der Tabelle 240 einzuhalten.

3.1 Mindestwert des Wärmedurchlasswiderstandes: erf $R = 1{,}75$ m² · K/W

3.2 Höchstwert des Wärmedurchgangskoeffizienten: erf $U = 0{,}30$ W/(m² · K)

4.1 Berechnung des Wärmedurchlasswiderstandes vorh R:

$$\text{vorh } R_B = \frac{d_1}{\lambda_1} + \frac{d_2}{\lambda_2} + \frac{d_3}{\lambda_3} + \frac{d_4}{\lambda_4}$$

$$\text{vorh } R_B = \frac{0{,}0095 \text{ m} \cdot \text{m} \cdot \text{K}}{0{,}21 \text{ W}} + \frac{0{,}03 \text{ m} \cdot \text{m} \cdot \text{K}}{0{,}13 \text{ W}} + \frac{0{,}04 \text{ m} \cdot \text{m} \cdot \text{K}}{0{,}035 \text{ W}} + \frac{0{,}16 \text{ m} \cdot \text{m} \cdot \text{K}}{0{,}13 \text{ W}}$$

vorh $R_B = 2{,}649 \; \frac{\text{m}^2 \cdot \text{K}}{\text{W}}$

vorh $R_B = 2{,}649 \; \frac{\text{m}^2 \cdot \text{K}}{\text{W}} >$ erf $R = 1{,}75 \; \frac{\text{m}^2 \cdot \text{K}}{\text{W}}$

→ **Der Wärmeschutz ist ausreichend.**

4.2 Ermittlung der Wärmeübergangswiderstände: $R_{si} = 0{,}13$ m² · K/W, $R_{se} = 0{,}04$ m² · K/W.

4.3 Berechnung des Wärmedurchgangskoeffizienten vorh U:

$$\text{vorh } U_B = \frac{1}{R_{si} + R + R_{se}}$$

$$\text{vorh } U_B = \frac{1}{0{,}13 \frac{\text{m}^2 \cdot \text{K}}{\text{W}} + 2{,}649 \frac{\text{m}^2 \cdot \text{K}}{\text{W}} + 0{,}04 \frac{\text{m}^2 \cdot \text{K}}{\text{W}}}$$

vorh $U_B = 0{,}354 \; \dfrac{W}{m^2 \cdot K}$

$\boxed{\text{vorh } U_B = 0{,}354 \; \dfrac{W}{m^2 \cdot K} > \text{erf } U = 0{,}30 \; \dfrac{W}{m^2 \cdot K}}$
→ **Der Wärmeschutz ist nicht ausreichend.**

c) *Berechnung des Mittelwertes U_m:*
Da im Bereich der ungünstigen Stellen (Sparrenbereich) der Mindestwärmeschutz nach der Energieeinsparverordnung (erf $U = 0{,}30$ W/(m² · K)) nicht erreicht wurde, ist noch der Mittelwert U_m zu bestimmen.

1 Flächenanteile von Gefachbereichen und ungünstigen Stellen (Sparrenbereich) an der gesamten Dachfläche: Anteil der Gefachbereiche = 86 %, Anteil der ungünstigen Stellen = 14 %.
2 Höchstwerte des Wärmedurchgangskoeffizienten im Mittel laut Tabelle 262:

erf $U_m = 0{,}30$ W/(m² · K)

3 Berechnung des Mittelwerts vorh U_m:

vorh U_m = vorh $U_A \cdot 0{,}86$ + vorh $U_B \cdot 0{,}14$

vorh $U_m = 0{,}228 \; \dfrac{W}{m^2 \cdot K} \cdot 0{,}86 + 0{,}354 \; \dfrac{W}{m^2 \cdot K} \cdot 0{,}14$

vorh $U_m = 0{,}253 \; \dfrac{W}{m^2 \cdot K}$

$\boxed{\text{vorh } U_m = 0{,}253 \; \dfrac{W}{m^2 \cdot K} < \text{erf } U_m = 0{,}30 \; \dfrac{W}{m^2 \cdot K}}$
→ **Der Wärmeschutz ist ausreichend.**

Berechnung und Nachweis des Wärmeschutzes für Einzelbauteile nach DIN 4108 (s. Kapitel 4.1) kann auch in vorbereiteten Formblättern erfolgen (s. Seite 272).

Ein Formblatt für das vereinfachte Nachweisverfahren
- für kleine Wohngebäude mit maximal 100 m³ des beheizten Gebäudevolumens sowie
- bei erstmaligem Einbau, Ersatz oder Erneuerung von Außenbauteilen bestehender Gebäude

wird auf Seite 285 dargestellt.

Objekt:

| | Bauteil | Kurz-be-zeich-nung | vorhandener Wärmedurch-gangskoeffi-zient vorh U_i [W/(m²K)] | Bei erstmaligem Einbau, Ersatz oder Erneuerung von Außenbauteilen bestehender Gebäude ||| Für kleine Wohn-gebäude mit max. 100 m³ des beheizten Gebäudevolumens (≥ 19 °C) |
| | | | | Gebäude mit normalen In-nentemperaturen | Gebäude mit niedrigen Innentemperaturen | | |
				maximal zulässi-ger Wärmedurch-gangskoeffizient zul U_i [W/(m²K)]	maximal zulässi-ger Wärmedurch-gangskoeffizient zul U_i [W/(m²K)]		maximal zulässi-ger Wärmedurch-gangskoeffizient zul U_i [W/(m²K)]
1							
2	Außenwände	W1					
3		W2		$U_W ≤ 0,45$	$U_W ≤ 0,75$		$U_W ≤ 0,45$
4		W3					
5	Außenwände bei Erneuerungsmaß-nahmen mit Außendämmung	W4					
6		W5		$U_W ≤ 0,35$	$U_W ≤ 0,75$		$U_W ≤ 0,35$
7		W6					
8	Außenliegende Fenster und Fenstertüren sowie Dachfenster	F1					
9		F2		$U_F ≤ 1,70$	$U_F ≤ 2,80$		$U_F ≤ 1,70$
10		F3					
11	Decken unter nicht ausgebauten Dach-räumen und Decken (einschließlich Dach-schrägen), die Räume nach oben und unten gegen die Außenluft abgrenzen	D1					
12		D2		$U_D ≤ 0,30$	$U_D ≤ 0,40$		$U_D ≤ 0,30$
13		D3					
14	Kellerdecken, Wände und Decken gegen unbeheizte Räume	G1		$U_G ≤ 0,40$	–		$U_G ≤ 0,40$
15		G2					
16	Wände und Decken, die an das Erdreich grenzen	G		$U_G ≤ 0,50$	–		$U_G ≤ 0,50$
17	**Der Nachweis nach der Energieeinsparverordnung ist erbracht, wenn gilt: vorhanden $U ≤$ zulässig U**						

Tab. 285 – Formblatt für den Nachweis der Anforderungen nach der Energieeinsparverordnung (vereinfachtes Nachweisverfahren)

4.2 Berechnung des Jahres-Primärenergiebedarfs für ein Gebäude nach der Energieeinsparverordnung

Am Beispiel eines Einfamilienhauses soll geprüft werden, ob dieses den Anforderungen an den Wärmeschutz nach der Energieeinsparverordnung genügt. Der Grundriss des Hauses ist in Abbildung 287 dargestellt. Das Haus ist unterkellert und hat ein nichtausgebautes Dachgeschoss.

Der Nachweis des Wärmeschutzes aufgrund der Anforderungen der Energieeinsparverordnung kann mit dem Energiebilanzverfahren erfolgen.

Da es sich um ein Wohngebäude mit Innentemperaturen von > 19 °C und einem Fensterflächenanteil von < 30 % handelt, kann der spezifische Transmissionswärmeverlust mit dem vereinfachten Nachweisverfahren (siehe Kap. 3.3.3) berechnet werden.

Den Rechenverlauf für die Ermittlung des notwendigen Jahres-Primärenergiebedarfs und des zulässigen Primärenergiebedarfs zeigen Tabelle 245 und das Formblatt Seite 288.

Bei der Ermittlung des Primärenergiebedarfs wird der Transmissionswärmebedarf und der Lüftungswärmebedarf des Gebäudes berechnet und um die solaren und internen Wärmegewinne vermindert.

Zum Jahresheizwärmebedarf ist dann der Jahresenergiebedarf für die Warmwasserbereitung sowie der Bedarf an Energie für Verluste der Heizanlage zu addieren.

Der so ermittelte Jahres-Primärenergiebedarf $Q_{p,vorh}$ darf den zulässigen Jahres-Primärenergiebedarf $Q_{p,zul}$ nicht übersteigen. Dasselbe gilt auch für den spezifischen, auf die Hüllfläche bezogenen Transmissionswärmeverlust $H_{T,vorh}$ der den zulässigen spezifischen Transmissionswärmeverlust $H_{T,zul}$ nicht übersteigen darf (siehe Tabelle 244).

Wie das Ergebnis zeigt, ist der Wärmeschutz für das Gebäude ausreichend.

Die Berechnung des Jahresenergiebedarfs ist in den Normblättern DIN EN 832, DIN V 4108–6 und DIN V 4701–10 geregelt. Die Anforderungen an den Jahresenergiebedarf und die Mindestanforderungen an die Einzelbauteile sind in der Energieeinsparverordnung und in der DIN 4108–2 vorgegeben.

Der Fensterflächenanteil an der gesamten Wandfläche des Gebäudes beträgt für das obengenannte Einfamilienhaus

$$f = \frac{A_W}{A_W + A_{AW}} = \frac{31,3 \text{ m}^2}{31,3 \text{ m}^2 + 151,1 \text{ m}^2} = 17\%$$

Da der Fensterflächenanteil mit $f = 17\%$ kleiner als $f_{max} = 30\%$ ist, darf der Jahres-Primärenergiebedarf mit dem vereinfachten Nachweisverfahren durchgeführt werden. Dies geschieht beispielhaft für das Einfamilienhaus im Formblatt Seite 288/289.

GRUNDRISS EINES EINFAMILIENHAUSES MIT NICHTAUSGEBAUTEM DACHGESCHOSS

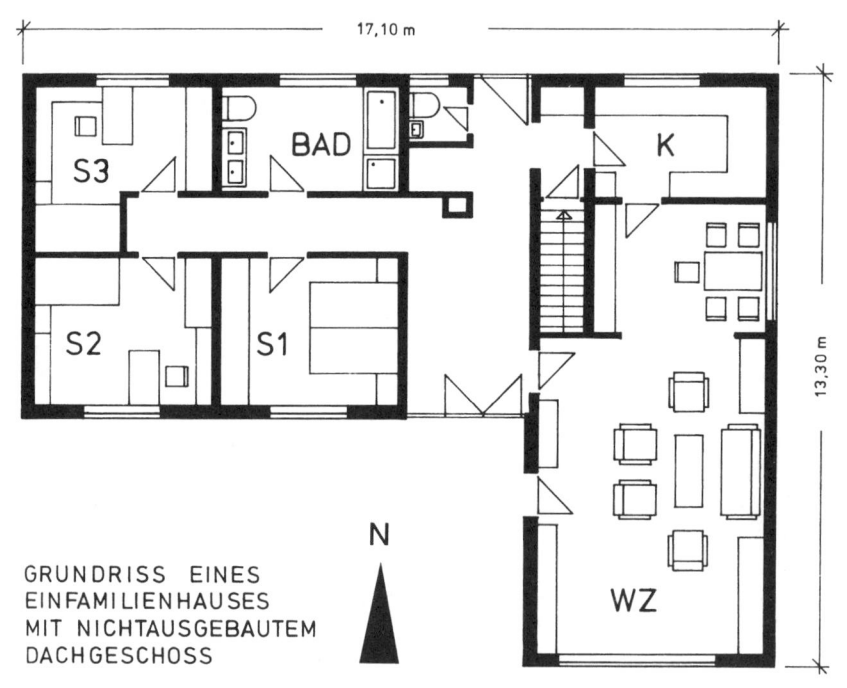

Abb. 287 – Grundriss eines Einfamilienhauses mit nichtausgebautem Dachgeschoss.

Ermittelte Gebäudeflächen und Wärmedurchgangskoeffizienten

Bauteile	Ermittelte Flächen in m²	Errechneter Wärmedurchgangskoeffizient U in W/(m² · K)
Umfassungsfläche, Wand	$A_{AW} = 151{,}10$	0,35
Fensterfläche	$A_W = 28{,}51$	1,30
Außentürfläche	$A_T = 2{,}80$	1,80
Decke unter nicht ausgebautem Dachraum	$A_D = 153{,}91$	0,22
Kellerdecke	$A_U = 153{,}91$	0,36
Wärmeübertragende Umfassungsfläche $A = 490{,}23$		

Das von der wärmeübertragenden Umfassungsfläche eingeschlossene beheizte Gebäudevolumen beträgt $V_e = 677{,}73$ m³.

Nachweis für Gebäude mit normalen Innentemperaturen (Wohngebäude) Vereinfachtes Verfahren nach EnEV, Anhang 1, Absatz 3

Objekt: Einfamilienhaus
Beheiztes Gebäudevolujen V_e: 677,73 m³
Gebäudenutzfläche $A_N = 0{,}32 \cdot V_e$: 216, 87 m³

Bauteil	Bezeichnung	Fläche A m²	Wärmedurch-gangs-koeffizient U W/(m²·K)	Temperatur-Korrekturfaktor F_x	Wärme-verlust H_T	Einheit
Außenwand	an Außenluft	151,10	0,35	1,0	52,88	W/K
Fenster	Nord	7,58	1,30	1,0	9,85	W/K
	Ost	2,86	1,30	1,0	3,72	W/K
	Süd	15,89	1,30	1,0	20,66	W/K
	West	2,18	1,30	1,0	2,83	W/K
Haustür	an Außenluft	2,80	1,80	1,0	5,04	W/K
Dachgeschossdecke	an Dachraum	153,91	0,22	0,8	27,09	W/K
Kellerdecke, Wände, Fußboden	an Kellerraum an Erdreich	153,91	0,36	0,6	33,24	W/K
Wärmeübertragende Umfassungsfläche ΣA:		490,23		$\Sigma A \cdot U \cdot F_x$	155,31	W/K
Wärmebrückenzuschlag	Details nach DIN 4108, Beiblatt 2			$A \cdot 0{,}05$	24,51	W/K
Transmissionswärmeverlust	H_T-spezifisch			$\Sigma (A \cdot U \cdot F_x) + A \cdot 0{,}05$	179,82	W/K
Transmissionswärmebedarf	Q_T			$66 \cdot H_T$	11868,12	kWh/a
Lüftungswärmeverlust	H_V-spezifisch		Luftdichtheit $n_{50} > 3{,}0$ h⁻¹	$0{,}19 \cdot V_e$	–	W/K
			Luftdichtheit $n_{50} < 3{,}0$ h⁻¹	$0{,}163 \cdot V_e$	110,47	W/K

	Orientierung	Fläche A [m²]	Gesamtenergiedurchlassgrad G [-]	A/V_e Faktor für die Zustrahlung		$0{,}72$	m^{-1}
Hüllflächenfaktor							
Solare Wärmegewinne Q_s	Nordwest bis Nordost			$100 \cdot 0{,}567 \cdot g \cdot A$		$498{,}40$	kWh/a
	Südost bis Südwest			$270 \cdot 0{,}567 \cdot g \cdot A$		$1386{,}60$	kWh/a
	Ost und West			$155 \cdot 0{,}567 \cdot g \cdot A$		$252{,}50$	kWh/a
	Dachflächenfenster < 30°			$225 \cdot 0{,}567 \cdot g \cdot A$		–	kWh/a
				$\Sigma\, Q_s$		$2137{,}50$	
Interne Wärmegewinne Q_i	absolut			$Q_i = 22 \cdot A_N$		$4771{,}14$	kWh/a
Nutzbare Gesamtgewinne Q_g	absolut			$Q_g = 0{,}95 \cdot (Q_s + Q_i)$		$6563{,}21$	kWh/a
Jahresheizwärmebedarf Q_h	absolut			$Q_h = Q_T + Q_V - Q_g$		$12595{,}91$	kWh/a
	spezifisch			$Q_h'' = Q_h / A_N$		$58{,}10$	kWh/(m² · a)
Jahresenergiebedarf Q_W für Warmwasserbereitung		Nach EnEV, Anhang 1, Nr. 2,2 als nutzflächenbezogener Trinkwasserbedarf			$12{,}5$	–	kWh/(m² · a)
Anlagenaufwandszahl e_p		Musteranlage 18 gemäß DIN V 4701, Beiblatt 1: Brennwertkessel 55/45 °C mit zentraler TW-Erwärmung im beheizten Bereich		e_p^*		$1{,}55$	–
Jahres-Primärenergiebedarf Q_p''		vorhanden		$Q_{p,\text{vorh.}}'' = e_p \cdot (Q_h'' + 12{,}5)$		$109{,}43$	kWh/(m² · a)
		zulässig		$Q_{p,\text{zul}}'' = 50{,}94 + 75{,}29 \cdot A/V_e + 2600/(100 + A_N)$		$113{,}36$	kWh/(m² · a)
Spezifischer, auf die Hüllfläche bezogener Transmissionswärmeverlust H_T'		vorhanden		$H_{\text{vorh.}}' = H_T / A$		$0{,}37$	W/(m² · K)
		zulässig		$H_{T,\text{zul}}' = 0{,}3 + 0{,}15/(A/V_e)$		$0{,}51$	W/(m² · K)
Endenergiebedarf (nach DIN V 4701-10, Anhang C.5)		Wärme	Erdgas/Erdöl	$q_{EE,E}$		93	kWh/(m² · a)
		Hilfsenergie	Strom	$q_{HE,E}$		$2{,}36$	kWh/(m² · a)

* Erläuterungen siehe Seite 290

Erläuterungen zum Formular auf Seite 288:

Um die Berechnung des Endenergiebedarfs für ein Gebäude nach der Energieeinsparverordnung zu erleichtern, werden Hinweise auf die im Formular aufgeführten Bewertungsgrößen mit den entsprechenden Kapiteln gegeben, in denen sie erläutert werden.

Bewertungsgrößen	Kennung	Kapitel	Seite
Beheiztes Gebäudevolumen	V_e	3.3.4.1	246
Gebäudenutzfläche	A_N	3.3.4.2	246
Wärmeübertragende Einzelflächen und Umfassungsfläche	A	3.3.4.4	247
Temperaturkorrekturfaktor		3.3.4.5	248
Spezifischer Transmissionswärmeverlust	H_T	3.3.1	243
Wärmebrückenzuschlag		3.3.4.6	248
Spezifischer Lüftungswärmeverlust	H_V	3.3.4.7	249
Hüllflächenfaktor	A/V_e	3.3.4.3	246
Solare Wärmegewinne	Q_s	3.3.4.11	257
Interne Wärmegewinne	Q_i	3.3.4.12	258
Regenerative Wärmegewinne	Q_r	3.3	241
Jahresheizwärmebedarf	Q_h	Tab. 245	245
Jahres-Primärenergiebedarf	Q''_p	3.3.1	243
Anlagenaufwandszahl	e_p	3.3.4.13	258
Endenergiebedarf	$q_{WE,E}$	3.3.4.14	258

Ergebnis: a) Der Jahres-Primärenergiebedarf $Q''_{p,vorh} = 109{,}43$ kWh/(m² · a) ist kleiner als $Q''_{p,zul} = 113{,}36$ kWh/(m² · a), somit ist der Wärmeschutz ausreichend.

b) Der spezifische Transmissionswärmeverlust $H'_{T,vorh} = 0{,}37$ W/(m² · a) ist kleiner als $H'_{T,zul} = 0{,}51$ W/(m² · a), somit ist der Wärmeschutz ausreichend.

4.3 Energie- und Wärmebedarfsausweis

Nach der Energieeinsparverordnung ist
- für zu errichtende Gebäude und für die Änderung und Erweiterung bestehender Gebäude mit normalen Innentemperaturen (≥ 19 °C) ein **Energiebedarfsausweis**,
- für Gebäude mit niedrigen Innentemperaturen (< 19 °C) ein **Wärmebedarfsausweis** auszustellen.

Für Gebäude mit normalen Innentemperaturen sind die wesentlichen Ergebnisse der nach der Energieeinsparverordnung erforderlichen Berechnungen anzugeben, insbesondere
- die wärmeübertragende Umfassungsfläche A,
- das beheizte Gebäudevolumen V_e,
- das Verhältnis A/V_e,
- die Gebäudenutzfläche A_N,
- die Art der Beheizung und Warmwasserbereitung und
- die Art und den Anteil erneuerbarer Energien.

Im Hinblick auf die normierten Randbedingungen sind einzutragen
- der zulässige und errechnete Jahres-Primärenergiebedarf bezogen auf die Gebäudenutzfläche oder auf das beheizte Gebäudevolumen,
- der berechnete Endenergiebedarf.

Im Abschnitt III sind energiebezogene Merkmale anzugeben, wie
- zulässiger und berechneter Transmissionswärmeverlust,
- die Anlagenaufwandszahl e_p,
- Angaben über Berücksichtigung von Wärmebrücken, Dichtheitsnachweis und Mindestluftwechsel sowie
- Berechnungen des sommerlichen Wärmeschutzes.

Berechnungen und Nachweise können als Anlage dem Energiebedarfsausweis beigefügt werden.
    Der Energiebedarfsausweis ist bei den zuständigen Behörden auf Verlangen, z. B. bei Baugenehmigungen, vorzulegen. Auch Käufern, Mietern und sonstigen Nutzungsberechtigten des Gebäudes ist er, z. B. bei der Bewertung der Heizkostenabrechnung, auf Verlangen zur Einsichtnahme zugänglich zu machen.
    Das Muster eines Energiebedarfsausweises mit eingetragenen Berechnungsergebnissen ist auf Seite 292 abgebildet.

Energiebedarfsausweis nach § 13 Energieeinsparverordnung

I. Objektbeschreibung

Gebäude / -teil	Einfamilienhaus	Nutzungsart	☒ Wohngebäude ☐
PLZ, Ort		Straße, Haus-Nr.	
Baujahr		Jahr der baulichen Änderung	

Geometrische Angaben

		Bei Wohngebäuden:	
Wärmeübertragende Umfassungsfläche A	490,23 m²		
Beheiztes Gebäudevolumen V_e	677,73 m³	Gebäudenutzfläche A_N	216,87 m²
Verhältnis A/V_e	0,72 m⁻¹	Wohnfläche (Angabe freigestellt)	153,78 m²

Beheizung und Warmwasserbereitung

Art der Beheizung	Brennwert-Kessel	Art der Warmwasserbereitung	gebäudezentral
Art der Nutzung erneuerbarer Energien	--------	Anteil erneuerbarer Energien	0 % am Heizwärmebedarf

II. Energiebedarf

Jahres-Primärenergiebedarf

Zulässiger Höchstwert		Berechneter Wert
113,36	⇔	109,43

Endenergiebedarf nach eingesetzten Energieträgern

		Energieträger 1		Energieträger 2	
		Heizöl		-----	
Endenergiebedarf (absolut)		12596	kWh/a	----	kWh/a

Endenergiebedarf bezogen auf

Nicht-Wohngebäude	das beheizte Gebäudevolumen		------	kWh/(m³·a)	------	kWh/(m³·a)
Wohngebäude	die Gebäudenutzfläche A_N		93	kWh/(m²·a)	------	kWh/(m²·a)
	die Wohnfläche (Angabe freigestellt)		------	kWh/(m²·a)	------	kWh/(m²·a)

Hinweis:

Die angegebenen Werte des Jahres-Primärenergiebedarfs und des Endenergiebedarfs sind vornehmlich für die überschlägig vergleichende Beurteilung von Gebäuden und Gebäudeentwürfen vorgesehen. Sie wurden auf der Grundlage von Planunterlagen ermittelt. Sie erlauben nur bedingt Rückschlüsse auf den tatsächlichen Energieverbrauch, weil der Berechnung dieser Werte auch normierte Randbedingungen etwa hinsichtlich des Klimas, der Heizdauer, der Innentemperaturen, des Luftwechsels, der solaren und internen Wärmegewinne und des Warmwasserbedarfs zugrunde liegen. Die normierten Randbedingungen sind für die Anlagentechnik in DIN V 4701-10 : 2001-02 Nr. 5 und im Übrigen in DIN V 4108-6 : 2000-11 Anhang D festgelegt. Die Angaben beziehen sich auf Gebäude und sind nur bedingt auf einzelne Wohnungen oder Gebäudeteile übertragbar.

III. Weitere energiebezogene Merkmale

Transmissionswärmeverlust

Zulässiger Höchstwert 0,51 W/(m²·K) ⇔ Berechneter Wert 0,37 W/(m²·K)

Anlagentechnik

Anlagenaufwandszahl e_p 1,55   ☐ Berechnungsblätter sind beigefügt

☒ Die Wärmeabgabe der Wärme- und Warmwasserverteilungsleitungen wurde nach Anhang 5 EnEV begrenzt.

Berücksichtigung von Wärmebrücken

☐ pauschal mit 0,10 W/(m²·K)   ☒ pauschal mit 0,05 W/(m²·K) bei Verwendung von Planungsbeispielen nach DIN 4108 : 1998-08 Beibl. 2   ☐ mit differenziertem Nachweis
☐ Berechnungen sind beigefügt

Dichtheit und Lüftung
☒ ohne Nachweis
   ☐ mit Nachweis nach Anhang 4 Nr. 2 EnEV
   ☐ Messprotokoll ist beigefügt

Mindestluftwechsel erfolgt durch
☒ Fensterlüftung   ☐ mechanische Lüftung   ☐ andere Lüftungsart:

Sommerlicher Wärmeschutz
☒ Nachweis nicht erforderlich, weil der Fensterflächenanteil 30 % nicht überschreitet
☐ Nachweis der Begrenzung des Sonneneintragskennwertes wurde geführt
☐ das Nichtwohngebäude ist mit Anlagen nach Anhang 1 Nr. 2.9.2 ausgestattet. Die innere Kühllast wird minimiert.
☐ Berechnungen sind beigefügt

Einzelnachweise, Ausnahmen und Befreiungen

☐ Einzelnachweise nach § 15 (3) EnEV wurden geführt für   ☐ eine Ausnahme nach § 16 EnEV wurde zugelassen. Sie betrifft   ☐ eine Befreiung nach § 17 EnEV wurde erteilt. Sie umfasst

keine

☐ Nachweise sind beigefügt   ☐ Bescheide sind beigefügt

Verantwortlich für die Angaben

Name
Funktion/Firma
Anschrift

Datum
Unterschrift
ggf. Stempel / Firmenzeichen

4.4 Berechnung des Brennstoffbedarfs

Bei der Ermittlung des Endenergiebedarfs $q_{WE,E}$ in kWh pro Nutzfläche und Jahr wurde die Art der Heizanlage und der Anlagenwirkungsgrad durch die Anlagenaufwandszahl schon berücksichtigt. Der Brennstoffbedarf, z. B. an leichtem Heizöl, kann wie folgt berechnet werden:

$$B = \frac{q_{WE,E} \cdot A_N}{H_u}$$

$$B_{öl} = \frac{93 \text{ kW} \cdot 1\cdot 216{,}87 \text{ m}^2}{\text{m}^2 \cdot \text{a} \cdot 10{,}33 \text{ kWh}}$$

$B_{öl} = 1855$ l/a

Darin sind:
B = Brennstoffbedarf in l
$Q_{WE,E}$ = Endenergiebedarf in kWh/(m² · a)
H_u = Heizwert in kWh/l (Tabelle 294)
A_N = Beheizte Gebäudenutzfläche in m²

Ergebnis: Um den Jahres-Endenergiebedarf für das Einfamilienhaus (Seite 287) zu decken, werden etwa 1857 Liter Heizöl pro Jahr benötigt.

Brennstoff	Mengeneinheit	Heizwert	
		kWh	kJ
Steinkohlenbriketts	kg	8,73	31401
Steinkohlenkoks	kg	7,95	28596
Braunkohlenbriketts	kg	5,59	20097
Braunkohlenkoks	kg	8,38	30145
Brennholz	kg	4,07	14654
Leichtes Heizöl	kg l	11,87 10,33	42705 37153
Schweres Heizöl	kg l	11,41 10,86	41031 39062
Stadtgas	m³	4,45	15994
Erdgas	m³	8,82	31736
Umrechnungsfaktoren: 1 kWh = 3600 kJ, 1 kJ = 0,00028 kWh			

Tab. 294 – Heizwert H_u von Brennstoffen

Ort	Heizgrad-tage d · K	Norm-Außenluft-temperatur °C	Ort	Heizgrad-tage d · K	Norm-Außenluft-temperatur °C
Aachen	3445	−12	Kiel	3813	−10 W
Augsburg	3985	−14	Köln	3223	−10
Berlin	3694	−14	Mannheim	3394	−12
Braunschweig	3771	−14 W	Mittenwald	4351	−16
Bremen	3703	−12 W	München	4046	−16
Dortmund	3476	−12	Münster	3564	−12 W
Duisburg	3169	−10 W	Nürnberg	3916	−16
Frankfurt	3387	−12	Oberstdorf	4584	−20
Freiburg	3306	−12	Odenburg	3707	−10 W
Friedrichshafen	3717	−12	Passau	4075	−14
Göttingen	3832	−16	Saarbrücken	3471	−12
Hamburg	3837	−12 W	Stuttgart	3434	−12
Hannover	3782	−14 W	Ulm	4065	−14
Heidelberg	3226	−10	Wiesbaden	3517	−10
Karlsruhe	3409	−12	Wuppertal	3586	−12
Kassel	3692	−12	Würzburg	3727	−12

Zur Ermittlung des Jahreswärmebedarfs wird nach der Energieeinsparverordnung das Referenzklima Deutschland mit einer Heizperiode von Oktober bis März zugrunde gelegt. Die Heizzeit t_{HP} beträgt dabei 185 Tage mit einer Heizgradtag-Zahl von 2900 d · K.

Tab. 295/1 – Heizgradtage und Norm-Außentemperaturen nach VDI-Richtlinie 2067
W = windstarke Gegend

Fensterstellung	Luftwechselzahl 1/h
Fenster zu, Türen zu	0–0,5
Fenster gekippt, Rollladen zu	0,3–1,5
Fenster gekippt, kein Rollladen	0,8–4,0
Fenster halb offen	5–10
Fenster ganz offen	9–15
Fenster und Fenstertüren ganz offen (gegenüberliegend)	40

Zur Ermittlung des Lüftungswärmebedarfs ist nach der Energieeinsparverordnung eine Luftwechselzahl von 0,5/h vorgegeben.

Tab. 295/2 – Luftwechselzahl bei natürlicher Lüftung über Fenster

4.5 Berechnung des sommerlichen Wärmeschutzes

Der Nachweis des sommerlichen Wärmeschutzes ist nach DIN 4108-2 für sämtliche Räume eines Gebäudes einzeln zu führen (s. auch Kap. 3.7, Seite 264).
Es soll exemplarisch der Nachweis für das Wohnzimmer des Einfamilienhauses auf Seite 287 erbracht werden.

4.5.1 Notwendigkeit des Nachweises

Zu berechnen ist der Fensterflächenanteil an der Südfassade des Hauses (für diese Berechnung = Hauptfassade).Die Neigung des Fensters gegenüber der Horizontalen ist 90°. Nach Tabelle 265 darf der Fensterflächenanteil der Hauptfassade 20 % nicht überschreiten. Bei einer Überschreitung ist ein Nachweis zu führen.

$$F = \frac{A_{w,s}}{A_{HF}} = \frac{15{,}89 \text{ m}^2}{51{,}30 \text{ m}^2} = 0{,}31 = 31\%$$

Dabei ist:
f = Fensterflächenanteil in %
$A_{w,s}$ = Solarwirksame Fensterfläche in der Südfassade in m²
A_{HF} = Die Fläche der Hauptfassade einschließlich Fensterfläche in m²

Ergebnis: Da der Fensterflächenanteil der Hauptfassade mit 31 % über dem zulässigen Wert von 20 % liegt, ist ein Nachweis über den sommerlichen Wärmeschutz zu führen.

4.5.2 Nachweis des sommerlichen Wärmeschutzes

Der Nachweis wird mit dem Sonneneintragskennwert für das Wohnzimmer geführt. Dabei darf der Sonneneintragskennwert S des Raumes den maximalen Sonneneintragskennwert S_{max} nicht übersteigen.

a) Berechnung des Sonneneintragskennwerts S für das Wohnzimmer:
Der Sonneneintragskennwert wird nach der Gleichung 15 (Seite 265) berechnet.

Für die südliche Wohnzimmerwand ist gegeben:
- Gesamte Wandfläche einschließlich Fenster A_{HF} = 17,40 m²
- Fläche des Wohnzimmerfensters $A_{w,s}$ = 5,58 m²
- Doppelverglasung mit selektiver Beschichtung g = 0,50
- Rollladen als Sonnenschutzvorrichtung F_C = 0,30
- Abminderungsfaktor für Rahmenanteil F_F = 0,80

Der Sonneneintragskennwert S wird nach der Gleichung 15 (Seite 265) berechnet.

$$S = f_s \cdot g \cdot F_C \cdot \frac{F_F}{0,7} \qquad f_s = \frac{A_{w,s}}{A_{HP}} = \frac{5,58\,m^2}{17,4\,m^2} = 0,32$$

$$S = 0,32 \cdot 0,50 \cdot 0,30 \cdot \frac{0,8}{0,7}$$

$$S = 0,05$$

b) Anforderungen an den Sonneneintragskennwert:
Der maximale Sonneneintragskennwert wird nach der Gleichung 17 (Seite 266) berechnet.

Basiswert des Sonneneintragskennwerts S_0 = 0,18
Zuschlagswerte S_x aus Tabelle 267
- Erhöhte sommerliche Belastung = – 0,04
- Erhöhte Nachtlüftung, schwere Bauart = + 0,05

S_x = + 0,01

$S_{max} = S_0 + S_x$
$S_{max} = 0,18 + 0,01$
$S_{max} = 0,19$

Ergebnis: Da S = 0,05 kleiner als S_{max} = 0,19 ist, reicht der sommerliche Wärmeschutz für das Wohnzimmer aus.

5 Wärmedämmende Maßnahmen und Konstruktionen

Bei der Gestaltung eines Gebäudes ist zu beachten, dass jede Vergrößerung der Außenflächen im Verhältnis zum beheizten Gebäudevolumen den Wärmeverbrauch eines Hauses erhöht. Daher haben z. B. stark gegliederte Baukörper einen vergleichsweise höheren Wärmeverbrauch als nicht gegliederte, Reihenhäuser je Hauseinheit bei gleicher Größe und Ausführung einen geringeren Wärmeverbrauch als freistehende Einzelhäuser.

Auch die Anordnung der Räume zueinander beeinflusst den Heizwärmeverbrauch. Räume mit etwa gleicher Raumtemperatur sollen möglichst aneinandergrenzen oder übereinanderliegen. Räume, die über mehrere Stockwerke reichen, sind schwer beheizbar und verursachen einen höheren Wärmeverbrauch.

Zur Verminderung des Wärmeverbrauchs ist es zweckmäßig, bei Gebäudeeingängen Windfänge vorzusehen. Sie müssen so groß sein, dass die innere Tür geschlossen werden kann, bevor die Außentür geöffnet wird.

Einen guten Wärmeschutz erreicht man, indem man die Außenbauteile (z. B. Wände und Dächer) und die an kalte Räume angrenzenden Wände und Decken mit einer Wärmedämmschicht versieht, die einen zwei- bis vierfachen Dämmwert gegenüber dem geforderten Mindestwärmeschutz erbringt.

5.1 Wärmedämmung bei Wänden

Bei Außenwänden können die Wärmedämmschichten auf der Außenseite (Abb. 300a), auf der Innenseite (Abb. 300b), als Kerndämmung zwischen zwei Mauerschalen (Abb. 300c) oder auf der Außen- und Innenseite der Außenwand in sogenannter Mantelbauweise (Abb. 300d) angebracht werden. Die Anbringungsmöglichkeit hängt von der Art des Gebäudes 'und seiner Nutzung ab.

Grundsätzlich wirkt sich die Lage der Dämmschicht, das heißt die Reihenfolge in der Schichtung, nicht auf die Höhe des Wärmedurchlasswiderstandes aus. Alle vier Möglichkeiten bringen jedoch gewisse bauphysikalische und wirtschaftliche Vor- und Nachteile mit sich, die bei der Planung zu berücksichtigen sind.

Anbringen der Dämmschicht auf der Wandaußenseite
Vorteile:
- Die Wand kühlt im Winter nur langsam aus. Sie wirkt temperaturausgleichend, da die gespeicherte Wärme nach dem Abstellen der Heizung wieder an den Raum abgegeben wird.
- Wegen der außenliegenden Dämmschicht nimmt die Wand im Sommer nur wenig Wärme auf. Sie speichert sie aus der von außen in den Raum einströmenden Warmluft und schafft dadurch angenehm kühle Räume.
- Die Wärmedehnung der tragenden Bauteile ist wegen der geringen Temperaturschwankungen in der Wand sehr klein. Es entstehen somit auch keine temperaturabhängigen Spannungen und Risse.
- Die Wand bleibt frostfrei. Deshalb entstehen z. B. bei Wasserleitungen keine Frostschäden.
- Wärmebrücken bilden sich kaum, da auch Anschlüsse von Decken und Zwischenwänden von außen her durch die Dämmschicht abgedeckt werden.
- Da die innere Wandoberfläche warm ist und zudem hinterlüftete Fassadenverkleidungen verwendet werden, besteht keine Gefahr der Tau- und Kondenswasserbildung (s. Seite 324).

Nachteile:
- Die Aufheizzeit der Räume dauert durch die Wärmeaufnahme der Wände länger.
- Die Dämmschicht muss wetterbeständig sein bzw. muss durch zusätzliche Fassadenverkleidungen gegen Witterungseinflüsse geschützt werden.

Anwendung:
Eine Außendämmung wird vor allem bei Räumen angewendet, die ständig benützt und bewohnt werden, z. B. Wohnhäuser und Krankenhäuser.

Anbringen der Dämmschicht auf der Wandinnenseite
Vorteile:
- Die Raumluft wird sofort nach Heizbeginn warm, da die Wände nicht mit aufgeheizt werden müssen.
- Das Anbringen der Dämmschicht ist einfach, sie kann auch nachträglich leicht eingebaut werden.
- Zur Abdeckung ist keine wetterfeste Verkleidung notwendig.

(a) als Außendämmung

- großformatige Platten
- Hinterlüftung
- Lattung
- Dämmschicht
- Mauerwerk
- Putz

- kleinformatige Platten
- Lattung
- Hinterlüftung
- Dämmschicht
- Mauerwerk
- Putz

- Kunststoff-Dispersionsputz
- Polystyrol-Hartschaumpl.
- Kunstharzkleber
- Mauerwerk
- Putz

- Außenputz
- Holzwolle-Leichtbauplatten
- Beton
- Putz

(b) als Innendämmung

- Außenputz
- Mauerwerk
- Klebemörtel
- Dämmschicht
- Dampfsperre
- Innenputz

- Außenputz
- Mauerwerk
- Ansetzmörtel
- Dämm-Verbundplatte
- Innenputz

(c) als Kerndämmung

- Verblendmauerwerk
- Dämmschicht
- Mauerwerk
- Putz
- Hinterlüftung

- Verblendung (Beton)
- Dämmschicht
- Beton

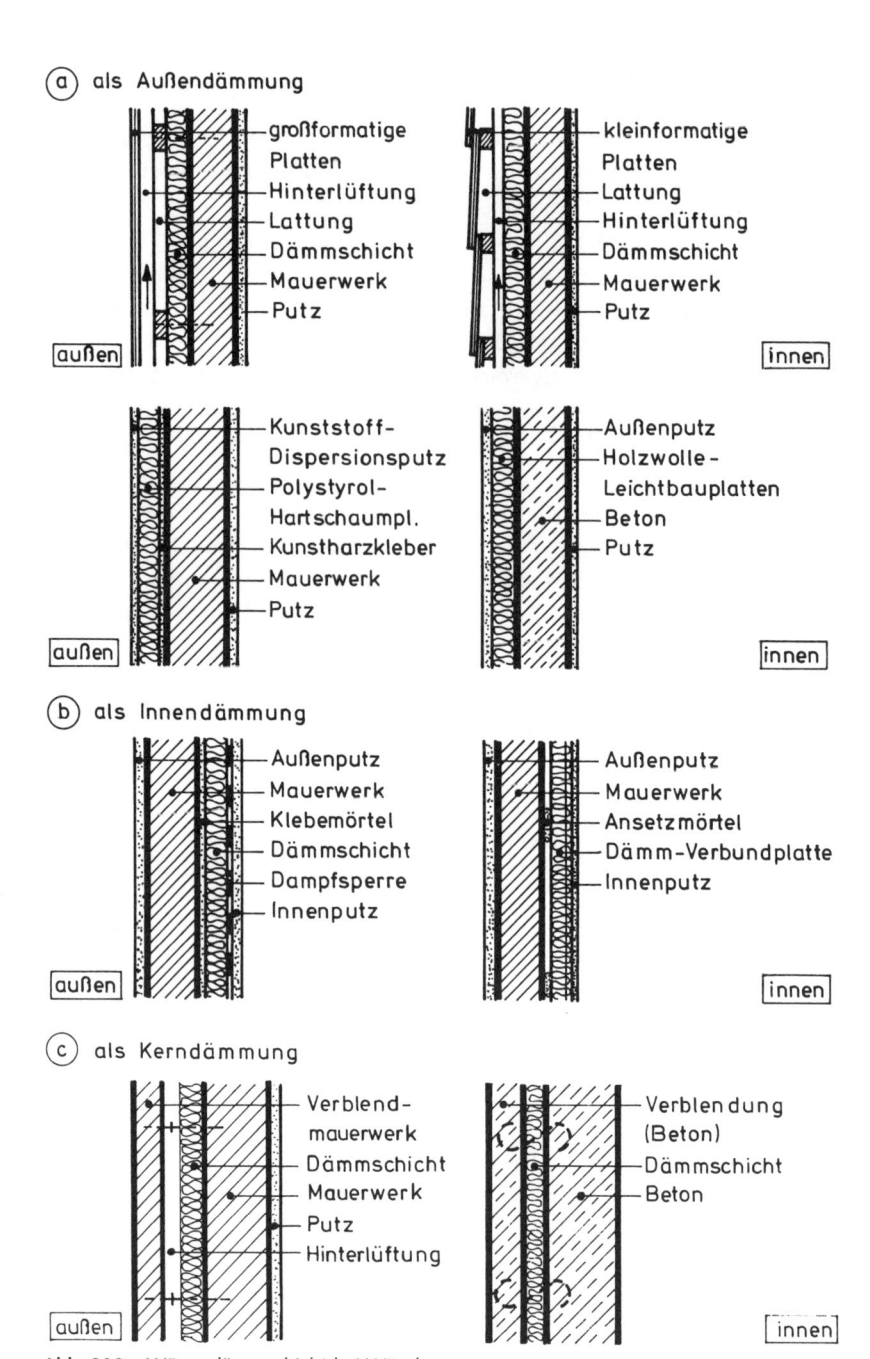

Abb. 300 – Wärmedämmschicht bei Wänden.

(d) in Mantelbauweise

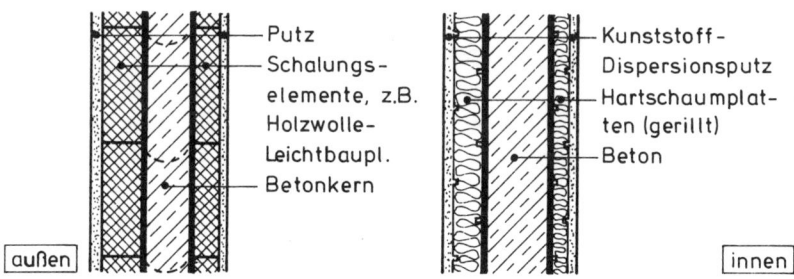

Putz
Schalungselemente, z.B. Holzwolle-Leichtbaupl.
Betonkern

Kunststoff-Dispersionsputz
Hartschaumplatten (gerillt)
Beton

außen | innen

Nachteile:
- Da die Tragwand großen Temperaturschwankungen ausgesetzt ist (Sommer – Winter, Tag – Nacht), müssen große Wärmeausdehnungen durch Dehnungsfugen ermöglicht werden, um Rissebildungen zu vermeiden.
- Wärmebrücken können nur schlecht abgeschirmt werden.
- Bei Räumen mit höherer relativer Luftfeuchte muss wegen der Gefahr der Kondenswasserbildung eine Dampfsperre eingebaut werden.

Anwendung:
Eine Innendämmung ist dort vorzusehen, wo Räume schnell aufzuheizen sind und wo sie nur kurzzeitig benützt werden wie Kirchen, Vortragsräume, Konzerträume oder Wochenendhäuser.

Anbringen der Dämmschicht zwischen den Wandschalen
Vorteil:
- Die innere Schale wirkt im Raum temperaturausgleichend.

Nachteile:
- Die Außenschale ist der Hitze und Kälte viel stärker ausgesetzt als die Innenschale. Bei den Wärmebewegungen der Außenschale entstehen Spannungen über die Verbindungsanker zur Innenschale.
- Die Verbindungsanker bilden Wärmebrücken.
- Bei höheren Raumluftfeuchten ist eine Dampfsperre auf der Innenseite der Dämmschicht oder der Wand erforderlich.

Anwendung:
Eine Kerndämmung wird häufig bei Bauten mit Fassaden aus Sichtbeton oder Sichtmauerwerk mit oder ohne Hinterlüftung (wenn bauaufsichtlich zugelassen) angewendet.

Anbringen von Dämmschichten auf beiden Seiten der Wand
Vorteil:
- Die Wärmedehnung der tragenden Bauteile ist gering.

Nachteile:
- Wegen der Gefahr der Kondenswasserbildung sollte die äußere Wärmedämmschicht dicker als die innere sein. Bei höherer Raumluftfeuchte ist eine Dampfsperre erforderlich.
- Die Wand hat raumseitig eine geringe Wärmeaufnahme- und Wärmespeicherfähigkeit.

Anwendung:
Die Mantelbauweise tritt auf, wenn Schalungssteine aus zementgebundener Holzwolle oder aus Styropor verwendet werden oder beidseitig eine Dämmschicht mit Kunststoff- oder mineralischem Putz angebracht wird.

5.2 Wärmedämmung bei Decken

Wohnungstrenndecken müssen in der Regel nicht besonders gegen Wärmeübertragung gedämmt werden. Die für den Trittschallschutz vorgesehene Dämmschicht unter dem schwimmenden Estrich genügt (Abb. 303a). Bei Decken unter nicht ausgebauten Dachgeschossen (z.B. Speicherböden) besteht die Möglichkeit, die Wärmedämmschicht unter den Holzfußboden zu legen (Abb. 303b). Sie kann unter Umständen auch an der Unterseite der Decke unter einer Verkleidung angebracht werden. Allerdings muss hierbei untersucht werden, ob wegen einer möglichen Kondenswasserbildung eine Dampfsperre vorzusehen ist.

Decken, die Aufenthaltsräume nach unten gegen die Außenluft abgrenzen, wie Decken über Durchfahrten, benötigen an der Unterseite eine zusätzliche Dämmschicht (Abb. 303c).

Die Wärmedämmung von Kellerdecken kann durch das Anbringen einer zusätzlichen Dämmschicht unter dem Estrich (Abb. 303d) oder an der Unterseite der Kellerdecke verbessert werden.

Bei Aufenthaltsräumen, die nicht unterkellert sind, ist der Fußboden sowohl gegen Wärmeabwanderung in das Erdreich als auch gegen aufsteigende Feuchtigkeit zu schützen (Abb. 303e).

ⓐ Wohnungstrenndecke

— Gehbelag
— Estrich
— Trennlage
— Dämmschicht
— Massivdecke
— Putz

ⓑ Decke unter nicht ausgebautem Dachgeschoß

— Holzfußboden
— Lagerhölzer
— Dämmschicht
— Massivdecke
— Putz

ⓒ Decke über offener Durchfahrt

— Gehbelag
— Estrich
— Trennlage
— Dämmschicht
— Massivdecke
— Dämmschicht
— Putz

ⓓ Kellerdecke

— Gehbelag
— Estrich
— Trennlage
— Dämmschicht
— zusätzliche Dämmschicht
— Massivdecke

ⓔ Decke unter nicht unterkellerten Aufenthaltsräumen

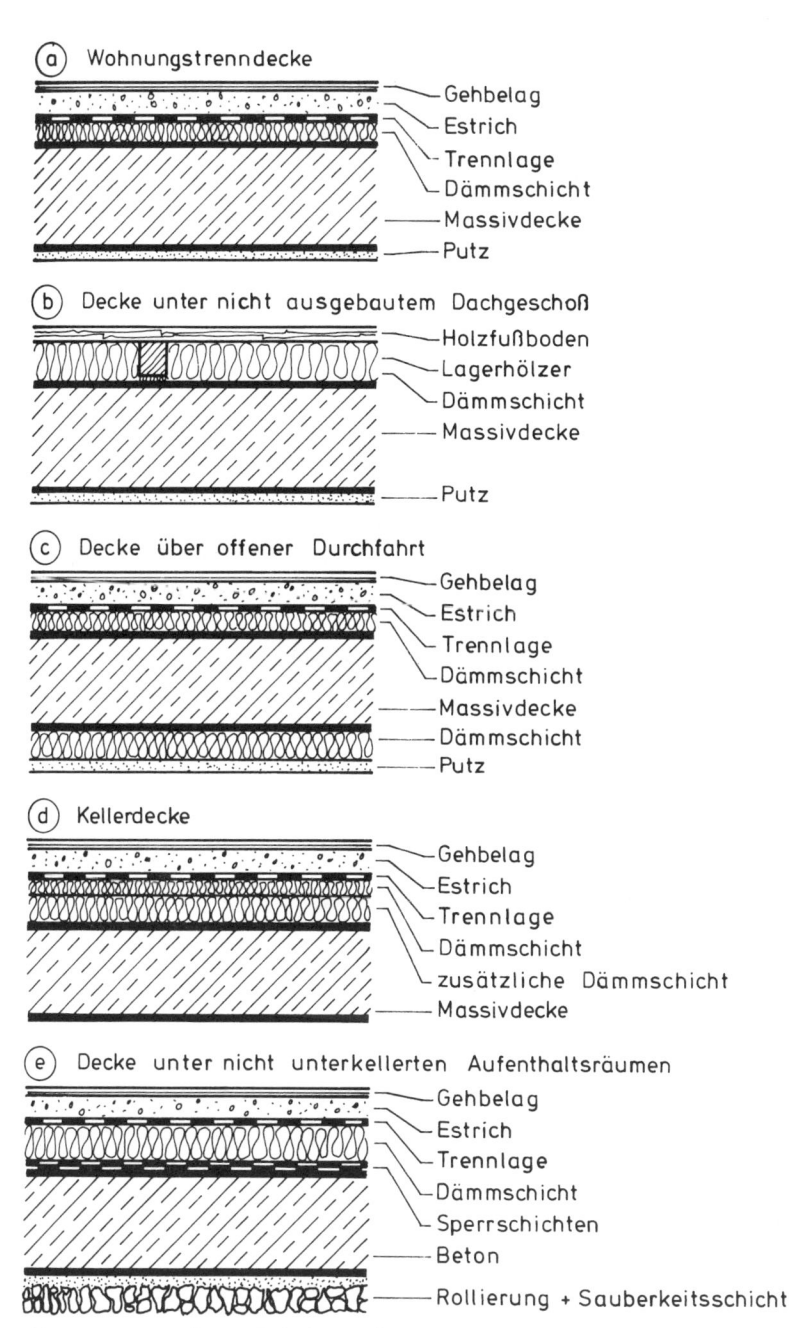

— Gehbelag
— Estrich
— Trennlage
— Dämmschicht
— Sperrschichten
— Beton
— Rollierung + Sauberkeitsschicht

Abb. 303 – Wärmedämmschicht bei Decken.

5.3 Wärmedämmung bei Dächern

Die Anordnung der Wärmedämmschicht bei Dächern hängt von der Art und der Konstruktion des Daches ab.
Beim geneigten Dach kann die Wärmedämmschicht unter den Sparren (Abb. 304a), zwischen den Sparren (Abb. 304b) oder auf der Tragkonstruktion angebracht sein (Abb. 304c+d). Der Raum zwischen Dachhaut und Wärmedämmschicht kann nach DIN 4108 belüftet (s. auch S. 340) oder unbelüftet sein (Abb. 304b). Beim belüfteten Flachdach, auch Kaltdach genannt, liegt die Wärmedämmschicht entweder auf der Betondecke (Abb. 339b) oder auf der inneren Deckenverschalung (Abb. 339c). Das unbelüftete Flachdach (Warmdach) benötigt wegen der Gefahr der Kondenswasserbildung eine gute Wärmedämmung und die Anordnung einer Dampfsperre auf der warmen Seite der Dämmschicht (Abb. 339d). Beim umgekehrten Dach liegt die Wärmedämmschicht über der Dachdichtung (Abb. 339e). Sie besteht aus extrudiertem, geschlossenzelligen Polystyrol-Hartschaum, der keine Feuchtigkeit aufnimmt und deshalb auch bei Wassereinwirkung seine Dämmfähigkeit behält. Geringfügige Wärmeverluste können durch das auf der Dachhaut abfließende Regenwasser entstehen. Außerdem wird die darunterliegende Dachdichtung vor ungünstigen Einflüssen, wie vor mechanischer Beschädigung, hohen Temperaturschwankungen (Sommer – Winter) und vor UV-Strahlung, geschützt.

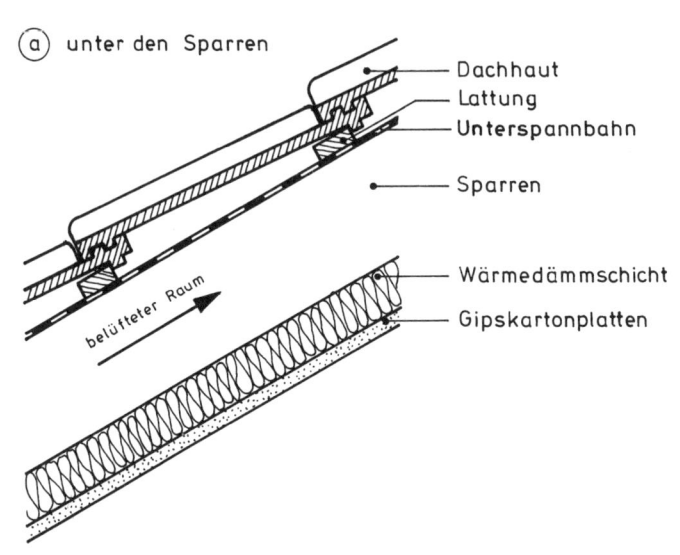

Abb. 304 – Wärmedämmschicht bei geneigten Dächern.

ⓑ zwischen den Sparren

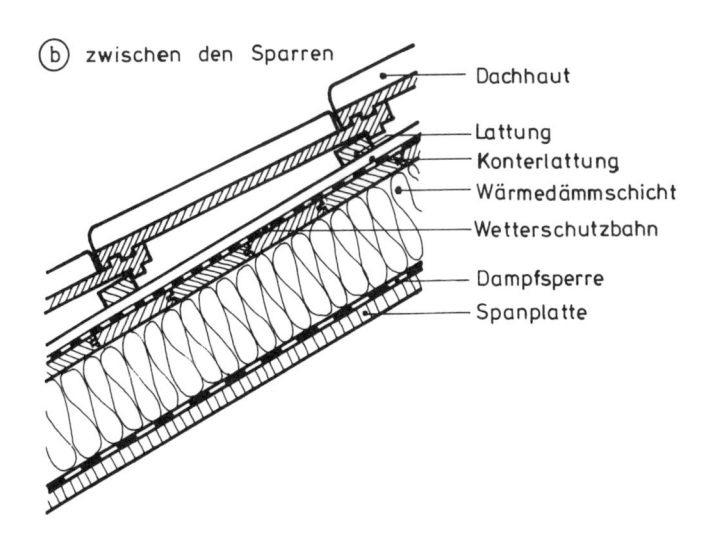

— Dachhaut
— Lattung
— Konterlattung
— Wärmedämmschicht
— Wetterschutzbahn
— Dampfsperre
— Spanplatte

ⓒ auf den Sparren

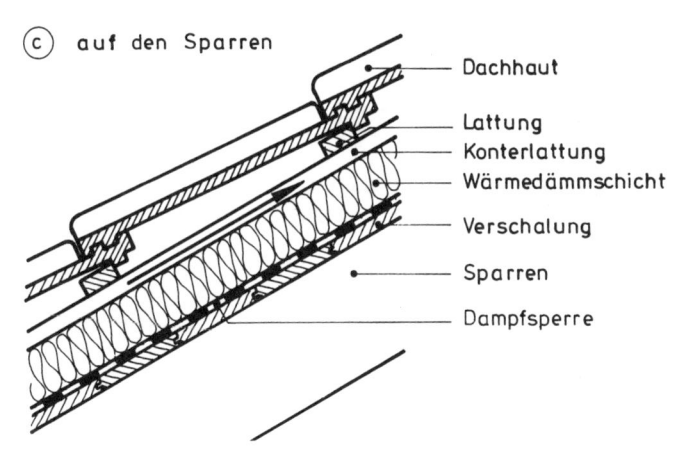

— Dachhaut
— Lattung
— Konterlattung
— Wärmedämmschicht
— Verschalung
— Sparren
— Dampfsperre

ⓓ auf der Tragkonstruktion

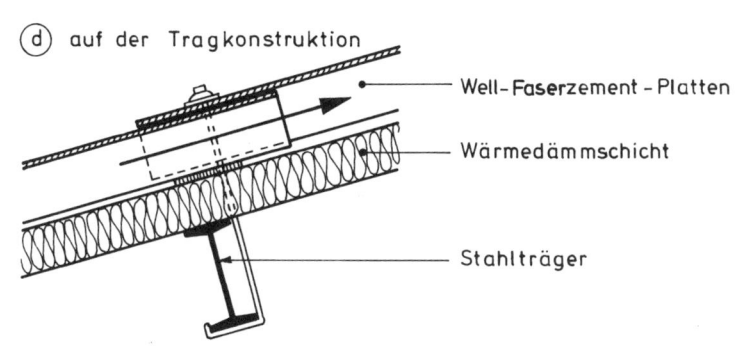

— Well-Faserzement-Platten
— Wärmedämmschicht
— Stahlträger

5.4 Wärmedämmung bei Wärmebrücken

Wärmebrücken sind einzelne, örtlich begrenzte Stellen in Außenbauteilen, die eine geringere Wärmedämmung aufweisen als die angrenzenden Bauteile. An diesen kälteren Stellen schlägt sich die Feuchte aus der Raumluft bevorzugt nieder und führt dort häufig zu einer Schimmel- und Sporenbildung. Wärmebrücken zeichnen sich in der Regel durch dunkle Flecken ab, da sich an diesen feuchten Stellen der Staub bevorzugt absetzt. Deshalb sind Wärmebrücken durch geeignete Maßnahmen zu vermeiden bzw. auf den Mindestmaß zu beschränken (Abb. 307 und 308). Im Beiblatt 2 zu DIN 4108 sind Planungs- und Ausführungsbeispiele zur Vermeidung von Wärmebrücken aufgeführt, z. B. bei Kellerdecken, Fensterbrüstungen, Fensterlaibungen, Fensterstürzen, Rollladenkästen, Terrassen, Geschossdecken sowie bei Steil- und Flachdächern.

5.5 Wärmedämmung bei Fenstern

Beim Fenster ist eine Wärmewanderung durch die Glasscheiben, durch das Rahmenmaterial und über die Fugen und Falze am Fenster möglich.
Die Wärmeübertragung erfolgt dabei
- als Wärmestrahlung durch die Glasscheiben hindurch,
- als Wärmeleitung durch das Glas und das Rahmenmaterial,
- als Wärmemitführung beim Luftaustausch über die Falze und durch Konvektion der Luft zwischen den Glasscheiben.

Die Richtung der Wärmeübertragung kann unterschiedlich sein. So wird im Winter die Wärmeenergie der warmen Raumluft an die kalte Außenluft übertragen, gleichzeitig aber auch Wärmeenergie durch die Sonne von außen nach innen eingestrahlt. Im Sommer wird die Wärmewanderung tagsüber vorwiegend von außen nach innen, bei Nacht von innen nach außen erfolgen. Daneben steht noch die Forderung nach einer ausreichenden Belüftung des Raumes, die meistens über die Fenster geschieht und bei der ebenfalls Wärme übertragen wird.

5.5.1 Maßnahmen gegen Wärmeverluste durch Wärmeleitung

Die Wärmedämmfähigkeit eines Fensters wird üblicherweise durch den Wärmedurchgangskoeffizienten U ausgedrückt. Je größer der U-Wert ist, desto mehr Wärme kann durch das Fenster abwandern. Der U-Wert einer Einfachverglasung beträgt etwa 5,8 W/(m^2 · K). Um eine gute Wärmedämmung zu erreichen, sollte er deshalb möglichst klein gewählt werden. Aus diesem Grund werden als Vergla-

Bauteile ohne Wärmedämmung   Bauteile mit Wärmedämmung

eingebundene Wand

Heizkörpernische

Heizungsrohre

Stahlbetonpfeiler

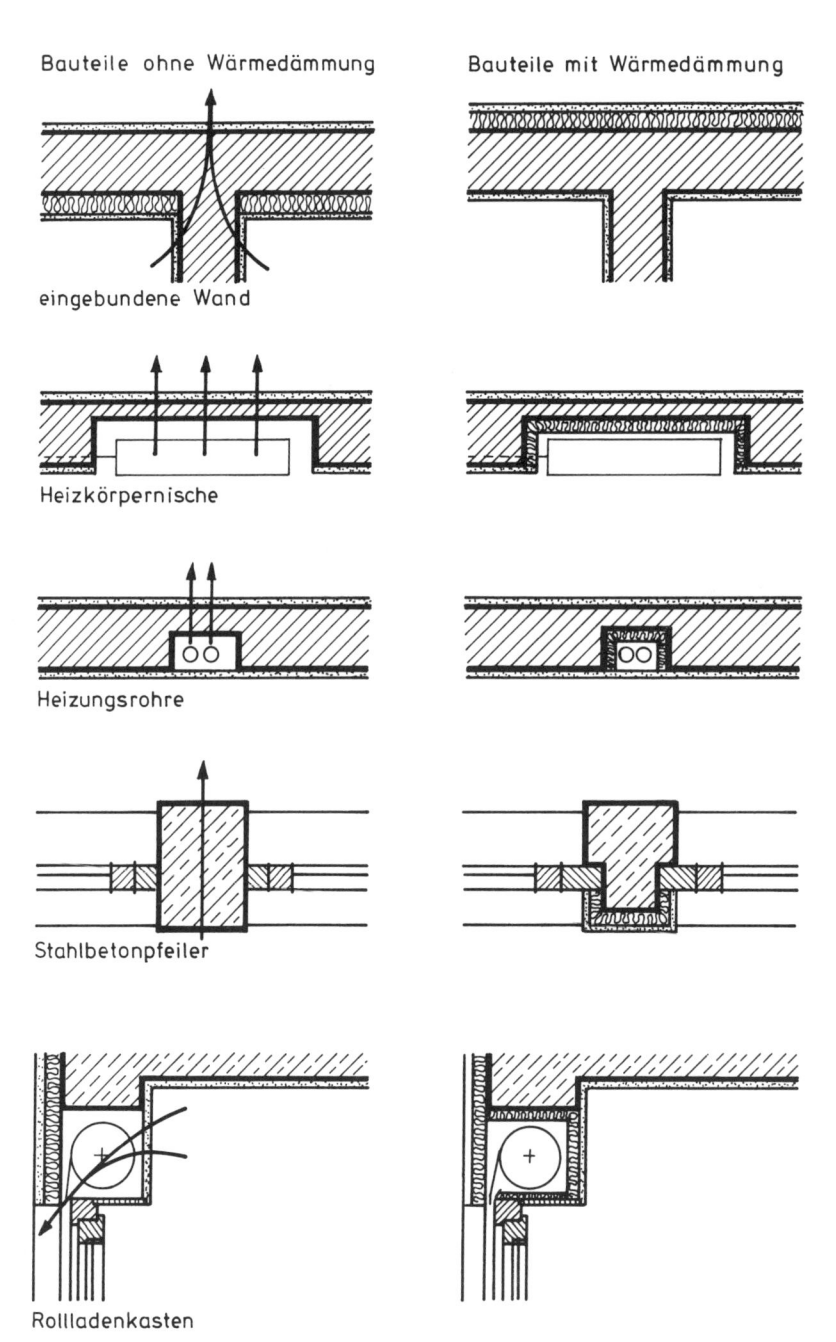

Rollladenkasten

Abb. 307 – Wärmedämmung an Wärmebrücken.

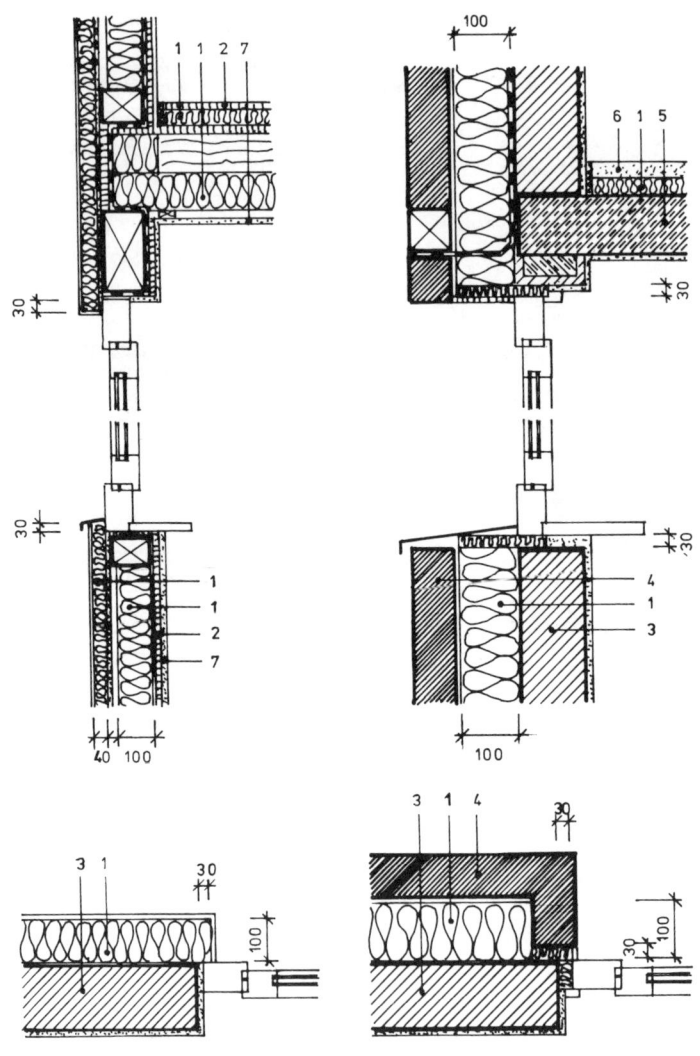

1 Wärmedämmung, $\lambda = 0{,}04$ W/(m · K)
2 Spanplatte
3 Mauerwerk, $\lambda > 1{,}0$ W/(m · K)
4 Mauerwerk, $\lambda > 1{,}0$ W/(m · K)
5 Stahlbeton
6 Estrich
7 Gipskartonplatte

Abb. 308 − Beispiele für die Wärmedämmung an Fensteranschlüssen zur Vermeidung von Wärmebrücken (nach DIN 4108-Bbl 2)

sung häufig Wärmeschutzgläser verwendet. Bei Wohngebäuden sind für Fenster und Fenstertüren grundsätzlich Doppel- oder Mehrfachverglasungen vorgeschrieben.

Werden zwei oder mehr Glasscheiben mit Abstand hintereinander angeordnet, so wird der Wärmedurchgang vom Abstand der Scheiben, vom Reflexions- bzw. Absorptionsvermögen der Scheibenoberflächen sowie von der Wärmeleitfähigkeit des Gases zwischen den Glasscheiben bestimmt. In Tabelle 309/1 sind einige U-Werte von Doppel- und Mehrfachverglasungen angegeben. Eine Verbesserung der U-Werte dieser Verglasungen um ca. 0,2–0,4 W/(m^2 · K) kann erreicht werden, wenn der Hohlraum nicht mit Luft, sondern mit Gasen geringerer Wärmeleitfähigkeit gefüllt wird. Solche Gläser werden auch Wärmeschutzgläser genannt (siehe auch Tabelle 254).

Auch der Fensterrahmen hat einen wesentlichen Einfluss auf den Wärmedurchgangskoeffizienten. Der flächenmäßige Anteil des Rahmens am Gesamtfenster beträgt etwa 25–30 %. Der U-Wert des Rahmens ist dabei abhängig vom Rahmenmaterial (Holz, Kunststoff oder Metall) oder von der Rahmenkonstruktion (wärmegedämmt oder nicht wärmegedämmt). In Tabelle 309/2 sind durchschnittliche U-Werte von Fensterrahmen und Fenstern angegeben.

	Doppelscheiben							Dreifachscheiben	
Scheibendicke	4/4	4/4	4/4	4/4	4/4	4/4	4/4	4/4/4	4/4/4
Scheibenabstand	12	12	16	16	16	20	20	8/8	10/10
Gasfüllung*	L	Ar	L	Ar	MG	L	Ar	Ar	Kr
U-Wert in W/(m^2 · K)	1,7	1,5	1,5	1,2	1,1	1,4	1,2	0,9	0,7

* Gasfüllung: L = Luft, Ar = Argon, Kr = Krypton, MG = Mischgas

Tab. 309/1 – Beispiele für Wärmedurchgangskoeffizienten von Mehrscheiben-Isoliergläsern

Rahmenmaterial	U-Wert des Rahmens in W/(m^2 · K)	U-Wert des Fensters in W/(m^2 · K)
Holz oder Kunststoff	≤ 2,0	2,5
Wärmegedämmte Metallprofile	2,0 < U_R ≤ 2,5 2,8 < U_R ≤ 3,5 3,5 < U_R ≤ 4,5	2,7 2,9 3,2
Nicht wärmegedämmte Metall-Profile	6,1	3,7

Tab. 309/2 – Durchschnittliche U-Werte von Fensterrahmen und Fenstern (Isolierverglasung mit U = 2,8 W/(m^2 · K), LZR = 12 mm, Rahmenanteil ca 25 % – 30 %)

5.5.2 Maßnahmen gegen Wärmeverluste durch Strahlung und gegen Wärmeeinstrahlung von außen

Glas hat die wichtige Eigenschaft, Strahlungsenergie der Sonne in Form von sichtbarem Licht (Wellenlänge 380 nm bis 780 nm*), in Form von Wärmestrahlung (Infrarot-Strahlung, Wellenlänge 780 nm bis 5000 nm) und in Form von UV-Strahlung (Wellenlänge bis 380 nm) mit unterschiedlich großem Anteil durchzulassen, zu absorbieren und zu reflektieren.

Zur Verminderung des Wärmeverlusts im Winter infolge Wärmestrahlung vom Rauminnern nach außen ist der Einsatz von Wärmeschutzgläsern möglich. Diese Gläser können neben einer besonderen Gasfüllung, z. B. Argon, zwischen den Scheiben noch zusätzlich an der Innenseite der raumseitigen Scheibe mit einer Wärmeschutzschicht aus Edelmetall (z. B. Silber, Gold oder Metalloxid-Beschichtung) versehen sein. Diese Beschichtung reflektiert die Wärmestrahlung nach innen (s. Abb. 310).

---

* 1 nm = 1 Nanometer = 10^{-9} m = 1 milliardstel Meter.

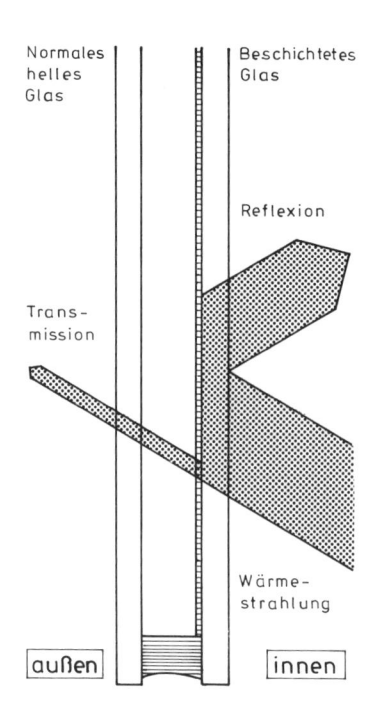

Abb. 310 – Energiedurchlässigkeit eines Wärmeschutzglases.

Eine Wärmezufuhr von außen findet vor allem durch die Sonneneinstrahlung statt. Glas ist nur für den Wellenlängenbereich von etwa 300 nm bis etwa 2500 nm transparent (zu etwa 80 %) und absorbiert die sehr kurzwelligen und die sehr langwelligen Strahlungen. Trifft nun Sonnenstrahlung durch die Verglasung auf Innenraumteile, so wird von diesen ein Teil dieser Strahlungsenergie absorbiert und in Wärmeenergie, das heißt in langwellige Strahlung umgewandelt. Die Innenraumteile erwärmen sich dabei und geben einen Teil der Wärme wieder an den Raum ab. Da diese Wärmestrahlung jedoch in einem Wellenlängenbereich von weit über 2500 nm liegt, bleibt sie im Raum. Dies kann unter Umständen dort einen Treibhauseffekt bewirken und die Behaglichkeit im Raum herabsetzen. Eine starke Wärmeeinstrahlung ist besonders für vollklimatisierte Räume (z. B. in Verwaltungsgebäuden) ungünstig.

Gegen eine zu starke Sonneneinstrahlung, vor allem bei großflächigen Verglasungen, können Sonnenschutzgläser eingesetzt werden. Diese vermindern eine hohe Transmission von Wärmestrahlen durch erhöhte Reflexion oder Absorption.

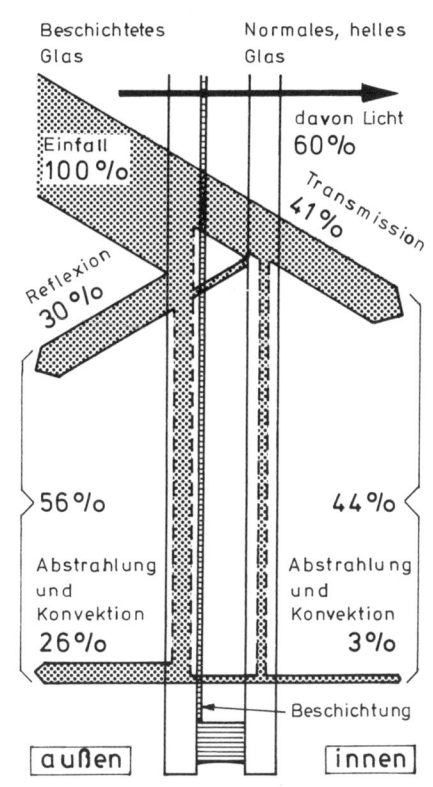

Abb. 311 – Beispiel für die Energiedurchlässigkeit eines Sonnenschutzglases.

Bei reflektierenden Sonnenschutzgläsern sind eine oder beide Glasoberflächen mit Edelmetallen oder mit Metalloxiden beschichtet. Bei der Isolierglasscheibe wird die Beschichtung in der Regel an der Innenseite der äußeren Glasscheibe angeordnet (s. Abb. 311). Diese Schicht reflektiert die einfallende Strahlung zu einem großen Teil wieder nach außen.

Dem absorbierenden Sonnenschutzglas wurden bereits bei der Herstellung Metalloxide beigemischt, die eine Eigenfarbe hervorrufen und damit die Absorption der Sonnenstrahlen erhöhen. Die im Glas gespeicherte Energie wird vorwiegend nach außen abgegeben. Das Gas im Luftzwischenraum des Isolierglases wirkt gleichzeitig nach innen dämmend.

Je nach Art des Beschichtungsmaterials bzw. der Einfärbung der Gläser variieren die Reflexions-, Absorptions- und Transmissionsgrade der Sonnenschutzgläser. Während z. B. die Lichtdurchlässigkeit von üblichen Isoliergläsern mit normalem hellem Glas etwa 80 % beträgt, liegt diese bei Wärme- und Sonnenschutzgläsern etwa zwischen 40 % und 65 %. Abbildung 312 zeigt ein Beispiel für die Energiedurchlässigkeit eines Sonnenschutzglases.

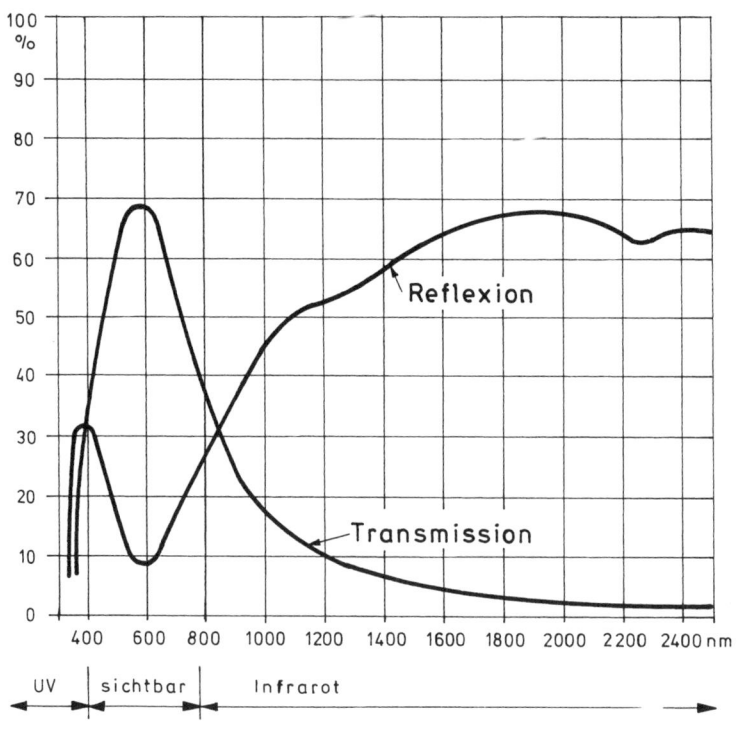

Abb. 312 – Reflexions- und Transmissionsgrade eines Sonnenschutzglases.

Die Wärmedurchgangskoeffizienten U von Wärme- und Sonnenschutzgläsern liegen je nach Glasart und Beschichtung zwischen 0,7 W/(m² · K) und 1,8 W/(m² · K).

Zur Energieeinsparung ist es für nichtklimatisierte Räume vorteilhaft, wenn im Winter der Wärmegewinn durch Sonneneinstrahlung größer ist als der Wärmeverlust. Die für den Sommer konzipierten Sonnenschutzverglasungen können dabei im Winter ungünstiger sein als nichtbeschichtete Verglasungen, da Sonnenschutzverglasungen im Vergleich zu Wärmeschutzverglasungen bei annähernd gleichen U_F-Werten wesentlich geringere Gesamtenergiedurchlassgrade aufweisen. Der Gesamtenergiedurchlassgrad g beträgt bei Wärmeschutzgläsern etwa zwischen 0,4 und 0,7 bei Sonnenschutzgläsern etwa zwischen 0,2 und 0,5. Der mögliche, durch die Sonne bedingte Wärmegewinn wird dadurch verringert.

Eine spürbare Verminderung des Wärmeverlusts bei Nacht kann auch durch das Herablassen eines Außenrollladens erzielt werden.

Bei klimatisierten Räumen wird es jedoch wegen der besseren Regelbarkeit des Raumklimas als günstiger erachtet, wenn die Energiebilanz möglichst ausgeglichen ist, das heißt, wenn die Wärmeeinstrahlung und Wärmeeinströmung etwa so groß wie der Wärmeverlust durch die raumumschließenden Flächen ist.

5.5.3 Maßnahmen gegen Wärmeverluste durch Wärmemitführung

Die Belüftung von Räumen geschieht üblicherweise über die Falze und Fugen der Fenster und Türen infolge von Temperaturdifferenzen zwischen innen und außen und infolge des Winddrucks auf das Gebäude. Bei dieser natürlichen Belüftung wird auch die Wärmeenergie des Raumes nach außen abgeführt. Im Hinblick auf den Wärmeschutz und die Energieeinsparung wurde deshalb der mögliche Luftaustausch über die Falze des Fensters begrenzt. In der Tabelle 252 sind die nach DIN 4108 maximal zulässigen Fugendurchlasskoeffizienten a angegeben.

Der Luftaustausch kann vermindert werden, wenn in die Falze der Fenster Dichtungen eingebaut werden. Diese Dichtungen müssen alterungsbeständig, weichfedernd und leicht auswechselbar sein. Sie werden als Lippendichtung oder als Hohlprofildichtung aus Gummi oder Elastic-PVC hergestellt. Möglichkeiten für den Einbau sind aus den Abbildungen 171 bis 175 ersichtlich.

Aus Gründen der Hygiene und der Beheizung der Räume kann jedoch auf eine Lufterneuerung nicht verzichtet werden. Zur Belüftung der Räume gibt es Lüftungsgeräte, die in die Fensterwand eines Raumes eingebaut werden können. Sie sollen stufenlos einstellbar und leicht regelbar sein.

Zur Verfügung stehen:
- Dauerlüfter mit Schieberlüftung, Drehlüftung oder mit Lüfterklappe. Die Belüftung erfolgt nur durch den Druckunterschied zwischen innen und außen.
- Dauerlüfter mit Zwangslüftung, bei dem die Belüftung durch ein Gebläse (Radiallüfter) erfolgt.
- Lüftungseinrichtungen mit schallgedämpftem Lüftungskanal, meist mit eingebautem Ventilator zur Zwangslüftung (s. Abb. 160).
- Lüftungseinrichtungen mit eingebautem Wärmeaustauscher mit oder ohne Schalldämpfung.

Der Wärmeaustauscher bewirkt, dass ein Teil der Abluftwärme zur Vorwärmung der kalten Zuluft verwendet wird. Als Wärmeaustauschsystem wird häufig der Plattenwärmetauscher eingesetzt. Er besteht aus einem oder mehreren Paketen von dünnen Metallplatten, die in geringem Abstand voneinander angeordnet sind. Anzahl, Dicke und Abstand der Metallplatten sind für den Wirkungsgrad

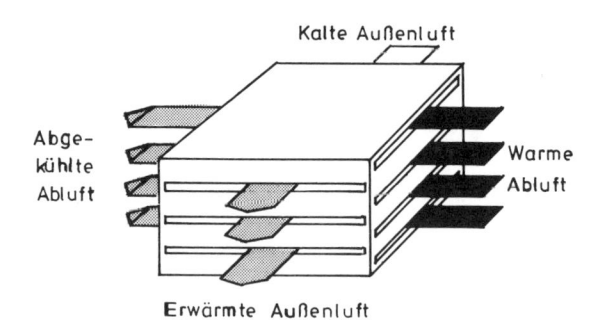

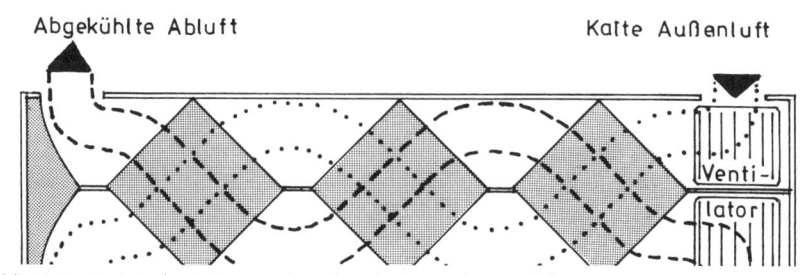

Abb. 314 – Prinzip des Wärmeaustauschers im Kreuzstromverfahren.

mitentscheidend. Jede zweite Öffnung ist wechselweise für warme Abluft und kalte Außenluft vorgesehen. Ein geteiltes Gebläse fördert Abluft und Außenluft durch den Wärmeaustauscher, wobei keine Luftvermischung stattfindet. In jeder zweiten Kammer gibt die warme Abluft einen Teil ihrer Wärmeenergie an die angrenzenden Metallplatten ab, über die die kalte Außenluft geführt wird und dabei die Wärme aufnimmt. Der Wärmeaustauscher kann im Gleichstrom-, Gegenstrom- oder Kreuzstromverfahren erfolgen (Abb. 314).

Die Lüftungseinrichtungen müssen jedoch in geschlossenem Zustand den Anforderungen der Tabelle 73 entsprechen. Außerdem sollte der R'_W-Wert des im Ruhezustand befindlichen Lüfters mindestens dem der angrenzenden Wand entsprechen (s. Abschnitt 3.4.3, Seite 73).

6 Ökologisches Bauen

Ökologisch bauen heißt, eine Bauweise wählen,
- die einen möglichst geringen Energiebedarf zur Beheizung eines Gebäudes erfordert,
- bei der Baumaterialien mit einer geringen Herstellungsenergie verwendet werden und diese Materialien auch auf einfache Weise recycelt werden können,
- die nichterneuerbare Resourcen, wie Kohle, Öl oder Erdgas, schont,

Ziel der ökologischen Bauweise ist also, bei neu zu erstellenden Gebäuden und bei der Sanierung von bestehenden Gebäuden einen guten Wärmeschutz durch optimale Wärmedämmung vorzusehen, damit nur noch wenig Heizenergie benötigt wird. Der Energiebedarf kann zudem noch durch solare, interne und regenerative Wärmegewinne verringert werden.

In Tabelle 316 wird in einer Übersicht die Verbesserung des Wärmeschutzes und die Einsparung des Heizenergiebedarfs vom Altbau (Gebäude vor 1978) bis zum heutigen Passivhaus gezeigt.

Bei der Anwendung der Vorgaben der Energieeinsparverordnung mit monatlicher Bilanzierung erreicht man mit einem geringen Jahresheizwärmebedarf den Standart eines **Niedrigenergiehauses**.

Durch eine ständige ökologisch-technische Weiterentwicklung konnte der Schritt zum **Passivhaus** schon heute geschafft werden, das ohne aktives Heizsystem im Winter und ohne Klimaanlage im Sommer auskommt und dabei eine hohe Behaglichkeit im Haus erreicht.

Vergleichs-kriterien	Altbauten nach der Wärmeschutz-VO 1977	Bauweise nach der Wärmeschutz-VO 1995	Niedrigenergie-haus nach der Energieeinspar-VO 2002	Passivhaus
U-Werte für Außenwände	1,4 W/(m² · K)	0,8 bis 0,6 W/(m² · K)	0,4 bis 0,2 W/(m² · K)	< 0,15 W/(m² · K)
Dach und oberste Geschossdecke	0,9 W/(m² · K)	0,5 bis 0,3 W/(m² · K)	0,2 bis 0,15 W/(m² · K)	< 0,1 W/(m² · K)
Kellerdecke	0,8 W/(m² · K)	0,7 bis 0,55 W/(m² · K)	0,4 bis 0,3 W/(m² · K)	< 0,25 W/(m² · K)
Fenster	Einfach- und Doppelfenster 5,2 W/(m² · K)	Isolierverglasung 1,8 bis 3,1 W/(m² · K)	2-Scheiben-Wärme-schutzverglasung 1,3 W/(m² · K)	3-Scheiben-Wärme-schutzverglasung < 0,7 W/(m² · K)
Lüftung	geringe Anforderungen	Fensterfugen-lüftung	Mech. Abluft-Lüftungsanlage	Lüftungsanlage mit Wärmerück-gewinnung
Solare und interne Wärmegewinne	nicht wirksam	teilweise wirksam	wirksam, reicht noch nicht aus	sehr wirksam
Heizung	groß	kleiner	klein, leicht regelbar	keine
Maximaler Jahres-Heizwärmeverbrauch	280 bis 180 kWh/m² · a	100 bis 54 kWh/m² · a	70 bis 50 kWh/m² · a	< 15 kWh/m² · a
Geforderter Nachweis	Maximaler mittlerer k-Wert (k_m)	Maximaler Jahres-Heizwärmebedarf Q_h	Maximaler Jahres-Primärenergiebedarf Q_p	–
Heizölverbrauch	18–13 l/m² · a	9 l/m² · a	5–4 l/m² · a	Energieverbrauch ≙ 1,5 l/m² · a

Tab. 314 – Entwicklung des Wärmeschutzes vom Altbau zum Passivhaus

6.1 Baustandard eines Passivhauses

Ein Passivhaus ist ein Gebäude, dessen Jahresheizwärmebedarf nicht über 15 kWh/(m² · a) liegt, was etwa 1,5 Liter Heizöl pro m² Nutzfläche und Jahr entspricht. Die Primärenergiekennzahl für die Restheizung, Warmwasserbereitung, Lüftung und Haushaltsstrom sollte 120 kWh/(m² · a) nicht überschreiten, davon weniger als 55 kWh/(m² · a) zur Stromerzeugung.

Der Standort des Passivhauses sollte so gewählt werden, dass keine Verschattung durch andere Gebäude oder hohe und dichte Baumgruppen möglich ist. Die Hauptfassade mit großen Fensterflächen soll möglichst nach Süden orientiert sein.

Außerdem sollte zur Baukonzeption eines Passivhauses gehören,
- dass die gesamte Haustechnik auf einen räumlich eng begrenzten Installationskern konzentriert wird und
- dass kostengünstiges Bauen durch rationelle Baumethoden, wie weitgehende industrielle Vorfertigung der Bauteile und Bausysteme, möglich wird.

Transmissionswärmeverluste werden beim Passivhaus reduziert
- Durch eine kompakte Gebäudeform mit einem möglichst kleinen Hüllflächenfaktor (= A/V_e-Verhältnis),
- durch eine hochgedämmte Gebäudehülle, bei der opake, d. h. nichttransparente Bauteile, wie Wände, Decken, Dächer und Fußböden, U-Werte unter 0,15 W/(m² · K) aufweisen müssen. Diese Werte werden erreicht, wenn Wärmedämmstoffe mit einer Dicke von 25–40 cm (λ = 0,04 W/(m · K) als Außendämmung verwendet werden.
- durch Vermeidung jeglicher Wärmebrücken,
- durch konsequentes Abdichten der Gebäudehülle gegen Winddruck von außen nach innen und Abwandern von Raumwärme von innen nach außen. Dies verhindert in Verbindung mit einer guten Wärmedämmung auch die Entstehung von Kondenswasser und Schimmelbildung,
- durch den Einbau von 3fach verglasten Fensterelementen mit einem U_w-Wert von ≤ 0,8 W/(m² · K), einem U_{Glas} = 0,7 W/(m² · K) und einem Gesamtenergiedurchlassgrad g von 0,5–0,6. Solche Fenster können im Winter solare Gewinne ermöglichen und als Heizquelle betrachtet werden. Es wird von einer Fenstergröße 1,23 m x 1,48 m ausgegangen.

Die Lüftungsverluste können reduziert werden
- durch eine kontrollierte Wohnungsbe- und entlüftungsanlage mit Wärmerückgewinnung zur kontinuierlichen Frischluftzufuhr und Absaugung der verbrauchten Luft (Wirkungsgrad ≥ 75 %). Der Stromverbrauch für die Lüftungsanlage muss dabei gering gehalten werden. Die Luftwechselrate darf bei einem Differenzdruck von 50 Pa die Zahl n = 0,6/h nicht überschreiten (Abb. 160, 314 und 250).

Es entstehen beim Passivhaus neben den verhältnismäßig geringen Wärmeverlusten auch Wärmegewinne, z. B.
- Solare Wärmegewinne, die durch über die Fenster eingestrahlte Sonnenenergie erzielt werden. Großflächige Fenster mit hohem Gesamtenergiedurchlassgrad sind auf der Südseite des Gebäudes anzuordnen. Die im Winter in den Raum eingestrahlte Sonnenenergie kann von den Begrenzungsflächen (Wände und Decken), die eine hohe Wärmespeicherkapazität

haben sollten, aufgenommen werden. Die gespeicherte Wärme wird bei Abkühlung der Raumluft wieder an diese abgegeben. Für die Sommermonate mit erhöhter Sonneneinstrahlung sind die Fenster mit einer Verschattungseinrichtung, z. B. Rollladen oder Außenjalousien, auszustatten.

- Wärmegewinne durch Anbringen einer transparenten Wärmedämmung (TWD) auf den Außenflächen der südöstlichen bis südwestlichen Außenwände. Die TWD besteht aus dünnen Glas- oder Kunststoffröhrchen und hat neben ihrer Wärmedämmfähigkeit eine hohe Durchlässigkeit für die Strahlungsenergie der Sonne. Diese wird von der dahinterliegenden, dunkel gestrichenen Wand absorbiert und später an den Raum abgegeben. Diese transparente Wärmedämmung kann Heizenergieeinsparungen von bis zu 200 kWh pro Jahr und pro m² Fassadenfläche bringen.
- Interne Wärmegewinne durch die Nutzung interner Energiequellen, z. B. die Abwärme elektrischer Haushaltsgeräte (Herd, Kühlschrank, Waschmaschine) und der Beleuchtungseinrichtung sowie die Körperwärme der Bewohner.

Da im Passivhaus auf eine herkömmliche Heizung verzichtet werden kann, lässt sich der verbleibende Energiebedarf durch erneuerbare Energien abdecken. Dazu gibt es folgende Möglichkeiten:

- Zur Erwärmung des Brauchwassers können Solarkollektoren eingesetzt werden. Sie werden als Flachkollektoren ohne oder mit Vakuum (zur besseren Wärmedämmung) in der Regel auf dem Dach mit einer Neigung von 25° bis 45° montiert. Der mit Frostschutz versehene Kollektorkreis wird durch eine Umwälzpumpe im Zwangsumlauf betrieben. Die auf dem Dach durch Sonnenenergie im Kollektor erwärmte Flüssigkeit gibt im Brauchwasserspeicher über einen Wärmeaustauscher ihre Wärmeenergie an das Brauchwasser ab.
- Wärmepumpen entziehen die Wärmeenergie einer Umweltquelle, z. B. der Luft, dem Oberflächenwasser oder dem Grundwasser. Sie arbeitet dabei wie ein umgegehrter Kühlschrank. Die Wärmeleistung ist von den örtlichen Verhältnissen und vom System der Elektro-Pumpenanlage abhängig. Die Wärmepumpe kann auch hier zur Brauchwassererwärmung eingesetzt werden.
- Solarzellen (Photovoltaikzellen) ermöglichen, dass Sonnenlicht direkt in Strom umgewandelt wird. Der Strom kann im Hause selbst verbraucht und der überschüssige Strom in das öffentliche Netz gegen Vergütung eingespeist werden. Die Solarzellen werden auf dem Dach mit etwa 30° Neigung auf der Südseite des Gebäudes oder in die Außenwand eingebaut.

Teil III
Feuchteschutz im Innenausbau

1 Notwendigkeit des klimabedingten Feuchteschutzes

Die meisten Schäden an Bauwerken entstehen durch das Einwirken von Feuchtigkeit. Wo sie auftritt, kann Stahl rosten und Holz faulen, können Steine verwittern und Oberflächenbeschichtungen, wie Putze, Lacke, Tapeten, sich lösen. Da Wasser die Wärme 25mal besser leitet als Luft, wird auch der Wärmeschutz durch feuchte Bauteile erheblich beeinträchtigt.

Grundsätzlich können Bauteile durchfeuchtet werden
a) durch aus dem Baugrund aufsteigende Feuchtigkeit,
b) durch Witterungsfeuchtigkeit (Schlagregen, Schnee, Tau usw.),
c) durch Nutzungsfeuchtigkeit (bei Tauwasserbildung auf Oberflächen von Bauteilen und bei Tauwasserbildung im Innern von Bauteilen).

Den unter a) und b) genannten Feuchtigkeitseinwirkungen lässt sich durch konstruktive Maßnahmen relativ einfach begegnen. Im Rahmen des Innenausbaus interessiert vor allem Punkt c).

Früher, als man verhältnismäßig dicke Wände aus ein und demselben Baustoff verwendete, war die Gefahr der Durchfeuchtung gering. Heute sind die vielfach verwendeten Leichtbauteile aus mehreren Schichten aufgebaut, die eine unterschiedliche Wärmeleit- und Diffusionsfähigkeit besitzen. Die Gefahr der Durchfeuchtung der Bauteile durch die Bildung von Tauwasser ist deshalb größer geworden.

In diesem Fall soll an einfachen Beispielen gezeigt werden, warum und wie Feuchtigkeit in die Bauteile gelangen kann und durch welche Maßnahmen sich dies verhindern lässt.

2 Physikalische und feuchteschutztechnische Grundlagen und Begriffe

2.1 Luft und Feuchtigkeit

Die Luft enthält immer eine bestimmte Menge gasförmigen Wasserdampfes. Der Wasserdampfgehalt ist von der Lufttemperatur abhängig und wird in % ausgedrückt. Man nennt ihn *relative Luftfeuchte* Φ (sprich: groß Phi). Warme Luft kann mehr Feuchtigkeit speichern als kalte Luft. Deshalb nimmt die relative Luftfeuchte bei gleichbleibender Wasserdampfmenge mit steigender Temperatur ab und nimmt zu, wenn die Temperatur sinkt. Die Luft kann jedoch je nach Temperatur nur eine maximal mögliche Wasserdampfmenge, und zwar 100 %, aufnehmen. Man spricht hier von der maximalen Luftfeuchte.

2.2 Taupunkt

Kühlt sich Luft so weit ab, dass eine relative Luftfeuchte von 100 % – also die maximale Luftfeuchte – erreicht wird, so muss bei weiterer Abkühlung Wasserdampf aus der Luft in Form von Nebel, auf kalten Gegenständen in Form von Tauwasser, abscheiden. Die Temperatur, bei der dies geschieht, wird als Taupunkttemperatur Θ_s, kurz Taupunkt, bezeichnet. In Tabelle 324 sind die Taupunkttemperaturen bei verschiedenen relativen Luftfeuchten und Lufttemperaturen angegeben.

Beispiel:
Beträgt in einem Raum die Lufttemperatur 20 °C und die relative Luftfeuchte 70 %, so liegt die Taupunkttemperatur der Luft bei 14,4 °C. Dies bedeutet, dass sich an Bauteilen, die kälter als 14,4 °C sind, Tau- oder Schwitzwasser niederschlägt.

2.3 Wasserdampfdiffusion

Wasserdampfgehalt der Luft und Temperatur der Luft bewirken einen bestimmten Dampfdruck p. Er wird in Pascal (Pa) gemessen. Der Wasserdampfdruck, als Teildruck am Gesamtluftdruck, ist im Freien und in bewohnten Räumen in der Regel unterschiedlich groß. Deshalb hat der Dampfdruck das Bestreben, sich zwischen innen und außen auszugleichen. Dabei entsteht eine Wanderung des Wasserdampfes durch die Bauteile in Richtung des Dampfdruckgefälles, meist von innen nach außen. Man nennt diese Wanderung des Wasserdampfes Wasserdampfdiffusion.

Der höchste Wasserdampfdruck entsteht – in Abhängigkeit von der Lufttemperatur – bei der maximalen Luftfeuchte, also bei 100 % relativer Luftfeuchte. Man nennt diesen Dampfdruck den *Wasserdampfsättigungsdruck* p_s. In Tabelle 322 sind die Wasserdampfsättigungsdrücke bei verschiedenen Lufttemperaturen angegeben.

Da die relative Luftfeuchte Φ in der Regel kleiner als 100 % ist, stellt sich auch ein niedrigerer Dampfdruck, der *Wasserdampfteildruck p*, ein. Er wird aus der relativen Luftfeuchte Φ und dem Wasserdampfsättigungsdruck p_s wie folgt errechnet:

$$p = p_s \cdot \Phi \qquad (1)$$

Beispiel:

Raumluft: $\Theta_i = 20\ °C$, $\Phi_i = 60\ \%$
$p_{si} = 2340\ Pa$ (aus Tabelle 322)

Wasserdampfteildruck $p_i = p_{si} \cdot \Theta_i = 2340\ Pa \cdot \dfrac{60}{100}$ = 1404 Pa

Außenluft: $\Theta_e = -10\ °C$, $\Phi_e = 70\ \%$
$p_{se} = 260\ Pa$ (aus Tabelle 322)

Wasserdampfteildruck $p_e = p_{se} \cdot \Theta_e = 260\ Pa \cdot \dfrac{70}{100}$ = 182 Pa

Dampfdruckdifferenz zwischen innen und außen = 1222 Pa

Ergebnis:
Es besteht ein Dampfdruckgefälle von innen nach außen. Der Wasserdampf wandert also von der warmen Raumluft zur kalten Außenluft.

2.4 Wasserdampf-Diffusionswiderstand

Die Wasserdampfdiffusion erfolgt in porösen Baustoffen von einer luftgefüllten Pore zur anderen. Sie schreitet jedoch in den verschiedenen Baustoffen nicht gleichmäßig schnell fort. Je nach ihrer Art und Struktur setzen die einzelnen Baustoffe dem Dampfstrom bzw. dem Dampfdruck einen mehr oder weniger großen

		Wasserdampfsättigungsdruck über Wasser bzw. Eis p_s in Pa									
Lufttemperatur Θ °C		,0	,1	,2	,3	,4	,5	,6	,7	,8	,9
über Wasser	30	4244	4269	4294	4319	4344	4369	4394	4419	4445	4469
	29	4006	4030	4053	4077	4101	4124	4148	4172	4196	4219
	28	3781	3803	3826	3848	3871	3894	3916	3939	3961	3984
	27	3566	3588	3609	3631	3652	3674	3695	3717	3759	3793
	26	3362	3382	3403	3423	3443	3463	3484	3504	3525	3544
	25	3169	3188	3208	3227	3246	3266	3284	3304	3324	3343
	24	2985	3003	3021	3040	3059	3077	3095	3114	3132	3151
	23	2810	2827	2845	2863	2880	2897	2915	2932	2950	2968
	22	2645	2661	2678	2695	2711	2727	2744	2761	2777	2794
	21	2487	2504	2518	2535	2551	2566	2582	2598	2613	2629
	20	2340	2354	2369	2384	2399	2413	2428	2443	2457	2473
	19	2197	2212	2227	2241	2254	2268	2283	2297	2310	2324
	18	2065	2079	2091	2105	2119	2132	2145	2158	2172	2185
	17	1937	1950	1963	1976	1988	2001	2014	2027	2039	2052
	16	1818	1830	1841	1854	1866	1878	1889	1901	1914	1926
	15	1706	1717	1729	1739	1750	1762	1773	1784	1795	1806
	14	1599	1610	1621	1631	1642	1653	1663	1674	1684	1695
	13	1498	1508	1518	1528	1538	1548	1559	1569	1578	1588
	12	1403	1413	1422	1431	1441	1451	1460	1470	1479	1488
	11	1312	1321	1330	1340	1349	1358	1367	1375	1385	1394
	10	1228	1237	1245	1254	1262	1270	1279	1287	1296	1304
	9	1148	1156	1163	1171	1179	1187	1195	1203	1211	1218
	8	1073	1081	1088	1096	1103	1110	1117	1125	1133	1140
	7	1002	1008	1016	1023	1030	1038	1045	1052	1059	1066
	6	935	942	949	955	961	968	975	982	988	995
	5	872	878	884	890	896	902	907	913	919	925
	4	813	819	825	831	837	843	849	854	861	866
	3	759	765	770	776	781	787	793	798	803	808
	2	705	710	716	721	727	732	737	743	748	753
	1	657	662	667	672	677	682	687	691	696	700
	0	611	616	621	626	630	635	640	645	648	653

Tab. 322 – Wasserdampfsättigungsdruck p_s, über Wasser bzw. Eis bei Lufttemperaturen von +30 bis –20 °C

Luft-temperatur Θ °C	Wasserdampfsättigungsdruck über Wasser bzw. Eis p_s in Pa									
	,0	,1	,2	,3	,4	,5	,6	,7	,8	,9
–0	611	605	600	595	592	587	582	577	572	567
–1	562	557	552	547	543	538	534	531	527	522
–2	517	514	509	505	501	496	492	489	484	480
–3	476	472	468	464	461	456	452	448	444	440
–4	437	433	430	426	423	419	415	412	408	405
–5	401	398	395	391	388	385	382	379	375	372
–6	368	365	362	359	356	353	350	347	343	340
–7	337	336	333	330	327	324	321	318	315	312
–8	310	306	304	301	298	296	294	291	288	286
–9	284	281	279	276	274	272	269	267	264	262
–10	260	258	255	253	251	249	246	244	242	239
–11	237	235	233	231	229	228	226	224	221	219
–12	217	215	213	211	209	208	206	204	202	200
–13	198	197	195	193	191	190	188	186	184	182
–14	181	180	178	177	175	173	172	170	168	167
–15	165	164	162	161	159	158	157	155	153	152
–16	150	149	148	146	145	144	142	141	139	138
–17	137	136	135	133	132	131	129	128	127	126
–18	125	124	123	122	121	120	118	117	116	115
–19	114	113	112	111	110	109	107	106	105	104
–20	103	102	101	100	99	98	97	96	95	94

Tab. 322 – Fortsetzung

Widerstand entgegen. Als Kenngröße dient zum Vergleich und zur Kennzeichnung eines Stoffes bezüglich seines Verhaltens bei Dampfdiffusion die *Wasserdampf-Diffusionswiderstandszahl µ (sprich: My)*.

Sie ist dimensionslos und gibt an, um wievielmal größer der Diffusionswiderstand einer Stoffschicht ist als der einer gleich dicken Luftschicht unter denselben Bedingungen.

In der Tabelle 224 sind die Wasserdampf-Diffusionswiderstandszahlen der wichtigsten Baustoffe angegeben.

Es fällt auf, dass für einige Baustoffe zwei verschiedene μ-Werte aufgeführt sind. Bei der labormäßigen Bestimmung dieser Größen hat sich herausgestellt, dass ihre Streubreite sehr groß ist. Deshalb einigte man sich darauf, die Extremwerte anzugeben. Bei Berechnungen muss dabei der Wert in die Rechnung eingesetzt werden, welcher bezüglich der Diffusionsverhältnisse das Bauteil verschlechtert (s. auch Kap. 5.3).

Die Wasserdampf-Diffusionswiderstandszahl der Luft ist also $\mu = 1{,}0$. Will man die Wasserdampf-Diffusionswiderstände zweier Materialien vergleichen, so spielt auch die Schichtdicke d des Stoffes eine Rolle. Dazu dient die wasserdampfdiffusionsäquivalente Luftschichtdicke s_d. Sie wird aus der Dicke d der Baustoffschicht und seiner Wasserdampf-Diffusionswiderstandszahl μ errechnet.

Lufttemperatur Θ °C	Taupunkttemperatur θ_s^1 in °C bei einer relativen Luftfeuchte von													
	30 %	35 %	40 %	45 %	50 %	55 %	60 %	65 %	70 %	75 %	80 %	85 %	90 %	95 %
30	10,5	12,9	14,9	16,8	18,4	20,0	21,4	22,7	23,9	25,1	26,2	27,2	28,2	29,1
29	9,7	12,0	14,0	15,9	17,5	19,0	20,4	21,7	23,0	24,1	25,2	26,2	27,2	28,1
28	8,8	11,1	13,1	15,0	16,6	18,1	19,5	20,8	22,0	23,2	24,2	25,2	26,2	27,1
27	8,0	10,2	12,2	14,1	15,7	17,2	18,6	19,9	21,1	22,2	23,3	24,3	25,2	26,1
26	7,1	9,4	11,4	13,2	14,8	16,3	17,6	18,9	20,1	21,2	22,3	23,3	24,2	25,1
25	6,2	8,5	10,5	12,2	13,9	15,3	16,7	18,0	19,1	20,3	21,3	22,3	23,2	24,1
24	5,4	7,6	9,6	11,3	12,9	14,4	15,8	17,0	18,2	19,3	20,3	21,3	22,3	23,1
23	4,5	6,7	8,7	10,4	12,0	13,5	14,8	16,1	17,2	18,3	19,4	20,3	21,3	22,2
22	3,6	5,9	7,8	9,5	11,1	12,5	13,9	15,1	16,3	17,4	18,4	19,4	20,3	21,2
21	2,8	5,0	6,9	8,6	10,2	11,6	12,9	14,2	15,3	16,4	17,4	18,4	19,3	20,2
20	1,9	4,1	6,0	7,7	9,3	10,7	12,0	13,2	14,4	15,4	16,4	17,4	18,3	19,2
19	1,0	3,2	5,1	6,8	8,3	9,8	11,1	12,3	13,4	14,5	15,5	16,4	17,3	18,2
18	0,2	2,3	4,2	5,9	7,4	8,8	10,1	11,3	12,5	13,5	14,5	15,4	16,3	17,2
17	-0,6	1,4	3,3	5,0	6,5	7,9	9,2	10,4	11,5	12,5	13,5	14,5	15,3	16,2
16	-1,4	0,5	2,4	4,1	5,6	7,0	8,2	9,4	10,5	11,6	12,6	13,5	14,4	15,2
15	-2,2	-0,3	1,5	3,2	4,7	6,1	7,3	8,5	9,6	10,6	11,6	12,5	13,4	14,2
14	-2,9	-1,0	0,6	2,3	3,7	5,1	6,4	7,5	8,6	9,6	10,6	11,5	12,4	13,2
13	-3,7	-1,9	-0,1	1,3	2,8	4,2	5,5	6,6	7,7	8,7	9,6	10,5	11,4	12,2
12	-4,5	-2,6	-1,0	0,4	1,9	3,2	4,5	5,7	6,7	7,7	8,7	9,6	10,4	11,2
11	-5,2	-3,4	-1,8	-0,4	1,0	2,3	3,5	4,7	5,8	6,7	7,7	8,6	9,4	10,2
10	-6,0	-4,2	-2,6	-1,2	0,1	1,4	2,6	3,7	4,8	5,8	6,7	7,6	8,4	9,2

[1] Näherungsweise darf geradlinig interpoliert werden.

Tab. 324 – Taupunkttemperatur θ_s der Luft in Abhängigkeit von Temperatur und relativer Feuchte der Luft

Wasserdampfdiffusionsäquivalente Luftschichtdicke

$$s_d = \mu \cdot d \; [m] \qquad (2)$$

Beispiel:
Welches Material mit der Dicke d hat den größten Wasserdampf-Diffusionswiderstand?

Gipskartonplatten	d = 15 mm,	μ = 8
	d = 25 mm,	μ = 8
Sperrholz IF20	d = 8 mm,	μ = 50
Dachpappe	d = 1,2 mm,	μ = 1300

Lösung:

Gipskartonplatten	$s_d = \mu \cdot d$	=	8 · 0,015	m = 0,12 m
	$s_d = \mu \cdot d$	=	8 · 0,025	m = 0,20 m
Sperrholz	$s_d = \mu \cdot d$	=	50 · 0,008	m = 0,40 m
Dachpappe	$s_d = \mu \cdot d$	=	1300 · 0,0012	m = 1,56 m

Ergebnis:
Die Dachpappe erzielt den größten Wert und setzt somit dem diffundierenden Wasserdampf den größten Widerstand entgegen. Der Wasserdampf-Diffusionswiderstand nimmt mit der Dicke d des Materials und mit der Größe der Wasserdampf-Diffusionswiderstandszahl μ zu.

Bei einer Bauteilschicht spricht man von einer
- diffusionsoffenen Schicht   bei $s_d \leq$ 0,5 m
- diffusionshemmenden Schicht   bei 0,5 m < s_d < 1500 m
- diffusionsdichten Schicht   bei $s_d \geq$ 1500 m

3 Tauwasserbildung auf Oberflächen von Bauteilen

3.1 Entstehung von Tauwasser auf Bauteiloberflächen

Tauwasser auf Bauteiloberflächen bildet sich, wenn die Oberflächentemperatur dieser Bauteile den Taupunkt der Raumluft unterschreitet (s. Abschnitt 2.2). Dies kann geschehen,
- wenn die Außenbauteile eine unzureichende Wärmedämmung aufweisen, d. h., wenn die Wärme zu schnell von der inneren Oberfläche weg nach außen abwandern kann (z. B. an Wärmebrücken oder in Raumecken),

- wenn im Raum eine hohe relative Luftfeuchte herrscht (z. B. in Küchen oder Bädern mit unzureichender Lüftung),
- wenn die Wärmeübergangsverhältnisse zwischen Raumluft und Wandoberfläche wegen geringer Luftbewegung ungünstig sind (z. B. in Raumecken oder hinter Möbeln),
- wenn ausgekühlte Räume schnell beheizt werden und sich die Wand- und Deckenoberflächen nur langsam erwärmen können.

Abbildung 326 zeigt die Entstehung von Tauwasser aus der Oberfläche einer Betonaußenwand unter gegebenen Klimaverhältnissen.

3.2 Verhinderung der Tauwasserbildung auf Bauteiloberflächen

Eine Tau- oder Schwitzwasserbildung an der inneren Oberfläche eines Außenbauteils (z. B. einer Außenwand) ist durch die richtige Bemessung und Konstruktion des Bauteils zu verhindern. Die Oberflächentemperatur dieses Bauteils wird im Falle einer dauernden Beheizung des Raumes durch seine Wärmedämmung und durch die Lufttemperaturen zu beiden Seiten des Bauteils bestimmt.

Ein Tauwasserniederschlag auf Oberflächen von Bauteilen tritt in der Regel nicht auf, wenn der Mindestwärmeschutz nach DIN 4108 eingehalten wird. Dies gilt bei Raumtemperaturen und relativen Luftfeuchten, wie sie sich in nichtklimatisierten Räumen, z. B. in Wohn- und Büroräumen einschließlich der häuslichen Kü-

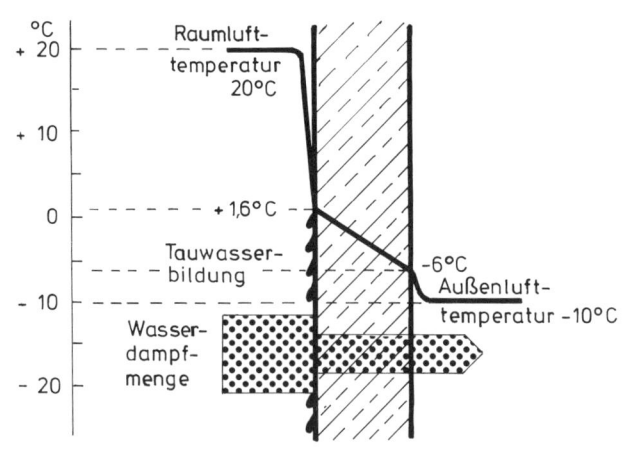

Abb. 326 – Tauwasserbildung an einer 150 mm dicken Betonaußenwand bei einer Taupunkttemperatur von $\Theta_s = 9{,}3$ °C ($\Theta_i = 20$ °C, $\Theta_i = 50\,\%$).

chen und Bäder, bei üblicher Nutzung und Lüftung einstellen. Kurzzeitiger Anfall von Tauwasser auf den Oberflächen der Bauteile ist dann unbedenklich, wenn diese Flächen das anfallende Wasser ohne Tropfenbildung aufnehmen, über eine gewisse Zeit speichern und bei entsprechender Erwärmung der Raumluft bzw. bei Belüftung des Raumes wieder an den Raum abgeben können.

In besonderen Fällen, z. B. bei dauernd hoher Raumluftfeuchte, ist der unter den jeweiligen klimatischen Bedingungen erforderliche Wärmedurchlasswiderstand der Bauteile rechnerisch zu ermitteln.

Bei diesen Berechnungen sind folgende Randbedingungen zugrunde zu legen:

Außentemperatur $\theta_e = -15\ °C$
Wärmeübergangswiderstand innen $R_{si} = 0{,}17\ m^2 \cdot K/W$
Wärmeübergangswiderstand außen $R_{se} =$ Es gelten die Werte nach Tabelle 234

Der erforderliche Wärmeschutz eines Bauteils zur Verhinderung von Tauwasserbildung an der Innenoberfläche kann nach folgenden Gleichungen ermittelt werden:

$$R = R_{si} \cdot \frac{\theta_i - \theta_e}{\theta_i - \theta_s} - (R_{si} + R_{se}) \quad \text{oder} \tag{3}$$

$$U = \frac{\theta_i - \theta_s}{R_{si}\,(\theta_i - \theta_e)} \tag{4}$$

Hierin bedeuten:

θ_i = Raumlufttemperatur
θ_e = Außenlufttemperatur
θ_s = Taupunkttemperatur der Raumluft (aus Tabelle 324)
R_{si} = Wärmeübergangswiderstand innen
R_{se} = Wärmeübergangswiderstand außen

Berechnungsbeispiel:
Die Luft eines Raumes soll eine Temperatur von $\theta_i = 22\ °C$ und eine relative Luftfeuchte von 70 % haben. Wie groß muss der Wärmedurchlasswiderstand oder der U-Wert einer Außenwand (außen nicht verkleidet) sein, damit bei einer Außenlufttemperatur von $\theta_e = -15\ °C$ kein Tauwasser auf der inneren Oberfläche der Außenwand auftreten kann?

Lösung:

$\theta_i = 22\ °C$, $\theta_s = 16{,}3\ °C$ (aus Tabelle 324),
$R_{si} = 0{,}17\ m^2 \cdot K/W$, $R_{se} = 0{,}04\ m^2 \cdot K/W$ (aus Tabelle 234)

$$R = R_{si} \cdot \frac{\theta_i - \theta_e}{\theta_i - \theta_s} - (R_{si} + R_{se})$$

$$= 0{,}17 \cdot \frac{22-(-15)}{22-16{,}3} - (0{,}17 + 0{,}04) = 0{,}89 \ \frac{m^2 \cdot K}{W}$$

$$U = \frac{\theta_i - \theta_s}{R_{si}(\theta_i - \theta_e)} = \frac{22 - 16{,}3}{0{,}17 \cdot (22 - [-15])} = 0{,}91 \ \frac{W}{m^2 \cdot K}$$

Ergebnis:
Die Wand muss einen Wärmedurchlasswiderstand von mindestens 0,89 m²· K/W oder einen U-Wert von höchstens 0,91 W/(m² · K) aufweisen, damit unter diesen Klimaverhältnissen kein Schwitzwasser auf der inneren Oberfläche entsteht.

An gefährdeten Stellen von Außenbauteilen, z. B. in Raumecken, ist ein Nachweis für die ausreichende Wärmedämmung zur Vermeidung von Schimmelbildung zu führen. Ausgenommen sind die Konstruktionsbeispiele im Beiblatt 2 zu DIN 4108, da diese ausreichend wärmegedämmt sind.

Für den Nachweis muss als Mindestanforderung der Temperaturfaktor $f_{Rsi} \geq 0{,}70$ bei einer raumseitigen Oberflächentemperatur von $\theta_{si} \geq 12{,}6 \ °C$ erreicht werden (nach DIN 4102-2).

Im Fall des vorherigen Rechenbeispiels (Seite 327) bedeutet dies:

Temperaturfaktor $f_{R,si} = \frac{\theta_{si} - \theta_e}{\theta_i - \theta_e}$ Gegeben: $\theta_i = +22 \ °C$ (5)
$\theta_e = -15 \ °C$
$\theta_{si} = 12{,}5 \ °C$

$$= \frac{12{,}5 - (-15)}{22 - (-15)} = \frac{27{,}5}{37} = 0{,}74$$

Lösung: vorh. = 0,74 ≥ erf. = 0,70
Unter diesen Temperaturverhältnissen muss nicht mit einer Schimmelbildung gerechnet werden.

4 Durchfeuchtung eines Bauteils mangels Abdichtung

Treten in einem Bauteil innerhalb kurzer Zeit Durchfeuchtungserscheinungen auf, so ist dies nicht immer allein auf Dampfdiffusion zurückzuführen. Häufig werden hier große Feuchtigkeitsmengen in Form von Wasserdampf durch Luftströmungen über Fugen übertragen. Solche Luftströmungen entstehen durch unterschiedliche Luftdrücke zwischen innen und außen, z. B. bei Auftriebsströmungen

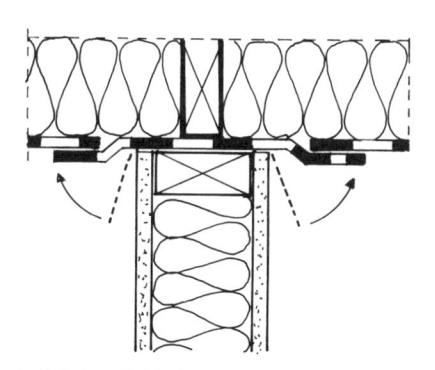

Luftdichte Einbindung einer Innenwand an das Dach

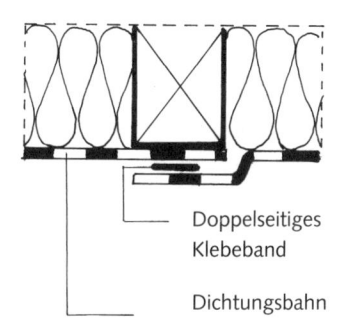

Beispiel einer Überlappung mit doppelseitigem Klebeband
- Doppelseitiges Klebeband
- Dichtungsbahn

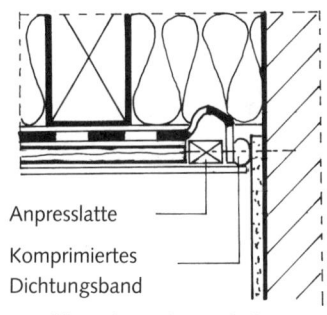

Anschluss der Dichtungsbahn an verputztes Mauerwerk
- Anpresslatte
- Komprimiertes Dichtungsband

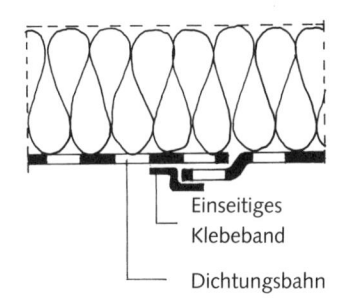

Beispiel einer Überlappung mit einseitigem Klebeband
- Einseitiges Klebeband
- Dichtungsbahn

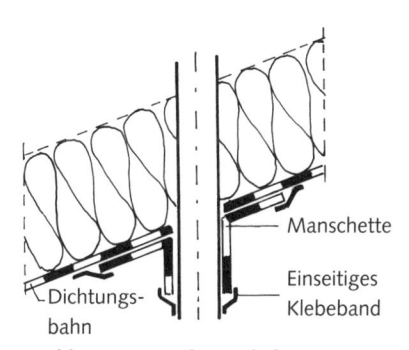

Anschluss einer Dichtungsbahn an eine Durchdringung
- Dichtungsbahn
- Manschette
- Einseitiges Klebeband

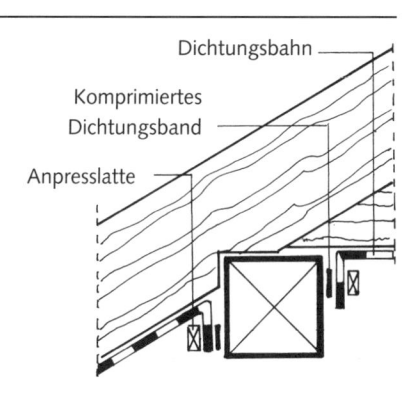

Anschluss der Dichtungsbahn an eine Pfette
- Dichtungsbahn
- Komprimiertes Dichtungsband
- Anpresslatte

Abb. 329 – Beispiele für die Abdichtung von Anschlussfugen an verschiedenen Bauteilen.

an der Innenseite oder bei hohen Windgeschwindigkeiten an der Außenseite des Bauteils.

Undichte Fugen findet man z. B. als Anschlussfugen bei Fenstern, Dächern und Decken oder bei Wand- und Deckenverkleidungen mit Profilbrettern. Der in der Luftströmung mitgeführte Wasserdampf kondensiert dabei an kalten Stellen innerhalb des Bauteils, wodurch diese durchfeuchtet werden. Bei Frost kann sich an diesen Stellen auch Eis bilden, welches bei Tauwetter schnell schmilzt und größere Feuchtigkeitsmengen entstehen lässt.

Um eine Durchfeuchtung auf diesem Wege zu verhindern, ist es zwingend notwendig, durch Verwendung von dichten Verkleidungen (z. B. von Gipskartonplatten) oder durch den Einbau einer Luftsperre unter der Sichtverkleidung (z. B. von Pappen oder Folien) und Abdichten der Anschlussfugen eine Luftströmung, vor allem von innen nach außen, zu verhindern.

Einige Ausführungsbeispiele zeigt Abbildung 329. Weitere Ausführungsempfehlungen für Luftdichtheitsschichten und Anschlüsse sind in DIN 4108, Teil 7, enthalten.

5 Tauwasserbildung im Innern von Bauteilen

5.1 Entstehung von Tauwasser im Bauteilinnern

Diffundiert Wasserdampf durch ein ein- oder mehrschichtiges Bauteil hindurch, so nimmt mit abnehmender Temperatur in der Wand – in der Regel von innen nach außen – die relative Luftfeuchte und damit der Wasserdampfteildruck zu. Wird der Sättigungsdampfdruck p_s, erreicht, so wechselt ein Teil der dampfförmigen Feuchtigkeit in diesem Bereich ihren Aggregatzustand und kondensiert zu Wasser, was zu einer mehr oder weniger großen Innendurchfeuchtung der Bauteile führt. Falls in dieser Konstruktion die Temperatur von 0 °C unterschritten wird, bildet sich unter Umständen auch Eis. Da Wasser die Wärme besser leitet als Luft, kann durch diese Baufeuchte die Wärmedämmfähigkeit der Bauteile herabgesetzt werden. Außerdem kann an organischen Stoffen, wie an Holz, Schimmel entstehen.

5.2 Anforderungen

Eine Tauwasserbildung durch Wasserdampfdiffusion in Bauteilen ist nach DIN 4108 Teil 3 Abschnitt 4.2.1 unschädlich, wenn durch Erhöhung des Feuchtegehalts der Bau- und Dämmstoffe der Wärmeschutz und die Standsicherheit der Bauteile nicht gefährdet werden. Diese Voraussetzungen sind sichergestellt, wenn folgende Bedingungen erfüllt sind:

a) Das während der Tauperiode durch Tauwasserbildung im Innern des Bauteils anfallende Wasser muss während der Verdunstungsperiode wieder an die Umgebung abgeführt werden können.
b) Die Baustoffe, die mit dem ausfallenden Tauwasser in Berührung kommen, dürfen dadurch nicht geschädigt werden (z. B. durch Korrosion, Pilzbefall).
c) Bei Dach- und Wandkonstruktionen darf eine Tauwassermasse von insgesamt 1 kg/m^2 nicht überschritten werden (gilt nicht bei d) und e)).
d) An Berührungsflächen von kapillar nicht aufnahmefähigen Schichten (z. B. Dampfsperren oder Betonschichten) zu Luft-, Faserdämmstoffschichten o. ä. darf zur Begrenzung des Ablaufens oder Abtropfens eine Tauwassermasse von 0,5 kg/m^2 nicht überschritten werden.
e) Bei Holz- und Holzwerkstoffen (ausgenommen Holzwolle-Leichtbauplatten) ist eine Erhöhung des massebezogenen Feuchtegehalts durch das ausfallende Wasser bei Holz um mehr als 5 %, bei Holzwerkstoffen um mehr als 3 % unzulässig.

Eine Berechnung der Tauwassermenge ist für alle Bauteile durchzuführen (Beispiel s. Kapitel 5.4.2), sofern diese Bauteile nicht als unbedenklich gegen Tauwasserausfall infolge Dampfdiffusion gelten. Die Bauteile (Außenwände, belüftete und nichtbelüftete Dächer), für die kein rechnerischer Nachweis erforderlich ist, sind in DIN 4108 Teil 3 Abschnitt 4.3 beschrieben.

Beispiel für solche Wände nach DIN 4108:
- Außenwände aus ein- oder zweischaligem Mauerwerk, Normalbeton, gefügedichtem oder haufwerksporigem Leichtbeton, jeweils mit Innenputz. Außenschichten als Putz oder Verblendmauerwerk, angemörtelte Bekleidungen, hinterlüftete Außenwandbekleidungen mit oder ohne Wärmedämmung oder ein zugelassenes Wärmeverbundsystem.
- Wände mit Innendämmung, wenn die Wärmedämmschicht $R \leq 1,0$ m$^2 \cdot$ K/W und $s_{d,i} \geq 0,5$ m (einschließlich Innenputz) beträgt oder bei Wänden (ohne Außendämmung) mit Holzwolle-Leichtbauplatten als Innendämmung ($R \leq 0,5$ m$^2 \cdot$ K/W).
- Wände in Holzbauart mit vorgehängter Außenwandbekleidung, zugelassenem Wärmeverbundsystem oder Mauerwerksvorsatzschalen, wenn innen eine diffusionshemmende Schicht mit $s_{d,i} \geq 2$ m angebracht ist.
- Holzfachwerkwände mit wärmedämmender Ausfachung oder mit Innendämmung (Innenbekleidung 1 m $\leq s_{d,i} \leq$ 2 m) oder Innendämmung mit

Holzwolle-Leichtbauplatten oder mit Außendämmung als Wärmedämmverbundsystem oder Wärmedämmputz ($s_{d,e} \leq 2$ m).
- Kelleraußenwände mit außenliegender Wärmedämmung (Perimeterdämmung).

Beispiele für solche Dächer nach DIN 4108 siehe Tabelle 332.

Anforderungen	Nichtbelüftete Dächer ohne belüftete Luftschicht über der Wärmedämmschicht	Belüftete Dächer mit belüftetem Raum oberhalb der Wärmedämmschicht	
		Dachneigung < 5°	Dachneigung > 5°
Diffusionshemmende Schicht s_d	mit Dachabdichtung (Flachdächer)		
unterhalb der Wärmedämmschicht	$s_{d,i} \geq 100$ m	$s_{d,i} \geq 100$ m	$s_{d,i} \geq 2$ m
unterhalb bzw. oberhalb der Wärmedämmschicht	Mit belüfteter Dachdeckung (Ziegel auf Lattung) $s_{d,e}$ $\quad$ $s_{d,i}$ $\leq 0,1$ m $\quad \geq 1,0$ m $\leq 0,3$ m $\quad \geq 2,0$ m $> 0,3$ m $\quad \geq 6,0 \cdot s_{d,e}$		
Wärmedurchlasswiderstand der Bauteilschichten unterhalb der diffusionshemmenden Schicht	maximal 20 % des Gesamtwärmedurchlasswiderstandes R	maximal 20 % des Gesamtwärmedurchlasswiderstandes R	
Höhe des freien Lüftungsquerschnitts			innerhalb des Dachbereichs über der Wärmedämmung ≥ 20 mm
Lüftungsquerschnitte zur zugehörigen geneigten Dachfläche			– an Traufe und Pultdachabschluss, $\geq 2‰$, mind. 200 cm²/m Traufe
			– am First und Grat bei Satteldächern $\geq 0,5‰$, mind. 50 cm²/m First
Sonstige Dachkonstruktionen	Dächer aus Porenbeton ohne Wärmedämmung und Umkehrdächer		

Tab. 332 – Anforderungen an Dachkonstruktionen nach DIN 4108, für die kein rechnerischer Nachweis des Tauwasserausfalls infolge Dampfdiffusion erforderlich ist.

5.3 Verhinderung der Tauwasserbildung im Bauteilinnern

Eine Kondensation des Wasserdampfes im Innern eines Bauteils hängt im wesentlichen ab
- vom Wärmeleitvermögen und von der Wasserdampfdurchlässigkeit der verwendeten Werkstoffe,
- von der Reihenfolge in der Schichtung der Baustoffe innerhalb des Bauteils,
- vom Temperaturunterschied zwischen Raumluft und Außenluft.

Vergleicht man verschiedene Baustoffe in bezug auf ihre Wärmeleitfähigkeit und Wasserdampfdurchlässigkeit, so stellt man ein unterschiedliches Verhalten fest. F. Eichler* unterscheidet hier zwischen Baustoffen mit harmonischem Verhalten und solchen mit nicht harmonischem Verhalten.

Unter sich harmonisch verhaltenden Baustoffen versteht er solche, die dem Wärme- und Dampfdurchgang in gleichem Maße Widerstand entgegensetzen. Zum Beispiel behindern Ziegelmauerwerk, Gipsplatten o. ä. sowohl den Wärme- als auch den Wasserdampfdurchgang nicht allzu stark, während Kork den Durchgang von Wärme und Wasserdampf gleichermaßen erschwert (s. Abb. 334). Bei Verwendung derartiger Materialen kommt es deshalb unter normalen Umständen nicht zur Kondenswasserbildung.

Anders ist es bei Baustoffen, die sich nicht harmonisch verhalten, wie Beton, Dampfsperren (z. B. Aluminiumfolien) oder poröse Dämmstoffe (z. B. Mineralwolle). Beton ist ein guter Wärmeleiter, er wird also auch auf der »warmen Seite« relativ kalt sein. Seine Diffusionsleitfähigkeit ist jedoch verhältnismäßig gering, was zur Folge hat, dass sich der Wasserdampf an der inneren kalten Fläche staut und bei Unterschreiten des Taupunkts zu Wasser kondensiert. Was über den Beton gesagt wurde, gilt in verstärktem Maße für die Dampfsperren. Sie sind sehr dünn und, da ohne Wärmeschutz, auch kalt, dabei aber sehr dicht gegen die Dampfdiffusion (vgl. Abb. 335).

Diese Beispiele zeigen, dass solche Werkstoffe, sofern sie dem Dampfstrom ausgesetzt sind, immer warm sein müssen, wenn keine Tau- oder Kondenswasserbildung auftreten soll.

Betrachtet man dagegen einen porösen Dämmstoff (z. B. Mineralwolle), so ist festzustellen, dass dieser zwar dem Wärmestrom großen Widerstand entgegensetzt, jedoch den Wasserdampf fast ungehindert hindurchdiffundieren lässt (vgl. Abb. 335). Physikalisch gesehen, bedeutet das: Im Dämmstoff finden wir fast das gesamte Temperaturgefälle eines Bauteils zwischen warm und kalt. Der Wasser-

---

* Vgl, Eichler, F.: Bauphysikalische Entwurfslehre, Köln 1968.

dampf gelangt jedoch sehr leicht durch den Dämmstoff von der warmen zur kalten Seite. Wird dieser Wasserdampfstrom hier durch eine andere kalte Bauteilschicht gestaut, fällt beim Erreichen des Taupunkts Wasser aus und durchfeuchtet die Dämmschicht von außen her.

Entscheidend für die Frage der Tauwasserbildung im Innern eines Bauteils ist also nicht nur die Art der verwendeten Baustoffe und deren Wärmeleitfähigkeiten und Diffusionswiderstandszahlen, sondern auch die Reihenfolge der Schichtung der Baustoffe innerhalb des Bauteils.

Als Grundregel für einen sinnvollen und richtigen Schichtaufbau gilt:

Die dampfdichteren Baustoffe sind auf der warmen Seite des Bauteils, also auf der Seite des höheren Dampfdrucks, die dampfdurchlässigeren Baustoffe auf der kalten Seite des Bauteils, das heißt auf der Seite des niedrigeren Dampfdrucks, anzuordnen. (Diese stimmen in den kritischen Jahreszeiten überein.)

Dadurch wird erreicht, dass auf der warmen Seite nicht mehr Wasserdampf in das Bauteil eintreten, als auf der kalten Bauteilseite entweichen kann.

Welches die dichteren Bauteilschichten, das heißt die mit dem größeren Dampfdiffusionswiderstand sind, ist mit der wasserdampfdiffusionsäquivalenten Luftschichtdicke $s_d = \mu \cdot d$ zu ermitteln (s. Abschnitt 2.4). Je größer der Wert s_d ist, desto dampfdichter ist die Schicht.

Nun ist bei der Festlegung der Wasserdampfdiffusionswiderstandszahl μ in Tabelle 224 zu ersehen, dass häufig zwei μ-Werte (z. B. 15/35) angegeben sind.

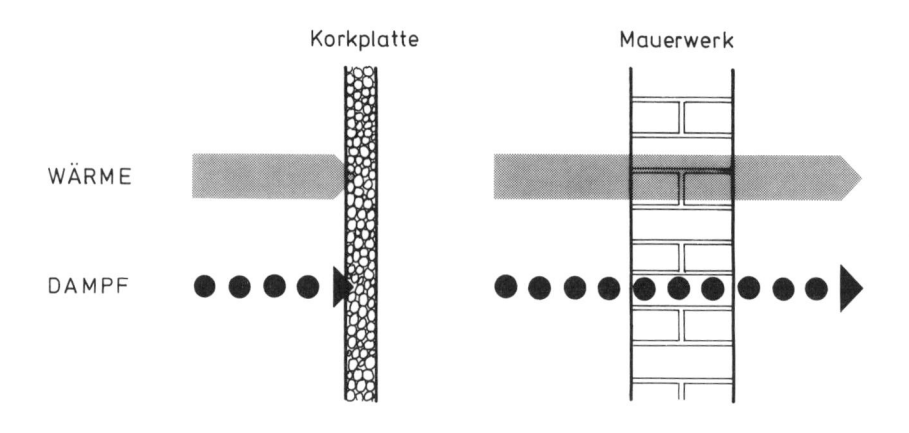

Abb. 334 – Wärme- und Wasserdampfdurchlässigkeit bei Baustoffen mit harmonischem Verhalten.

Diese beiden Werte geben die Streubreite des Diffusionswiderstandes bei den einzelnen Baustoffen an. In der Fußnote wird deshalb darauf hingewiesen, dass in Berechnungen aus Sicherheitsgründen jeweils der für die Baukonstruktion ungünstigere Wert einzusetzen ist.

Ungünstig ist, wenn man bei der Berechnung von s_d bei den Bauteilschichten auf der warmen Seite den kleineren μ-Wert einsetzt, wobei dann rechnerisch vorausgesetzt wird, dass der diffundierende Wasserdampf verhältnismäßig leicht in den Bauteil eindringen kann. Ungünstig ist auch, wenn bei der Berechnung von s_d bei den Bauteilschichten auf der kalten Seite des Bauteils der große μ-Wert verwendet wird, wodurch rechnerisch ein hoher Diffusionswiderstand entsteht. Dadurch kann ein diffundierter Wasserdampf nur schwer nach außen aus der Konstruktion herausdiffundieren und wird eher an den kalten Bauteilschichten kondensieren.

Die Verwendung ungünstiger μ-Werte bewirkt somit, dass bei der konstruktiven Gestaltung der Bauteile die Bauteilschichten auf der warmen Seite der Dämmschicht dampfdichter, die auf der kalten Seite der Dämmschicht dampfdurchlässiger gewählt werden.

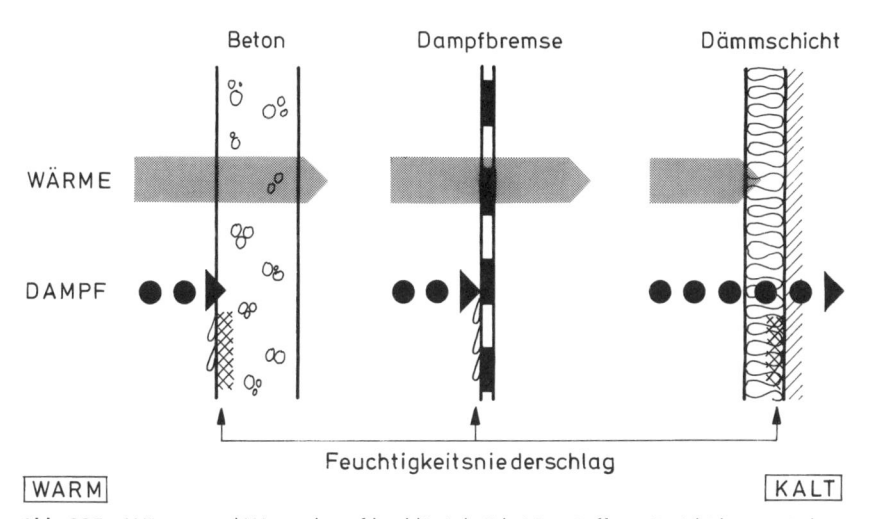

Abb. 335 – Wärme- und Wasserdampfdurchlässigkeit bei Baustoffen mit nicht harmonischem Verhalten.

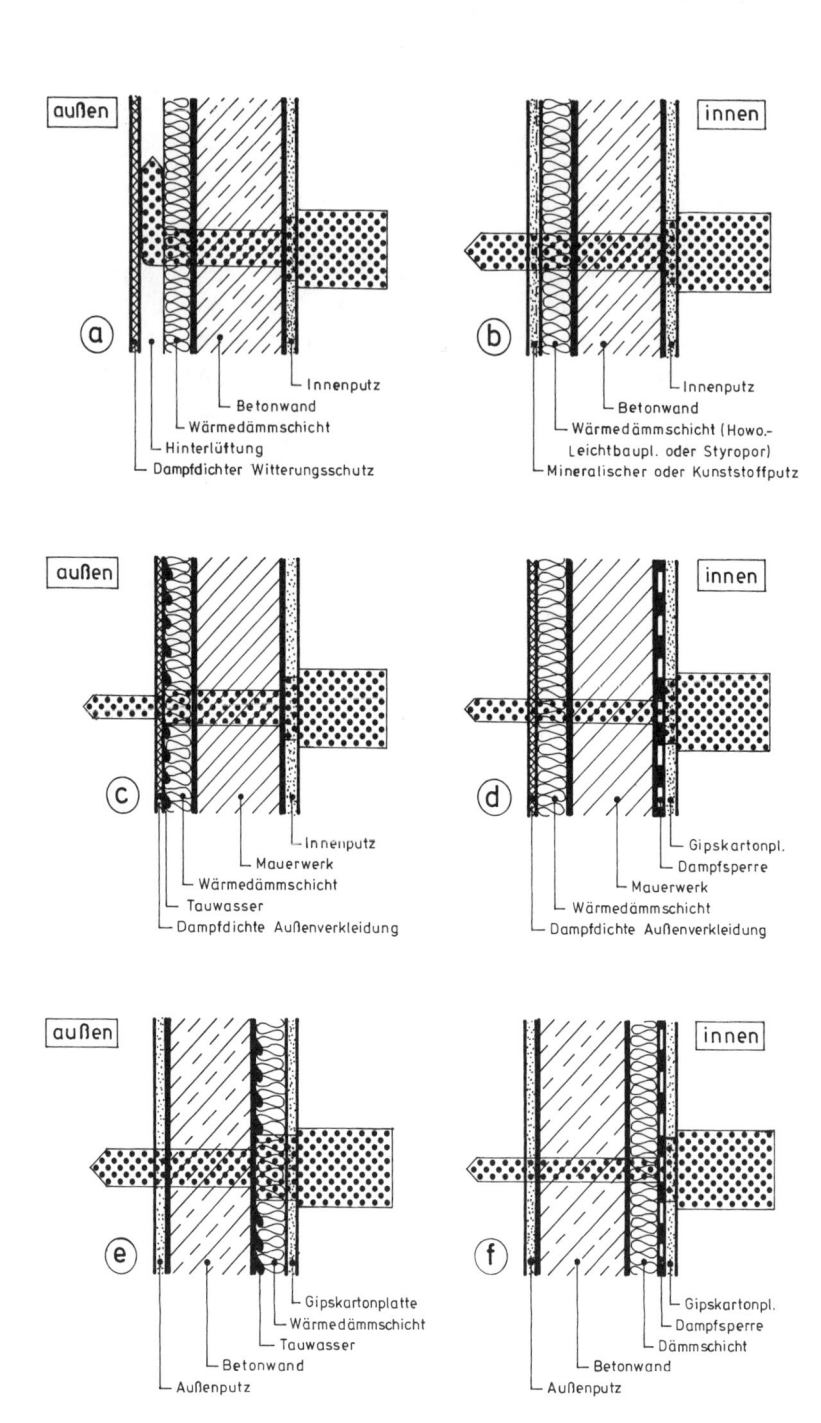

a
- Innenputz
- Betonwand
- Wärmedämmschicht
- Hinterlüftung
- Dampfdichter Witterungsschutz

b
- Innenputz
- Betonwand
- Wärmedämmschicht (Howo,- Leichtbaupl. oder Styropor)
- Mineralischer oder Kunststoffputz

c
- Innenputz
- Mauerwerk
- Wärmedämmschicht
- Tauwasser
- Dampfdichte Außenverkleidung

d
- Gipskartonpl.
- Dampfsperre
- Mauerwerk
- Wärmedämmschicht
- Dampfdichte Außenverkleidung

e
- Gipskartonplatte
- Wärmedämmschicht
- Tauwasser
- Betonwand
- Außenputz

f
- Gipskartonpl.
- Dampfsperre
- Dämmschicht
- Betonwand
- Außenputz

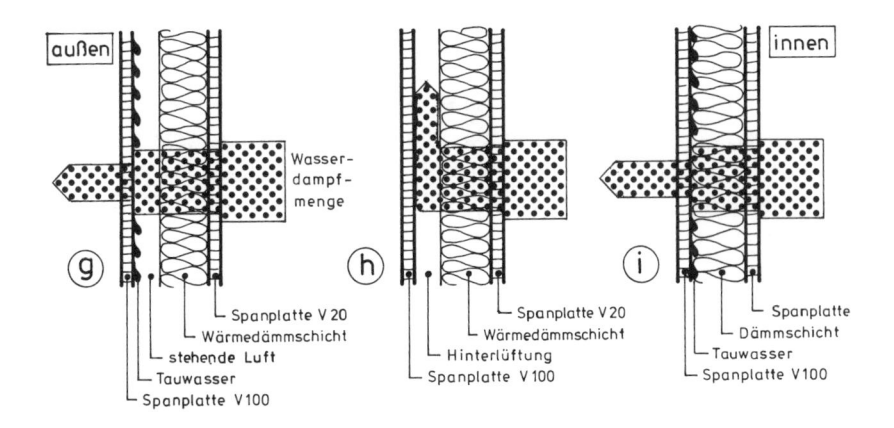

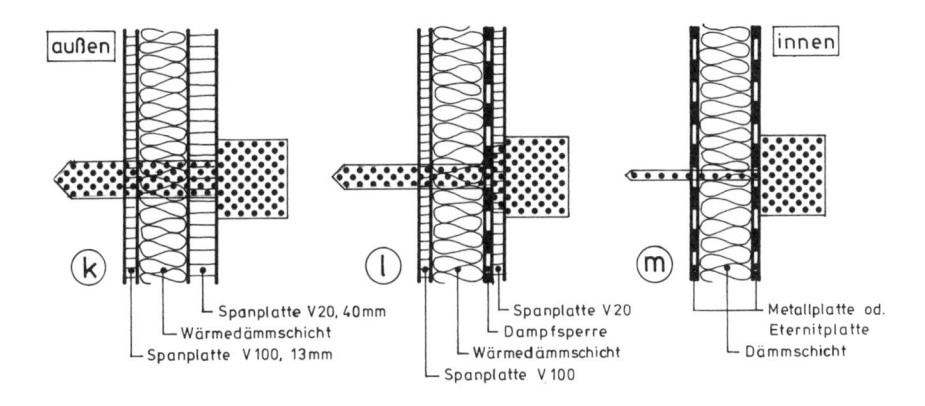

Abb. 336/337 – Wasserdampfdiffusion bei Wänden

ⓐ Außengedämmte Wand mit hinterlüftetem Witterungsschutz
ⓑ Außengedämmte Wand mit dampfdurchlässigem Außenputz
ⓒ Außengedämmte Wand ohne Hinterlüftung mit dampfdichtem Witterungsschutz
ⓓ Außengedämmte Wand ohne Hinterlüftung mit Dampfsperre
ⓔ Innengedämmte Wand ohne Dampfsperre
ⓕ Innengedämmte Wand mit Dampfsperre
ⓖ Leichtbauwand mit stehendem Luftpolster
ⓗ Leichtbauwand mit hinterlüfteter Außenverkleidung
ⓘ Leichtbauwand ohne hinterlüftete Außenverkleidung
ⓚ Leichtbauwand mit dicker Innenbeplankung
ⓛ Leichtbauwand mit Dampfsperre
ⓜ Sandwichelement mit beidseits dampfdichter Beschichtung

Für die Bildung von Tauwasser in einem Bauteil ist neben der Schichtfolge der Baustoffe auch noch der Temperaturunterschied der Luft und die relative Luftfeuchte auf beiden Seiten des Bauteils maßgebend.

Die Beachtung der obengenannten Grundregeln bedeutet, dass leicht dampfdurchlässige Dämmschichten (wie Mineralwolle) möglichst auf der Außenseite des Mauerwerks angebracht werden sollten. Der Schutz gegen Witterungseinflüsse erfolgt in der Regel mit einer hinterlüfteten Bekleidung aus Holzriemen, Faserzementplatten, Kunststeinplatten, Metallplatten, Kunststoffplatten o. ä. (s. Abb. 336a). Hinter dieser dichten Außenhaut sollte ein belüfteter Hohlraum von 20–30 mm Dicke vorgesehen werden. Er ist unten und oben mit ausreichenden Belüftungsöffnungen (ca. 2‰ der Wandfläche) zu versehen, damit die mit Wasserdampf angereicherte Luft schnell nach außen abgeführt werden kann.

Die äußere Wärmedämmschicht, z. B. eine Holzwolle-Leichtbauplatte oder eine Dämmschicht aus Hartschaum, kann auch mit einem mineralischen Außenputz oder einem Kunstharzputz ($s_d \leq 4{,}0$ m) versehen sein (s. Abb. 336b).

Bei Leichtbauelementen, z. B. in Holztafelbauart, besteht die Gefahr der Kondensation, wenn der Raum hinter der Außenverkleidung keine Verbindung zur Außenluft hat (s. Abb. 337g). Deshalb sollte zur Vermeidung einer Tauwasserbildung auch hier eine Hinterlüftung vorgesehen werden (s. Abb. 337h).

Häufig ist jedoch eine Hinterlüftung der Außenfassade nicht möglich oder nicht erwünscht. In diesen Fällen könnte der durch das Bauteil hindurchdiffundierende Wasserdampf nicht nach außen abgeführt werden und müsste an der Innenseite der kalten und dichten Außenfassade kondensieren, was zur Durchfeuchtung der Dämmschicht führen würde (s. Abb. 336c und Abb. 337i).

Zur Vermeidung dieser Tauwasserbildung ist deshalb bei Leichtbauwänden die innere Beplankung dicker zu wählen (s. Abb. 337k), oder auf der warmen Seite des Bauteils ist eine Dampfbremse oder eine Dampfsperre vorzusehen (s. Abb. 336d und Abb. 337l).

Unter Dampfbremsen und Dampfsperren versteht man Stoffe, die den Wasserdampfdurchgang durch ein Bauteil sehr erschweren oder verhindern.

Eine Dampfsperre gilt nach DIN 4108 Teil 4 als dampfdicht, wenn deren diffusionsäquivalente Luftschichtdichte $s_d \geq 1500$ m ist. Ihre Lage ist ohne Nachweis so lange unbedenklich, wie sich im Bauteil höchstens 20 % des gesamten Wärmeschutzes an dieser Stelle vor der Dampfsperre zur warmen Seite hin befinden.

Bei der Verlegung einer Dampfsperre ist darauf zu achten, dass die einzelnen Bahnen ausreichend überlappt und dampfdicht verklebt werden. Spätere Beschädigungen sind zu vermeiden.

Wird die Dämmschicht nicht an der Außenseite des Bauteils, sondern an dessen Innenseite angebracht, ist die Gefahr der Tauwasserbildung besonders groß (s.

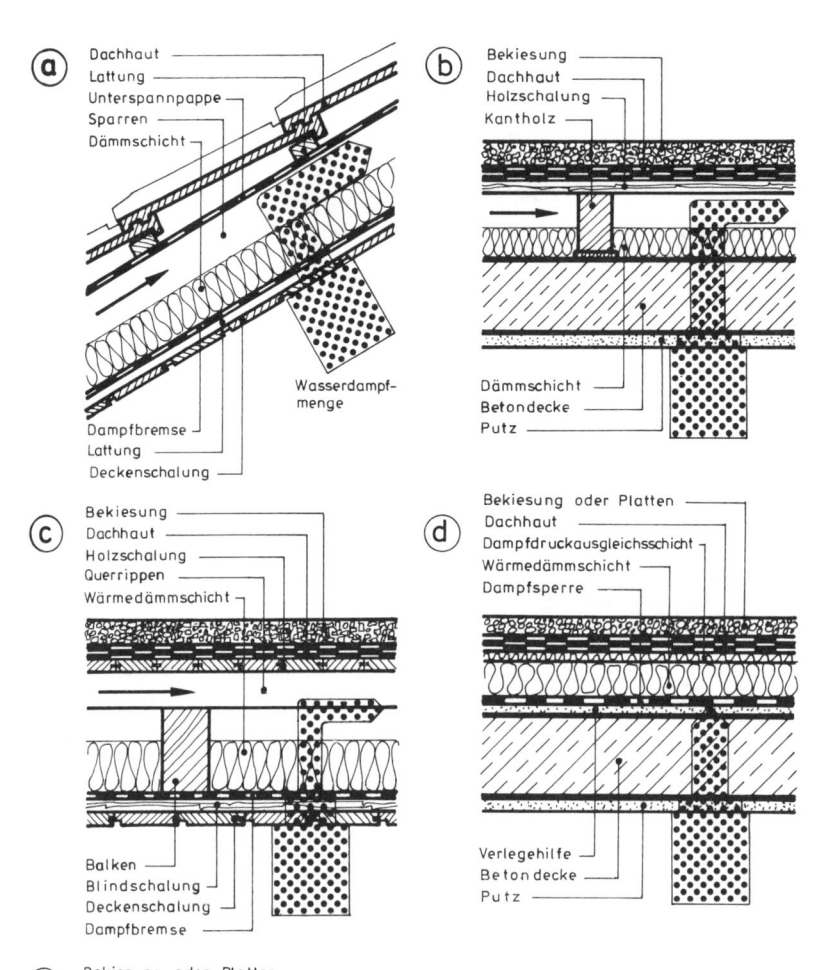

Abb. 339 – Wasserdampfdiffusion bei Dächern

ⓐ Hinterlüftetes Steildach (Kaltdach)
ⓑ Beton-Flachdach mit querbelüftetem Dachraum (Kaltdach)
ⓒ Holz-Flachdach mit querbelüftetem Dachraum (Kaltdach)
ⓓ Beton-Flachdach mit Dampfsperre (Warmdach)
ⓔ umgekehrtes Flachdach ohne Dampfsperre (Umkehrdach)

Abb. 336e), da Schäden – vor allem an Holzunterkonstruktionen – entstehen können. Auch hier ist fast immer der Einbau einer Dampfsperrschicht auf der warmen Seite der Dämmschicht erforderlich (s. Abb. 336f).

Bei Leichtbauelementen als Sandwichkonstruktion sind auf beiden Seiten dampfdichte Schichten, wie Metallbleche oder glasierte Faserzementplatten, angeordnet (s. Abb. 337m). Bei diesen Konstruktionen kann weder von der einen noch von der anderen Seite Feuchtigkeit in das Bauteil eindringen. Als Nachteil der mit Dampfsperren versehenen Konstruktionen wird empfunden, dass diese Wände nicht »atmen« können. Während bei den Konstruktionen in Abbildung 336a, Abbildung 336b und Abbildung 337h der Feuchtigkeitsüberschuss im Raum in Dampfform teilweise durch die Poren der Wände abwandern kann, muss dieser Vorgang bei dampfdichten Wänden auf andere Weise, z. B. durch Belüftung oder Klimatisierung der Räume, erreicht werden, um ein behagliches und gesundes Raumklima zu schaffen.

Bei belüfteten Dächern ist nach DIN 4108 ein belüfteter Hohlraum zwischen Dämmschicht und Unterspannbahn vorgesehen, über den der diffundierende Wasserdampf abgeführt werden kann (s. auch Tab. 332). Da der Hohlraum aber z. B. durch durchhängende Unterspannbahnen verengt sein kann oder die Belüftung bei Sparrenfeldern mit Dachflächenfenstern, Schornsteinwechseln oder Dachgaubenanschlüssen nicht möglich ist, sollte eine Dampfsperrschicht auf der warmen Seite der Dämmschicht eingebaut werden. Auch bei einem erhöhten Wasserdampfanfall im Raum sollte man auf eine Dampfsperrschicht nicht verzichten (s. Abb. 339a und Abb. 339c).

Da bei der Belüftung des Steildachs auch die durchströmende Außenluft eine größere Menge an Wasserdampf enthalten kann, besteht die Gefahr, dass diese sich an der Unterseite der kalten Unterspannbahn als Tauwasser niederschlägt. Dieses Tauwasser kann, wenn es in größeren Mengen anfällt, abtropfend die Dämmschicht befeuchten bzw. die Holzfeuchte der Dachsparren erhöhen. Bei Steildächern ist es deshalb günstiger, auf eine Belüftung zu verzichten (s. Abb. 305b). Konstruktiv ist dabei zu beachten, dass die Unterspannbahn möglichst dampfdurchlässig ist und der Diffusionswiderstand der raumseitigen Dampfsperre größer ist als der der Unterspannbahn.

Das Warmdach dagegen benötigt auf der warmen Seite der Dämmschicht immer eine Dampfsperre, damit eine Kondensation unter der kalten Dachhaut vermieden wird (s. Abb. 339d). Unter der Dachhaut wird häufig noch eine dünne Dampfdruckausgleichsschicht in Form von Hohlräumen vorgesehen. Über diese Hohlräume kann sich eventuell bildender Wasserdampf, z. B. durch Verdunstung von Baufeuchte bei starker Sonneneinstrahlung, ausdehnen. Dadurch wird die Entstehung von Dampfblasen unter der Dachhaut verhindert.

Beim Umkehrdach wird die Dachhaut gegenüber dem normalen Dach »umgekehrt« – also unterhalb der Dämmschicht – verlegt. Die Anordnung einer besonderen Dampfsperre ist dabei nicht erforderlich, weil die Dachhaut als Dampfsperre wirkt. Eventuell noch durch die Dachhaut diffundierender Wasserdampf kann dabei im nassen Bereich kondensieren, ohne Schaden anzurichten (s. Abb. 339e).

5.4 Ermittlung des Tauwasserausfalls

In diesem Kapitel soll die Möglichkeit eines Tauwasserausfalls im Bauteilinnern untersucht werden. Dabei ist festzustellen, ob und wo eine Kondensation stattfindet und wie groß die ausfallende Wassermenge ist. Außerdem wird ermittelt, ob dieses in der ungünstigen Jahreszeit angefallene Wasser während der übrigen Jahreszeit wieder aus dem Bauteil verdunsten kann (s. auch Abschnitt 5.2).

5.4.1 Klimabedingungen

In nichtklimatisierten Wohn- und Bürogebäuden sowie vergleichbar genutzten Gebäuden können der Berechnung folgende vereinfachte Annahmen zugrunde gelegt werden:

Tauperiode
Außenklima*:   Lufttemperatur $\theta_e = -10\ °C$
               relative Luftfeuchte $\Phi_e = 80\ \%$
Innenklima: Lufttemperatur $\theta_i = 20\ °C$
               relative Luftfeuchte $\Phi_i = 50\ \%$
Dauer: 1440 Stunden (60 Tage)

Verdunstungsperiode
a) Wandbauteile und Decken unter nicht ausgebauten Dachräumen:
Außenklima*:   Lufttemperatur $\theta_e = 12\ °C$
               relative Luftfeuchte $\Phi_e = 70\ \%$
Innenklima: Lufttemperatur $\theta_i = 12\ °C$
               relative Luftfeuchte $\Phi_i = 70\ \%$
Klima im Tauwasserbereich: Lufttemperatur $\theta_{sw} = 12\ °C$
                            relative Luftfeuchte $\Phi_{sw} = 100\ \%$
Dauer: 2160 Stunden (90 Tage)
b) Dächer, die Aufenthaltsräume gegen die Außenluft abschließen:

---
* Gilt auch für nicht beheizte, belüftete Nebenräume, z. B. belüftete Dachräume, Garagen.

Außenklima: Lufttemperatur $\theta_e = 12\ °C$
relative Luftfeuchte $\Phi_e = 70\ \%$
Temperatur der Dachoberfläche: $\theta_o = 20\ °C$
Innenklima: Lufttemperatur $\theta_i = 12\ °C$
relative Luftfeuchte $\Phi_i = 70\ \%$
Klima im Tauwasserbereich: Temperatur entsprechend dem Temperaturgefälle von außen nach innen,
relative Luftfeuchte $\Phi_{sw} = 100\ \%$
Dauer: 2160 Stunden (90 Tage)

Bei schärferen Klimabedingungen (z. B. in klimatisierten Räumen) sind diese vereinfachten Annahmen nicht zulässig. Hier ist das tatsächliche Raumklima und das Außenklima am Standort des Gebäudes zu berücksichtigen.

Wärmeübergangswiderstände
Die Wärmeübergangswiderstände R_{si} und R_{se} sind der Tabelle 234 zu entnehmen.

Stoffkennwerte
Die Rechenwerte der Wärmeleitfähigkeit und die Richtwerte der Wasserdampfdiffusionswiderstandszahlen sind der Tabelle 224 zu entnehmen.

5.4.2 Rechenverfahren
In diesem Abschnitt soll anhand von Beispielen, teils auf rechnerischem, teils auf graphischem Wege, die Möglichkeit einer Tauwasserbildung untersucht werden. Dieses und ähnliche Verfahren können jedoch nur Anhaltswerte erbringen, da die angenommenen Werte wie Innen- und Außentemperatur, relative Luftfeuchte und Materialfeuchte nicht feststehende, sondern veränderliche Größen sind. Sie weisen aber in ausreichendem Maße darauf hin, ob wir es mit einem richtigen oder mit einem fehlerhaften Konstruktionsaufbau zu tun haben.

5.4.2.1 Rechengang
Um das graphische Verfahren durchführen zu können, müssen zuerst in einer tabellarischen Aufstellung (s. Seite 350) verschiedene Werte ermittelt werden.
a) In Spalte 1 sind die einzelnen Schichtarten des Bauteils einzutragen, zum Beispiel von innen nach außen einschließlich der angrenzenden Wärmeübergangsbereiche innen und außen.
b) In Spalte 2 trägt man die Dicken d der Bauteilschichten ein.
c) In Spalte 3 sind deren zugehörige Wärmeleitfähigkeiten λ_R (laut Tabelle 224) einzusetzen.

d) In Spalte 4 wird der Wärmedurchlasswiderstand R der einzelnen Schichten errechnet.
e) In Spalte 5 wird der Wärmedurchgangswiderstand R_T aus der Summe der Wärmedurchlasswiderstände und der beiden Wärmeübergangswiderstände R_{si} und R_{se} ermittelt.
f) Der Wärmedurchgangskoeffizient U, als Kehrwert von R_T, ist in Spalte 6 einzutragen.
g) Aus Tabelle 224 sind die Diffusionswiderstandszahlen μ der einzelnen Baustoffschichten zu entnehmen und in Spalte 7 einzutragen. Dabei ist immer der für die Wasserdampfdiffusion ungünstigere Wert zu wählen.
h) In Spalte 8 ist die wasserdampfäquivalente Luftschichtdicke s_d als Produkt aus den Werten d und μ der Spalten 2 und 7 einzusetzen.
i) Für Spalte 9 sind nun die Temperaturen an den Trennflächen und Bauteiloberflächen nach dem Rechengang b) auf Seite 350 zu ermitteln. Dabei ist zu berücksichtigen, dass bei dünnen Schichten, wie bei Dampfsperren, die Wärmedämmung nicht berücksichtigt wird. Dies bedeutet, dass auf beiden Seiten der Dampfsperre die gleichen Temperaturen angenommen werden.
j) Spalte 10 sind die Wasserdampf-Sättigungsdruckwerte p_s einzusetzen, die aufgrund der Temperaturangaben in Spalte 9 der Tabelle 322 entnommen werden können.
k) Die Wasserdampfteildrücke p_i für die Raumluft und p_e für die Außenluft sind aufgrund der relativen Luftfeuchten (Φ_i und Φ_e, wie in Spalte 11 gezeigt, zu errechnen.

5.4.2.2 Graphisches Verfahren

Anhand der in der tabellarischen Aufstellung nach Abschnitt 5.4.2.1 ermittelten Werte kann nun das graphische Verfahren (nach Glaser) zur Prüfung der Tauwasserbildung im Bauteilinnern durchgeführt werden.

a) Auf einem mit einer Dampfdruckskala versehenen Formblatt (s. Abb. 344a) werden die wasserdampfäquivalenten Luftschichtdicken $s_d = \mu \cdot d$ der einzelnen Bauteilschichten mit ihrem Wert aus Spalte 8 als senkrechte Linien aufgezeichnet. Für die Abstände ist dabei ein beliebiger Maßstab zu wählen (z. B. 1 cm $\triangleq$ 1 m; 1 cm $\triangleq$ 3 m oder ein anderer passender Maßstab – s. Abb. 344b).
b) An den Trennflächen I, II, III usw. und an den Bauteiloberflächen (s. Fall A, Abb. 354) werden nach der Dampfdruckskala die Sättigungsdruckwerte p_s des Wasserdampfs aus der Spalte 10 eingezeichnet und durch Linien miteinander verbunden. Da der Sättigungsdruck nicht linear mit der Temperatur steigt, sind in Schichten mit großem Temperaturabfall (z. B. bei Dämmschich-

ten) gegebenenfalls Zwischenwerte zu ermitteln, die zu einer leicht gekrümmten Kurve führen.

c) Anschließend werden an der inneren und an der äußeren Oberfläche die Wasserdampfteildrücke p_i und p_e eingetragen und die beiden Punkte mit einer Geraden verbunden.

d) Mit einer Tauwasserbildung im Bauteilinnern ist nicht zu rechnen, wenn sich die beiden Kurven p_s und p nicht berühren (Abb. 346a). Sollten sich aber die beiden Kurven schneiden, so bildet sich bei den angenommenen Temperatur- und Feuchtigkeitsverhältnissen Kondenswasser. Glaser hat bei seinen Untersuchungen festgestellt, dass eine Tauwasserbildung in dem Bauteilbereich auftritt, in dem sich die beiden Kurven schneiden bzw. berühren (Abb. 346b) und in dem sie gemeinsam verlaufen. Den gemeinsamen Verlauf erhält man, indem man die Wasserdampf-Teildruckkurve p als Tangente an die Sättigungskurve p_s, so zeichnet, dass sie sich wie ein Seil um eine Ecke oder um die Wölbung an die Sättigungskurve anschmiegt (Abb. 346d).

Durch dieses graphische Verfahren ist also der Ort im Bauteil, an dem Tauwasser entsteht, zu ermitteln.

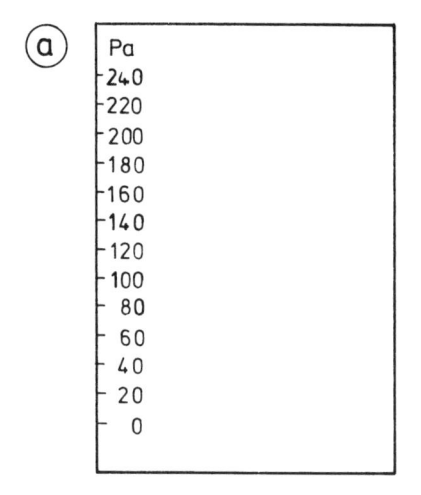

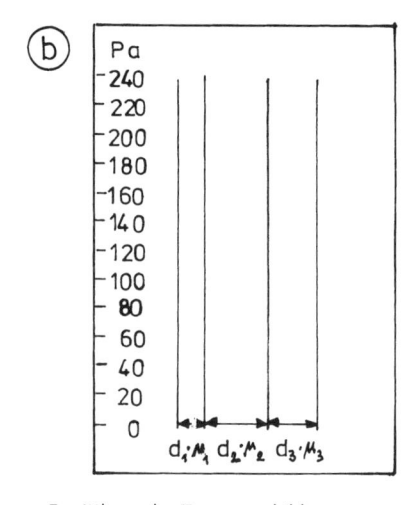

Abb. 344 – Formblatt für das »Glaser-Diagramm« zur Ermittlung der Tauwasserbildung.

5.4.2.3 Berechnung der Tauwasser- und Verdunstungswassermenge

Nach DIN 4108 ist der Anfall von Tauwasser im Bauteil dann unbedenklich, wenn dadurch keine Schäden am Bauteil entstehen können und das eindiffundierte Tauwasser während der warmen Jahreszeit wieder verdunsten und nach außen abwandern kann (s. Abschnitt 5.2). Aus diesem Grund ist es notwendig, zuerst die Menge des in der Tauwasserperiode anfallenden Kondenswassers und danach die Menge des während der Verdunstungsperiode an die Umgebung wieder abgegebenen Wassers zu berechnen.

Bei Tauwasseranfall in einer Bauteilebene kann dies mit folgenden Gleichungen geschehen (s. auch Abb. 346):

a) **Wasserdampf-Diffusionsdurchlasswiderstand Z**

$$Z = s_d \cdot 1{,}5 \cdot 10^6 \left(\text{in } \frac{m^2 \cdot h \cdot Pa}{kg} \right) \qquad (6)$$

s_d = wasserdampfdiffusionsäquivalente Luftschichtdicke in m

Dabei ist zu unterscheiden:

Z_i = innerer Wasserdampf-Diffusionsdurchlasswiderstand, der zwischen der Tauwasserebene und der inneren Bauteiloberfläche besteht.

Z_e = äußerer Wasserdampf-Diffusionsdurchlasswiderstand, der zwischen der Tauwasserebene und der äußeren Bauteiloberfläche besteht.

b) **Tauwassermenge**

$$m_{W,T} = t_T \left(\frac{p_i - p_{sw}}{Z_i} \right) - \left(\frac{p_{sw} - p_e}{Z_e} \right) \qquad (7)$$

Darin bedeuten:

$m_{W,T}$ = während der Tauperiode anfallende Tauwassermenge in kg/m²
t_T = Dauer der Tauwasserperiode in h
p_i = innerer Wasserdampfteildruck während der Tauwasser- oder Verdunstungsperiode in Pa
p_e = äußerer Wasserdampfteildruck während der Tauwasser- oder Verdunstungsperiode in Pa
p_{sw} = Wasserdampfsättigungsdruck mit Tauwasserausfall in Pa
Z_i = innerer Wasserdampf-Diffusionsdurchlasswiderstand in $\frac{m^2 \cdot h \cdot Pa}{kg}$
Z_e = äußerer Wasserdampf-Diffusionsdurchlaßwiderstand in $\frac{m^2 \cdot h \cdot Pa}{kg}$

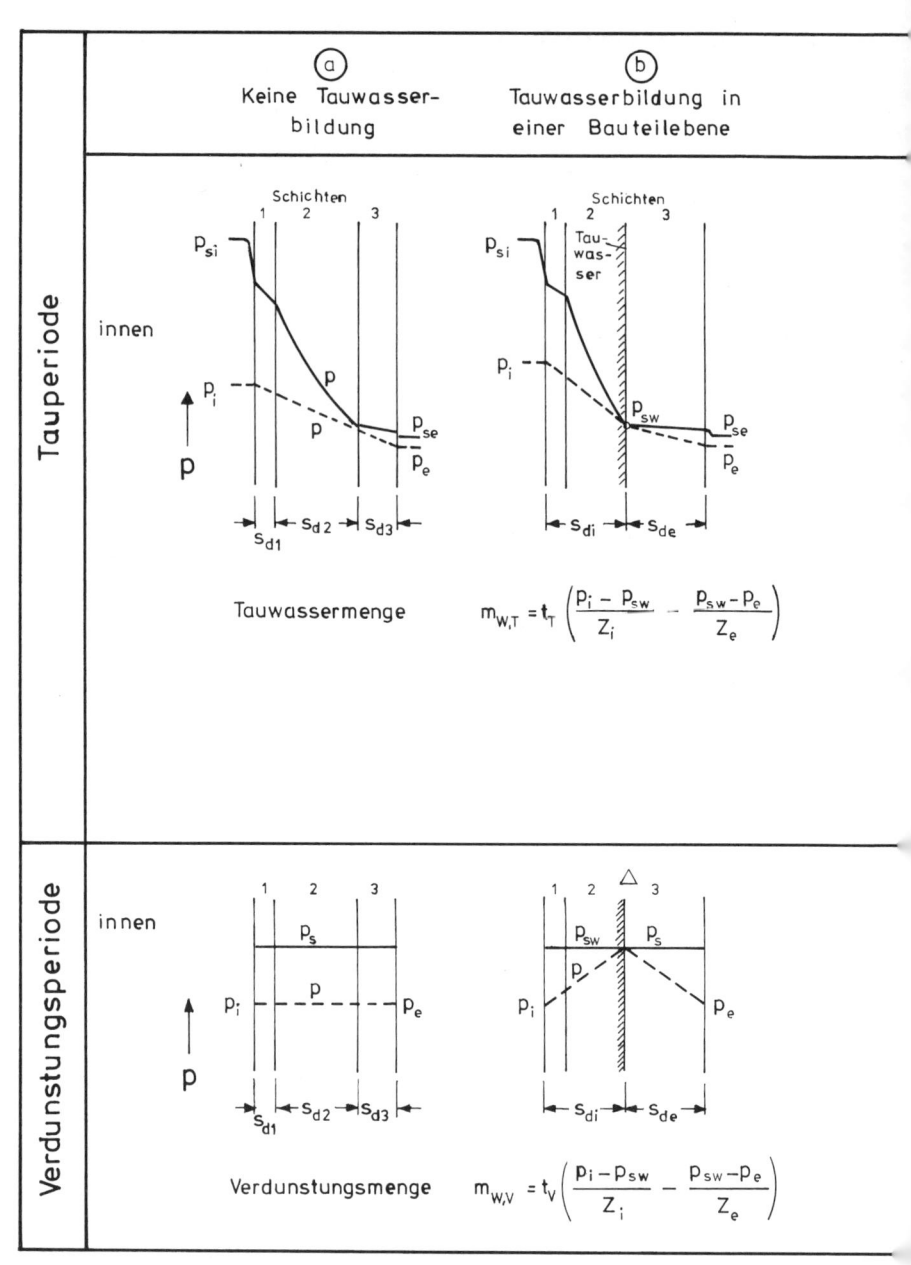

Abb. 346 – Schematische Darstellung von Diffusionsdiagrammen für verschiedene Möglichkeiten der Tauwasserbildung einschließlich der zugehörigen Berechnungsgleichungen für Außenbauteile während der Tauperiode und während der Verdunstungsperiode (s. auch Seite 348).

(c) Tauwasserbildung in zwei Bauteilebenen

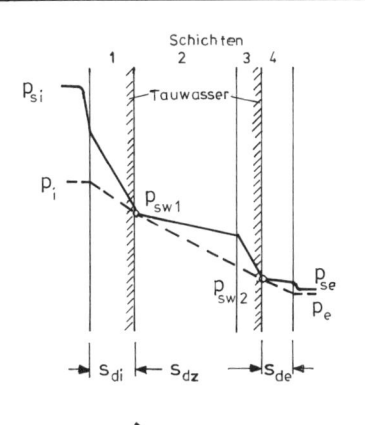

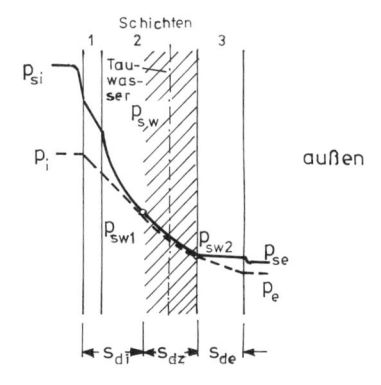

(d) Tauwasserbildung in einem Bauteilbereich

$$m_{W,T1} = t_T \left(\frac{p_i - p_{sw1}}{Z_i} - \frac{p_{sw1} - p_{sw2}}{Z_z} \right)$$

$$m_{W,T} = t_T \left(\frac{p_i - p_{sw1}}{Z_i} - \frac{p_{sw2} - p_e}{Z_e} \right)$$

$$m_{W,T2} = t_T \left(\frac{p_{sw1} - p_{sw2}}{Z_z} - \frac{p_{sw2} - p_e}{Z_e} \right)$$

$$m_{W,T} = m_{W,T1} + m_{W,T2}$$

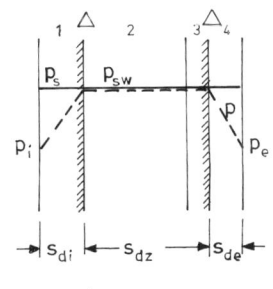

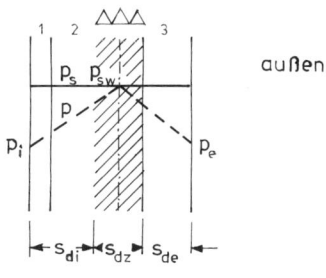

$$m_{W,V} = t_V \left(\frac{p_i - p_{sw}}{Z_i} - \frac{p_{sw} - p_e}{Z_e} \right)$$

$$m_{W,V} = t_V \left(\frac{p_i - p_{sw}}{Z_i + 0{,}5\, Z_z} - \frac{p_{sw} - p_e}{0{,}5\, Z_z + Z_e} \right)$$

c) **Verdunstungswassermenge**

$$m_{W,V} = t_v \left(\frac{p_i - p_{sw}}{Z_i} \right) - \left(\frac{p_{sw} - p_e}{Z_e} \right) \tag{8}$$

Darin bedeuten:

$m_{W,V}$ = während der Verdunstungsperiode nach außen abwandernde Wassermenge in kg/m²

t_v = Dauer der Verdunstungsperiode in h

p_i = innerer Wasserdampfteildruck während der Tauwasser- oder Verdunstungsperiode in Pa

p_e = äußerer Wasserdampfteildruck während der Tauwasser- oder Verdunstungsperiode in Pa

p_{sw} = Wasserdampfsättigungsdruck mit Tauwasserausfall in Pa

Z_i = innerer Wasserdampf-Diffusionsdurchlasswiderstand in $\frac{m^2 \cdot h \cdot Pa}{kg}$

Z_e = äußerer Wasserdampf-Diffusionsdurchlasswiderstand in $\frac{m^2 \cdot h \cdot Pa}{kg}$

Bei Tauwasserbildung in zwei Ebenen des Bauteils oder in einem Bauteil-»Bereich« sind die Gleichungen in Abb. 346c+d zu verwenden.

Die Ebene der möglichen Tauwasserbildung kann, wie in Abb. 354 und Abb. 355 gezeigt wird, mit dem Glaser-Diagramm ermittelt werden (s. Abschnitt 5.4.2.2).

Eine graphische Darstellung der Verdunstungsmöglichkeit aus der Ebene des Tauwasseranfalls zur Bauteiloberfläche hin ist ebenfalls möglich. In Abb. 346 wird dies unter b im Bereich Verdunstungsperiode dargestellt.

Tritt im Bauteil kein Tauwasser auf, berühren sich die Teildampfdruck- und Sättigungsdampfdruckkurven nicht mehr (s. Abb. 346 bei a im Bereich Verdunstungsperiode).

Berechnungsbeispiel

Bei einer Außenwand mit einer inneren Dämmschicht und einer Holzvertäfelung soll untersucht werden, ob bei ungünstigen Winterbedingungen mit Tauwasserbildung zu rechnen ist und ob eventuell anfallendes Tauwasser im Sommer wieder verdunsten kann. Dabei werden folgende Klimabedingungen vorausgesetzt:

Raumtemperatur θ_i = 20 °C,
vorhandene relative Luftfeuchte Φ_i = 60 %,
Außentemperatur θ_e = –10 °C,
relative Luftfeuchte Φ_e = 80 %.

Das Verhalten der Wand soll untersucht werden
im Fall A: ohne Dampfsperre (s. Abb. 349A)
im Fall B: mit Dampfsperre (s. Abb. 349B)

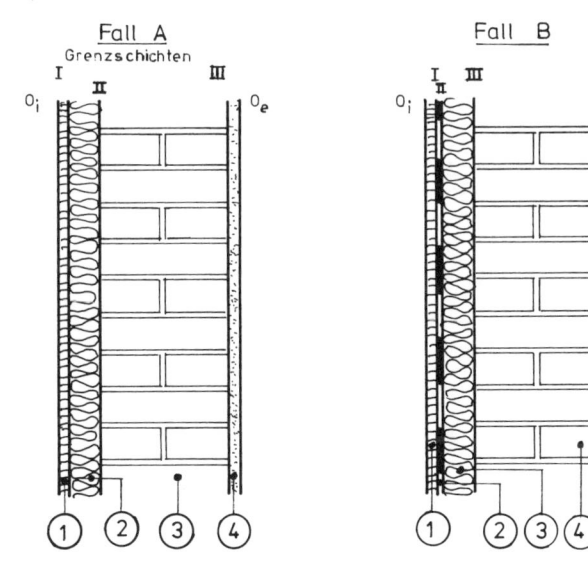

Abb. 349 – Wandaufbau für Aufgabe A (Seite 350) und Aufgabe B (Seite 356).

① Holzspanplatte 16 mm
② Styropor 40 mm
③ Kalksandstein 240 mm
④ Kalkzementputz 20 mm

① Holzspanplatte 16 mm, ρ = 700 kg/m³
② Dampfsperre (Vaporex, bit)
③ Styropor 40 mm, WLG 040, ρ = 15 kg/m³
④ Kalksandstein 240 mm, ρ = 1800 kg/m³
⑤ Kalkzementputz 20 mm, ρ = 1800 kg/m³

Fall A: Wand ohne Dampfsperre

a) Ermittlung der Wasserdampfsättigungsdrücke und Wasserdampfteildrücke (zu Abb. 349A)

1	2	3	4	5
Schichtarten	d	λ_R	$R = \dfrac{d}{\lambda_R}$	R_T
	m	$\dfrac{W}{m \cdot K}$	$\dfrac{m^2 \cdot K}{W}$	$\dfrac{m^2 \cdot K}{W}$
Wärmeübergang innen	–	–	–	$R_{si} = 0{,}13$
1. Holzspanplatte	0,016	0,13	$R_1 = \dfrac{0{,}016}{0{,}13} = 0{,}12$	
2. Styropor-Dämmschicht	0,04	0,04	$R_2 = \dfrac{0{,}04}{0{,}04} = 1{,}00$	$R = 1{,}38$
3. Kalksandstein	0,24	0,99	$R_3 = \dfrac{0{,}24}{0{,}99} = 0{,}24$	
4. Kalkzementputz	0,02	0,87	$R_4 = \dfrac{0{,}02}{0{,}87} = 0{,}02$	
Wärmeübergang außen	–	–	–	$R_{se} = 0{,}04$
Summen	–	–	–	$R_T = 1{,}55$

b) Ermittlung der Temperaturen an den Trennflächen und Bauteiloberflächen (für Spalte 9)

$\theta_{oi} = \theta_i - R_{si} \cdot U(\theta_i - \theta_e) = 20{,}0 - 0{,}13 \cdot 0{,}65 \cdot 30 = 17{,}5 \,°C$

$\theta_I = \theta_{oi} - R_1 \cdot U(\theta_i - \theta_e) = 17{,}5 - 0{,}12 \cdot 0{,}65 \cdot 30 = 15{,}2 \,°C$

$\theta_{II} = \theta_I - R_2 \cdot U(\theta_i - \theta_e) = 15{,}2 - 1{,}00 \cdot 0{,}65 \cdot 30 = -4{,}2 \,°C$

$\theta_{III} = \theta_{II} - R_3 \cdot U(\theta_i - \theta_e) = -4{,}2 - 0{,}24 \cdot 0{,}65 \cdot 30 = -8{,}8 \,°C$

$\theta_{oe} = \theta_{III} - R_4 \cdot U(\theta_i - \theta_e) = -8{,}8 - 0{,}02 \cdot 0{,}65 \cdot 30 = -9{,}2 \,°C$

$\theta_e = \theta_{oe} - R_{se} \cdot U(\theta_i - \theta_e) = -9{,}2 - 0{,}04 \cdot 0{,}65 \cdot 30 = -10{,}0 \,°C$

6	7	8	9	10	11
U	μ	$s_d = \mu \cdot d$	θ	p_s	p
$\dfrac{W}{m^2 \cdot K}$	-	m	°C	Pa	Pa
-	-	-	$\theta_i = 20{,}0$	2340 (p_{si})	$p_i = \dfrac{2340 \cdot 60}{100} = 1404$
	50	0,8	$\theta_{oi} = 17{,}5$	1988	
	20	0,8	$\theta_I = 15{,}2$	1729	
	25	6,0	$\theta_{II} = -4{,}2$	430 (p_{sw} – lt. Abb. 354)	
	35	0,7	$\theta_{III} = -8{,}8$	288	
			$\theta_{oe} = -9{,}2$	279	
-	-	-	$\theta_e = -10{,}0$	260 (p_{se})	$p_e = \dfrac{260 \cdot 80}{100} = 208$
$U = 0{,}65$		8,3			

c) **Ermittlung des Wasserdampf-Diffusionsdurchlasswiderstandes Z**
(nach Gleichung 6)

$$Z = s_d \cdot 1{,}5 \cdot 10^6$$

Holzspanplatte $\quad Z = 0{,}8 \cdot 1{,}5 \cdot 10^6 = 1{,}2 \cdot 10^6$ $\Big\}\; Z_i = 2{,}4 \cdot 10^6 \dfrac{m^2 \cdot h \cdot Pa}{kg}$

Styropor $\quad\quad\quad\;\; Z = 0{,}8 \cdot 1{,}5 \cdot 10^6 = 1{,}2 \cdot 10^6$

Kalksandstein $\quad\; Z = 6{,}0 \cdot 1{,}5 \cdot 10^6 = 9{,}0 \cdot 10^6$ $\Big\}\; Z_e = 10{,}05 \cdot 10^6 \dfrac{m^2 \cdot h \cdot Pa}{kg}$

Kalkzementputz $\; Z = 0{,}7 \cdot 1{,}5 \cdot 10^6 = 1{,}05 \cdot 10^6$

d) **Ermittlung der Tauwassermenge m_{WT}** (nach Gleichung 7)

	Klimabedingungen		Dampfdruckverhältnisse	
	Temperatur	relative Luftfeuchte	Sättigungs-dampfruck p_s	Teildampfdruck p
innen	$\theta_i = +20\,°C$	$\Phi_i = 60\,\%$	$p_{si} = 2340\,Pa$	$p_i = \dfrac{2340 \cdot 60}{100} = 1404\,Pa$
außen	$\theta_e = -10\,°C$	$\Phi_e = 80\,\%$	$p_{se} = 260\,Pa$	$p_e = \dfrac{260 \cdot 80}{100} = 208\,Pa$
Tauwasserbereich			$p_{sw} = 430\,Pa$ (s. S. 351, Spalte 10)	

Dauer der Tauperiode $t_T = 1440\,h$

$$m_{W,T} = t_T \cdot \left(\frac{p_i - p_{sw}}{Z_i} - \frac{p_{sw} - p_e}{Z_e} \right)$$

$$= 1440 \cdot \left(\frac{1404 - 430}{2{,}4 \cdot 10^6} - \frac{430 - 208}{10{,}05 \cdot 10^6} \right)$$

$$= 1440 \cdot \left(\frac{406}{10^6} \cdot \frac{22}{10^6} \right) = 0{,}55\,\frac{kg}{m^2}$$

e) **Ermittlung der Verdunstungswassermenge $m_{W,V}$** (nach Gleichung 8)

	Klimabedingungen		Dampfdruckverhältnisse	
	Temperatur	relative Luftfeuchte	Sättigungs-dampfruck p_s	Teildampfdruck p
innen	$\theta_i = 12\,°C$	$\Phi_i = 70\,\%$	$p_{si} = 1403\,Pa$	$p_i = \dfrac{1403 \cdot 70}{100} = 982\,Pa$
außen	$\theta_e = 12\,°C$	$\Phi_e = 70\,\%$	$p_{se} = 1403\,Pa$	$p_e = \dfrac{1403 \cdot 70}{100} = 982\,Pa$
Tauwasser-bereich	$\theta_{sw} = 12\,°C$	$\Phi_e = 100\,\%$	$p_{sw} = 1403\,Pa$	

Dauer der Verdunstungsperiode $t_V = 2160\,h$

$$m_{W,V} = t_V \cdot \left(\frac{p_i - p_{sw}}{Z_i} - \frac{p_{sw} - p_e}{Z_e} \right)$$

$$= 2160 \cdot \left(\frac{982 - 1430}{2{,}4 \cdot 10^6} - \frac{1403 - 982}{10{,}05 \cdot 10^6} \right)$$

$$= 2160 \cdot \left(\frac{-175}{10^6} \cdot \frac{42}{10^6} \right) = 0{,}47\,\frac{kg}{m^2}$$

Ergebnis des Berechnungsverfahrens für Fall A:
Für vorliegenden Wandaufbau (Wand ohne Dampfsperre) kann dem Diffusionsdiagramm (Abb. 354) entnommen werden, dass sich die Kurven p_s und p in der Bauteilebene II berühren und somit der Sättigungsdampfdruck p_{sw} erreicht wird. Dies bedeutet, dass an der kalten Mauerwand unter den angenommenen Klimaverhältnissen eine Kondenswasserbildung und damit eine teilweise Durchfeuchtung der Dämmschicht stattfindet. Die anfallende Tauwassermenge beträgt dabei während der Tauperiode 0,55 kg Wasser je m² Fläche (s. Berechnung bei d). Während der Verdunstungsperiode im Sommer kann jedoch nur 0,47 kg Wasser je m² Fläche wieder an die Außenluft abgegeben werden (s. Berechnung bei e).

Zulässige Tauwassermenge nach Kapitel 5.2 (Seite 330)
1. Bedingung (Abschnitt a, Seite 331):
Die anfallende Tauwassermenge $m_{W,T}$ = 0,55 kg/m² ist größer als die Verdunstungswassermenge $m_{W,V}$ = 0,47 kg/m². Die Durchfeuchtung des Bauteils nimmt also über längere Zeit zu, wobei der Wärmeschutz herabgesetzt wird.
Die Bedingung ist somit nicht erfüllt.

2. Bedingung (Abschnitt c, Seite 331):
Da Kalksandsteine das Tauwasser in begrenztem Maße kapillar aufnehmen können, ist eine Tauwassermenge von maximal 1 kg/m² zulässig. Vorh $m_{W,T}$ = 0,55 kg/m² ist kleiner als zul $m_{W,T}$ = 1 kg/m². Die Bedingung ist erfüllt.

3. Bedingung (Abschnitt e, Seite 331):
Zur Befestigung der Spanplatte wurde eine Unterkonstruktion aus Rahmenhölzern mit den Querschnittsmaßen 60 x 40 mm (Fichte, p = 470 kg/m³ bei 15 % Holzfeuchte) verwendet.
Flächenbezogene Masse m':

m' = 470 kg/m³ · 0,04 m = 18,8 kg/m²

Zunahme des Holzfeuchtegehalts in %:

$$U = \frac{m_{W,T}}{m'} \cdot 100\,\% = \frac{0,55\,\text{kg}/\text{m}^2}{18,8\,\text{kg}/\text{m}^2} \cdot 100\,\% = 2,9\,\%$$

Die Holzfeuchte nimmt somit in dieser Tauperiode um 2,9 % zu.
Bei Holz ist eine Erhöhung des Feuchtegehalts von maximal 5 % zulässig. Die Gefahr eines Befalls durch holzzerstörende Pilze besteht ab etwa 20 % Holzfeuchte. Außerdem können bei zu hoher Holzfeuchte Schäden an der Konstruktion, an der Verleimung und an der Oberflächenbeschichtung entstehen. Die Tauwasserbildung muss deshalb durch den Einbau einer Dampfsperre auf der warmen Seite der Dämmschicht verhindert werden.

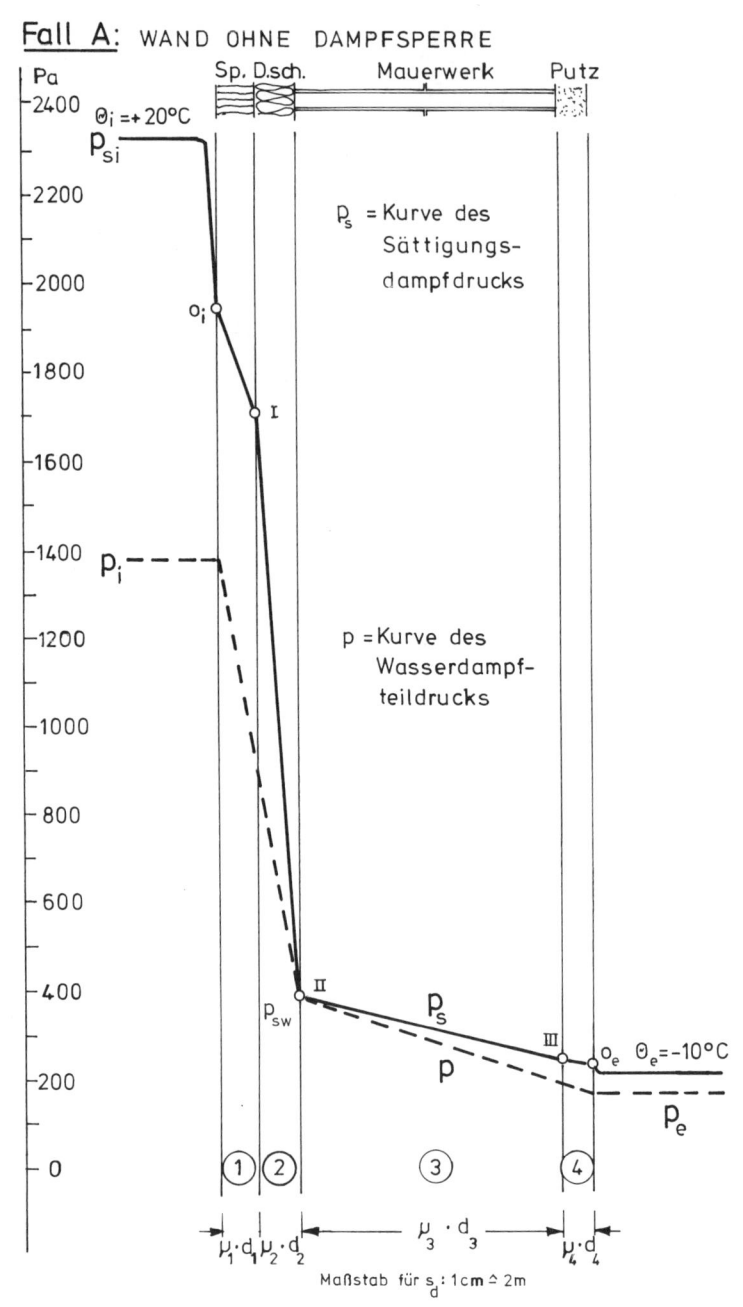

Abb. 354 – Diffusionsdiagramm zu Fall A (Wand ohne Dampfsperre).

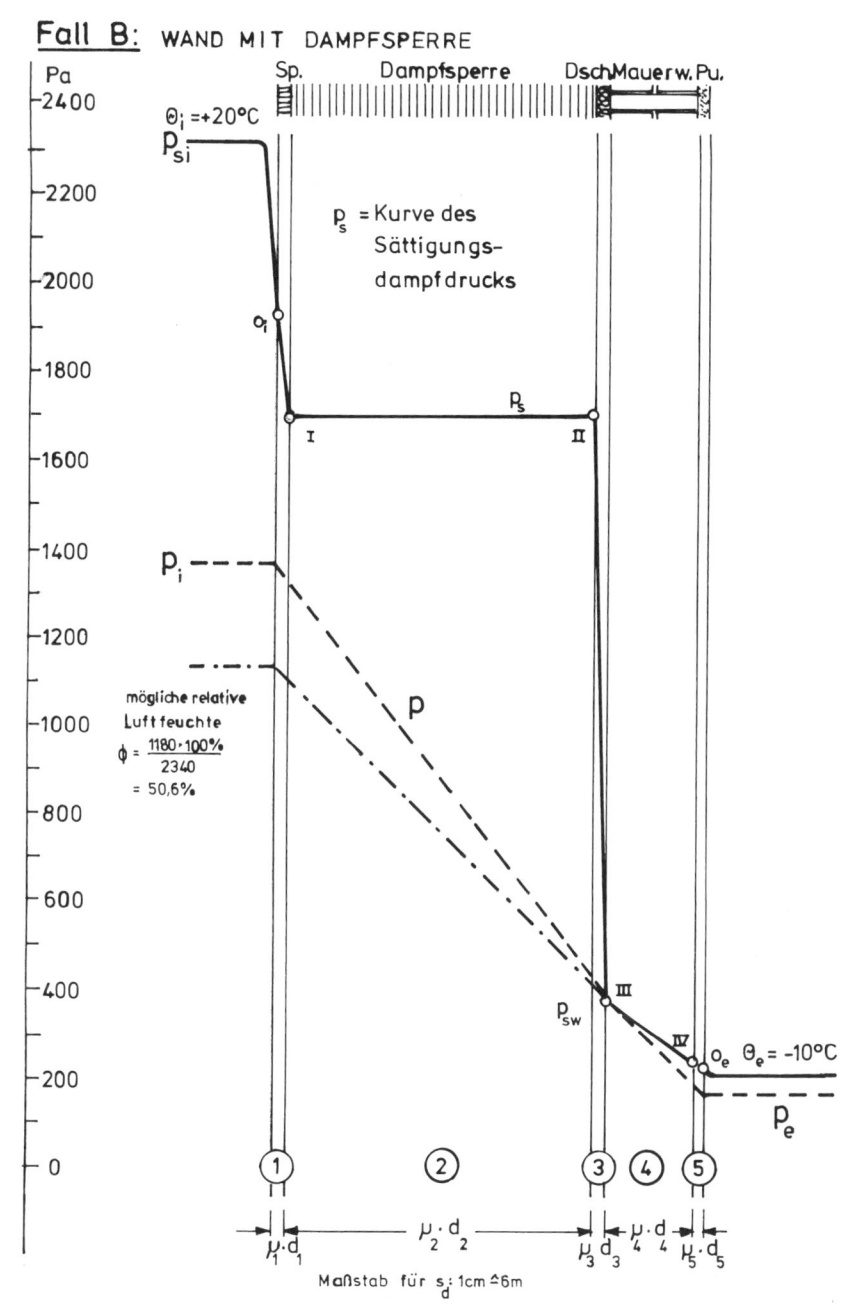

Abb. 355 – Diffusionsdiagramm zu Fall B (Wand mit Dampfsperre).

Fall B: Wand mit Dampfsperre

a) **Ermittlung der Wasserdampfsättigungsdrücke und Wasserdampfteildrücke**
   (zu Abb. 349B)

1	2	3	4	5
Schichtarten	d	λ_R	$R = \dfrac{d}{\lambda_R}$	R_T
	m	$\dfrac{W}{m \cdot K}$	$\dfrac{m^2 \cdot K}{W}$	$\dfrac{m^2 \cdot K}{W}$
Wärmeübergang innen	–	–	–	$R_{si} = 0{,}13$
1. Holzspanplatte	0,016	0,13	$R_1 = \dfrac{0{,}016}{0{,}13} = 0{,}12$	
2. Dampfsperre (Vaporex)	0,0007	–	–	
3. Styropor-Dämmschicht	0,04	0,04	$R_3 = \dfrac{0{,}04}{0{,}04} = 1{,}00$	$R = 1{,}38$
4. Kalksandstein	0,24	0,99	$R_4 = \dfrac{0{,}24}{0{,}99} = 0{,}24$	
5. Kalkzementputz	0,02	0,87	$R_5 = \dfrac{0{,}02}{0{,}87} = 0{,}02$	
Wärmeübergang außen	–		–	$R_{se} = 0{,}04$
Summen				$R_T = 1{,}55$

b) **Ermittlung der Temperaturen an den Trennflächen und Bauteiloberflächen**
   (für Spalte 9)

Da ein Wärmeschutz für die Dampfsperre nicht berücksichtigt wird, können die gleichen Temperaturen wie in Fall A zugrunde gelegt werden (s. Seite 350).

6	7	8	9	10	11
U	μ	$s_d = \mu \cdot d$	θ	p_s	p
$\dfrac{W}{m^2 \cdot K}$	–	m	°C	Pa	Pa
–	–		$\theta_i = 20{,}0$	2340 (p_{si})	$p_i = \dfrac{2340 \cdot 60}{100} = 1404$
	50	0,8	$\theta_{oi} = 17{,}5$	1988	
	31 200	21,0	$\theta_I = 15{,}2$	1729	
	20	0,8	$\theta_{II} = 14{,}7$	1674	
	25	6,0	$\theta_{III} = -4{,}2$	430 (p_{sw} – lt. Abb. 355)	
	35	0,7	$\theta_{IV} = -8{,}8$	288	
	–	–	$\theta_{oe} = -9{,}2$	279	
			$\theta_e = -10{,}0$	260 (p_{se})	$p_e = \dfrac{260 \cdot 80}{100} = 208$
$U = 0{,}65$		29,3			

c) **Ermittlung des Wasserdampf-Diffusionsdurchlasswiderstandes Z**
(nach Gleichung 6)

$$Z = s_d \cdot 1{,}5 \cdot 10^6$$

Holzspanplatte $Z = 0{,}8 \cdot 1{,}5 \cdot 10^6 = 1{,}2 \cdot 10^6$

Dampfsperre $Z = 21{,}0 \cdot 1{,}5 \cdot 10^6 = 31{,}5 \cdot 10^6$ $\Big\}$ $Z_i = 33{,}9 \cdot 10^6 \dfrac{m^2 \cdot h \cdot Pa}{kg}$

Styropor $Z = 0{,}8 \cdot 1{,}5 \cdot 10^6 = 1{,}2 \cdot 10^6$

Kalksandstein $Z = 6{,}0 \cdot 1{,}5 \cdot 10^6 = 9{,}0 \cdot 10^6$ $\Big\}$ $Z_e = 10{,}05 \cdot 10^6 \dfrac{m^2 \cdot h \cdot Pa}{kg}$

Kalkzementputz $Z = 0{,}7 \cdot 1{,}5 \cdot 10^6 = 1{,}05 \cdot 10^6$

d) **Ermittlung der Tauwassermenge $m_{W,T}$** (nach Gleichung 7)

	Klimabedingungen		Dampfdruckverhältnisse	
	Temperatur	relative Luftfeuchte	Sättigungsdampfruck p_s	Teildampfdruck p
innen	$\theta_i = +20\,°C$	$\Phi_i = 60\,\%$	$p_{si} = 2340$ Pa	$p_i = \dfrac{2340 \cdot 60}{100} = 1404$ Pa
außen	$\theta_e = -10\,°C$	$\Phi_e = 80\,\%$	$p_{se} = 260$ Pa	$p_e = \dfrac{260 \cdot 80}{100} = 208$ Pa
Tauwasserbereich			$p_{sw} = 430$ Pa (s. S. 357, Spalte 10)	

Dauer der Tauperiode $t_T = 1440$ h

$$m_{W,T} = t_T \cdot \left(\dfrac{p_i - p_{sw}}{Z_i} - \dfrac{p_{sw} - p_e}{Z_e} \right)$$

$$= 1440 \cdot \left(\dfrac{1404 - 430}{33{,}9 \cdot 10^6} - \dfrac{430 - 208}{10{,}05 \cdot 10^6} \right)$$

$$= 1440 \cdot \left(\dfrac{29}{10^6} \cdot \dfrac{22}{10^6} \right) = 0{,}01\,\dfrac{kg}{m^2}$$

e) Ermittlung der Verdunstungswassermenge $m_{W,V}$ (nach Gleichung 8)

	Klimabedingungen		Dampfdruckverhältnisse	
	Temperatur	relative Luftfeuchte	Sättigungsdampfruck p_s	Teildampfdruck p
innen	$\theta_i = 12\ °C$	$\Phi_i = 70\ \%$	$p_{si} = 1403$ Pa	$p_i = \dfrac{1403 \cdot 70}{100} = 982$ Pa
außen	$\theta_e = 12\ °C$	$\Phi_e = 70\ \%$	$p_{se} = 1403$ Pa	$p_e = \dfrac{1403 \cdot 70}{100} = 982$ Pa
Tauwasserbereich	$\theta_{sw} = 12\ °C$	$\Phi_{s,w} = 100\ \%$	$p_{sw} = 1403$ Pa	
Dauer der Verdunstungsperiode $t_V = 2160$ h				

$$m_{W,V} = t_V \cdot \left(\frac{p_i - p_{sw}}{z_i} - \frac{p_{sw} - p_e}{z_e} \right)$$

$$= 2160 \cdot \left(\frac{982 - 1403}{33{,}9 \cdot 10^6} - \frac{1403 - 982}{10{,}05 \cdot 10^6} \right)$$

$$= 2160 \cdot \left(\frac{-12}{10^6} - \frac{42}{10^6} \right) = -0{,}12\ \frac{kg}{m^2}$$

Ergebnis des Berechnungsverfahrens für Fall B:
Nach dem Einbau einer Dampfsperre fällt nur noch sehr wenig Tauwasser (0,01 kg/m²) im Bauteil an, dessen Auftreten als unbedenklich angesehen werden kann. Außerdem kann dieses eindiffundierte Wasser während der Verdunstungsperiode wieder vollständig an die Außenluft abgegeben werden.

Im Diagramm der Abb. 355 wird auch gezeigt, wie hoch die relative Raumluftfeuchte maximal sein könnte, bevor sich Kondenswasser bildet. Dies wird sichtbar, wenn man die Tangente an die p_s-Kurve im Bereich der Grenzschicht II geradlinig verlängert, wobei dann der Sättigungsdampfdruck an der inneren Bauteiloberfläche festzustellen ist. Mit Hilfe des Sättigungsdampfdruckwertes kann der Prozentsatz der maximalen relativen Luftfeuchte, wie im Diagramm angegeben, errechnet werden.

Teil IV
Brandschutz im Innenausbau

1 Notwendigkeit des Brandschutzes

In der Bundesrepublik Deutschland entstehen durch Brände täglich Schäden von mehreren Millionen Mark. Noch schwerer wiegen die nicht ersetzbaren Verluste an Leben und Gesundheit von Menschen. In der Sorge um die Sicherheit des Menschen, die Erhaltung von Sachwerten und um die Betriebe und Arbeitsplätze wurde eine Vielzahl brandschutztechnischer Gesetze, Verordnungen und Bestimmungen geschaffen, die den vorbeugenden und den abwehrenden Brandschutz betreffen.

Unter vorbeugendem Brandschutz versteht man Maßnahmen, die die Entstehung und Ausbreitung eines Brandes verhindern. Der abwehrende Brandschutz umfasst Maßnahmen zur Bekämpfung eines bestehenden Brandes und zur Rettung von Menschen, Tieren und Sachwerten.

2 Bauaufsichtliche Vorschriften für den Brandschutz

Zu den vorbeugenden Brandschutzmaßnahmen gehört insbesondere der bauliche Brandschutz. Er stellt brandschutztechnische Anforderungen sowohl an die tragenden Bauteile eines Gebäudes als auch an raumabschließende Bauteile, Verkleidungen und Ausbauteile im Rahmen des Innenausbaus.

Um die Entstehung und Ausbreitung eines Brandes in einem Bauwerk zu verhindern, gibt es viele Sicherheitsvorschriften. Die wichtigsten sind:
- die Landesbauordnungen der Länder mit den dazugehörenden Durchführungsverordnungen,
- die Normen, vor allem die DIN 4102 – Brandverhalten von Baustoffen und Bauteilen – und die DIN 18230 – Baulicher Brandschutz im Industriebau. Einzelbestimmungen für den Brandschutz sind auch enthalten z. B. im Bürgerlichen Gesetzbuch, im Strafgesetzbuch, in der Gewerbeordnung, in den Unfallverhütungsvorschriften, in der Garagenverordnung, Versammlungs-

stättenverordnung, Verkaufsstätten-VO, Hochhaus-VO, Krankenhausbau-VO, Gaststättenbau-VO und Schulbaurichtlinien, in den VDI- und VDE-Richtlinien sowie in den Vorschriften der Feuerversicherer. Auch in die Ortsbausatzungen sind solche Vorschriften aufgenommen.

3 Brandschutztechnische Grundlagen und Begriffe

3.1 Brand

Der Brand ist ein Schadenfeuer, das imstande ist, sich außerhalb eines Herdes aus eigener Kraft fortzuentwickeln.

3.2 Zündtemperatur

Unter der Zündtemperatur versteht man die niedrigste Temperatur, bei der unter gegebenen Bedingungen eine Flamme entsteht.

3.3 Verbrennungstemperatur

Die Verbrennungstemperatur ist die Temperatur, bei der der Baustoff oxidiert, das heißt sich unter Verbrennung mit Sauerstoff verbindet. Bei brennbaren Stoffen liegt die Zündtemperatur unter der Verbrennungstemperatur. Diese Baustoffe brennen selbständig weiter (z. B. Holz). Bei schwerentflammbaren Baustoffen (z. B. schwerentflammbare Spanplatten) muss dagegen zum Verbrennen ständig Energie zugeführt werden. Hier liegt die Zündtemperatur über der Verbrennungstemperatur.

3.4 Feuerwiderstandsdauer

Man versteht unter Feuerwiderstandsdauer die Mindestdauer in Minuten, während der ein Bauteil bei der Brandprüfung die vorgegebenen Anforderungen erfüllt.

3.5 Brandabschnitt

Ein Brandabschnitt ist der Teil eines Gebäudes, der von Bauteilen umschlossen ist, die als Brandwände gelten bzw. die einer vorgeschriebenen Feuerwiderstandsklasse angehören.

3.6 Raumabschließende Bauteile

Raumabschließende Bauteile sind tragende und aussteifende Wände und Decken, die bei der Feuereinwirkung ihre tragende, aussteifende und raumabschließende Funktion erfüllen müssen, sowie nichttragende Wände, Brüstungen, Türen, Klappen und Lüftungsanlagen, die bei Feuereinwirkung unter ihrem Eigengewicht die raumabschließende Wirkung erhalten müssen.

3.7 Brandbelastung

Als Brandbelastung bezeichnet man die bei einem Brand freiwerdende Wärmemenge aus sämtlichen in einem Brandabschnitt vorhandenen brennbaren Stoffen. Sie ist bezogen auf 1 m^2 der Brandabschnittsfläche.

3.8 Feuerausbreitungsgeschwindigkeit

Dies ist die Geschwindigkeit, mit der das Feuer an der Oberfläche eines Bauteils oder von einem Bauteil zum anderen fortschreitet. Sie wird erhöht,
- wenn die brennenden Stoffe sich selbst ausbreiten (z. B. brennende Gase oder Flüssigkeiten),
- wenn brennende Bauteile durch Luftströmungen fortgetragen werden,
- durch Strahlungshitze,
- durch einen brandanfachenden starken Wind.

3.9 Brandrisiko

Unter Brandrisiko versteht man den Grad der Gefährdung eines Bauwerks im Falle eines Brandes. Die Brandgefährdung eines Bauwerks hängt ab

- von der Art und Menge der brennbaren Stoffe und ihrer äußeren Form,
- von der Art ihrer Lagerung,
- von der Zündfähigkeit der brennbaren Stoffe und von der Geschwindigkeit der Energiefreisetzung,
- von der Ausbreitungsgeschwindigkeit des Feuers,
- von der Ventilation oder Luftzufuhr,
- von der Begrenzung des Brandraumes oder Brandabschnitts,
- von der Entwicklung von Rauch und giftigen Gasen.

4 Entstehung und Ablauf eines Brandes

Normalerweise entsteht durch die Zündung in einem örtlich begrenzten Bereich ein harmloses kleines Feuer. Bei leichtentzündlicher Umgebung (Bodenbelag, Vorhänge, Bezugsstoffe, Wand- und Deckenverkleidungen usw.) nimmt die Abbrenngeschwindigkeit infolge der bei der Verbrennung freigesetzten Energie und der damit verbundenen Temperatursteigerung zu.

Die von dem brennenden Bereich ausgehende Wärmestrahlung oder die von dort abströmenden heißen Gase heizen das Luftvolumen des Brandabschnitts und die diesen begrenzenden Oberflächen der Bauteile (Decken, Unterzüge, Stützen, Verkleidungen usw.) auf. Die brennbaren Stoffe geben dabei als Folge pyrolytischer Zersetzung brennbare Gase ab, die wiederum eine schnellere Flammenausbreitung bewirken.

Wenn die Temperaturen im Raum überall ca. 650 °C erreicht haben, breitet sich das Feuer oft in Sekundenschnelle über den gesamten Raum aus. Dieser Zeitpunkt wird mit Feuersprung oder »flash over« bezeichnet. Dabei geraten auch die noch nicht entflammten brennbaren Materialien in Brand.

Beim Umfang dieses Feuers (Vollbrand) entsteht ein großer Sauerstoffbedarf mit starkem Sog. Dieser bewirkt in der Regel die Implosion aller eindrückbaren Bauteile (z. B. Fenster). Materialspannungen entstehen durch Hitze und wechselweiser Abkühlung durch Löschwasser. Bei weiterer Sauerstoffzufuhr und nachfolgender starker Aufheizung ist ein Löschen des Brandes häufig nicht mehr möglich.

Dies zeigt, dass die ersten fünf Minuten nach Ausbruch eines Brandes wichtiger sind als die nachfolgenden fünf Stunden. Deshalb sollte ein Brand rechtzeitig und im Anfangsstadium durch Kontrollen, Frühwarnsysteme u. ä. entdeckt und bekämpft werden.

5 Brandverhalten von Baustoffen und Bauteilen

Um eine möglichst geringe Brandgefährdung für Bauwerke zu erreichen, enthalten die baurechtlichen Vorschriften brandschutztechnische Anforderungen sowohl an die am Bauwerk verwendeten Baustoffe als auch an die verschiedenen Bauteile des Gebäudes. Die in diesen Vorschriften verwendeten Begriffe sind in der DIN 4102 festgelegt. Nach DIN 4102 unterscheidet man allgemein das Brandverhalten von *Baustoffen* und das Feuerwiderstandsverhalten von *Bauteilen*, die in der Regel aus mehreren Baustoffen zusammengesetzt sind.

Im Zuge der Vereinheitlichung der europäischen Normen für den baulichen Brandschutz wurden in der Bundesrepublik Deutschland schon zahlreiche brandschutztechnische Begriffe und Verfahren geändert.

Nach Einführung des Bauproduktengesetzes (Gesetz über das Inverkehrbringen von Bauprodukten und den freien Verkehr mit Bauprodukten, 1992) und der Neufassung der Landesbauordnungen trat an die Stelle der Einführungserlasse von Normen die Bauregelliste. Die Prüfbescheide und Prüfzeichen wurden durch bauaufsichtliche Zulassungen ersetzt. Der Überwachungsnachweis und das Überwachungszeichen bei Fremdüberwachung wurden durch das Übereinstimmungszertifikat und das Übereinstimmungszeichen (Ü-Zeichen) als Vorstufe für das europäische Konformitätszeichen (CE-Zeichen) ersetzt. Der Begriff »Bauprodukte« steht häufig anstelle der Begriffe »Baustoffe« und »Bauteile«, umfasst also beide Begriffe.

Die Vereinheitlichung der europäischen Normen für Brandprüfungen ist jedoch noch nicht abgeschlossen.

5.1 Brandverhalten von Baustoffen

Das Brandverhalten von Baustoffen wird nicht nur von der Art des Stoffes beeinflusst, sondern insbesondere auch von der Gestalt, der spezifischen Oberfläche und Dichte, dem Verbund mit anderen Stoffen, den Verbindungsmitteln sowie der Verarbeitungstechnik.

Diese Einflüsse sind bei den Vorbereitungen von Prüfungen, bei der Auswahl von Proben und bei der Klassifizierung sowie bei der Kennzeichnung von Baustoffen zu berücksichtigen. Deshalb werden die Baustoffe in der DIN 4102 bezüglich ihrer Brennbarkeit in Baustoffklassen unterteilt.

Wie sich bei Großbränden gezeigt hat, sind die Folgen für die Menschen durch giftige Rauchgase oft viel größer als die Feuereinwirkung selbst. Zudem können Baustoffe durch »brennendes Abtropfen« Sekundärbrände innerhalb eines Gebäudes verursachen. Die Rettungschancen für Menschen sinken in diesen Fällen drastisch. Für diese Brandparallelerscheinungen wurden im Rahmen des Brandschutzes auf europäischer Ebene weitere Grenzwerte festgelegt.

5.1.1 Baustoffklassen

Bei der Einteilung der Baustoffklassen unterscheidet man zwischen nichtbrennbaren und brennbaren Baustoffen. Letztere unterteilt man in schwerentflammbare, normalflammbare und leichtentflammbare Baustoffe (s. Tabelle 368).

Nichtbrennbare Baustoffe der Klasse A1 dürfen bei einem Brand weder entflammen oder brennbare Gase erzeugen noch einen nennenswerten Beitrag an Wärme liefern.

Nichtbrennbare Baustoffe der Klasse A2 enthalten in der Regel geringe Mengen an brennbaren Stoffen wie z. B. Beschichtungen, Folien oder Furniere auf Trägerplatten. Die Wärmeabgabe und Brandausbreitung dürfen bei der Prüfung nur sehr gering, die entzündbaren Gase nur begrenzt und die Rauch-Entwicklung unbedenklich sein.

Schwerentflammbare Baustoffe der Klasse B1 sind Stoffe, die nur unter Zufuhr von Wärmeenergie verbrennen und nach Wegnahme der Zündquelle wieder verlöschen. Sie werden insbesondere bezüglich der Entflammung und Flammenausbreitung sowie der Höhe der Rauchgastemperatur geprüft und beurteilt. Auch das brennende Abfallen oder Abtropfen des Stoffes wird beobachtet und im Prüfbericht kenntlich gemacht.

Normalentflammbare Baustoffe der Klasse B2 brennen nach dem Entzünden unter Abgabe von Wärmeenergie selbständig weiter. Bei der Prüfung dieser Stoffe wird lediglich die Entflammung an Kante und Fläche des Prüfkörpers, die Abbrandgeschwindigkeit und das brennende Abfallen und Abtropfen des Baustoffs geprüft.

Als *leichtentflammbar (Klasse B3)* gelten schließlich alle Baustoffe, welche die Anforderungen der Klasse B2 nicht erfüllen.

Eine Übersicht über die Baustoffklassen zeigt Tabelle 368.

Verarbeitet man mehrere Baustoffe zu einem *Verbundbaustoff,* so kann sich dieser brandschutztechnisch anders verhalten als die Einzelbaustoffe. Werden beispielsweise zwei schwerentflammbare Baustoffe miteinander verklebt, z. B. eine Platte mit einer Folie, dann besteht noch keine Gewähr, dass dieser Verbundbaustoff nachher ebenfalls schwerentflammbar ist. Als Verbund zählt nicht nur das Verkleben von Platten des gleichen Baustoffs, z. B. zur Herstellung dickerer Platten und das Verkleben von unterschiedlichen Materialien, sondern auch das Anordnen von Baustoffen zu flächigen Baustoffen im Abstand bis 40 mm im Einbauzustand. Es müssen also alle Baustoffe, die im Verbund eingesetzt werden, im Verbund erneut geprüft und für eine bestimmte Baustoffklasse zugelassen werden.

Für die europäische Harmonisierung des vorbeugenden Brandschutzes liegt bezüglich des Brandverhaltens von Baustoffen derzeit der Norm-Entwurf PrEN 13501–1 vor. Darin sind neue EURO-KLASSEN mit den Hauptklassen A–F und den Unterklassen s1, s2 und s3 für Rauchentwicklung (Smoke) sowie d0, d1 und d2 für brennendes Abtropfen (Droplets) vorgesehen. Tabelle 369 zeigt die Gliederung dieser Euro-Klassen und gleichzeitig eine Gegenüberstellung der z.Zt. noch geltenden Baustoffklassen nach DIN 4102.

5.1.2 Nachweis der Baustoffklasse

Für den Nachweis der Baustoffklasse gibt es zwei Möglichkeiten:
a) Ohne Brandversuch, wenn der Baustoff in der DIN 4102 Teil 4 aufgeführt und damit klassifiziert ist.
b) Mit Brandversuch auf der Grundlage von Prüfungen nach DIN 4102 Teil 1.

Die örtliche Bauaufsichtsbehörde hat die Verwendbarkeit eines Baustoffs für den vorgesehenen Anwendungszweck nicht mehr nachzuprüfen, wenn dieser in der DIN 4102 Teil 4 schon in eine Baustoffklasse eingruppiert ist oder wenn eine allgemeine bauaufsichtliche Zulassung oder eine Zustimmung für den Einzelfall vorliegt.

5.1.3 Kennzeichnung von Baustoffen

Alle Baustoffe, die im Anlieferungszustand auf die Baustelle nach der DIN 4102 geprüft werden können, müssen ihrem Brandverhalten entsprechend gekennzeichnet sein. Die Kennzeichnung ist auf den Baustoffen oder, wenn dies nicht möglich ist, auf der Verpackung anzubringen.

Von der Kennzeichnungspflicht sind ausgenommen:
- alle Baustoffe der Klasse A1, die in der DIN 4102 Teil 4 aufgeführt sind,
- Holz und Holzwerkstoffe der Klasse B2 mit einer Rohdichte von mehr als 400 kg/m^3 und einer Dicke von mehr als 2 mm.

Bei geprüften Baustoffen muss in der Kennzeichnung die Zulassungsnummer, das Herstellerwerk und die Angabe der Baustoffklasse mit dem Hinweis auf DIN 4102 enthalten sein. Für Bauprodukte sind die Regelungen zur Kennzeichnung nach der Übereinstimmungsverordnung maßgebend (s. Abschnitt 6.1).

Kann für einen Baustoff kein Prüfzeugnis einer anerkannten Prüfstelle vorgelegt werden, gilt der Baustoff als leichtentflammbar. Leichtentflammbare Baustoffe sind nicht nur mit dem Kurzzeichen der Baustoffklasse »B3«, sondern zusätzlich mit dem vollen Wortlaut »leichtentflammbar« zu kennzeichnen. Baustoffe, die nach der Verarbeitung oder dem Einbau der Klasse B3 angehören, dürfen bei der Errichtung oder Änderung baulicher Anlagen nicht verwendet werden. Die Verwendung von Baustoffen der Klasse B3 ist nach der Landesbauordnung und nach den Richtlinien für die Verwendung brennbarer Baustoffe im Hochbau nur dann zulässig, wenn sie in Verbindung mit anderen Baustoffen nicht mehr leichtentflammbar sind.

5.2 Brandverhalten von Bauteilen

5.2.1 Feuerwiderstandsklassen für Bauteile

Das Brandverhalten von Bauteilen wird nach DIN 4102 durch die Feuerwiderstandsdauer gekennzeichnet. Die Feuerwiderstandsdauer ist die Mindestdauer in Minuten, während der ein Bauteil den bei der Prüfung nach DIN 4102 vorgeschriebenen Anforderungen entspricht. Die geprüften Bauteile werden entsprechend der Feuerwiderstandsdauer in eine Feuerwiderstandsklasse eingestuft. Diese muss bei entsprechenden Anforderungen an ein Bauteil durch ein Prüfzeugnis eines anerkannten Prüfinstituts nachgewiesen werden. Die Gültigkeit jedes Prüfzeugnisses ist auf fünf Jahre begrenzt; sie kann auf Antrag verlängert werden. Der Nachweis der Prüfung kann entfallen, wenn das Bauteil in der DIN 4102 Teil 4 schon in eine bestimmte Feuerwiderstandsklasse eingestuft ist, z. B. eine Stahlbetondecke oder eine gemauerte Wand.

Nach der Art der Bauteile werden die Feuerwiderstandsklassen unterschiedlich gekennzeichnet. Für die brandschutztechnischen Anforderungen an Wände, Decken, Stützen, Unterzüge und Treppen gilt die Feuerwiderstandsklasse **F**. Die Feuerwiderstandsklassen für nichttragende Außenwände, Brüstungen und Schürzen werden mit **W**, die für Feuerschutzabschlüsse, wie selbstschließende Türen, Klappen, Rollläden und Tore, mit **T**, die für Verglasungen mit **G** und die Feuerwiderstandsklasse für Lüftungsleitungen mit **L** gekennzeichnet (s. Tabelle 370).

So bedeutet z. B. die Einstufung einer Wand in die Feuerwiderstandsklasse F 120, dass der Brandversuch bis zum Feuerdurchschlag länger als 120 Minuten gedauert hat und die Wand den zur Prüfung gehörenden Festigkeitsprüfungen noch standhielt. Dauert der Brandversuch bei einer Tür 50 Minuten, erfolgt die Einstufung in die Feuerwiderstandsklasse T 30.

Bau-stoff-klasse	Bauaufsichtliche Benennung	Zusätzliche Kriterien		Nachweis durch	Beispiele
A	nicht brennbare Baustoffe				
A1	nicht brennbar	ohne brennbare Bestandteile	genormte Baustoffe	DIN 4102 Teil 4	Gips, Kalk, Zement, Beton, Steine, Glas, Metalle, Perlite
			nicht genormte Baustoffe	Prüfzeugnis	Calcium-Silikat-Platten
		mit brennbaren Bestandteilen (<1 %)		besonderer Nachweis[1]	Bestimmte Mineralfaser-Feuerschutzplatten mit geringfügiger Kunstharzbindung, Fibersilikatplatten
A2	nicht brennbar	mit brennbaren Bestandteilen	genormte Baustoffe	DIN 4102 Teil 4	Gipskartonplatten mit geschlossener Oberfläche
			nicht genormte Baustoffe	Besonderer Nachweis[1]	Gipsfaserplatten, bestimmte Mineralfaser-erzeugnisse mit Kunstharzbindung
B	brennbare Baustoffe				
B1	schwer entflammbare Baustoffe	genormte Baustoffe		DIN 4102 Teil 4	Gipskartonplatten, Holzwolle-Leichtbau-platten, Hart-PVC
		nicht genormte Baustoffe		Besonderer Nachweis[1]	Bestimmte PS-Hartschaumplatten, schwer entflamm-bare Spanplatten, bestimmte PVC-Erzeugnisse
B2	normal entflammbare Baustoffe	genormte Baustoffe		DIN 4102 Teil 4	Holz und genormte Holzwerkstoffe mit Rohdichte und Dicke von ≥ 400 kg/m^3 und > 2 mm ≥ 230 kg/m^3 und > 5 mm, genormte Dachpappen und PVC-Bodenbeläge
		nicht genormte Baustoffe			PU-Schaum
B3	leicht entflammbar	alle, die nicht B1 und B2 sind			Papier, Holzwolle, Stroh, Holz bis 2 mm Dicke

[1] Besonderer Nachweis durch allgemeine bauaufsichtliche Zulassung des Deutschen Instituts für Bautechnik, Berlin. Die früher zugeteil-ten Prüfzeichen (Prüfbescheide) gelten als allgemeine bauaufsichtliche Zulassungen bis zum Ablauf der Gültigkeitsdauer weiter.

Tab. 368 – Baustoffklassen nach DIN 4102 mit Erläuterungen

Baustoffklassen				Bauaufsichtliche Bezeichnung der Baustoffklassen nach DIN 4102
EURO-Hauptklassen	EURO-Unterklassen		DIN 4102-1	
A1	A1		A1	A = nicht brennbare Baustoffe
A2	A2–s1, d0 A2–s2, d0 A2–s3, d0	A2–s1, d1 A2–s2, d1 A2–s3, d1	A2–s1, d2 A2–s2, d2 A2–s3, d2	A2	
B	B–s1, d0 B–s2, d0 B–s3, d0	B–s1, d1 B–s2, d1 B–s3, d1	B–s1, d2 B–s2, d2 B–s3, d2	B1	schwer entflammbare Baustoffe
C	C–s1, d0 C–s2, d0 C–s3, d0	C–s1, d1 C–s2, d1 C–s3, d1	C–s1, d2 C–s2, d2 C–s3, d2	B1	schwer entflammbare Baustoffe
D	D–s1, d0 D–s2, d0 D–s3, d0	D–s1, d1 D–s2, d1 D–s3, d1	D–s1, d2 D–s2, d2 D–s3, d2	B2	normal entflammbare Baustoffe
E		E E–d2		B2	normal entflammbare Baustoffe
F	keine Leistung festgestellt			B3	leicht entflammbare Baustoffe

Tab. 369 – Gegenüberstellung der neuen EURO-KLASSEN als Haupt- und Unterklassen nach prEN 13501–1 zu den bisherigen Baustoffklassen nach DIN 4102.

Daneben ist nachzuweisen, ob das Bauteil oder seine wesentlichen Teile aus brennbaren oder nichtbrennbaren Baustoffen besteht. Deshalb ist bei den Bauteilen der Klassen F und W hinter die Bezeichnung der Feuerwiderstandsklasse die entsprechende Baustoffklasse der verwendeten Baustoffe zu setzen.

Zum Beispiel:
- **F 90–A**   Bauteil der Feuerwiderstandsklasse F 90, es besteht aus nichtbrennbaren Baustoffen,
- **F 30–B**   Bauteil der Feuerwiderstandsklasse F 30, es besteht aus brennbaren Baustoffen,
- **W 60–AB**   Bauteil der Feuerwiderstandsklasse W 60, wesentliche Teile des Bauteils bestehen aus nichtbrennbaren Baustoffen, die übrigen Bestandteile des Bauteils bestehen aus brennbaren Baustoffen.

Bauteile	DIN 4102 Teil	Feuerwiderstandsklassen bei einer Feuerwiderstandsdauer in Minuten				
		≥ 30	≥ 60	≥ 90	≥ 120	≥ 180
Wände, Decken, Stützen, Unterzüge, Treppen	2	F 30	F 60	F 90	F 120	F 180
Nichttragende Außenwände, Brüstungen, Schürzen		W 30	W 60	W 90	W 120	W 180
Feuerschutzabschlüsse	5	T 30	T 60	T 90	T 120	T 180
Verglasungen						
strahlungsdurchlässig	13	G 30	G 60	G 90	G 120	–
strahlungsundurchlässig		F 30	F 60	F 90	F 120	–
Rohre für Lüftungsleitungen	6	L 30	L 60	L 90	L 120	–
Absperrvorrichtungen in Lüftungsleitungen		K 30	K 60	K 90	–	–
Kabelabschottungen	9	S 30	S 60	S 90	S 120	S 180
Installationsschächte, Installationskanäle	11	I 30	I 60	I 90	I 120	–
Rohrdurchführungen		R 30	R 60	R 90	R 120	–
Funktionserhaltung elektrischer Leitungen	12	E 30	E 60	E 90	–	–

Tab. 370 – Feuerwiderstandsklassen nach DIN 4102

Eine Übersicht über die Klassifizierung und die bauaufsichtliche Benennung zeigt Tab. 372.

Bei der Benennung werden im übrigen nur die Baustoffe berücksichtigt, die für die Klassifizierung notwendig sind; d.h. ein Bauteil, das aus Baustoffen der Klasse A besteht und z.B. der Benennung F 90-A angehört, verliert seine Benennung nicht, wenn nachträglich eine Bekleidung aus Baustoffen der Klasse B angebracht wird und feststeht, dass diese Bekleidung die Widerstandsfähigkeit nicht negativ beeinflusst.

Gleichermaßen bleibt z.B. die Benennung F 30-B einer Holzwand bestehen, wenn diese Wand nachträglich durch eine Schicht aus Baustoffen der Klasse A bekleidet wird und auch hier feststeht, dass diese Bekleidung die Widerstandsfähigkeit nicht negativ beeinflusst.

5.2.2 Prüfanforderungen an Bauteile

Die Brandversuche sind in einem Brandraum nach den Vorschriften der DIN 4102 durchzuführen. Für die Prüfung sind die Abmessungen der zu prüfenden Bauteile, die Luft- und Bauteilefeuchtigkeit, die Beanspruchung der Bauteile durch Lasten und der Temperaturverlauf im Brandraum nach der Einheits-Temperaturkurve (ETK) vorgeschrieben. Danach werden an den brandgeprüften Bauteilen noch Festigkeitsversuche vorgenommen. Die in der ISO-Norm 834 und in der DIN 4102–02 festgelegte Einheits-Temperaturzeitkurve zeigt das Brandmodell des Vollbrandes. Der durchschnittliche Verlauf dieses ventilationsgesteuerten Brandes entspricht dabei der Vielzahl der in Betracht stehenden Brände (Abb. 374).

5.2.2.1 Wände, Decken, Stützen, Unterzüge

Diese tragenden bzw. aussteifenden Bauteile können in die Feuerwiderstandsklasse **F 30** eingestuft werden,
- wenn die Prüfzeit mindestens 30 Minuten beträgt,
- wenn bei tragenden Bauteilen kein Zusammenbruch unter ihrer rechnerisch zulässigen Gebrauchslast erfolgt,
- wenn die nicht unter Gebrauchslast prüfbaren Stahlstützen eine Stahltemperatur von 500 °C nicht überschreiten,
- wenn nichttragende Bauteile nicht unter ihrem Eigengewicht zusammenbrechen,
- wenn raumabschließende Bauteile den Feuerdurchgang verhindern und auf der dem Feuer abgekehrten Seite des Bauteils keine Entwicklung von entzündbaren Gasen möglich ist. Außerdem darf die Temperaturerhöhung über die Anfangstemperatur im Mittel 140 K und die Temperaturerhöhung an Einzelstellen 180 K nicht überschreiten,

Feuerwider-standsklasse nach DIN 4102 Teil 2 Tab. 1	Baustoffklasse nach DIN 4102 Teil 1 der in den geprüften Bauteilen verwendeten Baustoffe für		Benennung nach DIN 4102 Teil 2 Tab. 2	Kurzbe-zeichnung	Bauaufsichtliche Benennung
	wesentliche Teile	übrige Bestandteile, die nicht unter den Begriff der vorstehenden Spalte fallen	Bauteile der		
F 30	B	B	Feuerwiderstandsklasse F 30	F 30-B	feuerhemmend (fh)
	A	B	Feuerwiderstandsklasse F 30 und in den wesentlichen Teilen aus nichtbrennbaren Baustoffen[1]	F 30-AB	feuerhemmend und in den tragenden Teilen aus nichtbrennbaren Stoffen
	A	A	Feuerwiderstandsklasse F 30 und aus nichtbrennbaren Baustoffen	F 30-A	feuerhemmend und aus nichtbrennbaren Stoffen
F 60	B	B	Feuerwiderstandsklasse F 60	F 60-B	feuerhemmend (fh)
	A	B	Feuerwiderstandsklasse F 60 und in den wesentlichen Teilen aus nichtbrennbaren Baustoffen[1],	F 60-AB	feuerhemmend und in den tragenden Teilen aus nichtbrennbaren Stoffen
	A	A	Feuerwiderstandsklasse F 60 und aus nichtbrennbaren Baustoffen	F 60-A	feuerhemmend und aus nichtbrennbaren Stoffen
F 90	B	B	Feuerwiderstandsklasse F 90	F 90-B	feuerhemmend (fh)
	A	B	Feuerwiderstandsklasse F 90 und in den wesentlichen Teilen aus nichtbrennbaren Baustoffen	F 90-AB	[2]

				Kurzbezeichnung	Benennung
	A	A	Feuerwiderstandsklasse F 90 und aus nichtbrennbaren Baustoffen	F 90-A	feuerbeständig (fb)
F 120	B	B	Feuerwiderstandsklasse F 120	F 120-B	feuerhemmend (fh)
	A	B	Feuerwiderstandsklasse F 120 und in den wesentlichen Teilen aus nichtbrennbaren Baustoffen[1]	F 120-AB	[2]
	A	A	Feuerwiderstandsklasse F 120 und aus nichtbrennbaren Baustoffen	F 120-A	feuerbeständig (fb)
	B	B	Feuerwiderstandsklasse F 180	F 180-B	feuerhemmend (fh)
F 180	A	B	Feuerwiderstandsklasse F 180 und in den wesentlichen Teilen aus nichtbrennbaren Baustoffen[1]	F 180-AB	[2]
	A	A	Feuerwiderstandsklasse F 180 und aus nichtbrennbaren Baustoffen	F 180-A	feuerbeständig (fb)

[1] Zu den wesentlichen Teilen gehören:
 a) alle tragenden oder aussteifenden Teile, bei nichttragenden Bauteilen auch die Bauteile, die deren Standsicherheit bewirken (z. B. Rahmenkonstruktionen von nichttragenden Wänden),
 b) bei raumabschließenden Bauteilen eine in Bauteilebene durchgehende Schicht, die bei der Prüfung nach dieser Norm nicht zerstört werden darf. Bei Decken muss diese Schicht eine Gesamtdicke von mindestens 50 mm besitzen; Hohlräume im Innern dieser Schicht sind zulässig.
 Bei der Beurteilung des Brandverhaltens der Baustoffe können Oberflächen-Deckschichten oder andere Oberflächenbehandlungen außer Betracht bleiben.

[2] In einigen Ländern über Ausnahme- und Befreiungsbestimmungen allgemein zulässig als feuerbeständig.

Tab. 372 – Feuerwiderstandsklassen und bauaufsichtliche Benennung (gilt nur für Klassen F und W)

- wenn raumabschließende Wände einem Festigkeitsversuch mit einer ca. 20 kg schweren Stahlkugel als Pendelstoß mit 20 Nm Stoßarbeit an drei Stellen auf der nichtbeflammten Seite widerstehen.

Eine Einstufung in die Feuerwiderstandsklasse **F 60** kann erfolgen, wenn die Bedingungen der Feuerwiderstandskilasse F 30 erfüllt sind, jedoch die Prüfdauer mindestens 60 Minuten beträgt.

Die Voraussetzungen für die Einstufung in die Feuerwiderstandsklasse **F 90** sind gegeben,

- wenn die Bedingungen der Klasse F 30 erfüllt sind, jedoch die Feuerwiderstandsdauer mindestens 90 Minuten beträgt,
- wenn Stützen mit Bekleidungen oder Ummantelungen unmittelbar nach dem Brandversuch einer Löschwasserbeanspruchung standhalten. Sie werden mit einem Fließdruck von ca. 2 bar aus 3 m Entfernung rechtwinklig zur Wand mindestens 1 Minute lang besprüht. Tragende Stahlteile und lotrechte Bewehrungsstäbe dürfen dabei nicht freigelegt werden.

Bauteile können in die Feuerwiderstandsklassen **F 120 oder F 180** eingestuft werden, wenn die Voraussetzungen wie bei der Klasse F 90 vorliegen, die Prüfdauer jedoch mindestens 120 Minuten bzw. 180 Minuten beträgt.

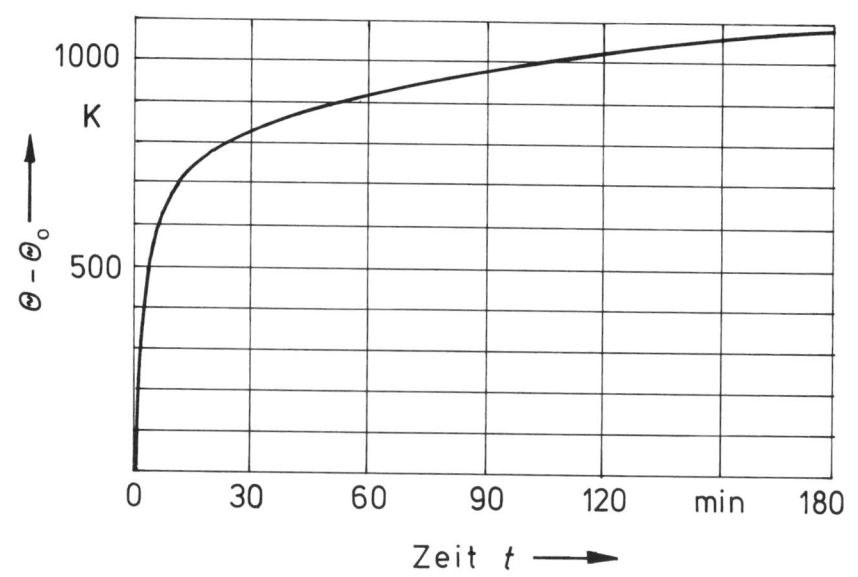

Abb. 374 – Einheits-Temperaturzeitkurve (ETK) nach DIN 4102 Teil 2

5.2.2.2 Brandwände

Brandwände sind Wände zur Trennung oder Abgrenzung von Brandabschnitten. Sie sind dazu bestimmt, die Ausbreitung von Feuer auf andere Gebäude oder Gebäudeabschnitte zu verhindern. Nach DIN 4102 werden an Brandwände folgende Anforderungen gestellt; sie müssen
- aus Baustoffen der Klasse A bestehen,
- bei mittiger und ausmittiger Belastung die Anforderungen mindestens der Feuerwiderstandsklasse F 90 erfüllen,
- bei einer Stoßbeanspruchung durch einen 200 kg schweren Bleischrotsack mit einer Stoßarbeit von jeweils 3000 Nm zweimal auf der dem Feuer zugewandten und einmal auf der unbelasteten Seite standsicher sein.

5.2.2.3 Nichttragende Außenwände, Brüstungen, Schürzen

Nichttragende Außenwände, Brüstungen und Schürzen sind raumabschließende Bauteile, die auch im Brandfall nur durch ihr Eigengewicht beansprucht werden und zu keiner Aussteifung von Bauteilen dienen. Sie dürfen bei der vorgeschriebenen Brandprüfung von innen oder von außen entsprechend der Feuerwiderstandsklasse W (s. Tabelle 370) nicht zusammenbrechen. Auch hier gelten die Prüfkriterien wie bei tragenden und aussteifenden Bauteilen.

5.2.2.4 Feuerschutzabschlüsse

Feuerschutzabschlüsse sind selbstschließende Türen, Tore, Klappen und Rollläden, die dazu bestimmt sind, im eingebauten Zustand den Durchtritt eines Feuers durch Öffnungen in Wänden und Decken zu verhindern. Vor dem Brandversuch sind Flügeltüren durch 5000maliges Schließen aus einem Öffnungswinkel von 50° zu beanspruchen; die Schließmittel sind ebenfalls zu überprüfen.

Zur Einstufung in die entsprechende Feuerwiderstandsklasse T sind folgende Anforderungen zu erfüllen:
- Die Feuerschutzabschlüsse müssen selbstschließend sein und voll funktionsfähig bleiben.
- Sie dürfen beim Brandversuch während einer Prüfdauer entsprechend der Feuerwiderstandsdauer (s. Tabelle 370) nicht zusammenbrechen oder sich ganz oder teilweise durch Versagen von Verschluss- oder Verriegelungsteilen oder Halterungen (z. B. Bänder) öffnen. Die raumabschließende Wirkung muss also gewahrt bleiben und der Durchgang des Feuers verhindert werden.
- Die Temperaturerhöhung an der vom Feuer abgekehrten Seite darf beim Brandversuch im Mittel 140 K, an Einzelstellen 180 K nicht überschreiten.

- Die Feuerschutzabschlüsse müssen außerdem der Beanspruchung des Kugelstoßversuchs widerstehen.

5.2.2.5 Verglasungen

Verglasungen der Feuerwiderstandsklasse G sind Bauteile in Wänden, die aus lichtdurchlässigen Teilen sowie Rahmen, Halterungen und Befestigungen bestehen. Sie sind dazu bestimmt, zwar den Flammen- und Brandgasdurchtritt zu verhindern, nicht dagegen den Durchtritt der Wärmestrahlung.

Bei der Prüfung müssen sie als Raumabschluss wirksam bleiben. Außerdem dürfen auf der vom Feuer abgekehrten Seite der Verglasungen keine Flammen auftreten.

Die Verglasungen der Feuerwiderstandsklasse F müssen alle an raumabschließende Wände der entsprechenden Feuerwiderstandsklasse gestellten Anforderungen erfüllen (s. Kap. 5.2.2.1).

Sie müssen insbesondere, im Gegensatz zu den Verglasungen der Klasse G, den Durchtritt der Wärmestrahlung verhindern.

5.2.2.6 Lüftungsleitungen

Im Teil 6 der DIN 4102 sind die brandschutztechnischen Begriffe, Anforderungen und Prüfungen von Lüftungsleitungen sowie von Absperrvorrichtungen gegen Brandübertragung in Lüftungsleitungen enthalten. Die Lüftungsleitungen werden in die Feuerwiderstandsklasse L 30-L 120, die Brandschutzklappen in die Feuerwiderstandsklassen K 30-K 90 eingestuft. Die Feuerwiderstandsklassen müssen auch hier auf der Grundlage von Prüfungen durch ein Prüfzeugnis nachgewiesen werden.

5.2.2.7 Elektroinstallationen

Elektroinstallationen sind brandschutztechnisch zu beurteilen hinsichtlich
- der Entstehung eines Brandes durch die Elektroinstallation selbst. Regelungen für die Bemessung von Leitungen und Geräten enthalten die VDE-Bestimmungen,
- der bei einem Brand aktivierten Brandlast durch brennbare Isolierungen,
- der Durchdringung raumabschließender Bauteile mit Leitungen,
- des Funktionserhalts zur Versorgung elektrisch betriebener Sicherheitseinrichtungen.

Zum Schutz im Brandfall sind die Elektrokabel brandsicher zu umkleiden bzw. in Schächten zu verlegen, damit Brandmeldeanlagen, Alarmanlagen, Sicherheitsbeleuchtungen, Personen- und Feuerwehraufzüge sowie Anlagen zur Abführung von Rauch und Wärme mindestens 30 Minuten bzw. 90 Minuten funktionsfähig bleiben. Entsprechende Vorschriften dazu sind in DIN 4102 Teil 9 »Kabelabschottungen« und in Teil 12 »Funktionserhalt elektrischer Leitungen« sowie in der DIN 18230 »Baulicher Brandschutz im Industriebau« und in den Landesbauordnungen der Länder enthalten.

5.2.3 Europäische Klassifizierung für das Brandverhalten von Bauteilen

Nach DIN 4102 werden die Bauteile, z. B. Wände oder Stützen, nach ihrer Gesamtleistung (Klasse F) hinsichtlich Tragfähigkeit, Raumabschluss und Wärmedämmung allgemein geprüft, beurteilt und klassifiziert. Bei den Sonderbauteilen, z. B. nichttragende Wände (Klasse W) oder Feuerschutzabschlüsse (Klasse T), wird auch noch die Funktion im Gebäude berücksichtigt.

Zur künftigen Vereinheitlichung des bautechnischen Brandschutzes innerhalb der Mitgliedsstaaten der Europäischen Union wurden in einem Grundlagendokument »Brandschutz« u. a. auch Vorschläge für die brandschutztechnische Klassifizierung von Bauprodukten gemacht. Danach soll die Klassifizierung der Bauteile entsprechend der Einzelleistungen bei der Brandbeanspruchung nach der Einheitstemperaturkurve (ETK) erfolgen. In Tabelle 378 sind mögliche Leistungskriterien mit entsprechenden Kurzzeichen angegeben.

Die Feuerwiderstandsdauer ist in DIN 4102 mit ≥ 30, ≥ 60, ≥ 90, ≥ 120 oder ≥ 180 Minuten festgelegt.

Nach dem europäischen Grundlagendokument »Brandschutz« soll die Bewertung der Feuerwiderstandsdauer in den Klassen ≥ 15, ≥ 20, ≥ 30, ≥ 45, ≥ 60, ≥ 90, ≥ 180 und ≥ 240 Minuten erfolgen.

Sind bei einem Brandversuch z. B. an einem tragenden Bauteil mehrere Leistungskriterien zu bewerten, sollen diese bei der Klassifizierung addiert werden (Tabelle 378).

Beispiel: Ein Bauteil behält bei einem Brandversuch die Tragfähigkeit 155 Minuten lang, die raumabschließende Funktion 115 Minuten lang und die geforderte Wärmedämmung 42 Minuten lang, auch unter Stoßbeanspruchung. Dieses Bauteil soll dann die Klassifizierung R 120/RE 90/REI 30/REI-M erhalten.

Kurzzeichen	Bedeutung	Abgeleitet von	Anwendungsbereich
R	Erhalt der Tragfähigkeit und Standsicherheit	Résistance	Zur Beschreibung der Feuerwiderstandsdauer
E	Erhalt des Raumabschlusses	Étanchéité	
I	Einhaltung der Oberflächen-Grenztemperatur (140 K/180 K) auf der vom Feuer abgekehrten Seite (Wärmedämmung)	Isolation	
W	Begrenzung des Wärmestrahlungsdurchtritts	–	
M	Erhöhte mechanische Festigkeit (Stoßbeanspruchung für Brandwände)	Mechanical	
S	Begrenzung des Rauchdurchtritts in geschlossenen Räumen	Smoke	Rauchschutztüren, Lüftungsanlagen, Rauch- und Wärmeabzugsanlagen
C	Selbstschließend	Closing	Rauchschutztüren, Feuerschutzabschlüsse
P	Erhalt der Funktion elektr. Leitungsanlagen zur Aufrechterhaltung der Energieversorgung	–	Elektr. Kabelanlage
PH			Leitungen mit beschränkten Querschnitten und eingeschränkter Verwendung

Tab. 378 – Mögliche Leistungskriterien zur Ermittlung der Feuerwiderstandsdauer nach dem Grundlagendokument »Brandschutz« der EU

Im europäischen Grundlagendokument sind folgende Bauteile für die Klassifizierung der Feuerwiderstandsdauer vorgesehen:

Tragende Bauteile ohne und mit Raumabschluss, nichttragende Innen- und Außenwände, selbstständige Unterdecken, Feuerschutzabschlüsse (Türen, Tore, Klappen), Abschottung von Kabeln und Rohren, Installationskanäle und -schächte, Lüftungsleitungen und Brandschutzklappen, Brandschutzmittel für elektrische Kabelanlagen u.a.

Zur Übernahme in das deutsche Normenwerk liegt schon das Normblatt E DIN EN 13501 mit verschiedenen Teilen als Entwurf vor, deren Überarbeitung jedoch noch nicht abgeschlossen ist.

6 Brandschutzanforderungen nach der Landesbauordnung

Die wichtigsten bautechnischen Anforderungen an die Bauteile bezüglich des Brandschutzes sind in den Landesbauordnungen der einzelnen Bundesländer zusammengefasst. Die bauaufsichtlichen Benennungen dieser Anforderungen lauten feuerhemmend und feuerbeständig. Dabei entspricht

feuerhemmend einer Feuerwiderstandsklasse mit der Feuerwiderstandsdauer von 30 Minuten (z. B. F 30),

feuerbeständig einer Feuerwiderstandsklasse mit der Feuerwiderstandsdauer von 90 Minuten (z. B. T 90),

Bauliche Anlagen sind so anzuordnen, zu errichten und instand zu halten, dass der Entstehung und Ausbreitung von Schadenfeuer vorgebeugt wird und bei einem Brand wirksame Löscharbeiten und die Rettung von Menschen und Tieren möglich ist. Deshalb sind z. B. bei der Planung von Gebäuden möglichst kurze und sichere Fluchtwege vorzusehen. Es sollen möglichst nichtbrennbare oder nur schwerentflammbare Baustoffe verwendet werden und solche, die keinen oder nur wenig Rauch und keine gefährlichen Gase erzeugen. Bauteile sollen so konstruiert werden, dass deren Tragfähigkeit und Standsicherheit auch im Brandfall möglichst lange erhalten bleibt, um Rettungs- und Löscharbeiten zu ermöglichen. Um ein Übergreifen des Brandes auf das Eigentum Dritter zu verhindern, müssen die Gebäudetrennwände feuerbeständig ausgebildet sein und vorgeschriebene Gebäudeabstände eingehalten werden.

In der Tabelle 380 sind die wichtigsten Brandschutzanforderungen nach der Landesbauordnung enthalten. Sie können in den einzelnen Bundesländern geringfügig voneinander abweichen.

Dabei wird zwischen Gebäuden geringer Höhe und sonstigen Gebäuden unterschieden. Bei Gebäuden geringer Höhe liegt der Fußboden des obersten Aufenthaltsraumes maximal 7 m, die Oberkante der Fensterbrüstung maximal 8 m über der Geländeoberfläche (s. Anmerkung in Tabelle 380).

Die Brandschutzanforderungen beim Bau von Hochhäusern sind in der Hochhausverordnung enthalten.

Außerdem gelten in einzelnen Bundesländern auch Richtlinien für die Verwendung brennbarer Baustoffe im Hochbau, die Mindestanforderungen an die Baustoffklasse der zu verarbeitenden Baustoffe stellen (Tabellen 380 und 382).

Bauteile	Wohngebäude geringer Höhe 2 Wohneinheiten OKF ≤ 7 m	Andere Gebäude geringer Höhe 3 Wohneinheiten OKF ≤ 7 m	Andere Gebäude (mittlere Höhe) außer Hochhäuser OKF > 7 m und OKF ≤ 22 m	Hochhäuser OKF > 22 m
Tragende und aussteifende Wände, Pfeiler und Stützen	F 30	F 30	F 90-AB	F 90-A
Trennwände in obersten Geschossen von Dachräumen	F 30	F 30	F 90	F 90-A
Wände in Geschossen im Dachraum, über denen Aufenthaltsräume möglich sind	F 30	F 30	F 90	F 90-A
Wände in Kellergeschossen	F 30-AB	F 90-AB	F 90-AB	F 90-A
Nichttragende und nichtaussteifende Außenwände	keine	keine	A oder W 30	W 90-AB
Außenwandbekleidungen und Dämmstoffe in Außenwänden	keine	keine	B1, dürfen nicht brennend abtropfen	A
Trennwände zwischen Wohnungen, zwischen Wohnungen und fremden Arbeitsräumen	F 30	F 30	F 90-AB	F 90-A
Brandwände	F 90	F 90	F 90	F 90
	Sie dürfen bei einem Brand ihre Standsicherheit nicht verlieren und die Verbreitung von Feuer auf andere Gebäudeabschnitte nicht zulassen			
Decken	F 30	F 30	F 90-AB	F 90-A
Decken im Dachraum, über dem Aufenthaltsräume möglich sind	F 30	F 30	F 90	F 90-A
Decken über Kellergeschossen	F 30	F 90-AB	F 90-AB	F 90-A
Dächer	Dachhaut muss widerstandsfähig gegen Flugfeuer und strahlende Wärme sein			A

Wände notwendiger Treppenräume	F 30	F 90	Brandwand
Verkleidungen, Dämmschichten und Einbauten in notwendigen Treppenräumen	keine	A	A
Notwendige Treppen	Tragende Teile aus Hartholz oder A	Tragende Teile F 90-A	F 90-A
Flurwände zwischen Räumen und Rettungswegen	F 30	F 30-AB	F 90-A
Verkleidungen, Dämmschichten, Einbauten und Bodenbeläge in notwendigen Fluren	keine	A oder B1	A
Türen zwischen Wohnungen und notwendigen Treppenräumen sowie notwendigen Fluren	dicht schließende Türen		T 30 rauchdicht
Türen zwischen Wohnungen und anderen Räumen	rauchdichte und selbstschließende Türen	T 30 rauchdicht, selbstschließend	T 30 rauchdicht, selbstschließend
Türen zwischen notwendigen Treppenräumen und notwendigen Fluren	rauchdichte, selbstschließende, nicht abschließbare Türen		T 30
Türen zwischen notwendigen Treppenräumen und Kellern, Dachräumen, Lagerräumen, Gaststätten, Büros und Werkstätten	rauchdichte und selbstschließende Türen	T 30 rauchdicht, selbstschließend	T 30 rauchdicht, selbstschließend
Türen in inneren Brandwänden (Gebäudetrennwände)	T 90 selbstschließend	T 90 selbstschließend	T 90 selbstschließend

Anmerkung:
Bei freistehenden Wohngebäuden mit maximal 1 Wohnung bestehen keine Anforderungen
Der Fußboden des obersten Aufenthaltsraumes liegt
- bei Gebäuden geringer Höhe ≤ 7m über der Geländeoberfläche
- bei Gebäuden mittlerer Höhe > 7m und ≤ 22 m über der Geländeoberfläche
- bei Hochhäusern > 22 m über der Geländeoberfläche

Die Anforderungen weichen in den einzelnen Bundesländern geringfügig voneinander ab (s. auch Seite 379)

Tab. 380 – Brandschutzanforderungen nach der Landesbauordnung (auszugsweise)

Bauteile	Mindestbaustoffklasse in Gebäuden		
	Wohngebäude geringer Höhe OKF ≤ 7 m	Andere Gebäude OKF > 7 m und OKF ≤ 22 m	Hochhäuser ab 22 m
Bekleidungen (einschließlich Beschichtungen)			
Wände, allgemein	B2	B2	B1
Decken, allgemein	B2	B2	A (B1, wenn Wände auch B1)
Außenwände	B2, wenn bei unmittelbar angrenzenden Gebäuden Baustoffe der Klasse A • als 1 m breiter Streifen im Bereich der Haustrennwand, • als Verkleidung der mindestens 0,5 m vorstehenden Haustrennwand, • als Verkleidung eines mindestens 1 m breiten Versatzes der Außenwand verwendet werden.	B1 Unterkonstruktion mindestens B2, wenn der Abstand zwischen Bekleidung und Wand nicht größer als 4 cm ist und der Luftraum hinter der Bekleidung an Fenster- und Türlaibungen gegen Luftzutritt mit Baustoffen der Klasse A abgeschlossen ist. Halterungen mindestens Klasse A, gilt nicht für Dübel in tragenden Wänden aus nichtbrennbaren Baustoffen. Bekleidungen dürfen nicht brennend abfallen oder brennend abtropfen.	A bei Wänden mit Öffnungen B1 bei Wänden ohne Öffnungen Abschluss der Hohlräume von ≥ 4 cm mit Baustoffen der Klasse A

Bauteil	Anforderung	Hochhaus
Wände in Treppenräumen und notwendigen Fluren (Rettungswegen)	B2 — Beschichtungen und Folien aus Baustoffen der Klasse B sind erlaubt, wenn sie ≤ 1 mm dick sind und im Brandschachtversuch die Forderungen an Baustoffe der Klasse A2 (im Verbund geprüft) erfüllen. Anstriche z. B. auf Beton, Mauerwerk oder Putz müssen mindestens B2 sein. Baustoffe für Verschläge und Einbauten mindestens Klasse B1	A — Baustoffe für Verschläge und Einbauten mindestens Klasse A
Dämmschichten		
In Wänden	B1	A
in mehrschaligen Wandtafeln	B2, wenn mindestens eine Schale F 90 und wenn Abschluss der Hohlräume mindestens Baustoffklasse A mit einer Dicke von ≥ 60 mm. B3, wenn jede Wandtafel durch Baustoffe der Klasse A mit einer Dicke von mindestens 20 mm zusätzlich abgeschlossen ist	
in Decken aus Holz oder Metall	B1	B1
auf Decken	B3 nur unter Estrich mit einer Dicke von mindestens 20 mm	
in Wänden und Decken bei Rettungswegen	B2 in besonderen Fällen Baustoffklasse A	A
in Dächern unterhalb der Dacheindeckung	B2, wenn Gesamtkonstruktion widerstandsfähig gegen Flugfeuer und strahlende Wärme nach DIN 4102 Teil 7 und gegen allseitige Entflammung (d. h. auch am Rand) geschützt ist.	Bauteile mindestens F 30

Tab. 382 – Brandschutzanforderungen an die Baustoffklasse bei Verkleidungen und Dämmschichten nach den Richtlinien für die Verwendung brennbarer Baustoffe im Hochbau (Anforderungen in den einzelnen Bundesländern nicht einheitlich)

Bauteile	Mindestbaustoffklasse in Gebäuden		
	Wohngebäude geringer Höhe OKF ≤ 7 m	Andere Gebäude OKF > 7 m und OKF ≤ 22 m	Hochhäuser ab 22 m
Lichtdurchlässige Abschlüsse			
in Innenwänden von allgemein zugänglichen Fluren (Rettungswege)	Verglasungen zulässig, wenn mindestens Feuerwiderstandsklasse F 30. Verglasungen der Feuerwiderstandsklasse G 30 nach DIN 4102 Teil 5 sind möglich, wenn die Unterkante der Lichtöffnung mindestens 1,80 m über der Fußbodenoberkante angeordnet ist.		
in Außenwänden von Treppenräumen und allgemein zugänglichen Fluren (Rettungswegen)		A	A
in Dächern	Lichtbänder und Lichtkuppeln sind mit bestimmten Einschränkungen in bezug auf Größe und Abstände in harten Bedachungen zulässig, auch wenn sie selbst diesen Anforderungen nicht entsprechen.		
Fugen			
zwischen raumabschließenden Wänden	Baustoffe in Fugen B1		A
Randabdichtungen und -abdeckungen			
an Gebäudeaußenseiten	B2	B1	
im Gebäudeinnern	B2		

Tab. 384 – Brandschutzanforderungen an die Baustoffklasse bei lichtdurchlässigen Abschlüssen nach den Richtlinien für die Verwendung brennbarer Baustoffe im Hochbau

6.1 Bauregelliste

Nach den Landesbauordnungen dürfen Bauprodukte und Bauarten nur eingesetzt oder verwendet werden, wenn sie den Anforderungen des Gesetzes entsprechen. Die gesetzlichen Anforderungen an Bauprodukte und Bauarten sind in der Bauregelliste vorgeschrieben. Diese Bauregelliste ist per Gesetz Technische Baubestimmung und wird vom Deutschen Institut für Bautechnik im Einvernehmen mit den obersten Bauaufsichtsbehörden (Länderministerien) bekannt gemacht.

Die Landesbauordnungen unterscheiden zwischen geregelten, nicht geregelten und sonstigen *Bauprodukten*. Das Zusammenfügen von Bauprodukten zu baulichen Anlagen oder Teilen von baulichen Anlagen wird in den Landesbauordnungen als *Bauart* bezeichnet. Nach den Landesbauordnungen dürfen Bauprodukte und Bauarten nur eingesetzt oder verwendet werden, wenn sie den gesetzlichen Anforderungen entsprechen.

Die gesetzlichen Anforderungen an Bauprodukte und Bauarten sind in der Bauregelliste vorgeschrieben. Diese wird laufend durch neue Bauprodukte ergänzt, die den Technischen Vorschriften und Anforderungen entsprechen.

Man unterscheidet
- die Bauregelliste A mit den Teilen 1, 2 und 3,
- die Bauregelliste B mit den Teilen 1 und 2 und
- die Liste C.

6.1.1 Geregelte Bauprodukte

In der Bauregelliste A, Teil 1, sind die geregelten Bauprodukte enthalten. Sie haben den Technischen Regeln, d. h. den Anforderungen der deutschen und internationalen Normen (DIN, EN, ISO) zu entsprechen. Die Verwendbarkeit dieser geregelten Bauprodukte wird durch *Prüfzeugnisse* aufgrund von Prüfungen nach DIN 4102 Teil 1 nachgewiesen. Diese Prüfzeugnisse dienen als Grundlage für den vorgeschriebenen Übereinstimmungsnachweis (s. Abschnitt 5.3.4).

Eine *allgemeine bauaufsichtliche Zulassung* oder auch eine Zustimmung im Einzelfall ist als Verwendbarkeitsnachweis vom Deutschen Institut für Bautechnik einzuholen, wenn wesentliche Abweichungen von den technischen Regeln gegeben sind. Die allgemeine bauaufsichtliche Zulassung ist dann Grundlage für den Übereinstimmungsnachweis (s. Abb. 386).

6.1.2 Nicht geregelte Bauprodukte und Bauarten

Die Bauregelliste A, Teil 2, enthält nicht geregelte Bauprodukte, im Teil 3 nicht geregelte Bauarten. Als nicht geregelte Bauprodukte und Bauarten gelten hier solche,

DEUTSCHES INSTITUT FÜR BAUTECHNIK

Anstalt des öffentlichen Rechts

10829 Berlin, 4. Dezember 1997
Kolonnenstraße 30
Telefon: (0 30) 7 87 30 - 269
Telefax: (0 30) 7 87 30 - 320
GeschZ.: IV 52-1.6.16-146/97

Allgemeine bauaufsichtliche Zulassung

Zulassungsnummer: Z-6.16-1409·

Antragsteller: WESTAG & GETALIT AG
Hellweg 21
33378 Rheda-Wiedenbrück

Zulassungsgegenstand: T 90-1-Tür "WST"
(Feuerbeständige, einflügelige Holztür)

Geltungsdauer bis: 28. Februar 2003

Der obengenannte Zulassungsgegenstand wird hiermit allgemein bauaufsichtlich zugelassen. Diese allgemeine bauaufsichtliche Zulassung umfaßt sieben Seiten und zwei Anlagen.

Diese allgemeine bauaufsichtliche Zulassung ersetzt den Zulassungsbescheid Nr. Z-6.16-1409 vom 18. Februar 1993.
Der Gegenstand ist erstmals am 18. Februar 1993 allgemein bauaufsichtlich/baurechtlich zugelassen worden.

Abb. 386 – Beispiel für eine allgemeine bauaufsichtliche Zulassung (Deckblatt)

- für die es keine technischen Baubestimmungen oder allgemeine anerkannte Regeln der Technik gibt und deren Verwendung nicht der Erfüllung erheblicher Anforderungen an die Sicherheit baulicher Anlagen dient oder
- die nach allgemeinen Prüfverfahren beurteilt werden.

Für sie wird nach Prüfung ein allgemeines bauaufsichtliches Prüfzeugnis ausgestellt als Voraussetzung für einen bauaufsichtlichen Verwendbarkeitsnachweis. Dieser wiederum bildet die Grundlage für den Übereinstimmungsnachweis (s. Abschnitt 6.1.4).

6.1.3 Andere Bauprodukte

In die *Bauregelliste B* werden Bauprodukte aufgenommen, die nach dem Bauproduktengesetz bzw. nach der Bauproduktenrichtlinie der europäischen Union (EU) in den Verkehr gebracht und gehandelt werden. Sie tragen das Kennzeichen CE. Für die Verwendbarkeit dieser Bauprodukte auf baulichen Anlagen ist zusätzlich eine bauaufsichtliche Zulassung erforderlich, die den Übereinstimmungsnachweis einschließt.

Die *Liste C* enthält Bauprodukte, die für die Erfüllung bauordnungsrechtlicher Anforderungen nur untergeordnete Bedeutung haben und für die es keine anerkannten Regeln der Technik oder Technische Baubestimmungen gibt. Für sie ist kein formelles Nachweisverfahren notwendig. Der Verwendbarkeits- und Übereinstimmungsnachweis sowie das Ü-Zeichen entfällt.

6.1.4 Übereinstimmungsnachweis und Bauproduktkennzeichnung

Durch eine Produktionskontrolle bei der Herstellung eines Bauprodukts soll sichergestellt werden, dass die im Prüfzeugnis oder im allgemein bauaufsichtlichen Prüfzeugnis oder in der allgemein bauaufsichtlichen Zulassung aufgeführten Anforderungen eingehalten werden. Diese Übereinstimmung kann durch eine Eigen- oder Fremdüberwachung sichergestellt werden und ist nachzuweisen durch

- eine Übereinstimmungserklärung des Herstellers (*ÜH*) auf Grund einer werkseigenen Produktionskontrolle oder
- eine Übereinstimmungserklärung des Herstellers nach vorheriger Prüfung durch eine anerkannte Prüfstelle (*ÜHP*) oder
- ein Übereinstimmungszertifikat durch eine anerkannte Zertifizierungsstelle (*ÜZ*) auf Grund einer Fremdüberwachung.

Geregelte und nicht geregelte Bauprodukte dürfen verwendet werden, wenn ihre Verwendbarkeit in dem für sie geforderten Übereinstimmungsnachweis bestätigt ist und sie deshalb das Übereinstimmungszeichen (*Ü-Zeichen*) tragen. Die Anbringungsmöglichkeit für das Ü-Zeichen ist in der Übereinstimmungs-VO festgelegt. Es ist auf dem Bauprodukt, z. B. auf einer Gipskartonplatte, anzubringen und wenn dies nicht möglich ist, auf der Verpackung oder auf dem Lieferschein zu vermerken.

Zu bemerken ist auch, dass in die Bauregelliste nicht nur Bauprodukte und Bauarten bezüglich ihrer Verwendbarkeit im Brandschutz aufgenommen werden, sondern alle Bauprodukte und Bauarten, an die Anforderungen gestellt werden, z. B. im Beton-, Stahlbeton- und Stahlbau, im Mauerwerks-, Holz- und Metallbau. Auch Bauarten wie Fenster, Türen, Tore, Feuerungsanlagen usw. mit Anforderungen an den Schall- und Wärmeschutz, sind inbegriffen.

Bauregelliste des Deutschen Instituts für Bautechnik (DIBt)				Liste des DIBt
A/Teil 1	A/Teil 2	A/Teil 3	B	Liste C
geregelte Bauprodukte, die den technischen Regeln entsprechen	nicht geregelte Bauprodukte	nicht geregelte Bauarten	Bauprodukte, die nach dem Bauproduktengesetz in Verkehr gebracht werden (z. Zt. keine Festlegung, da europ. Normenwerk noch nicht existiert)	Bauprodukte, für die es weder technische Baubestimmungen noch allgemein anerkannte Regeln der Technik gibt. Sie haben für die Erfüllung bauordnungsrechtlicher Anforderungen eine untergeordnete Bedeutung
	Deren Verwendung dient nicht der Erfüllung erheblicher Anforderungen an die Sicherheit baulicher Anlagen. Für sie gibt es keine allgemein anerkannten Regeln der Technik. Sie werden nach allgemein anerkannten Prüfverfahren beurteilt.			
Ü-Zeichen	Ü-Zeichen		CE-Zeichen	

ÜH	ÜHP	ÜZ
Hersteller-Erklärung, dass das Produkt mit den angegebenen technischen Regeln übereinstimmt	Hersteller-Erklärung, dass das Produkt mit den angegebenen technischen Regeln übereinstimmt, nach vorheriger Prüfung des Produkts durch eine anerkannte Prüfstelle	Die Übereinstimmung des Produkts mit den technischen Regeln muss durch eine anerkannte Zertifizierungsstelle bestätigt werden
Eigenüberwachung ohne Erstprüfung	Eigenüberwachung mit Erstprüfung	Eigen- und Fremdüberwachung

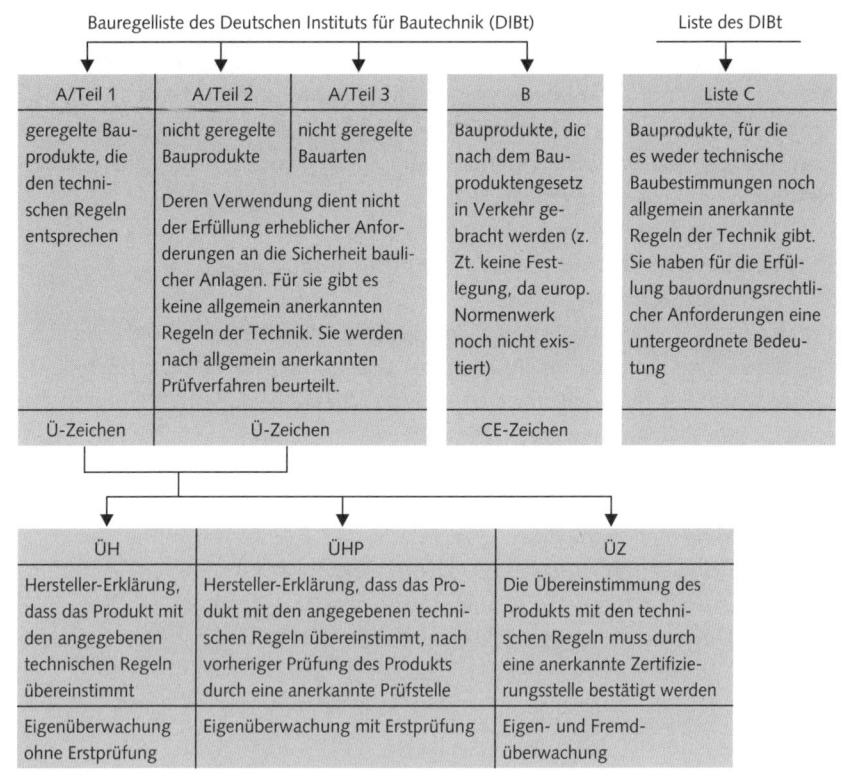

Abb. 388 – Übersicht über die bauaufsichtlichen Anforderungen nach der Musterbauordnung

Übereinstimmungszeichen

Merkmale, die entsprechend dem Bauprodukt anzugeben sind.

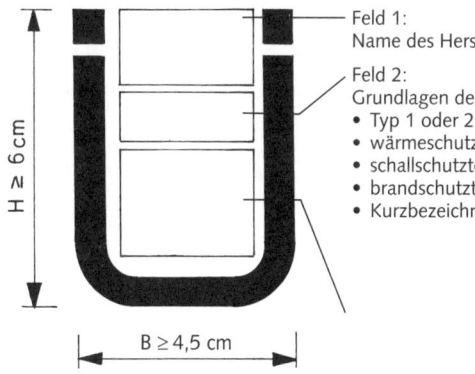

Feld 1:
Name des Herstellers

Feld 2:
Grundlagen der Übereinstimmungsnachweise:
- Typ 1 oder 2
- wärmeschutztechn. Anforder.: U-, g- oder a-Werte
- schallschutztechn. Anforder.: R_w-Werte
- brandschutztechn. Anforder.: z. B. Baustoffklassen oder
- Kurzbezeichnung der technischen Regeln oder
  - Bauaufsichtliche Zulassung »Z« mit Nummer oder
  - Bauaufsichtliches Prüfzeugnis »P« mit Nummer oder
  - Zustimmung im Einzelfall und Behörde

$H \geq 6\,cm$

$B \geq 4,5\,cm$

Grundaussagen des Ü-Zeichens

Grundaussage 1	
Das mit dem Ü-Zeichen gekennzeichnete Bauprodukt stimmt überein • mit einer technischen Regel, die in der Bauregelliste für das Bauprodukt genannt ist (Bauprodukte der Bauregelliste A Teil 1)	Normalfall bei Fenstern, Türen, Rollladenkästen
oder • mit einem allgemeinen bauaufsichtlichen Prüfzeugnis, das in bestimmten Fällen als Verwendungsnachweis gefordert wird (Bauprodukte mit wesentlichen Abweichungen von technischen Regeln oder gemäß Bauregelliste A Teil 2)	Sonderfall
oder • mit einer allgemeinen bauaufsichtlichen Zulassung, die dann gefordert wird, wenn es sich um ein nicht geregeltes oder von technischen Regeln wesentlich abweichendes Produkt handelt, das bedeutsame Anforderungen für die Sicherheit der baulichen Anlage zu erfüllen hat.	Sonderfall
oder • mit einer Zustimmung im Einzelfall, die dann für ein Produkt beantragt und erteilt werden kann, wenn die vorgenannten Möglichkeiten ausscheiden und die Verwendbarkeit für einen einzelnen Anwendungsfall nachgewiesen ist.	Sonderfall

Die Grundlage des Übereinstimmungsnachweises ist jeweils in Feld 2 anzugeben.

Grundaussage 2

Das Ü-Zeichen ist im wesentlichen auf bauaufsichtliche relevante Merkmale beschränkt und kann deshalb nicht die Festlegung und gegebenenfalls zu erbringenden Nachweise für weitere gewünschte oder erforderliche Eigenschaften ersetzen.

Grundaussage 3

Das Ü-Zeichen ist eine Erklärung, die bei ÜZ-Produkten noch durch ein Zertifikat zu hinterlegen ist, dass das Produkt für die bauliche Anlage verwendet werden kann.

Beispiele aus der Bauregelliste A, Teil 1

lfd. Nr.	Bauprodukt	Technische Regeln	Übereinstimmungsnachweis	Verwendbarkeitsnachweis bei wesentl. Abweichung von den technischen Regeln
1	2	3	4	5
6.1	Feuerschutzabschlüsse; Stahltüren T 30–1; Bauart A	DIN 18 082 Teil 1 (12.91)	ÜZ	Z
6.2	Feuerschutzabschlüsse; Stahltüren T 30–1; Bauart B	DIN 18 082 Teil 3 (01.84)	ÜZ	Z
6.7	Rauchschutztüren	DIN 18 095 Teil 1 (10.88)	ÜHP	P
6.20	Türen und Tore, an die Anforderungen hinsichtlich Wärme- oder Schallschutz gestellt werden, ausgenommen Feuerschutzabschlüsse • Typ 1 • Typ 2	Richtlinie über Türen und Tore (1996–01) (Anlage 6.3)	ÜH ÜHP	P
8.3	Nichttragende Rollladenkästen • Typ 1 • Typ 2	Richtlinie über Rollladenkästen (1996–01) (Anlage 8.2)	PH ÜHP	P
8.5	Fenster und Fenstertüren, an die Anforderungen hinsichtlich Wärme- oder Schallschutz gestellt werden, ausgenommen Feuerschutzabschlüsse • Typ 1 • Typ 2	Richtlinie über Fenster und Fenstertüren (1996–01) Anlage 8.4	ÜH ÜHP	P

lfd. Nr.	Bauprodukt	Technische Regeln	Übereinstimmungsnachweis	Verwendbarkeitsnachweis bei wesentl. Abweichung von den technischen Regeln
1	2	3	4	5
8.7	Rahmen für Fenster und Fenstertüren, ausgenommen Rahmen für Feuerschutzabschlüsse • Typ 1 • Typ 2	Richtlinie über Rahmen für Fenster und Fenstertüren (1996–01) Anlage 8.5	ÜH ÜHP	P
11.4	Einscheiben-Sicherheitsglas	DIN 1249–12: 1990–09. Zusätzlich gilt für hinterlüftete Außenwandbekleidungen DIN 18 516–4: 1990–02	ÜHP gilt auch für Nichtserienfertigung	Z
11.5	Luftgefülltes Mehrscheiben-Isolierglas ohne Beschichtung	DIN 1286–1: 1994–03 ohne Fußnote 2. Je nach Verwendungszweck gilt: DIN 4108–4: 1991–11 und Beiblatt 1 zu DIN 4109: 1989–11	ÜH	P

ÜH – Übereinstimmungserklärung des Herstellers
ÜHP – Übereinstimmungserklärung des Herstellers nach vorheriger Prüfung des Bauprodukts durch eine anerkannte Prüfstelle
ÜZ – Übereinstimmungszertifikat durch eine anerkannte Zertifizierungsstelle
Z   – Allgemeine bauaufsichtliche Zulassung
P   – Allgemeines bauaufsichtliches Prüfzeugnis

Bescheinigung über die Ausführung

(Werksbescheinigung "2.1")

- Name und Anschrift des Unternehmens, das den Zulassungsgegenstand fertiggestellt hat.
- Baustelle: ....
- Datum der Herstellung: ....
- von der zuständigen Bauaufsichtsbehörde geforderte Feuerwiderstandsklasse des Bauteils/der Bauteile: ....

Hiermit wird bestätigt, daß die Brandschutzverglasung(en) der Feuerwiderstandsklasse ... hinsichtlich aller Komponenten fachgerecht und unter Einhaltung aller Bestimmungen des Zulassungsbescheids Nr. Z-...... des Deutschen Instituts für Bautechnik vom .... (und ggf. der Bestimmungen der Änderungs- und Ergänzungsbescheide vom ....) hergestellt und eingebaut wurde(n).

Für die nicht vom Unterzeichner selbst hergestellten und/oder eingebauten Komponenten (z.B. Rahmen, Scheiben) wird dies hiermit gleichfalls bestätigt aufgrund
- der ggf. vorhandenen Kennzeichnung der Komponenten entsprechend den Bestimmungen des Zulassungsbescheids[*],
- eigener Kontrollen an den Komponenten[*],
- entsprechender schriftlicher Bestätigungen der Hersteller jener Komponenten, die der Unterzeichner zu seinen Akten genommen hat.[*]

Der Unterzeichner bestätigt, daß er an einer Schulung des Antragstellers über die Bestimmungen der Zulassung und die Herstellung des Zulassungsgegenstandes teilgenommen hat.

---

[*] Nichtzutreffendes streichen

....
   (Ort, Datum)   (Firma/Unterschrift)

(Diese Bescheinigung ist dem Bauherrn zur Weitergabe an die zuständige Bauaufsichtsbehörde auszuhändigen.)

Anlage 4	zum Zulassungsbescheid
Nr. Z-19.14-284	vom 21.10.1993
Brandschutzverglasung "PYRAN-Stahl-System 284" der Feuerwiderstandsklasse G 90 nach DIN 4102 - Werksbescheinigung "2.1" (Muster) -	Deutsches Institut für Bautechnik 14

Abb. 392 – Beispiel für eine Werksbescheinigung

Übereinstimmungsbestätigung

- Name und Anschrift des Unternehmens, das die **Brandschutzverglasung(en)** (Zulassungsgegenstand) hergestellt hat
- Baustelle bzw. Gebäude: ....
- Datum der Herstellung: ....
- Geforderte Feuerwiderstandsklasse der **Brandschutzverglasung(en)**: .....

Hiermit wird bestätigt, daß

die **Brandschutzverglasung(en)** der Feuerwiderstandsklasse ..... hinsichtlich aller Einzelheiten fachgerecht und unter Einhaltung aller Bestimmungen der allgemeinen bauaufsichtlichen Zulassung Nr.: Z-19.14-.... des Deutschen Instituts für Bautechnik vom .... (und ggf. der Bestimmungen der Änderungs- und Ergänzungsbescheide vom ....) hergestellt und eingebaut wurde(n) und

- die für die Herstellung des Zulassungsgegenstands verwendeten Bauprodukte (z.B. Rahmen, Scheiben) entsprechend den Bestimmungen des jeweiligen Verwendbarkeitsnachweises (Norm, allgemeine bauaufsichtliche Zulassung oder allgemeines bauaufsichtliches Prüfzeugnis) gekennzeichnet waren.

....
(Ort, Datum)   (Firma/Unterschrift)

(Diese Bescheinigung ist dem Bauherrn zur ggf. erforderlichen Weitergabe an die zuständige Bauaufsichtsbehörde auszuhändigen.)

Brandschutzverglasung "PYRANOVA System 1" der Feuerwiderstandsklasse F 30 nach DIN 4102-13 - Übereinstimmungsbestätigung -	Anlage 5 zur Zulassung Nr. Z-19.14-1120 vom 16.12.1996

Abb. 393 – Beispiel für eine Übereinstimmungsbestätigung

7 Vorbeugender Brandschutz durch Baumaßnahmen

Die Entstehung und Ausbreitung eines Brandes in einem Gebäude kann durch Verwendung von brandschutztechnisch geeigneten Baustoffen und feuerwiderstandsfähigen Bauteilen weitgehend eingeschränkt oder verhindert werden.
Die Eignung eines Baustoffes wird dabei durch die entsprechende Baustoffklasse, die eines Bauteils durch die Feuerwiderstandsklasse ausgedrückt. Der Nachweis der Eignung kann entweder durch ein Prüfzeugnis, durch einen Übereinstimmungsnachweis mit Ü-Zeichen oder durch die Klassifizierung in der DIN 4102 Teil 4 geführt werden.

7.1 Baustoffe für den Brandschutz

Für den vorbeugenden Brandschutz kommen vor allem nichtbrennbare Baustoffe der Baustoffklassen A1 und A2 und schwerentflammbare Baustoffe der Baustoffklasse B1 in Frage. Nachstehend sind einige wichtige Baustoffe dieser Klassen beschrieben.

7.1.1 Plattenwerkstoffe

Plattenwerkstoffe werden im Innenausbau zur Herstellung leichter Trennwände, als Verkleidungen für Wände, Decken, Pfeiler, Unterzüge und Dächer sowie für Fußböden und Türen verwendet. In den Tabellen 396 und 398 sind einige dieser Baustoffe beschrieben*.

7.1.2 Dämmstoffe

Dämmstoffe werden in und an Bauteilen insbesondere für den Wärmeschutz, für den Schallschutz und für den Brandschutz eingesetzt. Als Dämmstoffe für das Bauwesen werden vorwiegend Faserdämmstoffe (DIN 18165), Schaumkunststoffe (DIN 18164) und Holzwolle-Leichtbauplatten (DIN 1101 und DIN 1104) verwendet.
Mineralfaserdämmstoffe aus Glasfasern, Gesteinsfasern oder Schlackenfasern sind heute ausnahmslos nichtbrennbar. Selbst kaschierte Produkte, die bislang

---

* Weitere Baustoffe der Klassen A1, A2 und B1 sind im Verzeichnis der Zulassungen von nichtbrennbare und schwerentflammbare Baustoffe und Textilien, Feuerschutzmittel für Baustoffe und Textilien enthalten (E. Schmidt-Verlag Berlin).

noch leichtentflammbar waren, gibt es in schwerentflammbarer oder nichtbrennbarer Ausführung.

Sie sind laut Schadstoffverordnung umweltverträglich und gesundheitlich unbedenklich, wenn sie dem KI-Faktor 40 entsprechen. Sie sind auf Grund ihrer chemischen Zusammensetzung ausreichend biolöslich und damit frei von Krebsverdacht.

Mineralfaserdämmstoffe stehen als Platten, Filze oder Matten in Verbindung mit Pappe, Papier, Kunststoff- oder Metallfolien, Drahtgeflecht und ähnlichen Umhüllungen oder Beschichtungen sowie als profilierte Erzeugnisse (z. B. Halbschalen zur Isolierung von Rohren) zur Verfügung.

Pflanzliche Faserdämmstoffe sind naturgemäß leichtentflammbar, kommen jedoch auch als schwerentflammbare Dämmstoffe vor.

Schaumkunststoffe als Dämmstoffe für das Bauwesen sind als organische Stoffe brennbar. Häufig sind sie leichtentflammbar, sie werden jedoch auch in normalentflammbarer und schwerentflammbarer Qualität hergestellt. Schwerentflammbare Schaumkunststoffe sind mit einem 25 mm breiten roten Farbstreifen an den Stirnseiten der Platten und mit den Kennbuchstaben SE hinter der Typenbezeichnung gekennzeichnet.

Verwendet werden Dämmstoffe aus Polystyrol-Hartschaum, Polyurethan-Hartschaum und Phenolharz-Hartschaum, und zwar vorwiegend geschlossenzellige Hartschäume in Form von Platten oder Bahnen, die unbeschichtet oder mit Papieren, Pappen, Kunststoff- oder Metallfolien beschichtet sein können. Die Hartschaumplatten können auch in ihren äußeren Zonen gegenüber dem Kern verdichtet und an den Kanten profiliert sein. Auch hier gibt es geformte Erzeugnisse für verschiedene Anwendungsgebiete.

Holzwolle-Leichtbauplatten sind Platten aus Holzwolle mit Zement oder Magnesit als Bindemittel. Sie sind in der DIN 4102 Teil 4 als schwerentflammbarer Baustoff der Klasse B1 klassifiziert. Holzwolle-Leichtbauplatten können in verputztem oder unverputztem Zustand als Bekleidung oder Ummantelung von Bauteilen sowohl dem Brandschutz als auch dem Wärme- und Schallschutz dienen.

Die Dämmstoffe unterliegen wie alle anderen Baustoffe der Kennzeichnungspflicht. Die Kennzeichnung muss auf den Dämmstoffen oder auf der Verpackung angebracht und bei der Verwendung des Baustoffs auf der Baustelle sichtbar sein (s. Seite 388).

Die Dämmstoffe für das Bauwesen müssen jedoch nicht nur nach der DIN 4102 klassifiziert bzw. nach Prüfung zugelassen sein, sondern sie müssen auch die Anforderungen der jeweiligen Stoffnormen erfüllen. Die Stoffnormen sind wie die

Baustoff	Fabrikat (Beispiele)	Aufbau, Zusammensetzung	Verarbeitung, Bearbeitung	Eigenschaften
A1-Baustoffe				
Faserzement-platten	Fulgurit Isoternit	Kunststofffasern und Spezial-zement mit Calzium-Silikat-Anteil	maschinell mit hartmetall-bestückten Werkzeugen, Staubabsaugung erforderlich	biegefest, wetterbeständig, luftfeuchtigkeitsregulierend, alterungsbeständig
	Glasal	gepreßte, dampfgehärtete Faserzementtafel mit hoch-wertiger Farbbeschichtung		hart, kratzfest, antibakteriell
Fibersilikat-platten	Promatekt Typ H	Fibersilikat und Spezialzement, asbestfrei	maschinell mit hartmetall-bestückten Werkzeugen, Staubabsaugung erforderlich	faulen und schimmeln nicht, wärmedämmend, alkalisch, Oberfläche kann gestrichen, beschichtet, furniert, tapeziert werden. Platten können genagelt, ge-klammert oder geschraubt werden.
	Promatekt Typ L	Fibersilikat mit Mineralfaser-armierung und Bindemitteln, asbestfrei	mit üblichen Holz-bearbeitungswerkzeugen, nicht gesundheitsschädlich, Staubabsaugung empfohlen	
Blähglimmer-platten	Thermax-Brand-schutzplatte Vermipan A1	aus Blähglimmer (Vermiculite) und Bindemittel	wie Holzspanplatten, mit üblichen Holzbearbeitungs-werkzeugen	unempfindlich gegen Luft-feuchtigkeit, fäulnissicher, asbest- und zementfrei, geringere Festigkeit als Holz-spanplatte, chemisch neutral
Gipsplatten, ummantelt	Fireboardplatte	Gipskern mit Glasvlies ummantelt	wie GKF, Fläche wird mit Spachtelmasse überzogen	hohe Plattenstabilität

Mineralfaserplatten	Isover Rockwool Basalan Promalan	Mineralfasern und nichtbrennbare Bindemittel	als Matten, Filze und Platten	wärmedämmend schallschluckend
A2-Baustoffe				
Gipskartonplatten (GKB-Platten, GKF-Platten)	Perlgips Rigips Gyproc Knauf	Gipskern mit schwerentflammbarem Karton ummantelt, F-Platten haben einen mit Glasseide verfestigten Gipskern	Befestigung mit Schrauben oder Nägeln auf Unterkonstruktion oder mit Spezialgips direkt auf der gemauerten Wand, mit üblichen Werkzeugen zu sägen und zu bohren	luftfeuchtigkeitsausgleichend, atmungsaktiv, wasserdampfdurchlässig, schalldämmend
Gipsfaserplatten	Fermacell GF-Industrieplatte	Gipsplatten mit Zellulosearmierung		
Mineralfasererzeugnisse A2	Isover Rockwool Novolan Odenwald-MF-Platte	kunstharzgebundene Mineralfasern	als Matten, Dämmfilze, Dämmstoffplatten, Trittschalldämmplatten, Schallschluckplatten, Dämm-Schalen	wärmedämmend, schalldämmend, schallschluckend
Verbundelemente	Promatherm-MF-Verbundplatte	9,5 mm Gipskarton-Bauplatte im Verbund mit 35 mm (40,50 mm) dicker Mineralfaserplatte	Befestigung auf Holzunterkonstruktion oder mit Gipsmörtel direkt auf dem Mauerwerk	schall- und wärmedämmend
	Resopal-Exzellent-A-Verbundbaustoff	Kunststoff-Schichtplatte Resopal F auf mineralischer Trägerplatte	mit Hartmetallwerkzeugen	dicht, porenfrei, abriebfest widerstandsfähig gegen schwache Säuren und Laugen
Dämmplatten	Fesco 444	aus Perlit	mit Messer, Säge	druckfest, diffusionsfähig, nicht kapillar

Tab. 396 – Plattenbaustoffe der Baustoffklassen A1 und A2

Baustoff	Fabrikat	Aufbau, Zusammensetzung	Verarbeitung, Bearbeitung	Eigenschaften
B1-Baustoffe				
kunstbarz-gebundene Holzspan-platten	Widoplan Widotex B1 Pyroex Novatex Kucoflox	Spanplatten mit Beigabe von Feuerschutzmitteln: unbeschichtet, im Verbund mit Schichtpressstoffplatten, im Verbund mit Furnier und farbloser Lackierung, kunststoffbeschichtet	mit üblichen Holz-bearbeitungswerkzeugen	verminderte Durchbrand-geschwindigkeit, für die Ver-leimung können nicht alle handelsüblichen Leime und Kleber verwendet werden
zement-gebundene Holzspan-platten	Fulgurit-Isopanel BER-Brandschutzplatte Duripanel	Spanplatten mit Spezialzement gebunden	mit hartmetallbestückten Werkzeugen, Staubabsaugung erforderlich	feuchtigkeitsbeständig, unverrottbar, pilz- und termitenresistent
Spanholz-Formteile	Werzalit B1	Holzspäne mit Bindemittel und Feuerschutzmittel zu Formtei-len gepresst und melaminharz-beschichtet	mit üblichen Holz-bearbeitungswerkzeugen	feuchtigkeitsbeständig, säure- und laugenbeständig (außer konzentrierte Säuren)

Tab. 398 – Plattenbaustoffe der Baustoffklasse B1

DIN 4102 von den Bauaufsichtsbehörden bauaufsichtlich eingeführt worden. Dämmstoffe, für die es keine Stoffnorm gibt, dürfen nur dann im Bauwesen verwendet werden, wenn sie eine Zulassung haben.

7.1.3 Beschichtungsmaterialien für Oberflächen von Bauteilen

Bei Innenausbauten in Gebäuden mit starkem Publikumsverkehr, wie Verwaltungsgebäuden, Schulen, Hotels, Gaststätten, wird aus brandschutztechnischen Gründen in verstärktem Maße eine Schwerentflammbarkeit der Bauteiloberflächen gefordert. Diese Schwerentflammbarkeit kann sich jedoch nicht allein auf das Beschichtungsmaterial beziehen, sondern muss für den gesamten Verbundbaustoff, also für Trägermaterial einschließlich Beschichtung, gelten.

Heute gibt es Verbundbaustoffe mit allgemeiner bauaufsichtlicher Zulassung, die mit Holzfurnier, mit Farben und Lacken, mit Glasfasergeweben in rustikaler Leinenstruktur, mit harzgetränkten Papieren sowie mit dekorativen Schichtpressstoffplatten und Kunststoff-Folien beschichtet sind.

Bei Beschichtungen bis 0,5 mm Dicke, bei Anstrichen und Tapeten auf Mauerwerk, Beton oder mineralischen Putzen ist ein Nachweis nicht erforderlich. Sie beeinträchtigen die Klassifizierung des Untergrunds nicht.

7.1.3.1 Lacke

Man unterscheidet bei den Lacken zum Schutz der Trägermaterialien Holz, Stahl o.ä. sogenannte Flammschutz- bzw. feuerhemmende Lacke und schwerentflammbare Lackierungen.

Die Flammschutzlacke sind Lacke auf Kunstharz-Dispersionsbasis, die im Brandfall bei Einwirkung von starker Hitze aufschäumen und auf dem Trägermaterial eine Wärmedämmschicht bilden. Diese verleiht dem Trägermaterial als gesamtem Bauteil Schwerentflammbarkeitseigenschaften.

Bei der Verarbeitung wird der Untergrund zuerst mit einer Dämmschutzgrundierung vorbehandelt. Nach etwa 24 Stunden wird das transparente oder pigmentierte Feuerschutzmittel mit etwa 300–450 g/m^2 in ein bis zwei Arbeitsgängen durch Streichen oder Spritzen aufgebracht. Zum Schutz des Feuerschutzmittels gegen zu hohe relative Luftfeuchtigkeit (über 70 %) und gegen mechanische Beschädigung ist ein Nachanstrich mit einem Dämmschutzlack erforderlich. Da die Flammschutzlacke nicht wetter- und feuchtigkeitsbeständig sind, dürfen sie nur in geschlossenen Räumen angewendet werden. Mit Prüfzeichen ausgestattete Produkte, die geeignet sind, Vollholz (ab 12 mm Dicke) und Holzwerkstoffe schwerentflammbar (Klasse B1) nach DIN 4102 zu machen, sind im Verzeichnis der Prüfzeichen für Feuerschutzmittel (s. Fußnote Seite 394) zu finden.

Mit Lack behandelte Oberflächen haben nicht nur die Aufgabe, die Bauteile gegen chemische und mechanische Einwirkungen zu schützen, sondern den Bauteilen auch ein ansprechendes Aussehen zu geben. Vor allem im Innenausbau mit Holz kommt es auf den richtigen Mattgrad, auf die Farbgebung sowie auf die Hervorhebung der Holzstruktur an. Da die Flammschutzlacke jedoch in hoher Schichtdicke aufgetragen werden müssen, verschleiern sie häufig die natürliche Struktur des Holzes und werden damit den ästhetischen Vorstellungen von einer Holzlackierung nicht immer gerecht. Aus diesem Grund werden von der Lackindustrie Lacke für schwerentflammbare Lackierungen angeboten.

Die Schwerentflammbarkeit der Lackierungen wird jedoch aufgrund unterschiedlicher Prüfverfahren nicht einheitlich nachgewiesen. Die für den Innenausbau am häufigsten zugrunde gelegten Richtlinien zur Prüfung der Schwerentflammbarkeit von Lackoberflächen sind:

a) Die Prüfungsrichtlinie der Deutschen Bundesbahn, beschrieben in der,»Verordnung, technische Lieferbedingungen« –
VTL 7100/001/2 Ziffer 2,7.
Bei dieser Prüfung wird mit Hilfe eines Brennrohres die lackierte Oberfläche 10 bis 15 Sekunden beflammt, wobei die Schwerentflammbarkeit gegeben ist, wenn die Brandstelle bei drei Prüfungen im Durchschnitt nicht länger als 20 mm ist. Ein Nachbrennen darf nicht eintreten. Dieser Richtlinie kann in der Regel mit entsprechend eingestellten DD-Lacken, SH-Lacken und Polyesterlacken entsprochen werden.

b) Prüfungsrichtlinien der Bundeswehr (VTL A-053/1 IIA) und laut Internationalem Übereinkommen zum Schutz des menschlichen Lebens auf See (1974). Auch sie stellen ähnliche Anforderungen.

c) Schwerentflammbarkeitsprüfung gemäß DIN 4102 – Brandverhalten von Baustoffen und Bauteilen.
Für den Nachweis der Schwerentflammbarkeit ist eine Prüfung im Brandschacht erforderlich, wobei der Lack auf der Trägerplatte aufgetragen sein muss und 10 Minuten beflammt wird. Danach erfolgt die Beurteilung des Brandverhaltens. Auch hier gibt es schon eine Reihe von Lackierungen auf dem Markt, für die ein Ü-Zeichen erteilt wurde.

Bei den Prüfungen ist es üblich, als Trägerplatte eine schwerentflammbare furnierte Spanplatte zu verwenden, für die bereits eine allgemeine bauaufsichtliche Zulassung vom Institut für Bautechnik, Berlin, erteilt wurde.

Schwerentflammbare Lacke können durchaus einen Beitrag zur Brandsicherung leisten. Jedoch sollte bei einer Forderung nach Schwerentflammbarkeit immer Klarheit und Einigkeit darüber bestehen, welche Schwerentflammbarkeits-Norm oder -Richtlinie Anwendung finden soll.

7.1.3.2 Dekorative Schichtpressstoffplatten und Kunststofffolien

Dekorative Schichtpressstoffplatten werden zur Vergütung von Oberflächen bei Möbeln und im Innenausbau verwendet. Sie sind bekannt unter der Bezeichnung »Resopal, Ultrapas, Perstop, Duropal, Formica, Getalit« usw.

Dekorative Schichtpressstoffplatten in normaler Ausführung auf beliebigen Trägerstoffen sowie kunststoffbeschichtete dekorative Holzfaserplatten mit Dicken von mindestens 3 mm und kunststoffbeschichtete dekorative Flachpressplatten mit Dicken von mindestens 4 mm sind bezüglich ihres Brandverhaltens nach DIN 4102 der Baustoffklasse B2 (normalentflammbar) zugeordnet. Dasselbe gilt auch für genormte Holzwerkstoffe mit einer Dicke von mehr als 2 mm, die vollflächig durch eine nichtthermoplastische Verbindung mit dekorativen Schichtpressstoffplatten (oder mit Holzfurnier) beschichtet sind.

Werden schwerentflammbare Baustoffe vorgeschrieben, so sind dafür Schichtpressstoffplatten mit der Bezeichnung F im Verbund mit nichtbrennbarem Trägermaterial oder mit schwerentflammbaren Spanplatten zugelassen. Verschiedene Spanplattenhersteller bieten ihre schwerentflammbaren Spanplatten schon mit Schichtpressstoffplatten beschichtet als Verbundbaustoff mit bauaufsichtlicher Zulassung an.

Bei einer Verleimung von Schichtpressstoffplatten mit anorganischem Trägermaterial ist zu beachten, dass wegen der unterschiedlichen Spannungen beide Plattenarten vor dem Verleimen einen Feuchtigkeitsgehalt von maximal 6–8 % aufweisen dürfen. Da die Trägermaterialien unterschiedliche Bestandteile haben (z. B. saure oder basische Inhaltsstoffe), ist auf die Auswahl des Klebstoffs besonderer Wert zu legen. Faserzementplatten und Fibersilikatplatten müssen mit Verfestiger vorbehandelt sein. Die Abbindezeiten sind zu beachten. Eine Verleimung bei Raumtemperatur ist vorzuziehen. Keinesfalls sollte die Presstemperatur über 60 °C liegen. Zur Erzielung planer Elemente ist auf symmetrischen Aufbau in bezug auf Plattendicke, Laufrichtung der Platten und Leimauftrag zu achten.

Werden Bauteile mit Kunststofffolien beschichtet, so handelt es sich meist um PVC-Folien. Dabei ist zu unterscheiden zwischen PVC-Hartfolien für die Flächen- und Kantenbeschichtung von Möbelbauteilen und PVC-Weichbelägen für die Flächenbeschichtung von Böden, Wänden und Türen.

PVC-Hartfolien zur Kaschierung von Spanplatten (z. B. für Einzelmöbel) werden meist nicht so verarbeitet, dass sie als Bestandteil von Gebäuden anzusehen sind. Deshalb unterliegen sie auch nicht den Anforderungen nach DIN 4102 als Verbundwerkstoff. Nach Angaben der Herstellerfirmen könnten jedoch die meisten PVC-Hartfolien als schwerentflammbare Baustoffe (Klasse B1) nach DIN 4102 angesehen werden.

Boden- und Wandbeläge aus PVC-weich erfüllen in der Regel die Anforderungen der Baustoffklasse B2 (normalentflammbar). Nach den »Richtlinien für die Verwendung brennbarer Baustoffe im Hochbau« werden an Fußbodenbeläge – ausgenommen Fluchtwegbereiche – keine Anforderungen gestellt. Für bauliche Anlagen besonderer Art und Nutzung kann die örtliche Bauaufsichtsbehörde von Fall zu Fall für solche Beläge den Nachweis der Schwerentflammbarkeit (Klasse B1) verlangen. PVC-Beläge dieser Art mit Prüfzeugnis stehen zur Verfügung.

Die bisherigen Erfahrungen über das Verhalten von Bodenbelägen im Brandfall haben gezeigt, dass Bodenbeläge erst dann in das Brandgeschehen einbezogen werden, wenn der Zustand des Vollbrandes erreicht ist. Das erklärt sich aus der Anordnung der Bodenbeläge. Diese können nur an der Oberfläche beflammt werden. An dieser Stelle wird aber die vom Brand angesaugte kühle Luft entlanggeführt, was zur Kühlung der Beläge beiträgt. Außerdem wird ein Teil der Wärme in den Untergrund abgeleitet und behindert damit eine Temperaturerhöhung. Aus diesen Gründen bleibt die Temperatur an der Oberfläche des Bodenbelags bis zum flash over verhältnismäßig niedrig. Erst wenn der gesamte Raum brennt, steigt die Temperatur auch am Fußboden an, und der Bodenbelag kann sich entzünden. Aus den gleichen Gründen erfolgt die Ausbreitung von Entstehungsbränden bei Bodenbelägen mit geschlossener Oberfläche praktisch nicht über den Fußboden, sondern über andere brennbare Gegenstände. Andere Kriterien gelten jedoch bei großflächig verlegten textilen Bodenbelägen.

Nachteilig bei der thermischen Zersetzung von PVC im Brandfall ist wie bei vielen anderen Baustoffen die Entwicklung toxischer Gase, vor allem des geruchlosen Kohlenmonoxids und des stechend riechenden Chlorwasserstoffs. Der hohe CO-Anteil bei der Pyrolyse aller organischen Stoffe ist für den Menschen immer noch die gefährlichste toxische Komponente. Durch den freiwerdenden Chlorwasserstoff entstehen vor allem in Fabrikations- und Lagerräumen Schäden an Maschinen und Metallwerkstoffen dadurch, dass sich in Verbindung mit dem Löschwasser Salzsäure bildet.

7.1.4 Klebstoffe

Klebstoffe sind in der Regel Teil eines Verbundbaustoffes und beeinflussen auch dessen Verhalten im Brandfall. Sie können jedoch bezüglich ihres eigenen Brandverhaltens nicht allein betrachtet werden und auch kein Prüfzeugnis über ihre Entflammbarkeit erhalten. Gelegentlich wurden schon Forderungen nach einer selbstverlöschenden Klebfuge gestellt. Klebstoffe sollten eine möglichst große Hitzebeständigkeit aufweisen und ein Ablösen oder Abschälen der Deckschichten im Brandfall verhindern.

Die Auswahl der Leime und Kleber hängt vorwiegend von der Art des Trägermaterials und der Art der Deckschichten ab. Als Trägermaterial für nichtbrennbare oder schwerentflammbare Verbundbaustoffe werden häufig anorganische Plattenmaterialien oder schwerentflammbare Holzspanplatten verwendet. Diese Platten enthalten meist Stoffe mit unterschiedlichem PH-Wert. So reagieren z. B. zementgebundene Holzspanplatten, Faserzementplatten oder Fibersilikatplatten alkalisch, während die kunstharzgebundenen Spanplatten und die Blähglimmerplatten säurehaltig sind. Außerdem sind in den schwerentflammbaren Spanplatten häufig Borverbindungen zur Erzielung der Schwerentflammbarkeit enthalten. Diese Inhaltsstoffe bewirken, dass bei vielen üblichen Klebstoffen (z. B. PVAC-Leime und Folienkleber) das Abbindeverhalten so verändert wird, dass keine haltbare Verleimung oder Verklebung mehr zustande kommt.

Deshalb wurden von den Leimherstellern für die einzelnen Baustoffarten besondere Klebstoffe entwickelt. Dazu gehören speziell eingestellte Dispersionsklebstoffe auf PVAC-Basis, Phenol-Resorzinharzleime, Harnstoffharzleime, Epoxidharzkleber und Polyurethankleber. Einzelheiten über die Anwendbarkeit der genannten Klebstoffe für einzelne Plattentypen sollten von den Herstellerfirmen erfragt werden. Außerdem empfiehlt es sich, in jedem Fall eine Probeverleimung oder Probeverklebung durchzuführen.

7.1.5 Dichtstoffe

Durch feuerhemmende und feuerbeständige Decken führen häufig Rohre, Kabelkanäle, Heizungskanäle oder Kanäle für Lüftungs- und Klimaanlagen hindurch, durch die Feuer und Rauch in angrenzende Brandabschnitte eindringen können. Um dies zu verhindern, wurden Dichtstoffe als Bänder auf Keramikfaserbasis und Dichtungsmassen, häufig auf Siliconbasis, entwickelt, die bei Einwirkung von Hitze aufschäumen, alle Hohlräume und Risse ausfüllen und somit den Rauch- und Feuerdurchtritt verhindern.

Außerdem gibt es elastische, schwerentflammbare Dichtstoffe, ebenfalls auf Siliconbasis, für Brandschutzverglasungen, für feuerhemmende Türen und für Anschlussfugen bei Wänden und Decken.

7.2 Brandschutz für Bauteile

Das Brandverhalten von Bauteilen wird vorwiegend durch ihre Feuerwiderstandsdauer bestimmt. Die Feuerwiderstandsdauer eines Bauteils hängt im wesentlichen von folgenden Einflüssen ab:
- verwendeter Baustoff oder Verbundbaustoff,

- Bauteilabmessungen, Schlankheit des Bauteils,
- Konstruktionsart (Anschlüsse, Auflager, Halterungen, Befestigungen, Fugen, Verbindungsmittel usw.),
- Höhe der Spannungen bzw. der Kräfte, mit denen das Bauteil belastet wird und vom statischen System,
- Anordnung von Bekleidungen oder Ummantelungen.

Unter Bekleidungen versteht man die an der Oberfläche von Bauteilen (z. B. Rohdecke) befestigten Baustoffe, die diese Bauteile ganz oder teilweise bedecken, wie Unterdecken, Platten, Beläge auf Wänden mit oder ohne Unterkonstruktion, Auch Putze sowie freiliegende Dämmschichten, die die Bauteiloberfläche bilden, gelten als Bekleidung. Beschichtungen bis zu 0,5 mm Dicke, Anstriche und Tapeten sind keine Bekleidungen.

Wegen der Vielfalt der Möglichkeiten in Bezug auf Materialauswahl, Konstruktion und Verwendung ist die Feuerwiderstandsklasse eines jeden Bauteils einschließlich Bekleidung durch ein Prüfzeugnis nachzuweisen. Der Nachweis kann entfallen, wenn das Bauteil in der DIN 4102 Teil 4 schon beschrieben und einer bestimmten Feuerwiderstandsklasse zugeordnet ist.

7.2.1 Brandschutz für Bauteile aus Stahl

Stahl gehört aufgrund seines Brandverhaltens in die Klasse der nichtbrennbaren Baustoffe (Baustoffklasse A1) und setzt daher bei Einwirkung von Hitze selbst keine Wärmeenergie frei. Im Brandfall beginnt der Stahl jedoch wegen seiner hohen Wärmeleitfähigkeit sehr rasch zu glühen, dehnt sich dabei stark aus und verliert bei Temperaturen von etwa 500 °C schon innerhalb weniger Minuten seine statische Festigkeit. Dies führt ohne vorherige Ankündigung zum Zusammensturz des Bauwerks. Statisch wichtige Bauteile aus Stahl, wie Stützen, Deckenträger und Dachträger, müssen deshalb gegen Feuer und große Wärme durch besondere Maßnahmen geschützt werden. Die Stahlteile können entweder selbst ummantelt (direkter Schutz) oder durch Anbringen einer Unterdecke gegenüber dem Feuer abgeschirmt werden (indirekter Schutz).

Einen direkten Schutz erreicht man
- durch Anbringen eines Spritzputzes auf einem Putzträger (z. B. auf Streckmetall, Ziegeldrahtgewebe, Holzwolle-Leichtbauplatten) unter Verwendung von Faserstoffen, von Vermiculite oder Perlite als Zuschlagsstoffe,
- durch Anbringen von vorgefertigten Verkleidungen aus Leichtbetonsteinen, Kalksandsteinen, Gips- oder Gipskartonplatten, Fibersilikatplatten u. a. Die Verankerung der Verkleidung muss so beschaffen sein, dass sie während der Brandbeanspruchung wirksam bleibt,

- durch Anbringen von dämmschichtbildenden Brandschutzbeschichtungen und -anstrichen, die bei Wärmeeinwirkung aufschäumen und eine Wärmeschutzschicht um das Stahlprofil bilden (s. Seite 400).

Die Dicke der Ummantelung hängt von der Art des anzubringenden Schutzbaustoffes, von den Profilabmessungen der Stahlstütze und von der geforderten Feuerwiderstandsklasse ab. Beispiele für profilfolgende und kastenförmige Ummantelungen zeigt Abb. 406.

Einen indirekten Schutz, hauptsächlich bei Decken und Dächern, erreicht man
- durch untergehängte Putzdecken aus dämmenden Putzen auf Streckmetall oder Holzwolle-Leichtbauplatten,
- durch untergehängte Decken aus vorgefertigten Mineralfaserplatten, Gipskartonplatten oder Fibersilikatplatten an Metallabhängekonstruktionen (Abb. 407).

Die Anschlüsse der Unterdecke an angrenzende Wände müssen dicht sein. Notwendige Dämmschichten im Zwischendeckenbereich müssen der Baustoffklasse A angehören.

7.2.2 Brandschutz für Bauteile aus Stahlbeton

Wie Stahl gehört auch Beton zu den nichtbrennbaren Baustoffen. Die Feuerwiderstandsfähigkeit von Bauteilen aus Stahlbeton ist deshalb sehr hoch. Sie ist um so höher, je besser die Betongüte, je größer der Bewehrungsanteil und je größer der Querschnitt eines Bauteils ist. Wegen der Wärmeempfindlichkeit der Stahleinlagen, die bei Temperaturen um etwa 600 °C ihre Zugfestigkeit verlieren, ist für eine ausreichende Betondeckung zu sorgen. Bei Sichtbetonbauteilen werden häufig Betondeckungen bis 25 mm, bei verputzten Stahlbetonbauteilen bis 20 mm Dicke verlangt. Vorteilhaft wirken sich bei Wärmeeinwirkung Betonzuschläge mit geringer Wärmedehnung wie Kalkstein oder Hochofenschlacke aus. Wie andere Baustoffe kann auch Stahlbeton in Sonderfällen durch Ummantelungen, Spezialputze oder Anstriche gegen Brandeinwirkung geschützt werden (s. Abb. 407).

7.2.3 Brandschutz für Bauteile aus Holz

Holz wird im Bauwesen sowohl für tragende als auch für raumabschließende Bauteile verwendet. Tragende Bauteile aus Holz sind z. B. Holzbalkendecken, Stützen, Dachstühle und brettschichtverleimte Hallenbinder. Raumabschließende Bauteile aus Holz können Leichtbauwände, Innenwandverkleidungen, Außenwandverschalungen oder Deckenverschalungen sein.

Holz ist im Gegensatz zu Stahl oder Stahlbeton ein brennbarer Baustoff. Trotzdem können entsprechend konstruierte Bauteile aus Holz aufgrund von

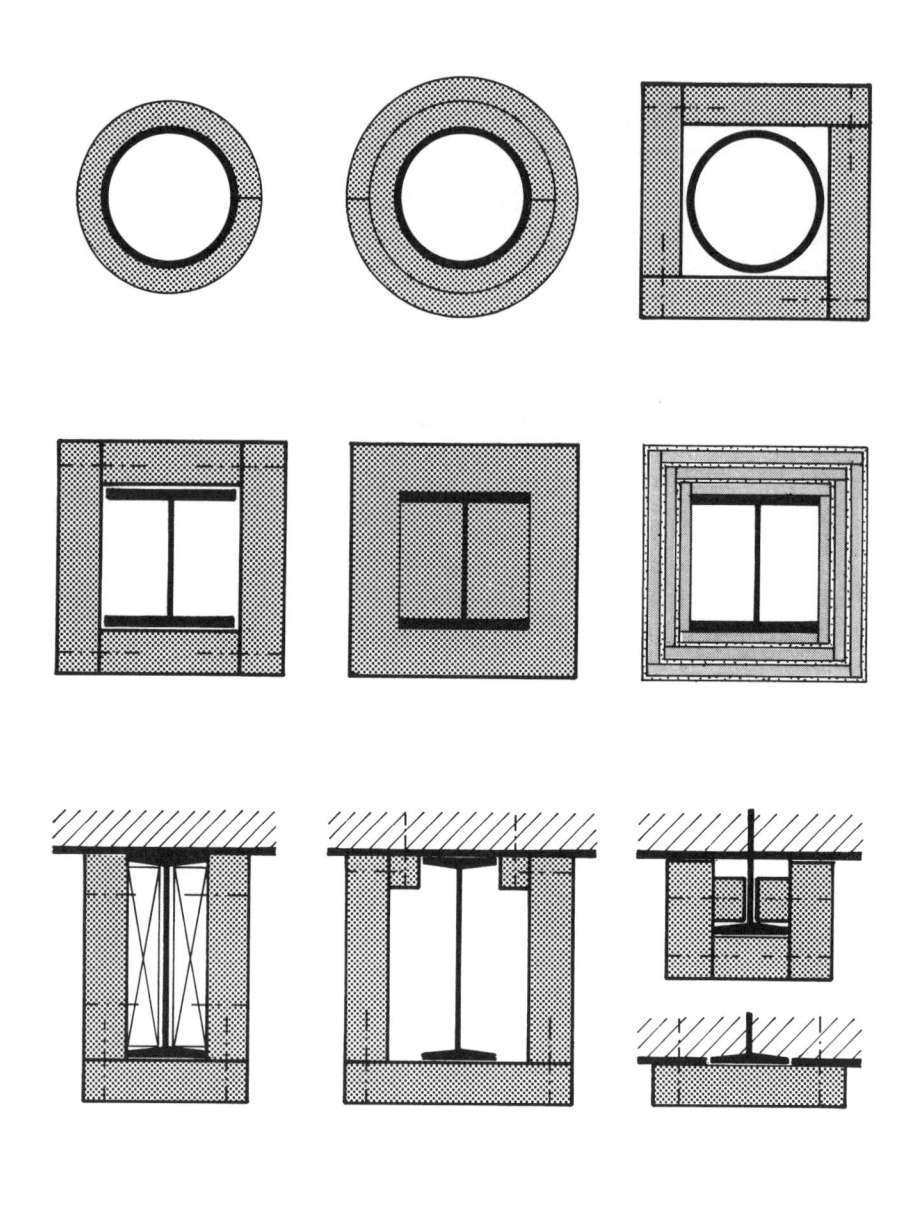

Abb. 406 – Beispiele für den Brandschutz bei Stahlstützen. Ummantelung der Stützen mit Mineralfasermatten, Fibersilikatplatten, Faserzementwerkstoffen, Gipsplatten, Gipskartonplatten, Holzwolle-Leichtbauplatten, Blähglimmerplatten u. ä.
Schutz der Dämmschicht durch Putz, Verspachtelung, Anstriche, Blechverkleidungen u. ä.

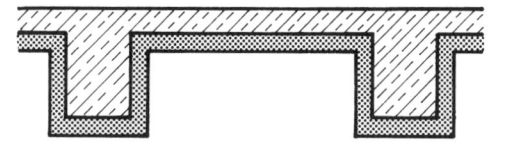

Plattenbalkendecke mit profilfolgender Dämmschicht.

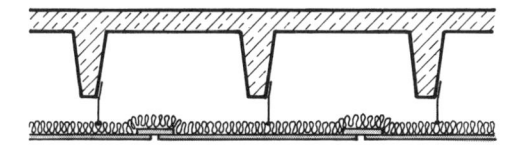

Stahlbeton-Rippendecke mit abgehängter Unterdecke aus Mineralfaserdämmschicht und Platten der Baustoffklasse A.

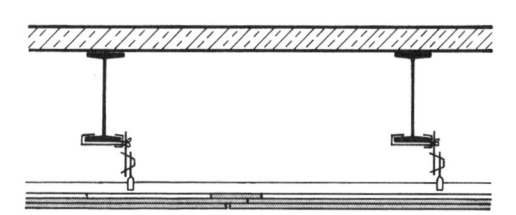

Stahlträgerdecke mit abgehängter Unterdecke aus Platten der Baustoffklasse A.

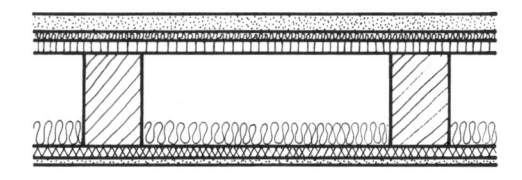

Holzbalkendecke mit Putz auf Holzwolle-Leichtbauplatten als untere Bekleidung und schwimmendem Estrich auf Dämmschicht und Spanplatte.

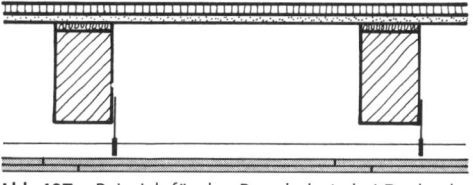

Holzbalkendecke mit Gipskarton-F-Platten als abgehängte Unterdecke und Spanplatte auf Gipskartonplatte als Fußboden.

Abb.407 – Beispiel, für den Brandschutz bei Deckenkonstruktionen

Brandversuchen in die Feuerwiderstandsklassen bis F 60-B, in Einzelfällen bis F 90-B eingestuft werden. Holz hat die besondere Eigenschaft, bei Brandeinwirkung an der Oberfläche zu verkohlen. Das Holz wird dabei bei über 200 °C zersetzt, wobei sich brennbare Gase entwickeln und Holzkohle zurückbleibt, Diese Holzkohlenschicht an den Außenzonen der Bauteile bildet eine Schutzschicht, die den weiteren Abbrand des Holzes stark verzögert. Durch die geringe Abbrandgeschwindigkeit von nur etwa 3,5 cm pro Stunde an der Oberfläche der Bauteile und die geringe Wärmeleitfähigkeit des Holzes bleibt deren Festigkeit und Tragfähigkeit verhältnismäßig lange erhalten. Außerdem hat Holz im Gegensatz zu Stahl noch den Vorzug, im Brandfall durch ein charakteristisches Knistern den Zusammenbruch des Bauwerks anzukündigen, was bei Lösch- und Rettungsarbeiten von lebenswichtiger Bedeutung sein kann. Günstig ist beim Verbrennen von Holz, dass es keine lebensbedrohenden Gase entwickelt und sich die Rauchentwicklung in Grenzen hält.

Dies hat dazu geführt, dass auch Bauteile aus Holz als klassifizierte Bauteile in die DIN 4102 aufgenommen wurden, so dass für sie kein Nachweis mehr über das Brandverhalten durch ein Prüfzeugnis erbracht werden muss. Als klassifizierte Holzbauteile sind in der DIN 4102 Teil 4 Wände und Stützen aus Holz und Holzwerkstoffen, Holzbalkendecken, Holzträger und Verbindungen zwischen Holzbauteilen in verschiedene Feuerwiderstandsklassen eingestuft worden.

Um die Entflammung des Holzes und die Flammenausbreitung an Holzbauteilen einzuschränken, können vorbeugende Brandschutzmaßnahmen getroffen werden. Dazu gehören vor allem bauliche und chemische Maßnahmen.

7.2.3.1 Bauliche Holzschutzmaßnahmen

Bauliche Maßnahmen allgemeiner Art zur Verminderung der Gefahr einer Entflammung von Holz und zur Ausbreitung des Feuers sind z. B. die Verwendung von rissefreien Holzbauteilen mit möglichst großem Querschnitt, mit möglichst glatter Oberfläche und gerundeten Kanten und Ecken. Flächige Holzbauteile sollten möglichst großformatig sein und gegebenenfalls aus schwerentflammbaren Sperrholz- oder Spanplatten bestehen. Waagerecht angebrachte Holzbekleidungen bieten dem Feuer einen größeren Widerstand als senkrecht angebrachte Bekleidungen. Außerdem können Holzbauteile, wie Stützen, Pfeiler oder Balken, mit nichtbrennbaren Baustoffen wie Putz, Gipsplatten, Gipskartonplatten oder Fibersilikatplatten ummantelt werden.

Die Unterkonstruktion in leichten Trennwänden in Form von Ständern und Riegeln kann aus Holz oder Stahlblechprofilen bestehen. Die Feuerwiderstandsdauer der Trennwand ist weitgehend von Art und Dicke der Beplankung (ein- oder mehrschalig) und der Dämmschichten abhängig. Die Dämmschichten kön-

nen aus Mineralfaserdämmstoffen der Baustoffklasse A oder aus Holzwolle-Leichtbauplatten bestehen.
Bei der Brandeinwirkung sind die Fugen in der Wand besonders gefährdet. Deshalb sollten für die Abdichtung der Fugen zwischen Wandelementen Federn aus Hartholz (s. Abb. 410a) oder aus nichtbrennbaren Materialien, verwendet werden. Besonders gefährdete Stellen sind zusätzlich mit Plattenstreifen zu hinterfüttern (s. Abb. 410b). Die Stoßfugen der Beplankungen sollten möglichst im Bereich der Unterkonstruktion liegen (s. Abb. 410c). Damit die Wandkonstruktion gas- und rauchdicht ist, müssen die Fugen und die Anschlüsse an andere Bauteile abgedichtet und versiegelt werden. Die Dichtungsmaterialien müssen dabei aus Baustoffen der Klasse A bestehen (s. Abb. 410d). Wurden sie aus Baustoffen der Klasse B gefertigt, sind sie nur bis zu einer Dicke von 5 mm zulässig. Sie müssen dann von der Beplankung ganz abgedeckt werden (s. Abb. 410e). Für die Abdichtung von Fugen stehen auch dauerplastische Brandschutzkitte zur Verfügung, die unter Hitzeeinwirkung aufschäumen und den Durchtritt von Feuer und Rauchgas verhindern.

Einen wesentlichen Schutz gegen den Durchgang des Feuers durch eine Holzwand bildet die Dämmschicht im Hohlraum zwischen den Beplankungen. Als Dämmschichten sind nichtbrennbare Mineralfaserdämmstoffe oder Holzwolle-Leichtbauplatten möglich.

Plattenförmige Dämmstoffe sind zwischen die Holzrippen gut einzupassen bzw. einzuspannen und mit ringsumlaufenden Holzleisten zu sichern (s. Abb. 410f). Sie können auch durch strammes Einpassen mit zusätzlicher Verleimung der Dämmschichtränder an den Holzrippen befestigt werden (s. Abb. 410g). Damit weiche, mattenförmige Dämmstoffe im Brandfall nicht zusammenfallen, sind sie an die Holzrippen anzuheften oder mit Leisten anzuklemmen (s. Abb. 410h). Außerdem besteht die Möglichkeit, auf Maschendraht gesteppte Mineralfasermatten zu verwenden, die ringsum an die Holzrippen mit Klammern befestigt werden (s. Abb. 410i). Stöße von mattenförmigen Dämmstoffen müssen mindestens 100 mm überlappen, stumpf gestoßene feste Dämmstoffplatten müssen dicht sein.

Eine Verbesserung der Feuerwiderstandsdauer von Holzbalkendecken kann durch untergehängte Decken (Unterdecken) erreicht werden. Als Unterdecken sind Putze auf Holzwolle-Leichtbauplatten, Ziegeldrahtgewebe oder Streckmetall als Putzträger sowie Gipskartonplatten, Fibersilikatplatten oder Mineralfaserplatten auf Metallunterkonstruktionen möglich (Abb. 407). Holzbauteile müssen nach DIN 18160 von Rauchschornsteinen einen Mindestabstand von 50 mm haben.

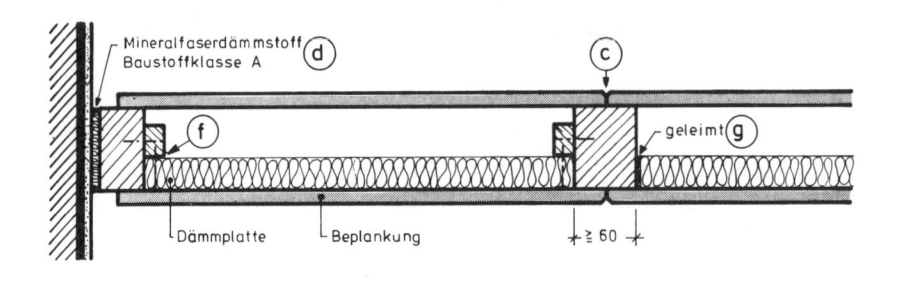

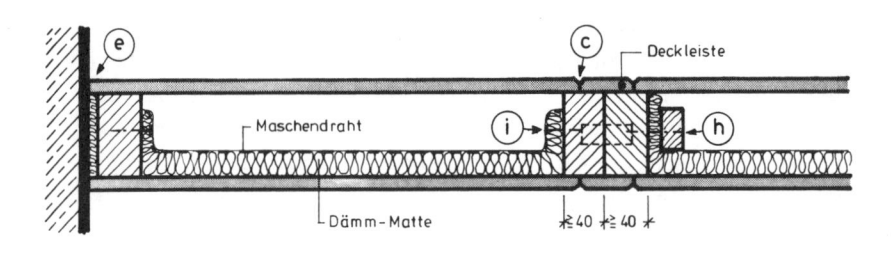

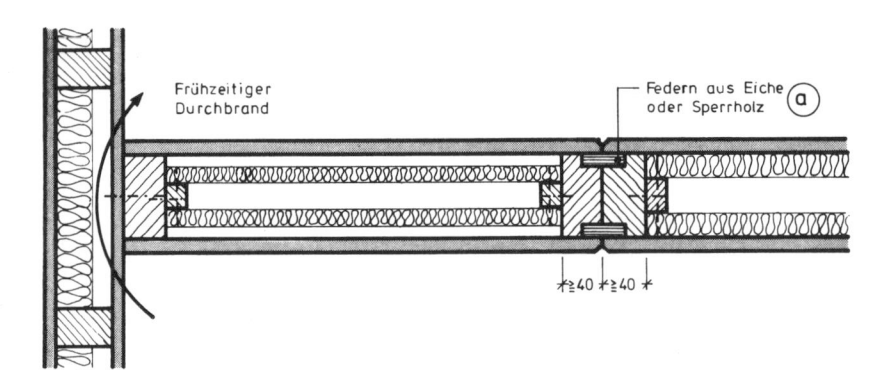

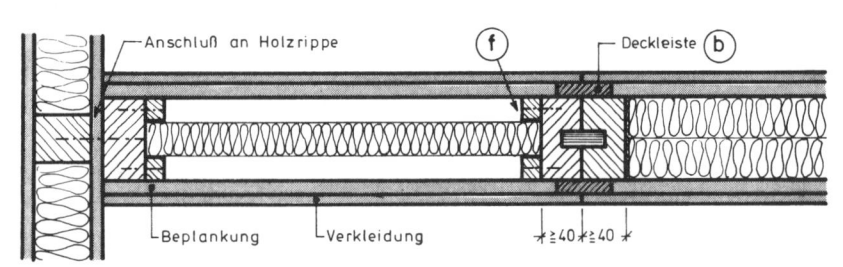

Abb. 410a–i – Anschlüsse, Fugen, Stöße und Dämmschichten bei Wänden aus Holz und Holzwerkstoffen (nach DIN 4102).

7.2.3.2 Chemische Holzschutzmaßnahmen

Durch chemische Maßnahmen wird eine Schwerentflammbarkeit des Holzes erzielt. Angewendet werden Feuerschutzsalze, schaumschichtbildende Feuerschutzmittel und Brandschutzplatten.

Feuerschutzsalze bestehen vor allem aus Phosphaten mit Ammoniumsulfat als Streckmittel. Sie werden als wässrige Lösung im Kesseldruckverfahren in das Holz eingebracht. Die Feuerschutzsalze schmelzen bei Wärmeeinwirkung, wodurch Wärme entzogen wird, und bilden dabei an der Holzoberfläche eine Schmelzschicht. Außerdem entwickeln sie im Brandfall nichtbrennbare Gase und fördern die Holzkohlebildung.

Während die Feuerschutzsalze das Holz von innen her schützen, wirken die schaumschichtbildenden Feuerschutzmittel an der Oberfläche des Holzes. Dieser Schaumschichtbildner (s. Kap. 7.1.3.1) wird als farblose oder pigmentierte Schicht aufgebracht. Bei direkter Beflammung oder bei Wärmeeinwirkung von etwa 200 °C bildet sich durch Zersetzung dieser Schicht eine 2–3 cm dicke schwerentflammbare Wärmedämmschicht, die das Holz vor Sauerstoffzutritt und vor Hitze eine gewisse Zeit schützt. Dadurch wird die Zersetzung des Holzes und die Entwicklung brennbarer Gase verzögert.

Brandschutzplatten sind nichtbrennbar (Baustoffklasse A2) und werden als ca. 2 mm dickes Plattenmaterial auf die zu schützenden Holzbauteile mit speziellen Polyurethan-, Epoxidharz- oder Schmelzklebern oder mit Phenol-Resorcin-Formaldehydharzleim aufgeleimt. Die Flächen müssen durch Furniere, Metall- oder Kunststoffplatten gegen mechanische Beschädigung geschützt werden. Ein Schutz der Kanten kann durch Holzleisten, Stahl- oder Kunststoffschienen oder durch Expoxidharzversiegelung erreicht werden.

Die Brandschutzplatte besteht aus wasserhaltigem Natriumsilikat, das mittels Glasfasern oder eines Drahtnetzes zusammengehalten wird. Da die Platte feuchtigkeitsempfindlich ist, wird sie mit einer Expoxidharzschicht überzogen. Bei einer Wärmeeinwirkung von 150 °C bis 250 °C schäumt die Platte auf und bildet eine etwa 15 mm dicke, wärmedämmende Schaumschicht. Sie bindet Wärme durch Wasserverdampfung, fördert die Holzkohlebildung und hält als Wärmedämmschicht die Wärme von der Holzoberfläche ab.

Sind Fugen im Brandfall abzudichten, z. B. in Türfalzen, bei Wand- und Deckenanschlüssen, bei Lüftungsleitungen, können Natriumsilikatschichten eingebaut werden, die bei starker Wärmeeinwirkung aufschäumen und die Fugen gegen den Feuer-, Rauch- und Gasdurchtritt verschließen. Um das Aufschäumen zu beschleunigen, können Aluminiumfolien zur besseren Wärmeleitung dazwischengelegt werden (s. Abb. 414). Brandschutzplatten sind nicht wasserbeständig und können deshalb nur in trockenen Innenräumen verwendet werden.

7.2.4 Brandschutz bei Türen

Nach der Ausführungsverordnung zur Landesbauordnung sind in Öffnungen von Brandwänden, feuerbeständigen Wänden, Wänden zu notwendigen Fluren und Treppenräumen entsprechend vorgeschriebene Feuerschutztüren einzubauen:
- feuerbeständige und selbstschließende Türen (T 90)
- feuerhemmende und selbstschließende Türen (T 30)

7.2.4.1 Feuerschutztüren

Bei raumabschließenden Wänden werden besonders Forderungen an die Funktion und Brandschutzeigenschaften eingebauter Türen gestellt (s. Tabelle 380). Im Kapitel 5.2.2.4 sind die Anforderungen nach DIN 4102 Teil 5 an den Brandschutz bei Feuerschutzabschlüssen, zu denen die Feuerschutztüren gehören, beschrieben.

Feuerschutztüren müssen zur bauaufsichtlichen Zulassung entweder in einer Norm als Feuerschutzelement beschrieben sein, oder es muss eine allgemeine bauaufsichtliche Zulassung des Instituts für Bautechnik in Berlin vorliegen. Unter dem Begriff »Feuerschutztür« ist dabei nicht nur das Türblatt, sondern die fertige, eingebaute Tür einschließlich Zarge zu verstehen (s. Abb. 414).

Für genormte Feuerschutztüren gibt es derzeit nur die DIN 18082 Teil 1 (Ausgabe Dezember 1991) und Teil 3 (Ausgabe Januar 1984). Teil 1 beschreibt »Feuerschutzabschlüsse; Stahltüren T 30–1, Bauart A«, Teil 3 solche der Bauart B. Es gelten für

Bauart	maximale Wandöffnungen von
A	Breite 625–1000 mm, Höhe 1250–2000 mm
B	Breite 750–1250 mm, Höhe 1750–2250 mm.

In der DIN 18082 ist der Aufbau der Tür, wie Stahlblechdicke, Dämmstofffüllung, Kastendicke, Bänder und Türschließer, Verschlüsse und Drücker sowie die Zargenabmessungen, festgelegt.

Neben diesen Norm-Feuerschutztüren aus Stahl gibt es eine größere Zahl industriell entwickelter Feuerschutztüren aus anderen Baustoffen, für die nach einer Brandprüfung nach DIN 4102 Teil 5 Zulassungsbescheide ausgestellt wurden. Bei der Brandprüfung ist das Türelement einschließlich Zarge im eingebauten Zustand einer beidseitigen Prüfung zu unterziehen.

Der Zulassungsbescheid enthält Angaben über den Umfang der Zulassung, die Beschreibung der Feuerschutztür, den Einbau des Türelements, die Überwachung der Herstellung und die Kennzeichnung der Tür.

Der Umfang der Zulassung umfasst Angaben über die Verwendung der Feuerschutztür, z. B. in Massivwänden oder leichten Trennwänden, und über die Abmessungsgrenzwerte der Wandöffnungen. Dabei wird unterschieden zwischen Größenbereich A mit Baurichtmaßen von 625 x 1750 mm bis 1250 x 2000 mm und Größenbereich B mit Rohbaurichtmaßen über 1000 x 2000 mm.

Bei den Anforderungen an die Türkonstruktion wird der genaue Aufbau des Türblatts und der Türzarge bzw. des Türfutters, die Art und Befestigung der Türbänder, des Schlosses, der Drückergarnitur und der Schließmittel beschrieben. Außerdem wird ein Korrosionsschutz für sämtliche Stahlteile vorgeschrieben. Beim Einbau der Zarge ist zu beachten, dass sie nur in zulässige Wände oder an Bauteilen mit Mindestquerschnitten befestigt werden darf. Das zugelassene Türelement darf nur verwendet werden, wenn seine Herstellung einer ständigen Güteüberwachung unterliegt. Die Güteüberwachung erstreckt sich dabei nicht nur auf die Fertigung des Türblatts oder der Zarge, sondern auch auf die Herstellung der dazu verwendeten Werkstoffe, Beschläge und Zubehörteile. Es ist auch festgelegt, in welchen Fällen eine Eigenüberwachung durch das Herstellerwerk oder eine Fremdüberwachung durch eine anerkannte Prüfstelle zu erfolgen hat. Im Baugenehmigungsverfahren befreit die allgemeine bauaufsichtliche Zulassung die Bauaufsichtsbehörde von der Verpflichtung, die Brauchbarkeit der zugelassenen Feuerschutztüren zu überprüfen. Die Bauaufsichtsbehörde überprüft jedoch die Einhaltung der Bestimmungen des Zulassungsbescheids. Bei jeder Verwendung von zugelassenen Feuerschutztüren muss an der Baustelle der Zulassungsbescheid in Abschrift oder Fotokopie vorliegen.

Jede Feuerschutztür muss auch ein Kennzeichnungsschild tragen, meistens ist es im Falz auf der Bandseite angebracht. Es ist 26 x 148 mm oder 52 x 105 mm groß und muss den Namen des Herstellers, die Türbezeichnung, die Zulassungsnummer und das Zulassungsdatum, die überwachende Stelle sowie das Herstellungsjahr enthalten. Außerdem müssen auch alle bei der Herstellung des Türelements verwendeten Werkstoffe und Beschläge in der vorgeschriebenen Weise gekennzeichnet sein.

Je nach Herstellerfirma werden für Feuerschutztüren nichtbrennbare oder schwerentflammbare Werkstoffe, wie Fibersilikatplatten, schwerentflammbare Span- oder Sperrholzplatten, verwendet. Es gibt Fabrikate, bei denen der Brandschutz durch Einleimen von Palusol-Brandschutzplatten, durch Einlegen von nichtbrennbaren Mineralfaserplatten oder Platten aus mineralischen Stoffen erreicht wird. Da eine Tür im Brandfall auch gas- und rauchdicht sein muss, werden in den Falzen häufig Interdenzstreifen oder unter dem Kantenholz Palusol-Brandschutzplattenstreifen eingebaut, die im Brandfall durch Erhitzung aufschäumen und die Tür ringsum abdichten. Die Oberflächen der Türen können furniert, lackiert oder mit Schichtpressstoffplatten belegt werden.

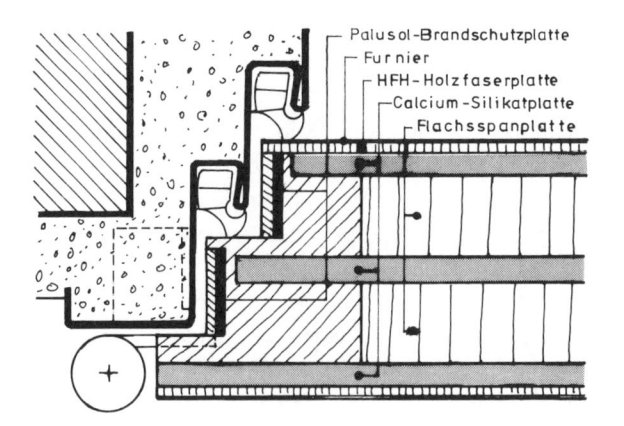

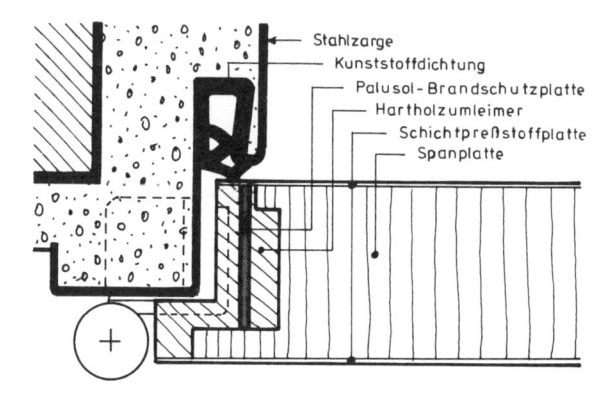

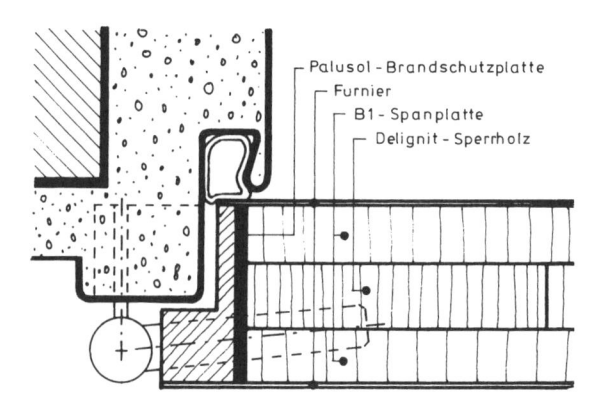

Abb. 414 – Beispiele für Brandschutztüren.

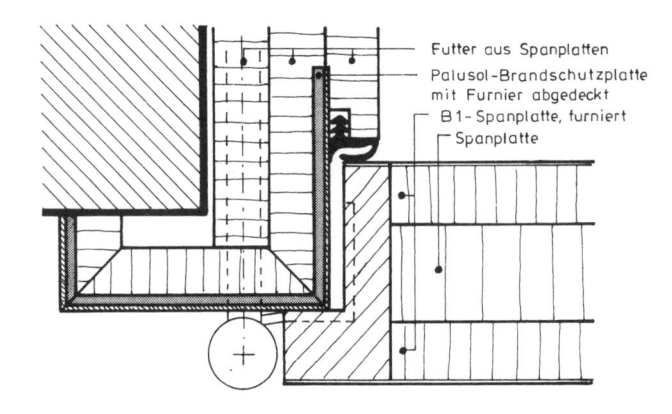

Futter aus Spanplatten
Palusol-Brandschutzplatte mit Furnier abgedeckt
B1-Spanplatte, furniert
Spanplatte

Danzer-
Feuerschutztür
T 30–1

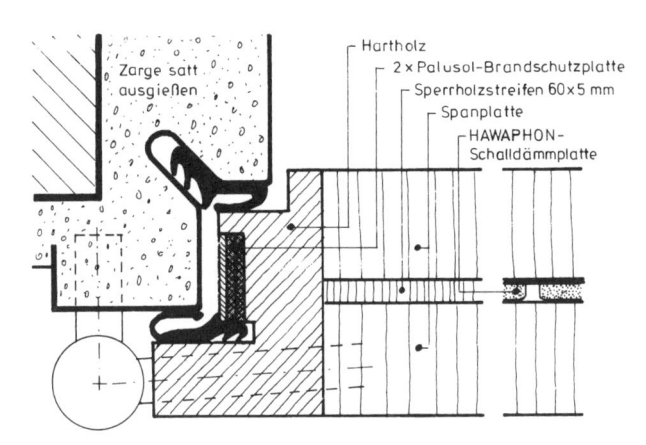

Zarge satt ausgießen
Hartholz
2 x Palusol-Brandschutzplatte
Sperrholzstreifen 60 x 5 mm
Spanplatte
HAWAPHON-Schalldämmplatte

HAWAPHON-
Feuerschutztür
T 30–1

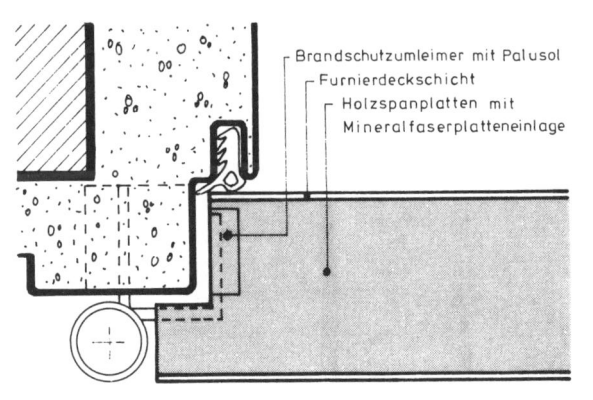

Brandschutzumleimer mit Palusol
Furnierdeckschicht
Holzspanplatten mit Mineralfaserplatteneinlage

Wirus-Feuerschutz-
tür T 30–1

Auf dem Markt sind heute einflügelige Türen mit der Feuerwiderstandsklasse T 30–1, T 60–1 und T 90–1 zu finden. In der Abb. 414 sind einige Feuerschutztüren im Schnitt gezeigt.

Für besondere Anwendungsfälle werden auch Türen mit Panikverschlüssen hergestellt. Diese erlauben durch Betätigung von Panikhebeln das spontane Öffnen der Tür in Fluchtrichtung, auch wenn die Tür abgeschlossen ist.

Feuerschutztüren müssen immer selbstschließend sein, d. h. es sind in jedem Fall hydraulisch gedämpfte Türschließer an der Oberkante der Tür oder Bodentürschließer anzubringen. Müssen Türen längere Zeit offengehalten werden, kann eine Feststellvorrichtung mit Haftmagnet eingebaut werden. Diese Haftmagnete werden an der Tür, am Boden oder an der Wand befestigt und bewirken bei geschlossenem Stromkreis ein Offenhalten der Feuerschutztür. Bei einer Stromunterbrechung durch Schalter, Schaltuhr, Rauchmelder, Wärmemelder oder Stromausfall wird die Tür frei und durch Türschließer geschlossen (s. Abb. 417). Bei zweiflügeligen Türen ist eine Schließfolgeregelung einzubauen. Sie bewirkt, dass sich zuerst der Nebentürflügel und erst dann der Haupttürflügel schließt.

7.2.4.2 Rauchschutztüren

Rauchschutztüren nach DIN 18095 sind ein- oder zweiflügelige selbstschließende Drehflügeltüren. Sie behindern in geschlossenem Zustand den Durchtritt von Rauch so, dass der dahinterliegende Raum oder Rettungsweg im Brandfall mindestens 10 Minuten zur Rettung von Menschen ohne Atemschutz genutzt werden kann. Diese Türen müssen als ganzes Türelement einschließlich Zarge, zugehörige Beschläge, Türschließmittel und Dichtungsmittel nach dieser Norm geprüft werden. Die Türschließer müssen eine hydraulische Dämpfung haben, die Feststellanlagen zum Offenhalten der Rauchschutztüren dürfen für die Auslösung nur auf die Brandkenngröße Rauch ansprechen.

Die Kenngröße für die Dichtheit der Rauchschutztür ist die Leckrate. Sie ist der Luftvolumenstrom in m^3/h, der durch die Spalten und Ritzen einer Tür bei einem bestimmten Differenzdruck Δp in Pa dringt.

Die Leckraten werden nach abgedichteter Prüföffnung mit Druckstufen von Δp = 5, 10, 20, 30 und 50 Pa ermittelt. Dabei wird die Leckrate sowohl bei kaltem Rauch (bei Umgebungstemperatur von 10–40 °C) als auch bei warmem Rauch (erhöhte Temperatur von etwa 200 °C) festgestellt. Außerdem ist die Dauerfunktionsfähigkeit des Probekörpers durch 200 000maliges Öffnen und Schließen der Tür zu prüfen. Rauchschutztüren dürfen in allgemein zugänglichen Fluren, die als Rettungswege dienen, keine unteren Anschläge und keine Schwellen haben. Zulässig sind lediglich Flachrundschwellen mit kreissegmentförmigem Querschnitt bis 5 mm Höhe.

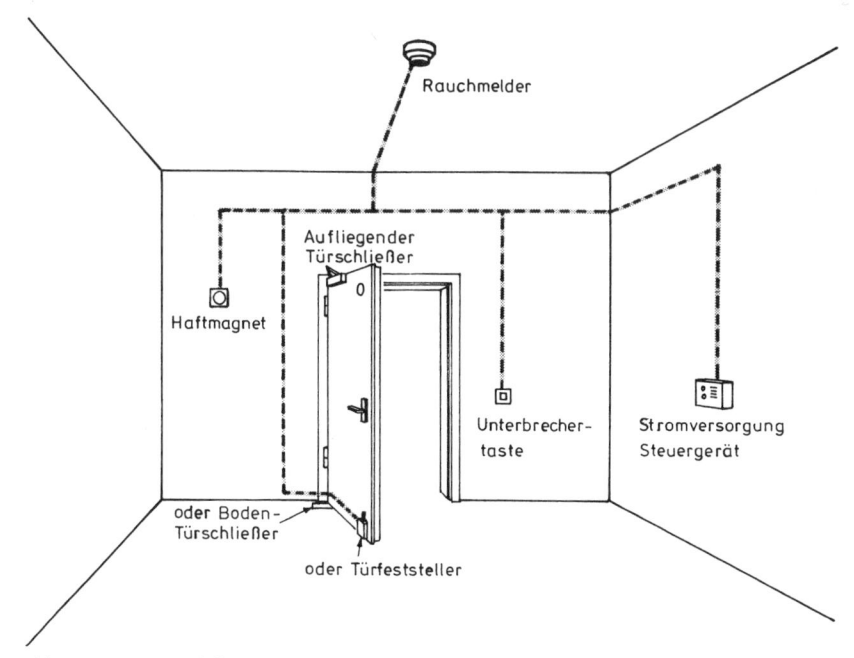

Abb. 417 – Beispiel für eine Feststellvorrichtung für Feuerschutztüren mit automatischer Entriegelung im Brandfall.

Die Leckrate bei den verschiedenen Prüfungen darf nicht größer sein als
- 20 m³/h bei einflügeligen Rauchschutztüren
- 30 m³/h bei zweiflügeligen Rauchschutztüren.

Über die positiv verlaufene Prüfung ist ein Prüfzeugnis auszustellen.

Die Bezeichnung der Türen ist
- für einflügelige Rauchschutztüren: »Tür DIN 18095-RS-1«
- für zweiflügelige Rauchschutztüren: »Tür DIN 18095-RS-2«.

Die Kennzeichnung hat wie bei der Feuerschutztür durch ein Blechschild im Türfalz (24 x 140 mm) zu erfolgen. Es muss die Normbezeichnung, den Hersteller, die Nummer des Prüfzeugnisses, die Prüfstelle und das Herstellungsjahr enthalten.

Zu jeder Tür muss eine Einbau- und Wartungsanleitung mitgeliefert werden, um die Funktionsfähigkeit der Tür auch im eingebauten Zustand sicherzustellen. Der Nachweis über die normgerechte Ausführung der Rauchschutztür hat durch eine Werksbescheinigung der Herstellerfirma zu erfolgen.

Außer Feuerschutztüren und Rauchschutztüren lässt die Ausführungsverordnung zur Landesbauordnung in bestimmten Fällen auch dichtschließende Türen zu.

Als *dichtschließende Türen* gelten solche mit stumpf einschlagendem oder gefälztem, vollwandigen Türblatt und einer mindestens dreiseitig umlaufenden Dichtung. Eine Prüfung ist für diese Türen nicht erforderlich.

7.2.5 Brandschutz bei Verglasungen

Verglasungen in Wänden und Türen haben die Aufgabe, angrenzende Räume, wie Flure oder Treppenräume, zu belichten, einen Durchblick in diese Räume zu ermöglichen oder die Sichtverhältnisse im Interesse der Verkehrssicherheit zu verbessern. Wurden bisher Brandschutzanforderungen an Verglasungen gestellt, so konnten diese nur in geringem Umfang durch drahtarmierte Gläser oder Glasbausteine erfüllt werden. Glas ist zwar ein nichtbrennbarer Baustoff, es ist jedoch gegen starke Temperaturschwankungen und gegen mechanische Beanspruchung (z. B. Überdruck im Brandfall) empfindlich. Außerdem kann durch Glas die Strahlungswärme aus dem Brandraum in andere Brandabschnitte übertragen werden, wodurch sich dort unter Umständen leichtentflammbare Stoffe, wie Teppichböden und Vorhänge, selbst entzünden können.

In der DIN 4102 sind für Verglasungen zwei Arten von Brandschutzanforderungen enthalten: Anforderungen an Verglasungen der Feuerwiderstandsklasse G und an Verglasungen der Feuerwiderstandsklasse F (s. Kapitel 5.2.2.5). Brandschutzgläser der Feuerwiderstandsklassen G und F können jedoch nicht beliebig ausgetauscht werden.

Bei den Verglasungen ist gleich, dass sie entsprechend ihrer Feuerwiderstandsklasse den Flammen- und Brandgasdurchtritt verhindern müssen. Sie unterscheiden sich jedoch entscheidend dadurch, dass durch Gläser der Feuerwiderstandsklasse G die Wärmestrahlung hindurchtreten darf, während Verglasungen der Feuerwiderstandsklasse F den Durchtritt der Wärmestrahlung verhindern müssen. Dies zeigt, dass die G-Gläser während der Feuerwiderstandsdauer zwar intakt und transparent bleiben, dass sie jedoch keinerlei Schutz gegen Strahlungswärme (z. B. im Bereich von Fluchtwegen) bieten. Deshalb dürfen G-Gläser für den Bereich von Fluchtwegen nur bei einer Einbauhöhe von über 1,80 m verwendet werden. G-Gläser sind z. B. das Brandschutzglas »Pyran« oder spezielle Drahtspiegelgläser.

Brandschutzgläser der Feuerwiderstandsklasse F sollten deshalb dort angewendet werden, wo ein echter Schutz vor Brandausdehnung und ein Schutz von Rettungs- und Fluchtwegen vor lebensbedrohender Brandhitze gefordert wird.

Es gibt im Handel 2 Arten von Brandschutzgläser, die die erhöhten Anforderungen der Feuerwiderstandsklassen F erfüllen.

Die eine F-Verglasung besteht aus zwei Sicherheitsglasscheiben mit einem Scheibenabstand von etwa 20 mm, ähnlich einer Isolierglasscheibe. Im Zwischenraum befindet sich eine glasklare, wasserhaltige gelartige Schicht (Hydrogelschicht), die im Brandfall bei großer Hitzeeinwirkung aufschäumt. Dabei werden durch das Verdampfen des Wassers erhebliche Energiemengen aufgezehrt. Wenn die gelartige Substanz im gesamten Zwischenraum aufgebraucht ist, bildet sich daraus eine hochwärmedämmende dichte Isolierschicht, die keine Wärmestrahlung mehr durchtreten lässt (Produktbezeichnungen sind z. B. Contraflam, Paraflam, Pyranova).

Das andere hitzedämmende Brandschutzglas wird als Mehrscheiben-Verbundglas mit wasserhaltigen Alkalisilikat-Zwischenschichten hergestellt. Das Brandschutzglas kann glasklar sein (Pyrostop-Feuerschutzglas) oder mit einer Drahteinlage versehen sein. Das Brandschutzmittel zwischen den Glasscheiben schäumt durch Wärmeeinwirkung bei ca. 120 °C auf und bildet eine thermisch isolierende, opake Schaumplatte. Die Verdampfungswärme des beim Aufschäumen freiwerdenden Wassers zehrt auch hier lange Zeit die einwirkende Wärmeenergie auf, so dass sich die dem Feuer abgewandte Scheibe des Verbundglases zunächst nur auf etwa 95 °C erwärmt und dadurch erhalten bleibt.

Mit diesen Brandschutzgläsern der Feuerwiderstandsklassen F 30 und F 90 lässt sich also ein hervorragender Schutz vor Feuer- und Rauchdurchtritt und vor Übertragung der Strahlungshitze erzielen.

Da neben der Brandschutzverglasung auch das Brandverhalten der tragenden Konstruktion, also der Halterungs-, Befestigungs- und Dichtungsmaßnahmen von ausschlaggebender Bedeutung ist und Einfluss auf die Widerstandsfähigkeit einer Brandschutzverglasung bei Fenstern, Türen und Toren hat, bedürfen alle Brandschutz-Verglasungssysteme grundsätzlich einer allgemeinen bauaufsichtlichen Zulassung des Deutschen Instituts für Bautechnik. Jede Brandschutzverglasung muss auch mit Herstellerfirma, Feuerwiderstandsklasse und Nummer des Zulassungsbescheid gekennzeichnet sein.

8 Vorbeugender Brandschutz durch Einbau von Frühwarnanlagen und Bereitstellen von Löscheinrichtungen

Trotz intensiver vorbeugender Sicherungsvorkehrungen lässt sich eine Brandentstehung nicht völlig ausschließen. Deshalb müssen geeignete Brandschutzmaßnahmen getroffen werden, durch die ein bereits entstandenes Feuer frühzeitig entdeckt und bekämpft werden kann. Dazu dienen Brandmeldeeinrichtungen, Feuerlöscheinrichtungen sowie Rauch- und Wärmeabzugsanlagen.

8.1 Brandmeldeeinrichtungen

Automatische Brandmeldeanlagen haben die Aufgabe, einen Brand innerhalb kürzester Frist an eine Meldezentrale weiterzuleiten und gegebenenfalls ein Lüftungs- und Löschsystem auszulösen.

Nach Art der Branderkennung unterscheidet man Wärme-, Rauch- und Flammenmelder.

Wärmemelder (Temperaturfühler) reagieren auf Wärmestrahlung über eine Bimetallanlage bei ca. 70 °C. Sie werden dort eingesetzt, wo starke Hitzeentwicklung und schnelle Temperaturausbreitung droht und wo betriebsbedingt hohe Staubkonzentrationen, Gase, Dämpfe oder auch geringe Rauchmengen entstehen können.

Rauchmelder, auch Ionisationsmelder genannt, sprechen auf geringste Konzentrationen von Rauch- oder Verbrennungsgasen in der Luft an. Sie eignen sich für den Einsatz in Räumen, in denen üblicherweise weder Rauch noch Gase auftreten.

In Sonderfällen werden Flammenmelder als fotozellengesteuerte »Brandaugen« dort eingebaut, wo Funken oder offene Flammen entstehen können.

Zusätzlich zu den automatischen Brandmeldeanlagen ist auch der Einbau von manuell auszulösenden Geräten in Form von Druckknopf-Feuermeldern notwendig, um gesichtete Brandherde sofort melden zu können.

8.2 Feuerlöscheinrichtungen

Zu den Feuerlöscheinrichtungen gehören Feuerlöschgeräte und selbsttätige Feuerlöschanlagen.

8.2.1 Feuerlöschgeräte

Als Feuerlöschgeräte dienen Wandhydranten und Feuerlöscher. Wandhydranten (nach DIN 14461) mit angeschlossenen Schläuchen und Mehrzweckstrahlrohren sollten so angeordnet werden, dass jeder Punkt des Gebäudes von mindestens zwei Anschlüssen aus mit einem wirksamen Wasserstrahl zu erreichen ist. Dabei sind auch die notwendigen Löschwassermengen zu berücksichtigen. Feuerlöscher sollten in ausreichender Zahl in der Nähe besonders feuergefährdeter Objekte und möglichst im Bereich von Türen und Fluchtwegen vorhanden sein. Je nach Brandklasse sind Wasser-, Schaum-, Pulver- oder CO_2-Löschgeräte einzusetzen.

Zu unterscheiden sind:

Brandklasse A: Brände fester Stoffe, hauptsächlich organischer Natur, die normalerweise unter Glutbildung verbrennen (z. B. Holz, Kohle, Papier, Textilien),

Brandklasse B: Brände von flüssigen oder flüssig werdenden Stoffen (z. B. Benzin, Öle, Fette, Lacke, Harze, Wachse, Teer, Äther, Alkohole, Kunststoffe),

Brandklasse C: Brände von Gasen (z. B. Methan, Propan, Wasserstoff, Acethylen, Stadtgas),

Brandklasse D: Brände von Metallen (z. B. Natrium, Kalzium, Aluminium),

Brandklasse E: Brände der Klassen A-D in Gegenwart elektrischer Spannung (z. B. Brände in Transformatoren, Motoren, Fernmeldeanlagen).

8.2.2 Selbsttätige Feuerlöschanlagen

Selbsttätige Feuerlöschanlagen werden häufig in Hochhäusern, Warenhäusern, Verwaltungsgebäuden, Versammlungsstätten, Lagerräumen und Fertigungsstätten sowie in Spänebunkern und Förderanlagen eingesetzt. Zu den selbsttätigen Feuerlöschanlagen zählen Sprinkleranlagen, Sprühwasserlöschanlagen und CO_2-Anlagen.

Sprinkleranlagen bestehen im wesentlichen aus einem Rohrsystem unterhalb der Decke, das mit Sprühwasserdüsen versehen ist. Jede Sprühwasserdüse öffnet sich bei Wärmeeinwirkung von etwa 70 °C und besprüht eine Fläche bis zu 20 m² im Umkreis. Ein besonderer Vorteil der Sprinkleranlagen besteht darin, dass der Löscheinsatz auf die Brandstelle begrenzt bleibt und deshalb nur das erforderliche Minimum an Löschwasser eingesetzt wird.

Sprühwasserlöschanlagen werden eingesetzt, wo eine schlagartige Wasserverteilung über den gesamten Schutzbereich notwendig ist, wie bei großen Industrietrocknern, bei großen Staub- und Spänebunkern und Kabelschächten.

Kohlendioxid (CO_2) ist im Gegensatz zu Wasser ein Löschmittel, das keine Folgeschäden durch Rückstände oder Korrosion hinterlässt. Es eignet sich für die Löschung von Bränden nach den Brandklassen B und C, also für Flüssigkeits- und Gasbrände, nicht dagegen für glutbrandbildende Stoffe nach Brandklasse A. CO_2-Anlagen werden deshalb vorwiegend in Lackspritzräumen, Lacklagern, in Räumen für Kunststoffbearbeitung, in EDV-Räumen, in Schaltzentralen eingesetzt. Nachteilig ist, dass für die Löschung eines Brandes eine Löschmittelkonzentration von mindestens 30 % der Luft zugesetzt werden muss, was eine Evakuierung des Personals vor der Flutung wegen Erstickungsgefahr voraussetzt. Es wird dabei 40 Sekunden vor der Flutung Alarm gegeben.

Halon-Feuerlöscher und Halon-Anlagen dürfen seit 1.1.1994 nicht mehr zum Löschen eines Brandes eingesetzt werden, da das Gas Halon sehr umweltzerstörend wirkt und die Ozonschicht zehnmal so stark schädigt wie das Gas Fluorkohlenwasserstoff (FCKW). Die weitere Verwendung dieses Löschmittels ist deshalb strafbar. Ob ein Feuerlöscher Halon enthält, ist aus der Beschreibung des Geräts ersichtlich. Es muss zur Entsorgung an den Fachhandel zurückgegeben werden.

8.3 Rauch- und Wärmeabzugsanlagen

Schon bei einem kleinen Brandherd entstehen oft viel Rauch und giftige Gase, die nach kurzen Augenblicken den Brandraum vollständig ausfüllen. Unter diesen Umständen ist es der Feuerwehr kaum möglich, den Brandherd sofort zu ermitteln und ihn zu bekämpfen (s. Abb. 423). Außerdem staut sich unter der Decke, vor allem unter Hallendächern, eine enorme Hitze. Erreicht sie Temperaturen von über 450 °C, so verlieren die Stahlträger ihre Festigkeit, und die Halle kann einstürzen.

Deshalb sollten vor allem in großen Räumen und in Hallen an der Decke oder im Dach Rauch- und Wärmeabzugsöffnungen angeordnet werden, die den Rauch und die große Hitze nach außen abziehen lassen. Solche Öffnungen können als Lichtkuppeln oder als Klappen eingebaut werden. Sie werden im Brandfall meist über Brandmeldesysteme geöffnet. Werden sie auch zur Raumlüftung benützt, ist auch eine Handbedienung möglich.

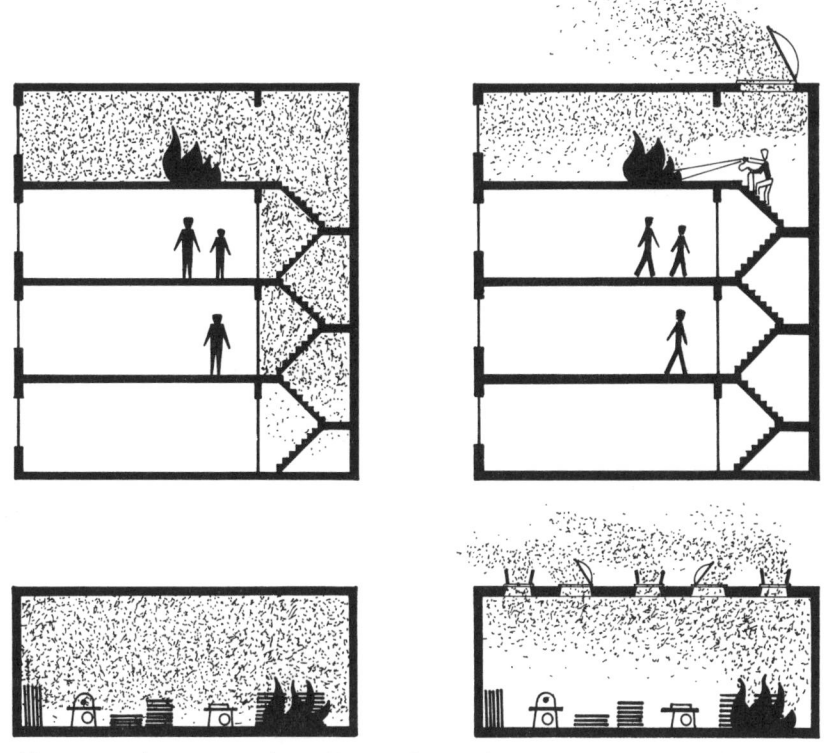

Abb. 423 – Wirkung von Rauch- und Wärmeabzugsanlagen.

Anhang

1 Übersicht über Größen und Einheiten

In der nachfolgenden Aufstellung werden zur besseren Übersicht die wichtigsten, in den Kapiteln Schall-, Wärme- und Feuchteschutz verwendeten Größen und Einheiten aufgeführt.

1.1 Schallschutztechnische Größen und Einheiten

Bedeutung	Formelzeichen	Einheiten
Schallgeschwindigkeit	c	m/s
Schallfrequenz	f	Hz
Wellenlänge	λ	m
Schalldruck	p	Pa, µbar
Schalldruckpegel	L, L_p	dB
Lautstärkepegel	Λ	phon
A-bewerteter Schallpegel	L_A, L_{pA}	dB(A)
Mittelungspegel	L_m, L_{Afm}	dB(A)
Äquivalenter Dauerschallpegel	$L_{eq}, L_{AF,eq}$	dB(A)
Maximalpegel	$L_{AF,max}$	dB(A)
Beurteilungspegel	L_r	dB(A)
Armaturengeräuschpegel	L_{ap}	dB(A)
Installationsgeräuschpegel	L_{in}	dB(A)
Flächenbezogene Masse, trennende Bauteile	m'	kg/m²
flankierende Bauteile	m'_L	kg/m²
Dynamische Steifigkeit	s'	MN/m³
Längenbezogener Strömungswiderstand	Ξ	kN · s/m⁴
Grenzfrequenz	f_g	Hz
Resonanzfrequenz	f_0	Hz
Elastizitätsmodul	E	MN/m³
Schallabsorptionsgrad	a	–
Nachhallzeit	T	s
Äquivalente Schallabsorptionsfläche	A	m²
Labor-Schalldämm-Maß	R	dB
Bauschalldämm-Maß	R'	dB
Bewertetes Schalldämm-Maß	R_w, R'_w	dB

Norm-Schallpegeldifferenz	D_n	dB
Bewertete Norm-Schallpegeldifferenz	$D_{n,w}$	dB
Schachtpegeldifferenz	D_K	dB
Bewertete Schachtpegeldifferenz	$D_{K,w}$	dB
Flankendämm-Maß	R_l	dB
Schall-Längsdämm-Maß	R_L, R'_L	dB
Bewertetes Schall-Längsdämm-Maß	$R_{L,w}, R'_{L,w}$	dB
Norm-Trittschallpegel	L_n, L'_n	dB
Bewerteter Norm-Trittschallpegel	$L_{n,w}, L'_{n,w}$	dB
Äquivalenter bewerteter Norm-Trittschallpegel	$L_{n,w,eq}, L'_{n,w,eq}$	dB
Trittschall-Verbesserungsmaß	ΔL_w	dB
Resultierendes Schalldämm-Maß	$R_{w,res}$	dB

1.2 Wärmeschutztechnische Größen und Einheiten

Bedeutung	Formelzeichen	Einheiten
Dicke, Schichtdicke	d	m
Bauteilfläche	A	m²
Wärmeübertragende Umfassungsfläche	A	m²
Gebäudenutzfläche	A_N	m²
Fensterfläche	A_W, A_F	m²
Fensterflächenanteil	f	–
Solarwirksamer Fensterflächenanteil	f_S	–
Fläche der Außenwände	A_{AW}	m²
Beheiztes Bauwerksvolumen	V_e	m³
Belüftetes Raumvolumen (Nettovolumen)	V	m³
Masse	m	kg
Zeit	t	s, h, a
Dichte, Rohdichte	ρ	kg/m³
Thermodynamische Temperatur	T	K
Celsius-Temperatur	θ	°C
Temperaturdifferenz	ΔT	K
Spezifische Wärmekapazität	c	J/(kg · K)
Wärmeleitfähigkeit	λ	W/(m · K)
Wärmedurchlasskoeffizient	Λ	W/(m² · K)
Wärmedurchlasswiderstand	R	m² · K/W
Wärmedurchlasswiderstand von Luftschichten	R_g	m² · K/W
Wärmedurchlasswiderstand von Dachräumen	R_u	m² · K/W
Wärmeübergangskoeffizient	h	W/(m² · K)
Wärmeübergangswiderstand	R_s	m² · K/W
Wärmeübergangswiderstand, innen	R_{si}	m² · K/W
Wärmeübergangswiderstand, außen	R_{se}	m² · K/W

Wärmedurchgangswiderstand	R_T	m² · K/W
Wärmedurchgangskoeffizient	U	W/(m² · K)
Fugendurchlasskoeffizient	a	m³/[m · h · (daPa)^{2/3}]
Luftwechselzahl	n	h⁻¹
Luftwechselzahl bei 50 Pa Druckdifferenz	n_{50}	h⁻¹
Wärmemenge	Q	J
Transmissionswärmebedarf	Q_T	kWh/a
Lüftungswärmebedarf	Q_V	kWh/a
Solare Wärmegewinne	Q_S	kWh/a
Interne Wärmegewinne	Q_i	kWh/a
Wärmegewinne aus regenerativen Quellen	Q_r	kWh/a
Nutzbare Gesamtgewinne	Q_g	kWh/a
Jahresheizwärmebedarf	Q_h	kWh/a
Wärmebedarf für Warmwassererwärmung, bezogen auf die Gebäudenutzfläche	Q_W	kWh/(m² · a)
Jahres-Primärenergiebedarf	Q_p	kWh/a
Jahres-Primärenergiebedarf, bezogen auf das beheizte Gebäudevolumen	Q_p'	kWh/(m³ · a)
Jahres-Primärenergiebedarf, bezogen auf die Gebäudenutzfläche	Q_p''	kWh/(m² · a)
Transmissionswärmeverlust	H_T	W/K
Spezifischer Transmissionswärmeverlust, bezogen auf die wärmeübertragende Umfassungsfläche	H_T'	W/(m² · K)
Lüftungswärmeverlust	H_V	W/K
Endenergiebedarf	$q_{WE,E}$	kWh/(m² · a)
Hilfsenergiebedarf	$q_{HE,E}$	kWh/(m² · a)
Abminderungsfaktor für Rahmenanteil	F_F	–
Abminderungsfaktor für Verschattung	F_S	–
Temperatur-Korrekturfaktor	F_x	–
Temperaturfaktor für Bauteile zu unbeheizten Räumen	F_u	–
Abminderungsfaktor des Sonnenschutzes	F_C	–
Wärmebrückenzuschlag	ΔU_{WB}	W/(m² · K)
Heizwert	H_u	kWh/l
Brennstoffbedarf	B	l, kg, m³
Anlagenaufwandszahl	e_p	–
Gradtagzahl	Gt	–
Gesamtenergiedurchlassgrad	g	–
Gesamtenergiedurchlassgrad der Verglasung	g_v	–
Sonneneintragskennwert	S	–
Zuschlagswert zum Sonneneintragskennwert	ΔS_x	–
Maximaler Sonneneintragskennwert	S_{max}	–

1.3 Feuchteschutztechnische Größen und Einheiten

Bedeutung	Formelzeichen	Einheiten
Celsius-Temperatur	θ	°C
Innenlufttemperatur	θ_i	°C
Außenlufttemperatur	θ_e	°C
Taupunkttemperatur	θ_s	°C
Relative Luftfeuchte	Φ	–
Wasserdampf-Diffusionswiderstandszahl	μ	–
Wasserdampfdiffusionsäquivalente Luftschichtdicke	s_d	m
Wasserdampfteildruck	p	Pa
Wasserdampfteildruck, innen	p_i	Pa
Wasserdampfteildruck, außen	p_e	Pa
Wasserdampfsättigungsdruck	p_s	Pa
Wasserdampfsättigungsdruck, innen	p_{si}	Pa
Wasserdampfsättigungsdruck, außen	p_{se}	Pa
Wasserdampf-Diffusionsdurchlasswiderstand	Z	m² · h · Pa/kg
Flächenbezogene Tauwassermenge	$m_{W,T}$	kg/m²
Flächenbezogene Verdunstungswassermenge	$m_{W,V}$	kg/m²

2 Verzeichnis über wichtige Normvorschriften, VDI-Richtlinien und Verordnungen

Schallschutz

DIN 1320	6/97	Akustik, Begriffe
DIN 4109	11/89	Schallschutz im Hochbau, Anforderungen und Nachweise
	11/89	Beiblatt 1 zu DIN 4109, Ausführungsbeispiele und Rechenverfahren
	1/01	Beiblatt 1/A1 E, Änderungen
	11/89	Beiblatt 2 zu DIN 4109 Hinweise für Planung und Ausführung, Vorschläge für einen erhöhten Schallschutz, Empfehlungen für den Schallschutz im eigenen Wohn- und Arbeitsbereich
	8/92	Berichtigung 1 zu DIN 4109
	6/96	Beiblatt 3 zu DIN 4109 Berechnung von $R'_{w,R}$ für den Nachweis der Eignung nach DIN 4109 aus Werten des im Labor ermittelten Schalldämm-Maßes R_w
	11/00	E Beiblatt 4 zu DIN 4109 Nachweis des Schallschutzes, Güte- und Eignungsprüfung

DIN 18005		Schallschutz im Städtebau
	5/87	Teil 1 Berechnungsverfahren
	5/85	Beiblatt 1 zu DIN 18005, Teil 1 Schalltechnische Orientierungswerte für die städtebauliche Planung
	9/91	Teil 2 Lärmkarten – Kartenmäßige Darstellung von Schallimmissionen
DIN 18041	10/68	Hörsamkeit in kleinen bis mittelgroßen Räumen
DIN 45635	4/84	Geräuschmessung an Maschinen
DIN 45641	6/90	Mittelung von Schallpegeln
DIN 45643	10/84	Messung und Beurteilung von Fluggeräuschen Teil 1: Mess- und Kenngrößen Teil 2: Fluglärmüberwachungsanlagen Teil 3: Ermittlung des Beurteilungspegels für Geräuschimmissionen
DIN 45645		Ermittlung von Beurteilungspegeln aus Messungen
	7/96	Teil 1: Geräuschimmissionen in der Nachbarschaft
	7/97	Teil 2: Geräuschimmissionen am Arbeitsplatz
DIN 45645		Einheitiche Ermittlung des Beurteilungspegels für Geräuschimmissionen
	E 1/94	Teil 1: Ermittlung von Beurteilungspegeln aus Messungen
	E 9/91	Teil 2: Geräuschimmissionen am Arbeitsplatz
DIN 52210		Bauakustische Prüfungen; Luft- und Trittschalldämmung
	8/84	Teil 1: Messverfahren
	8/84	Teil 2: Prüfstände für Schalldämm-Messungen an Bauteilen
	2/87	Teil 3: Prüfung von Bauteilen in Prüfständen und zwischen Räumen am Bau
	8/84	Teil 4: Ermittlung von Einzahlangaben
	7/85	Teil 5: Messung der Luftschalldämmung von Außenbauteilen am Bau
	5/89	Teil 6: Bestimmung der Schachtpegeldifferenz
	5/89	Teil 7: Bestimmung des Schall-Längsdämm-Maßes
DIN 52212	1/61	Bauakustische Prüfungen; Bestimmung des Schallabsorptionsgrades im Hallraum
DIN 52213	5/80	Bauakustische Prüfungen; Bestimmung des Strömungswiderstandes
DIN 52214	12/84	Bauakustische Prüfungen; Bestimmung der dynamischen Steifigkeit von Dämmschichten für schwimmende Estriche
DIN 52217	8/84	Bauakustische Prüfungen; Flankenübertragung; Begriffe
DIN 52218	11/86	Akustik; Prüfung des Geräuschverhaltens von Armaturen der Wasserinstallation im Laboratorium Teil 1: Messverfahren Teil 2: Anschluss- und Betriebsbedingungen für Auslaufarmaturen

		Teil 3: Anschluss- und Betriebsbedingungen für Durchgangsarmaturen
		Teil 4 Anschluss- und Betriebsbedingungen für Sonderarmaturen
DIN 52219	7/93	Bauakustische Prüfungen: Messung von Geräuschen der Wasserinstallation in Gebäuden
DIN 52221	5/80	Bauakustische Prüfungen: Körperschallmessungen bei haustechnischen Anlagen
DIN EN ISO 140		Akustik, Messung der Schalldämmung in Gebäuden und von Bauteilen
	3/98	Teil 1: Anforderungen an Prüfstände
	12/98	Teil 4: Messung der Luftschalldämmung zwischen Räumen in Gebäuden
	12/98	Teil 5: Messung der Luftschalldämmung von Fassadenelementen und Fassaden an Gebäuden
	12/98	Teil 6: Messung der Trittschalldämmung von Decken in Prüfständen
	12/98	Teil 7: Messung der Trittschalldämmung von Decken in Gebäuden
	3/98	Teil 8: Messung der Trittschallminderung durch eine Deckenauflage auf einer massiven Bezugsdecke
	3/00	Teil 12: Messung der Luft- und Trittschalldämmung durch einen Doppel- und Hohlraumboden zwischen benachbarten Räumen
DIN EN 20140		Akustik, Messung der Schalldämmung in Gebäuden und von Bauteilen
	5/93	Teil 2: Angaben von Genauigkeitsanforderungen
	5/95	Teil 3: Messung der Luftschalldämmung von Bauteilen in Prüfständen
	12/93	Teil 9: Raum- zu Raum-Messung der Luftschalldämmung von Unterdecken mit darüberliegendem Hohlraum
	9/92	Teil 10: Messung der Luftschalldämmung kleiner Bauteile
DIN EN ISO 717		Akustik, Bewertung der Schalldämmung in Gebäuden und von Bauteilen
	1/97	Teil 1: Luftschalldämmung
	1/97	Teil 2: Trittschalldämmung
VDI 2058	9/85	Blatt 1 Beurteilung von Arbeitslärm in der Nachbarschaft
	6/88	Blatt 2 Beurteilung von Lärm hinsichtlich Gehörschäden
	2/99	Blatt 3 Beurteilung von Lärm am Arbeitsplatz unter Berücksichtigung unterschiedlicher Tätigkeiten
VDI 2062	1/76	Schwingungsisolierung; Begriffe und Methoden
VDI 2567	E 10/94	Schallschutz durch Schalldämpfer
VDI 2570	9/80	Lärmminderung in Betrieben; allgemeine Grundlagen
VDI 2571	8/76	Schallabstrahlung von Industriebauten
VDI 2711	6/78	Schallschutz durch Kapselung

VDI 2719	8/87	Schalldämmung von Fenstern und deren Zusatzeinrichtungen
VDI 4100	9/94	Schallschutz von Wohnungen; Kriterien für Planung und Beurteilung

Arbeitsstättenverordnung
Gewerbeordnung
Bundesimmissionsschutzgesetz, darin Technische Anleitung zum Schutz gegen Lärm (TA-Lärm)
Unfallverhütungsvorschrift »Lärm« (VBG 121)
Gesetz zum Schutz gegen Fluglärm
Baunutzungsverordnung
Schallschutzverordnung

Wärmeschutz und Feuchteschutz

DIN 1341	10/86	Wärmeübertragung, Begriffe, Kenngrößen
DIN 4108		Wärmeschutz und Energieeinsparung in Gebäuden
	8/81	Teil 1: Größen und Einheiten
	3/01	Teil 2: Mindestanforderungen an den Wärmeschutz
	7/01	Teil 3: Klimabedingter Feuchteschutz, Anforderungen, Berechnungsverfahren und Hinweise für Planung und Ausführung
	10/98 V	Teil 4: Wärme- und feuchteschutztechnische Kennwerte
	11/00 V	Teil 6: Berechnung des Jahresheizwärme- und des Jahresheizenergiebedarfs
	8/01	Teil 7: Luftdichtheit von Gebäuden, Anforderungs-, Planungs- und Ausführungsempfehlungen sowie -beispiele
	7/95 E	Teil 20: Thermisches Verhalten von Gebäuden, sommerliche Raumtemperaturen bei Gebäuden ohne Anlagentechnik, allgemeine Kriterien und Berechnungsalgorithmen
	4/82	Beiblatt 1 zu DIN 4108 Inhaltsverzeichnis, Stichwortverzeichnis
	8/98	Beiblatt 2 zu DIN 4108 Wärmebrücken, Planungs- und Ausführungsbeispiele
DIN EN 410	12/98	Glas im Bauwesen, Bestimmung der lichttechnischen und strahlungsphysikalischen Kenngrößen von Verglasungen
DIN EN 673	1/01	Glas im Bauwesen, Bestimmung des Wärmedurchgangskoeffizienten, Berechnungsverfahren
DIN EN 832	12/98	Wärmetechnisches Verhalten von Gebäuden, Berechnung des Heizenergiebedarfs, Wohngebäude
DIN EN 1934	4/98	Wärmeschutztechnische Prüfungen, Messung des Wärmedurchlasswiderstandes mit dem Heizkastenverfahren
DIN EN ISO 6946	11/96	Wärmedurchlasswiderstand und Wärmedurchgangskoeffizient, Berechnungsverfahren

DIN EN ISO 9346	8/96	Wärmeschutz, Stofftransport, physikalische Größen und Definitionen
DIN EN ISO 10077		Wärmeschutztechnisches Verhalten von Fenstern, Türen und Abschlüssen, Berechnung des Wärmedurchgangskoeffizienten
	11/00	Teil 1: Vereinfachtes Verfahren
	2/99	Teil 2: Numerisches Verfahren für Rahmen
DIN EN ISO 10211		Wärmebrücken im Hochbau, Wärmeströme und Oberflächentemperaturen
	11/95	Teil 1: Allgemeine Berechnungsverfahren
	11/95	Teil 2: Linienförmige Wärmebrücken
DIN EN 12207	6/00	Fenster und Türen, Luftdurchlässigkeit, Klassifizierung
DIN EN 12208	6/00	Fenster und Türen, Schlagregendichtheit, Klassifizierung
DIN EN 12524	7/00	Baustoffe und -produkte, wärme- und feuchteschutztechnische Eigenschaften, tabellierte Bemessungswerte
DIN EN ISO 13789	10/99	Wärmetechnisches Verhalten von Gebäuden, spezifischer Transmissionswärmeverlustkoeffizient, Berechnungsverfahren
DIN EN 13829	2/01	Wärmetechnisches Verhalten von Gebäuden, Bestimmung der Luftdurchlässigkeit von Gebäuden, Differenzdruckverfahren
DIN 18055	10/81	Fenster, Fugendurchlässigkeit, Schlagregendichtheit und mechanische Beanspruchung, Anforderungen und Prüfung

Verordnung über energiesparenden Wärmeschutz und energiesparende Anlagentechnik bei Gebäuden vom 16.11.2001 (Energieeinsparverordnung – EnEV)

Heizungs- und Lüftungstechnik

DIN 1946		Raumlufttechnik
	1/94	Teil 2: Gesundheitstechnische Anforderungen (VDI-Lüftungsregeln)
	8/67	Teil 5: Lüftungstechnische Anlagen
	1/94	Teil 6: Lüftung von Wohnungen, Anforderungen, Ausführung, Abnahme (VDI-Lüftungsregeln)
DIN 4140	11/96	Dämmarbeiten an betriebs- und haustechnischen Anlagen, Ausführung von Wärme- und Kältedämmung
DIN 4701		Energetische Bewertung heiz- und raumlufttechnischer Anlagen
	8/95 E	Teil 1: Grundlagen der Berechnung
	8/95 E	Teil 2: Tabellen, Bilder
	8/89	Teil 3: Regeln für die Berechnung des Wärmebedarfs von Gebäuden, Auslegung der Raumheizeinrichtung
	2/01 V	Teil 10: Heizung, Trinkwassererwärmung, Lüftung

Brandschutz

DIN 4102		Brandverhalten von Baustoffen und Bauteilen
	5/98	Teil 1: Baustoffe; Begriffe, Anforderungen und Prüfungen
	9/77	Teil 2: Bauteile; Begriffe, Anforderungen und Prüfungen
	9/77	Teil 3: Brandwände und nichttragende Außenwände; Begriffe, Anforderungen und Prüfungen
	3/94	Teil 4: Zusammenstellung und Anwendung klassifizierter Baustoffe, Bauteile und Sonderbauteile Berichtigung zu DIN 4102 – Teil 4 1 (5/95) + 2 (4/96) + 3 (9/98)
	9/77	Teil 5: Feuerschutzabschlüsse; Abschlüsse in Fahrschachtwänden und gegen feuerwiderstandsfähige Verglasungen
	E 9/89	Teil 5: Feuerschutzabschlüsse; Begriffe, Anforderungen, Prüfungen
	9/77	Teil 6: Lüftungsleitungen; Begriffe, Anforderungen, Prüfungen
	7/98	Teil 7: Bedachungen; Begriffe, Anforderungen, Prüfungen
	5/86	Teil 8: Kleinprüfstand
	5/90	Teil 9: Kabelabschottungen; Begriffe, Anforderungen, Prüfungen
	12/85	Teil 11: Rohrummantelungen; Rohrabschottungen, Installationsöffnungen; Begriffe, Anforderungen, Prüfungen
	11/98	Teil 12: Funktionserhalt von elektrischen Kabelanlagen; Begriffe, Anforderungen, Prüfungen
	5/90	Teil 13: Brandschutzverglasungen; Begriffe, Anforderungen, Prüfungen
	5/90	Teil 14: Bodenbeläge und Bodenbeschichtungen; Bestimmung der Flammenausbreitung bei Beanspruchung mit einem Wärmestrahler
	5/90	Teil 15: Brandschacht; Beschreibung, Einstellbedingungen
	5/98	Teil 16: Brandschacht; Durchführung von Brandschachtprüfungen
	12/90	Teil 17: Schmelzpunkt von Mineralfaserdämmstoffen; Begriffe, Anforderungen, Prüfung
	3/91	Teil 18: Feuerschutzabschlüsse, Nachweis der Eigenschaft »selbstschließend« (Dauerfunktionsprüfung)
	12/98 E	Teil 19: Wand- und Deckenbekleidungen in Räumen (Versuchsanordnung)
	5/81	Beiblatt zu DIN 4102, Inhaltsverzeichnisse
DIN 18082		Feuerschutzabschlüsse;
	12/91	Teil 1: Stahltüren T 30–1, Bauart A
	1/84	Teil 3: Stahltüren T 30–1, Bauart B
DIN 18089	1/84	Feuerschutzabschlüsse; Einlagen für Feuerschutztüren
DIN 18093	6/87	Feuerschutzabschlüsse; Einbau von Feuerschutztüren in massive Wände aus Mauerwerk oder Beton

DIN 18095		Rauchschutztüren
	10/88	Teil 1: Begriffe und Anforderungen
	3/91	Teil 2: Bauartprüfung der Dauerfunktionstüchtigkeit und Dichtheit
	6/99	Teil 3: Anwendung von Prüfergebnissen
DIN 18230		Baulicher Brandschutz im Industriebau
	5/98	Teil 1: Rechnerisch erforderliche Feuerwiderstandsdauer
	12/98	Berichtigung zu Teil 1
	1/99	Teil 2: Ermittlung des Abbrandfaktors m
	1/01 E	Teil 3: Rechenwerte
DIN 18232		Baulicher Brandschutz; Rauch- und Wärmeabzugsanlagen
	1/98	Teil 1: Rauch- und Wärmeableitung, Begriffe, Schutzziele
	3/96 E	Teil 2: Rauchabzüge; Bemessung, Anforderungen, Einbau
	2/92 E	Teil 3: Rauchabzüge; Prüfungen
	12/99 V	Teil 5: Rauch- und Wärmeableitung, maschinelle Rauchabzugsanlagen, Anforderungen, Bemessung
	10/97 V	Teil 6: Maschinelle Rauchabzüge, Anforderungen an Einzelbauteile
DIN 18250	6/99	Einsteckschlösser für Feuerschutzabschlüsse

Landesbauordnungen der verschiedenen Bundesländer

3 Literatur

Achilles, E.: Vorbeugender Baulicher Brandschutz, Bauhandwerk 4, 1995.
Achtziger, J.: Praktische Untersuchung der Tauwasserbildung im Innern von Bauteilen mit Innendämmung, in wksb, Mai 1985.
Arbeitsgemeinschaft Mauerziegel e.V. (Hrsg.): Ökologisches Bauen mit Ziegeln, Eigenverlag, Bonn 1998.
Arbeitsgemeinschaft Mauerziegel e.V. (Hrsg.): Niedrigenergiehaus, Bonn, 1998.
Arbeitsgemeinschaft Mauerziegel e.V. (Hrsg.): Energieeinsparverordnung, 2002.
Bayerisches Staatsministerium für Wirtschaft, Verkehr und Technologie, München: Hinweise zum Energiesparen, 1996
Bundesministerium für Raumordnung, Bauwesen und Städtebau (Hrsg.): Dritter Bericht über Schäden an Gebäuden, Eigenverlag, Bonn, 1996
Deutsches Institut für Bautechnik, Berlin: Bauregelliste A, Bauregelliste B und Liste C, Ausgabe 1999.
Fachverband Holz und Kunststoff, Bayern: Bauregelliste und Ü-Zeichen, 2000.
Feist, W. (Hrsg.): Das Niedrigenergiehaus, neuer Standart für energiebewusstes Bauen, C.F. Müller Verlag, Heidelberg, 1997

GDI, Hamburg (Hrsg.): Wärmeschutz und Heiztechnik im Neubau und im Baubestand, Baucom-Verlag, 1998.

Geißler, A., Hauser, G.: Untersuchung der Luftdichtheit von Holzhäusern, AIF-Forschungsvorhaben Nr. 9579, IRB-Verlag, Stuttgart 1996.

Gertis, K., Hauser, G.: Heizenergieeinsparung infolge Sonneneinstrahlung durch Fenster, 1979.

Gierga, M., Erhorn, H.: Niedrigenergiehäuser im Mauerwerksbau, Mauerwerkskalender 2001.

Gösele, K.: Berechnung der Luftschalldämmung in Massivbauten unter Berücksichtigung der Schall-Längsleitung, Bauphysik 3 und 4, 1984.

Gösele, K., Schüle, W.: Schall, Wärme, Feuchte, Bauverlag Wiesbaden, 1997.

Hauser, G., Stiegel, H.: Wärmebrücken-Atlas für den Mauerwerksbau, Bauverlag Wiesbaden,1997.

Hauser, G.: Energieeinsparung im Gebäudebestand, Baucom-Verlag, 1997.

Informationsdienst Holz: Holz und Brandschutz in Baden-Württemberg, Arbeitsgemeinschaft Holz e.V. Düsseldorf, 1984.

Informationsdienst Holz: Schalldämmende Holzbalken- und Brettstapeldecken, Entwicklungsgemeinschaft Holzbau (EGH) in der Deutschen Gesellschaft für Holzforschung e.V. München, 1999.

Informationsdienst Holz: Holzbau und die Energieeinsparverordnung, Entwicklungsgemeinschaft Holzbau, München, 2000.

Informationsdienst Holz: Niedrigenergiehäuser, bauphysikalische Entwurfsgrundlage, Entwicklungsgemeinschaft Holzbau, München, 1994.

Kaiser, R.: Innendämmung im Altbau. Planung und Ausführung, Bauhandwerk 4, 1994.

Kießl, K.: Wärmeschutzmaßnahmen durch Innendämmung, wksb, 1992, Heft 31.

Lecompte, J.: Untersuchungen zu wärmegedämmtem, zweischaligem Mauerwerk, wksb 1989, Heft 26.

Lutz, P.: Schalldämmung und Schall-Längsleitung von Steildächern, wksb 1992, Heft 31.

Lutz, P.: Schalltechnische Probleme beim Dachgeschossausbau, Ingenieurblatt 4, 1988.

Mainka, C.-W. und Paschen, M.: Wärmebrückenkatalog, Teubner-Verlag, Stuttgart, 1986.

Preisig, H. u. a.: Der ökologische Bauauftrag, Callwey-Verlag, München, 1999.

Promat (Hrsg.): Grundlagendokument Brandschutz, Ratingen, 1998.

Promat (Hrsg.): Bautechnischer Brandschutz, Ratingen, 1997.

Recknagel, Sprenger, Schramek: Taschenbuch für Heizung und Klimatechnik, Ausgabe 1997/98, Oldenbourg-Verlag, München, 1997.

Richtlinien für die Planung und Ausführung von Dächern mit Abdichtungen, Flachdachrichtlinie des ZVDH.

Rostock, F.: Schallschutz im Hochbau, Kissing, 1988.

RWE Energie (Hrsg.): RWE Energie Bau-Handbuch, Energie-Verlag, Heidelberg, 1993.

Schumacher, R.: Schall-Längsdämmung leichter Außenwände, wksb,1990.

Stauder, D.: Das transparente Wärmedämm-Verbundsystem, Sonderdruck DBZ, 1995.

Werner, H.: Solarenergienutzung bei Niedrigenergiehäusern, wksb 1990, Heft 28.

Wiese, G.: Wasserdampfdiffusion, Stuttgart, 1983.

Sachwortverzeichnis

Abdichtstoffe 228
Abdichtungsmängel 328
Abdichtung der Boden-
  fuge 197
– der Türfalze 187
A-bewerteter Schallpegel
  34
A-Bewertungskurve 35
Abgehängte Decke 94
Abminderungsfaktoren
  266
Absenkdichtung 191
Absorber, poröse 200,
  201
Absorption 198
Äquivalente Absorptions-
  fläche 41
äquivalenter bewerteter
  Norm-Trittschallpegel
  47, 136, 138
äquivalenter Dauerschall-
  pegel 38, 72
Allgemeine bauaufsicht-
  liche Zulassung 386
Anerkannte Regeln der
  Technik 23
Anlagenaufwandszahl
  241, 259, 288
Anstriche 228
Arbeitslärm am Arbeits-
  platz 75
Arbeitslärm in der Nach-
  barschaft 21
Arbeitsstättenverordnung
  22
Armaturengeräuschpegel
  40
A-Schalldruckpegel 34
Außenlärmpegel,
  maßgeblicher 72
Außenwände
– Anforderungen 72
– nichttragende 375

A/V-Verhältnis 246
a-Wert 251

Bauarten 385
Bauprodukt
– andere 387
– geregelte 385
– Kennzeichnung 387
– nichtgeregelte 385
bauaufsichtliche Benen-
  nung 372
bauaufsichtliche
  Vorschriften 360
Baulärmschutzgesetz 20
Baunutzungsverordnung
  19
Bauregelliste 385, 390
Bau-Schalldämm-Maß
  41, 43
Baustoffe 224
– Brandverhalten 364
– brennbar 365
– für den Brandschutz
  394
– leichtentflammbar 365
– mit harmonischem
  Verhalten 334
– mit nicht harmonischem
  Verhalten 335
– nicht brennbar 365
– normalentflammbar
  365
– schwerentflammbar
  365
Baustoffkennzeichnung
  366
Baustoffklassen 365, 368
– Nachweis 366
Bauteile, Prüfanforde-
  rungen 371
Bauteile, Brandverhalten
  403
Behaglichkeit 214

Beheiztes Bauwerks-
  volumen 246, 288
Beläge 228
Beschichtungsmaterialien
  399
Beurteilungspegel 22, 38,
  72, 75
Bezugskurve 40, 44
Bezugsschallschluckfläche
  44
Biegesteife Schalen 96,
  77, 101
Biegesteifigkeit 33, 77,
  90
Biegeweiche Schalen 79,
  90, 96, 101
Biegewellenfrequenz 77
Bodenbeläge, weich-
  federnd 124, 130, 133
Boden- und Wandbeläge
  402
Brand 361
Brandabschnitt 363
Brandbelastung 362
Brandentstehung 365
Brandklassen 421
Brandmeldeeinrichtungen
  420
Brandrisiko 362
Brandschutz 360
– bauaufsichtliche
  Vorschriften 360
Brandschutzanforde-
  rungen 379
Brandschutzanstriche
  399, 405, 411
Brandschutz für Bauteile
  aus Stahl 404
Brandschutz für Bauteile
  aus Stahlbeton 405
Brandschutz für Bauteile
  aus Holz 405
Brandschutzgläser 418

435

Brandschutzverglasungen 418
Brandwände 375
Brennstoffbedarf 294
Brüstungen 375
Bundesimmissionsschutzgesetz 18
CO_2-Anlagen 421
Dächer 72, 304, 332, 340
Dämmeinbruch 79, 90
Dämmschichten 128, 383, 410
Dämmstoffe 227, 394
Dampfbremse 228, 338
Dampfdruck 228, 321
Dampfsperre 338
Dauerlüfter 314
Decken, Anforderungen 72
Decken, einschalig 120
Decken, zweischalig 120
Deckenauflagen 120, 124, 129, 133
Dezibel 34, 40
Dichtheit 82, 249
Dichtstoffe 403
Diffusionsdiagramm 354
DIN-Vorschriften 22
Doppelverglasung 103, 150
Doppelständerwand 101
Dynamische Steifigkeit 128

Eignungsnachweis 69
Einfachfenster 164, 169
Einfachscheiben 150
Einfachständerwand, zweischalig 101
Einheiten 424
Einheits-Temperaturkurve 374
Einschalige Wände 75, 83, 88
Elektroinstallation 376
Emission 18
Endenergie 241

Endenergiebedarf 241, 258, 288
Energiebedarfsausweis 291
Energiedurchlässigkeit 310
Energieeinsparverordnung 240
– Anforderungen 243
Energiekosteneinsparung 217
Erneuerbare Energie 241
Erstmaliger Einbau, Ersatz oder Erneuerung 261, 262, 285
Estriche 129
Europäische Klassifizierung 369, 377

Faltwände 103, 105
Fenster 148, 252, 254, 306
Fensterdichtungen 158, 171
Fensterflächenanteil 246, 286
Feuchteschutz 319
Feuchtigkeit 320
Feuerausbreitungsgeschwindigkeit 362
Feuerbeständig 372, 379
Feuerhemmend 353, 372
Feuerlöschanlagen 421
Feuerlöschgeräte 421
Feuerschutzabschlüsse 375
Feuerschutzmittel, schaumschichtbildende 405, 411
Feuerschutzsalze 411
Feuerschutztüren 412
Feuerwiderstandsklassen 367, 370, 372
Flächenbezogene Masse 77
Flammschutzlacke 399
Flankendämm-Maß 44
Flankenübertragung 82, 92
Flankierende Bauteile 113

Fluglärmverordnung 39, 72, 74
Frequenz 32, 200
Frühwarnanlagen 420
Fugendichtigkeit 103, 151, 157
Fugendurchlässigkeit 251
Fugendurchlasskoeffizient 157, 251
Fußbodentemperatur 215
Gebäudenutzfläche 246, 288
Gebäudeumfassungsfläche 247, 288
Gehbeläge 49, 133
Geräusch 30
Gesamtenergiedurchlassgrad 265, 266, 313
Gesundheitsschäden 17
Gewerbeordnung 21
Glasbausteinwand 255
Glasscheibenabstand 152
Glasscheibendicke 150
Grenzfrequenz 77, 79, 96, 150
Gussasphaltestrich 129, 135

Halbierungsparameter 39
Haustechnische Anlagen 65
Heizgradtage 295
Heizwert 294
Hinterlüftung 300, 337
Höckerschwelle 192, 197
Hohlraumdämpfung 87, 140
Holzbalkendecken 123, 134, 136
Holzfeuchtegehalt 353
Holzfußboden 124, 130
Holzschutzmaßnahmen 408, 411
Holzwerkstoffe 227
Holzwolle-Leichtbauplatten 226, 395
Hörsamkeit im Raum 207

Hüllflächenfaktor 246, 288
Immission 18
Immissionsrichtwerte 21, 22
Infraschall 32
Inhomogenität 81
Innenwände, beweglich 102
– umsetzbar 101
Installationsgeräuschpegel 40
Interne Wärmegewinne 241
Isolierverglasung 154, 166

Jahresheizwärmebedarf 241, 243, 245, 288
Jahres-Primärenergiebedarf 240, 241, 244, 286, 288

Kaltdach 304, 339
Kälteschäden 217
Kapselung 27, 200
Kastenfenster 160, 169, 174
Kennzeichnende Größen im Schallschutz 48, 50
Kennzeichnung von Baustoffen 366
Klebstoffe 402
Kleine Wohngebäude 261, 262, 285
Klimabedingungen 341
Koinzidenzeffekt 78
Konvektion 221
Körperschall 31, 199
Körperschalldämmung 27
Körperschalldämpfung 28
Kunststofffolien 401
k-Wert 316

Labor-Schalldämm-Maß 41
Lacke 399
Lackierungen, schwerentflammbar 400

Längenbezogener Strömungswiderstand 87
Längsleitung 82, 93
Lärm 30
Lärm am Arbeitsplatz 22
Lärmausbreitung, Verhinderung der 26
Lärmbekämpfung 18
Lärmbereich 75
Lärmpegelbereich 73
Lärmwirkung 17
Landesbauordnung 24, 379
Lautstärkepegel 34
Leichte Trennwände 101, 104, 110
Lichtdurchlässigkeit 312
Lüftungseinrichtungen 73, 250, 314
Lüftungsfenster, schalldämmend 159
Lüftungsleitungen 376
Lüftungswärmebedarf 241, 288
Lüftungswärmeverlust 249, 288
Luftbewegung im Raum 214
Luftfeuchte, maximale 321
Luftfeuchte, relative 216, 321
Luftschall 31
Luftschall, Wege des 75
Luftschalldämmung 41, 52, 66, 72, 86, 120, 123
Luftschallwellen, Reflexion und Absorption 199
Luftschichten 230
Luftwechselzahl 295

Magnesia-Estrich 128
Maschinen, lärmarme 26
Masse, mittlere flächenbezogene 113
Massivdecken 120

Maximalpegel, mittlerer 38
Mehrscheiben-Isolierglas 154
Messanordnung 41, 46
Mittelungspegel 37, 72
Mittlerer Maximalpegel 72
Monoblockwände 102

Nachhallzeit 205, 207
Nebenwegübertragung 44
Niedrigenergiehaus 316
Normalschall 32
Norm-Schallpegeldifferenz 43
– bewerteter 44
Norm-Trittschallpegel 45
– bewerteter 47
Normenverzeichnis 427
Nutzungsfeuchtigkeit 309

Oberflächentemperatur 214
Ökologisches Bauen 315

Passivhaus 316
Phon 34
Plattenwerkstoffe 394
Poröse Absorber 201
PVC-Folie 228, 401

Q-$_{100}$-Wert 158

Randdämpfung 103, 157
Randeinspannung 87, 155
Rauchabzugsanlagen 422
Rauchmelder 420
Rauchschutztüren 416
Raumabschließende Bauteile 371
Reflexionsgrad 312
Regenerative Energie 241
Resonanzabsorber 200, 204
Resonanzfrequenz 90, 96, 152, 184, 204

437

Resultierendes Schall-
dämm-Maß 74, 118
Rohdecke 120, 124
Rohdichte 224
Rollladen 73, 161, 253
Sandwichkonstruktion 179
Schachtpegeldifferenz 44
Schalenwände 102
Schall 28
Schallabsorber 200
Schallabsorbierende Konstruktionen 206, 208
Schallabsorption 198
Schallabsorptionsgrad 204
Schallabsorptionskurve 205
Schallbrücken 86, 126
Schalldämm-Maß 41
– bewertetes 43, 74, 123, 177
Schalldämmung 40
– Anforderungen 50
– Nachweis 69
Schalldruck 33
Schalldruckpegel 33
Schalleinfallswinkel 153
Schallfeld, diffuses 153, 199
Schallfrequenz 32
Schallgeschwindigkeit 31
Schall-Längsdämm-Maß 44, 95, 120
Schall-Längsleitung 82, 92, 113, 114, 116
Schallpegel 33, 36
Schallschluckende Stoffe 208
Schallschluckkammern 160, 174, 191
Schallschluckung 198
Schallschutz 17
– erhöhter 52, 70
– Anforderungen 50, 72
– Nachweis 69
– rechtliche Bestimmungen 25

Schallschutz bei
– besonders lauten Räumen 66
– Decken 120
– Eigenem Wohn- und Arbeitsbereich 65, 70
– Fenstern 148
– Lüftungseinrichtungen 73
– Rollladenkästen 73, 161
– Städtebau 22, 23
– Türen 177
– Wänden 75, 86
Schallschutzklassen 162
Schallschutzmittel, persönliche 75
Schaumkunststoffe 128, 395
Schichtpressstoffplatten 401
Schiebe- und Faltwände 105
Schließfolgeregelung 416
Schürzen, nichttragende 375
Schutzbedürftige Räume 65, 66, 68
Schwergas 153
Schwimmender Estrich 93, 124, 126, 128
Schwimmender Holz-fußboden 130
Solare Wärmegewinne 241, 257
Sonneneintragskennwert 264, 266, 296
Sonnenschutzgläser 311
Sonnenschutzvorrichtungen 266
Spektrum-Anpassungswert 163
Sperrstoffe 228
Sprinkleranlagen 421
Sprühwasserlöschanlagen 422
Spuranpassungsfrequenz 77
Stahlblechtüren 186

Stand der Technik 23
Steifigkeit, dynamische 128
TA-Lärm 19, 21
TA-Luft 19
Tauperiode 341
Taupunkt 320
Taupunkttemperatur 324
Tauwasserbildung 325, 341, 346
– auf Bauteiloberflächen 325, 326
– bei Dächern 332
– graphisches Verfahren 343
– in Bauteilinnern 330, 333
– Rechenverfahren 342
Tauwassermenge 345, 352
Technische Normen 22
Temperatur 219
Temperatur-Korrekturfaktor 248
Ton 30
Transmissionsgrad 312
Transmissionswärmebedarf 241, 288
Transmissionswärmeverlust 252, 288
Trennwände, leichte 101
Trittschall 31
Trittschalldämmung 45, 124, 134
– Anforderungen 52
– bei Holzbalkendecken 134
– bei Massivdecken 124
Trittschallverbesserungsmaß 49, 124, 129, 130, 133, 135
Türblätter
– doppelschalig 184
– einschalig 178
– in Sandwichbauweise 179
– mit Spanten 179
Türdichtungen 186
Türen 177, 243

438

Türschwellendichtungen 197

Übereinstimmungs-
 erklärung 387
Übereinstimmungs-
 nachweis 387
Übereinstimmungs-
 zeichen 389
Übereinstimmungs-
 zertifikat 387
Ultraschall 32
Umfassungsfläche,
 wärmeübertragende 247
Umkehrdach 339, 341
Ummantelung 406
Unterdecke 95, 121,
Unterspannbahn 318
UVV-Lärm 75

VDI-Richtlinien 21, 22, 39, 429
Verbrennungstemperatur 361
Verbundbaustoffe 365
Verbundestrich 94, 130
Verbundfenster 169, 171
Verdunstungswasser-
 menge 345, 352
Vereinfachtes Nachweis-
 verfahren 243, 261, 285, 288
Verglasungen 103, 376
Verkleidungen 382
Vorbeugender Brand-
 schutz 394
Vorhaltemaß 69
Vorsatzschalen 96, 212

Wände 75, 298, 336
– einschalig 75, 83, 88
– zweischalig 86, 96
Wärme 218
Wärmeabzugsanlagen 422
Wärmeaustauscher 314
Wärmebedarfsausweis 291

Wärmebrücken 308
Wärmebrückenzuschlag 248, 288
Wärmedämmende
 Konstruktionen 298
Wärmedämmstoffe 227
Wärmedämmung
– bei Dächern 304
– bei Decken 302
– bei Fenstern 306
– bei Wänden 298
– bei Wärmebrücken 306
Wärmedurchgangskoeffi-
 zient 236, 254
Wärmedurchgangswider-
 stand 236
Wärmedurchlasskoeffi-
 zient 223
Wärmedurchlasswider-
 stand 229, 230, 232, 253
Wärmegewinne, interne 241, 258, 288
Wärmegewinne, solare 241, 257, 288
Wärmekapazität, spezifi-
 sche 220
Wärmeleitfähigkeit 222, 224
Wärmeleitung 221, 306
Wärmemelder 420
Wärmemenge 219
Wärmemitführung 221, 313
Wärmeschutz 214
– bei aneinanderge-
 reihten Gebäuden 260
– bei Gebäuden mit
 niederen Innentempe-
 raturen 260
– wirtschaftliche Bedeu-
 tung 217
Wärmschutzanforde-
 rungen 237
– bei Einzelbauteilen 238
– im Sommer 267, 296
– im Winter 238
Wärmeschutzberech-
 nungen 268, 287

Wärmeschutzgläser 309, 310
Wärmeschutzverordnung 316
Wärmespannungen 217
Wärmespeicherfähigkeit 267
Wärmestrahlung 220, 310
Wärmeübergangskoeffi-
 zient 233
Wärmeübergangswider-
 stand 233, 234
Wärmeübertragung 220
Wandanschluss
– bei Fenstern 157
– bei Türen 197
Warmdach 304, 339
Wasserdampfdiffusion 320
– bei Dächern 339
– bei Wänden 337
Wasserdampfdiffusions-
 äquivalente Luftschicht-
 dicke 324, 325, 334
Wasserdampf-Diffusions-
 durchlasswiderstand 345, 351, 358
Wasserdampf-Diffusions-
 widerstand 321
Wasserdampf-Diffusions-
 widerstandszahl 224, 323, 334
Wasserdampfsättigungs-
 druck 322, 350, 356
Wasserdampfteildruck 345, 350, 357
Wege des Luftschalls 75, 76, 86
Wellenlänge 32, 200
Witterungsfeuchtigkeit 319

Zahlenkonstante 80
Zementestrich 128, 135
Zündtemperatur 361
Zweischalige Wände 86, 96